"十二五"普通高等教育本科国家级规划教材

普通高等教育"十一五"国家级规划教材

测 控 电 路

第 6 版

主　编　李醒飞

参　编　李立京　赵美蓉　冉多纲　崔天祥

　　　　胡　毅　袁　刚

主　审　张国雄

机械工业出版社

本书为"十二五"普通高等教育本科国家级规划教材。本版与第5版相比增加了传感器接口、测控电路中的抗干扰技术两章，将第5版的第8、9章合并为执行器控制与驱动电路，同时每个章节都做了少量的修改，旨在使内容更加简洁、准确。增加了各章的课后思考题与习题，促进学生掌握本书内容，培养学生解决工程实际问题的能力。

本书内容包括：测控电路的功用和对它的主要要求，类型、组成和发展趋势；低漂移、高性能测量放大器、隔离和可控放大电路；精密测量中为了将信号与噪声分离、提高信噪比而采用的各种调幅、调频、调相、脉冲调宽和解调电路，以及各种RC有源滤波电路、集成滤波器、跟踪滤波器；为了完成复杂的测量与控制任务而采用的代数、特征值、微积分（含PID）运算电路，以及采样保持、电压与电流、频率转换电路和模拟数字转换电路；增量式数字测量中常用的细分与辨向电路；执行器控制与驱动电路，测控电路中的抗干扰技术；通过对典型的测控系统的剖析，将前面所学的大部分内容串接在一起，使读者对测控系统整体设计与实现方法有进一步的了解。全书围绕精度、灵活性、快速响应、可靠性等主要要求对电路进行分析，为测控电路设计提供思路。

本书可作为普通高等教育测控技术与仪器专业的教材。本书配有免费的电子课件和习题答案，欢迎选用本书作教材的教师发邮件至 jinacmp@163.com索取，或登录 www.cmpedu.com 注册下载。

图书在版编目（CIP）数据

测控电路/李醒飞主编. —6版. —北京：机械工业出版社，2021.8
（2024.1重印）

"十二五"普通高等教育本科国家级规划教材

ISBN 978-7-111-68554-8

Ⅰ.①测… Ⅱ.①李… Ⅲ.①电气测量-控制电路-高等学校-教材 Ⅳ.①TM930.111

中国版本图书馆CIP数据核字（2021）第121203号

机械工业出版社（北京市百万庄大街22号　邮政编码100037）
策划编辑：吉　玲　责任编辑：吉　玲　张　丽
责任校对：张　征　封面设计：张　静
责任印制：郜　敏
中煤（北京）印务有限公司印刷
2024年1月第6版第5次印刷
184mm×260mm·20.5印张·504千字
标准书号：ISBN 978-7-111-68554-8
定价：59.80元

电话服务　　　　　　　网络服务
客服电话：010-88361066　机　工　官　网：www.cmpbook.com
　　　　　010-88379833　机　工　官　博：weibo.com/cmp1952
　　　　　010-68326294　金　书　网：www.golden-book.com
封底无防伪标均为盗版　机工教育服务网：www.cmpedu.com

前　言

当今的时代是智能化时代，而信息是智能化的基础，在工业和科技领域主要通过测量获取信息。在现代生产中，物质流和能量流在信息流指挥和控制下运动。测控技术已经成为现代生产和高科技中的一项必不可少的基础技术。为了适应这一发展需要，并培养适应智能化时代所需的创造性的人才，将整个仪器仪表类专业集中为"测控技术与仪器"一个专业，而"测控电路"是它的一门重要的专业基础课程。

测控系统主要由传感器（测量装置）、测量控制电路（简称测控电路）和执行机构三部分组成。在整个测控系统中电路是最灵活的部分，它具有便于放大、便于转换、便于传输、便于适应各种使用要求的特点。测控电路是实现测控系统的手段和方法，测控系统乃至整个机器和生产系统的性能在很大程度上取决于测控电路。

《测控电路》是根据1996年10月全国高等学校仪器仪表类教学指导委员会第一次会议决定，作为测控技术与仪器专业的规划教材，并根据随后拟定的教学大纲编写的。它可作为测控技术与仪器专业的教材，也可供机械工程类、自动化类等其他专业选用。本书除作为教材外，还可供有关科学研究和工程技术人员参考。

《测控电路》2002年获全国优秀教材二等奖，并先后入选国家级"十五""十一五""十二五"规划教材。第6版对全书进行了修订，更注重共性内容的讲解，拓宽适用面，与第5版相比，本书增加了传感器接口、测控电路中的抗干扰技术两章，将第5版的第8、9章合并为执行器控制与驱动电路，同时每个章节都做了少量的修改，旨在使本书内容更加简洁、准确。增加了课后习题，旨在培养学生创新思维与解决工程实际问题的能力。

全书共11章，第1章绪论，主要介绍测控电路的功用，介绍了运算放大器的一些基础知识，说明了测控电路是基于运算放大器的功能模块设计，以及基于功能模块的测量与控制系统实现，使学生对测控电路有一个总体概念。第2章讲述传感器的接口电路。第3章讲述信号放大电路，特别是低漂移、高共模抑制比以及测控系统中需要的其他高性能放大电路。信号与噪声的分离、各种信号的分离是测控技术中的一个重要问题。第4、5两章围绕这一命题讨论信号的调制、解调与信号分离电路（主要是滤波器）。为了完成各种复杂的测量与控制任务、实现高性能，常需对信号进行各种转换与运算。第6、7章介绍信号运算和转换电路，并通过对过程调节器电路的分析帮助学生理解它们在测控系统中的连接与作用。增量码传感器在大位移测量与各种可以转换为位移的测量中有广泛应用，细分与辨向是这类传感器应用的关键技术。第8章讲述信号细分与辨向电路。第9章介绍执行器控制与驱动电路。第10章介绍测控电路中的抗干扰技术。第11章讨论了动力调谐陀螺仪测量回路的设计与电路实现的方法，使学生对测控电路是实现测控系统的手段和方法有进一步的理解。

本书由天津大学李醒飞教授主编。参加编写的有（按章节的顺序）：天津大学李醒飞（编写第1、4、8、10、11章）、北京航空航天大学李立京（编写第2章）、天津大学赵美蓉

（编写第3章）、河北工业大学冉多纲（编写第5章）、哈尔滨工业大学崔天祥（编写第6章）、合肥工业大学胡毅（编写第7章）、重庆大学袁刚（编写第9章）。主审为天津大学张国雄教授。

　　由于我们水平有限，加之测控电路的发展十分迅速，很多方面跟不上形势的发展，不当之处与错误在所难免。恳请读者不吝赐教，对本书提出宝贵意见。

编　者

测控电路综合实验平台介绍

  为测控电路教学开发的"测控电路综合实验平台"，以理论教学核心知识点的运用为目的，将复杂的工程实际问题凝练为实验项目。综合实验平台的各电路模块对应本教材相应章节的核心内容，构建了以项目为链条的模块化的测控电路知识骨架。各模块电路既可单独使用，完成本教材涉及的六类基础实验，帮助学生理解测控电路原理，又可将各模块电路级联在一起构成闭环测量系统，进行闭环实验。同时引入面包板开放式的实验设计系统，学生可自行设计各模块电路接入闭环系统，极大地拓展了实验的纵向深度，搭建了一座基础实验和系统实验、理论知识与工程实际之间的桥梁，使学生能够在短时间内掌握闭环系统设计方法。详细内容请扫以下二维码：

测控电路综合实验平台介绍

目录

第1章 绪 论

导读

本章首先介绍了测控电路与电子学，测控电路与测控系统的关系，定义了测控电路是以运算放大器为核心的功能模块设计和以功能模块为基础的测控系统实现；进而介绍运算放大器的一些基础知识；最后介绍了本课程的性质、内容和学习方法。

本章知识点

- 测控电路与电子学
- 测控电路与测控系统
- 测控电路的输入信号与输出信号
- 运算放大器基础
- 测控电路课程的性质、内容与学习方法

测控电路是测量和控制电路的简称，为了学习好本课程，首先要弄清测控电路和电子学，测控电路和测控系统的关系。本章通过阐述测控电路在电路设计中的层次，说明为什么在学习模拟电路与数字电路后还要学习测控电路。定义了测控电路是以运算放大器为核心的功能模块设计，突出运算放大器在测控电路设计中的重要地位，并介绍了运算放大器的一些基础知识。测控电路的类型与组成在很大程度上与输入、输出信号相关。通过阐述对测控电路的输入、输出信号特征，让学生明确应该着重从哪些方面理解、掌握与设计测控电路。学生不仅应该掌握测控电路基本模块的设计，还应该了解电路的发展趋势。本章最后说明学习本课程的方法。

1.1 测控电路与电子学

通常按四个抽象化的层次来区分电路的设计，由低到高分别为晶体管器件设计，晶体管电路设计，功能模块设计和系统设计，如图 1-1 所示。关于晶体管器件的设计大都是从薛定谔波动方程式开始引出费米能级进行讲解的，这远远超出了初学者理解的晶体管电路导通或截止的水平（模拟电路水平）。

晶体管电路设计的相关内容在模拟电路中进行过讲解，即使学习的时候理解了书中的内容，在实际电路的设计时也很难立即运用。

测控电路设计相当于图 1-1 所示的功能模块设计，是从概念转到具体设计的初始部分。将概念分成功能模块，并要实现所要求的功能，需要使用运算放大器等功能器件进行设计。这种级别的设计适当进行了抽象化，使用的器件可以考虑与半导体物性无关的理想功能器件。

系统级的设计是概念设计，需要高度抽象化的理论。这要将用户的要求翻译成电气术语，并将要求的规格进行归纳之后开始设计。具体的设计内容随对象不同而异。

我们可以说，测控电路是以运算放大器为核心的功能模块设计和以功能模块为基础的测控系统实现。从运算放大器电路设计开始学习，是掌握模拟电路设计技术的捷径。

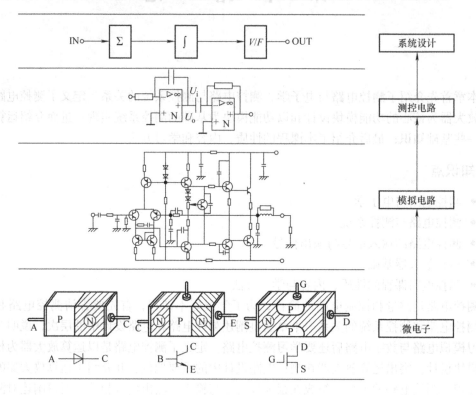

图 1-1　电路抽象化设计水平

1.2　测控电路与测控系统

测控系统是测量和控制系统的简称，测控电路是实现测控系统最为常用的手段和方法。测控系统的精度通常由测控电路的特性来决定。

测控系统主要由传感器（测量装置）、测控电路和执行机构三部分组成，如图 1-2 所示。传感器是敏感元件，它的功能是探测被测参数的变化。但是，传感器的输出信号一般都很微弱，还可能伴随着各种噪声，需要用测控电路将它放大，剔除噪声、选取有用信号，按照测量与控制功能的要求，进行所需演算、处理与变换，输出能控制执行机构动作的信号。在整个测控系统中，电路是最灵活的部分，它具有便于放大、变换、传输、适应各种使用要求的特点。测控电路在整个测控系统中起着十分关键的作用。测控系统、乃至整个机器和生产系统的性能在很大程度上依赖于测控电路。

图 1-2　测控系统的组成

1.3 测控电路的输入信号与输出信号

测控电路的输入信号是由传感器送来的。随着传感器类型的不同，输入信号的类型也随之而异。主要可分为模拟信号与数字信号。测控电路的输出通常送到显示机构、执行机构或计算机。根据显示机构的不同，输出信号也可能为模拟信号与数字信号，分别实现模拟显示或数字显示。根据所选用的执行机构不同，也可能要求测控电路输出模拟或数字信号。计算机一般来说要求数字信号输入，但不少情况下将模/数转换板插在计算机内，这时输入到计算机的是模拟信号。实际中可以将计算机看作是测控电路的延伸。

1.3.1 模拟信号

模拟信号可分为非调制信号与已调制信号。

1.3.1.1 非调制信号

非调制信号是指测控电路的输入信号 2 的大小、波形直接与被测量 1 的大小、波形相对应，或者测控电路的输出信号 2 的大小、波形直接与执行、显示机构最终输出信号 1 相对应，如图 1-3 所示。一般要求 2 与 1 之间具有较好的线性关系。

利用压电传感器测量作用在物体上的力和利用热电偶测量温度时，传感器的输出信号，也即测控电路的输入信号为非调制模拟信号。以磁电式电表、示波

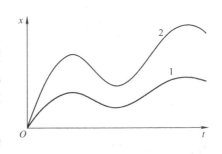

图 1-3 非调制信号

器、笔式记录器作显示机构、以直流电动机为执行机构时，都要求测控电路的输出信号为非调制信号。

1.3.1.2 已调制信号

为了提高信号的抗干扰能力，往往需要对信号进行调制。在精密测量中希望从信号一形成就成为已调制信号，因此常在传感器中进行调制。如图 1-4 所示用电感传感器测量工件轮廓形状时，若工件轮廓按图 1-5a 所示曲线变化，则传感器的输出信号的幅值随工件轮廓形状变化，输出信号的波形如图 1-5c 所示，这是一个幅值按被测轮廓调制的已调制信号，称为调幅信号（amplitude modulated signal）。信号的频率由传感器供电频率确定，这一频率称为载波频率（carrying frequency），具有载波频率的高频信号（见图 1-5b）称为载波信号（carrying signal），用以对载波信号进行调制的信号称为调制信号（modulating signal），而调制后的信号称为已调制信号（modulated signal）。

用应变片测量梁的变形，并将应变片接入交流电桥。这时电桥的输出也是调幅信号，载波信号的频率为电桥供电频率，电桥输出信号的幅值为应变片的变形所调制。

除了对信号的幅值进行调制外，还可以对它的相位、频率进行调制，调制后的信号分别称为调相和调频信号。还可以对脉冲的宽度进行调制，脉冲的宽度受到调制的信号称为脉冲调宽信号。这些将在第 4 章详细介绍。

根据受控的执行机构需要，在某些情况下要求测控电路输出已调制信号。例如，交流伺服电动机的转速与控制电路输出信号的幅值成正比，控制电路输出的是调幅信号。用脉冲宽

度控制的电动机需要脉冲调宽信号。

4

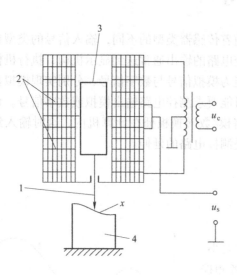

图1-4 用电感传感器测量工件轮廓形状
1—测杆 2—线圈 3—磁心 4—被测件

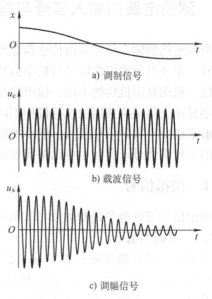

a) 调制信号

b) 载波信号

c) 调幅信号

图1-5 调幅信号

1.3.2 数字信号

1.3.2.1 增量码信号

采用光栅、激光干涉法等测量位移时传感器的输出为增量码信号。图1-6是迈克尔逊激光干涉仪光路，由激光器1发出的准直光经分光镜2分成两路，一路经分光镜2反射由参考反射镜3返回，另一路透过分光镜2，由安装在被测工作台5上的靶标反射镜4反射返回。在分光镜2处两路光重新汇合形成干涉。工作台5每移动半个波长，干涉条纹变化一个周期。光电器件6将干涉条纹的变化转换为电信号。这里不是根据光电信号的强弱确定被测工作台5的位移，而是根据光电信号的变化周期数确定工作台5的位移量 ΔL。

与这一类传感器连接的测量电路输入信号为增量码信号。增量码信号的特点是被测量值的增量与传感器输出信号的变化周期数成正比。对输出模拟信号的传感器，传感器输出在输出非调制信号情况下，信号的波形随被测量变化；在输出调幅信号情况下，信号包络线的波形随被测量变化。而增量码信号的波形不由被测量值或其增量决定，这是它与模拟信号的主要区别。

采用步进电动机为执行机构时，电动机的转角由输入的脉冲数决定，这时要求测控电路输出增量码数字信号。

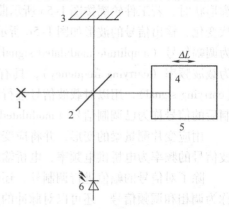

图1-6 迈克尔逊激光干涉仪光路
1—激光器 2—分光镜 3—参考反射镜
4—靶标反射镜 5—被测工作台 6—光电器件

1.3.2.2 绝对码信号

增量码信号是一种反映过程的信号，或者说是一种反映变化增量的信号。它与被测对象的状态并无一一对应的关系。信号一旦中断，就无法判断物体的状态。绝对码信号是一种与状态相对应的信号。图 1-7 所示为一码盘，它的每一个角度方位对应于一组编码，这种编码称为绝对码。与绝对码传感器相连接的测量电路输入信号为绝对码信号。绝对码信号有很强的抗干扰能力，不管中间发生了什么情况，干扰去掉后，一种状态总是对应于一组确定的编码。

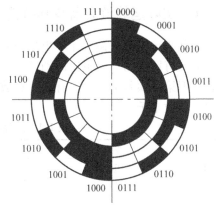

图 1-7 码盘

绝对码信号在显示与打印机构中有广泛的应用。显示与打印机构根据测控电路的译码器输出的编码显示或打印相应的数字或符号。在一些随动系统中，执行机构根据测控电路输出的编码使受控对象进入相应状态。这些都是要求测控电路输出绝对码信号的例子。

1.3.2.3 开关信号

开关信号可视为绝对码信号的特例，当绝对码信号只有一位编码时，就成了开关信号。开关信号只有 0 和 1 两个状态。与行程开关、光电开关、触发式测头相连接的测控电路，其输入信号为开关信号。

当执行机构只有两种状态时，如电磁铁、开关等，常要求测控电路输出开关信号。

1.4 运算放大器基础

运算放大器（Operational Amplifier，OA）是在 20 世纪 40 年代作为模拟计算机功能开发出来的。图 1-8 是运算放大器的电路符号，也用三角形表示，左端两个输入端，右端为输出端，两个输入端中标有"＋"号的为同相输入端，标有"－"号的为反相输入端。运算放大器有三个基本参数，分别为电压增益，输入阻抗和输出阻抗。

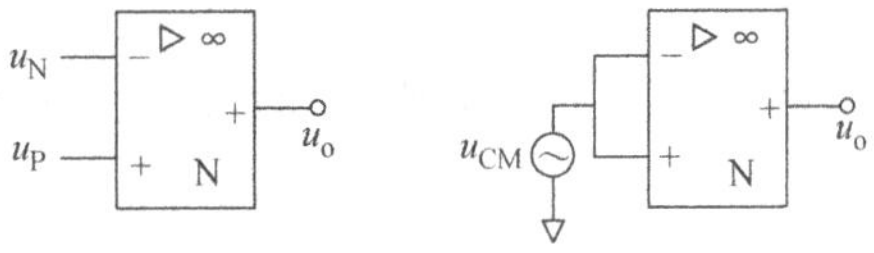

a) 差分输入　　　　b) 共模输入

图 1-8 运算放大器的电路符号

运算放大器只对其两个输入端的信号差响应，又称为差分放大器。$u_D = u_P - u_N$，称为差分输入电压，增益 a_{DM} 称为无载（差模）增益，输出无加载时，输出为

$$u_o = a_{DM} u_D = a_{DM}(u_P - u_N), a_{DM} = \frac{u_o}{u_{DM}}$$

若运算放大器在共模输入信号 u_{CM} 的作用下，输出信号为 u_o，则运算放大器的共模增益 a_{CM} 可表示为

$$a_{CM} = \frac{u_o}{u_{CM}}$$

运算放大器的共模拟制比 CMRR 可表示为差模增益和共模增益之比，通常用 dB 表示。

1.4.1 实际运算放大器及其特性

通常将运算放大器看作理想状态下的运算放大器，而实际使用的运算放大器与理想运算放大器是有区别的，其主要区别见表1-1。由表可知，1~4项的理想特性与实际特性还比较接近，但第5项差别很大。有的运算放大器的带宽只有10Hz，即使是通带较宽的运算放大器也只有数十千赫。

表1-1 运算放大器的理想和实际特性区分

序号	参数名称	理想	实际
1	差模增益	∞	90~100dB 以上
2	共模增益	0	0dB 以上
3	输入阻抗	∞	100kΩ~数兆欧
4	输出阻抗	0	10Ω~数百欧
5	带宽	0~∞	0~10Hz（或 0~10kHz）

1.4.2 运算放大器的失调及其补偿

1.4.2.1 输入偏置电流与输入失调电流

普通运算放大器的输入端子都是晶体管的基极，输入端有直流偏置电流 I_N、I_P 流过。在电阻反馈的情况下，将有源输入都置零，可得到等效电路如图1-9所示。

无外加信号时，I_N、I_P 始终存在，I_N 直接在输出端产生 $I_N R_2$ 的电压变化，I_P 在 R_3 两端产生 $I_P R_3$ 的压降，相当于作用在同相端的输入电压，所以在输出端产生的误差 u_o 为

$$u_o = -\left(1 + \frac{R_2}{R_1}\right)I_P R_3 + I_N R_2 = \left(1 + \frac{R_2}{R_1}\right)\left[(R_1 /\!/ R_2)I_N - R_3 I_P\right]$$

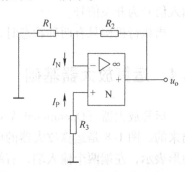

图1-9 电阻反馈下直流偏置
电流 I_N、I_P 引起的误差

将两电流的均值称为运算放大器的输入偏置电流 I_B：

$$I_B = \frac{I_P + I_N}{2}$$

并将它们的差值称为运算放大器的输入失调电流 I_{os}：

$$I_{os} = I_P - I_N$$

则放大器输入端的电流可以表示为

$$I_P = I_B + \frac{I_{os}}{2} \qquad I_N = I_B - \frac{I_{os}}{2}$$

因此，u_o 与 I_B、I_{os} 的关系可以表示为

$$u_o = \left(1 + \frac{R_2}{R_1}\right)\left\{\left[(R_1 /\!/ R_2) - R_3\right]I_B - \left[(R_1 /\!/ R_2) + R_3\right]\frac{I_{os}}{2}\right\}$$

观察可以得知，如果选择 $R_3 = R_1 /\!/ R_2$，输入偏置电流被完全补偿，可以得到

$$u_o = -\left(1 + \frac{R_2}{R_1}\right)(R_1 /\!/ R_2)I_{os}$$

因此，为了减小输入失调电流对输出失调电压的影响，反馈电阻 R_2 不能取得太大，而电阻值选择过小会增加功率耗散，R_2 通常取 $10 \sim 100\text{k}\Omega$。

1.4.2.2 输入失调电压

对理想运算放大器，输入电压为零，输出电压也必然为零。然而，实际运算放大器中，前置级的差动放大器并不一定完全对称，必须在输入端加上某一直流电压后才能使输出为零，这一直流电压便称为输入失调电压。当输入为零时输出不为零，这时输出端的电压称为输出失调电压。

将输入失调电压等效为一个位于同相端的信号源，那么无失调的运算放大器对于输入失调电压相当于一个同相放大器。如图 1-10 所示，当电路中为电阻反馈时，可以得到由输入失调 u_{os} 造成的输出失调误差为

$$u_{\text{o}} = \left(1 + \frac{R_2}{R_1}\right)u_{\text{os}}$$

由上式可知，输入失调电压相同的情况下，增益 $1 + \dfrac{R_2}{R_1}$ 越大，输出失调电压越大，所以失调电压的调整很重要。这种失调电压随时间和温度而变化，即零点在变动，常称零点漂移。除此之外，还可以将共模抑制比（Common Mode Rejection Ratio，CMRR）、电源抑制比（Power Supply Rejection Ratio，PSRR）、输入摆动引起的输出误差的变化等，也划归为输入失调电压中。

输入总失调电压可表示为

$$u_{\text{os}} = u_{\text{os0}} + \text{TC}(U_{\text{os}})\Delta T + \frac{1}{\text{CMRR}}u_{\text{icm}} + \frac{1}{\text{PSRR}}\Delta U_{\text{S}} + \frac{\Delta u_{\text{o}}}{a}$$

式中，u_{os} 为输入总失调电压；u_{os0} 为初始输入失调电压，是失调电压在某个工作点处的值；$\text{TC}(U_{\text{os}})$ 为失调电压随温度变化的系数；u_{icm} 为运算放大器的共模输入电压；ΔU_{S} 为供电电源 U_{S} 的变化；a 为运算放大器的开环增益；Δu_{o} 为输出电压的摆动。

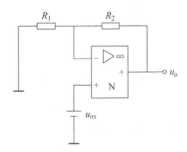

图 1-10 电阻反馈下输入失调电压 u_{os} 产生的输出误差

1.4.2.3 输入失调电压和输入失调电流的调整

当通过同相端电阻的设置抵消输入偏置电流的影响，输入失调电压 u_{os} 和输入失调电流 I_{os} 同时作用于运算放大器时，输出误差的表达式为

$$u_{\text{o}} = \left(1 + \frac{R_2}{R_1}\right)\left[u_{\text{os}} - (R_1 /\!/ R_2)I_{\text{os}}\right]$$

不同的运算放大器输出误差补偿有不同的调整方法，可分为内部调整和外部调整两种方法。

（1）外部调整法 有些运算放大器本身没有输入失调电压和输入失调电流的调整端子，而由外部把调整电压接到运算放大器的某一输入端，如图 1-11 所示。图 1-11a 把调整电压加至反相输入端，并接入电阻 R_4 和电位器 RP 进行零点调整。调整电压 u_{a} 的大小由下式计算：

$$u_{\text{a}} = \frac{R_1 R_2}{R_4 R_1 + R_4 R_2 + R_1 R_2}U$$

8

式中的 U 通常为数伏。而调整电压 u_a 通常只有数毫伏。所以 R_4 的大致范围为

$$R_4 = \frac{R_1 R_2}{R_1 + R_2} \times 1000$$

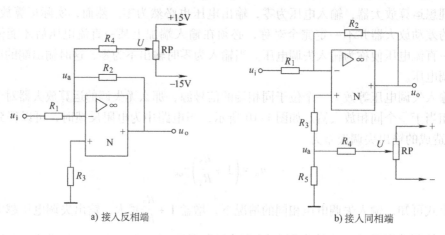

a) 接入反相端　　　　　　　　b) 接入同相端

图 1-11　外部调整失调的方法

图 1-11b 是把调整电压加至同相输入端进行零点调整的，调整电压 u_a 加在 R_5 的两端，所以 u_a 为

$$u_a = \frac{U R_5}{R_4 + R_5}$$

若调整范围在 10mV 以内，则可取 $R_4 = R_5 \times 10^3$。

为了使 R_5 两端产生的电压不影响其他回路，R_5 的值应尽可能取小些。

（2）内部调整法　许多线性集成运算放大器设有调整失调的端子，常用的有如图 1-12 所示的四种方式。

失调补偿应用举例：如图 1-11b 所示，采用接入同相端的调整方法，其中的放大器采用 μA741，图中的正负端分别接 +15V 和 −15V，电路的增益为 $A = -10\text{V/V}$，输入电阻 $R_i = 20\text{k}\Omega$，求能够有效调节失调误差的电阻值（μA741 的最大输入失调电流 $I_{os} = 200\text{nA}$，最大输入失调电压 $U_o = 6\text{mV}$）。

由反相放大电路的特点可知 $R_1 \approx R_i = 20\text{k}\Omega$，由增益关系可得 $R_2 = 10 R_1 = 200\text{k}\Omega$，$R_3 = R_5 = R_1 /\!/ R_2 = 18.2\text{k}\Omega$。故令 $R_3 = 18\text{k}\Omega$，$R_5 = 200\Omega$。输入失调电压和输入失调电流造成的等效输入误差 $E_i = |U_{os}| + (R_1 /\!/ R_2) |I_{os}| = 9.64\text{mV}$。为了保证电路的可靠性，令 $-20\text{mV} \leqslant u_a \leqslant 20\text{mV}$，当滑动触头在最上时，有 $\dfrac{R_5}{R_5 + R_4} = \dfrac{20\text{mV}}{15\text{V}}$，解得 $R_4 = 749 R_5 \approx 150\text{k}\Omega$。考虑加载效应，$R_{RP} \ll R_4$，故取 $R_{RP} = 15\text{k}\Omega$。

1.4.3　运算放大器的转换速率和最大不失真频率

转换速率 SR 是指运算放大器的输入信号为高频正弦波，而输出呈三角波时，其三角波的斜率，并用 V/μs 表示。通常，运算放大器出厂时都标明这一参数，它表示了输出电压能

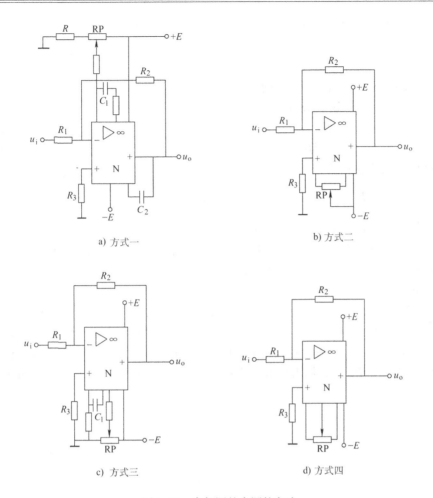

a) 方式一

b) 方式二

c) 方式三

d) 方式四

图 1-12 内部调整失调的方法

够跟踪输入电压的能力。通常转换速率 SR 可用式 (1-1) 表示：

$$SR = \frac{\Delta u}{\Delta t} \qquad (1-1)$$

若输出信号为正弦波 $u = U_m \sin\omega t$，这时 u 的最大变化速率为

$$\left.\frac{du}{dt}\right|_{max} = \omega U_m = 2\pi f U_m$$

为使输出信号不失真，$du/dt|_{max}$ 的值应小于或等于转换速率 SR，所以

$$f_{max} = \frac{SR}{2\pi U_m}$$

由此可知，最大不失真频率 f 随信号幅值的增加而减小。

1.4.4 运算放大器的振荡与相位补偿

绝大部分运算放大器都用于反馈状态，如图 1-13 所示。图中 u_o 为放大器的输出电压，u_f 为反馈电压，β 为反馈率，u_i 是闭环放大器的输入电压，u_{io} 是开环放大器的输入电压，即

集成块的输入电压。由图 1-13 可知：

$$u_f = \beta u_o$$

$$u_{io} = u_i + u_f = u_i + \beta u_o$$

若运算放大器的开环放大倍数为 K，则

$$u_o = K(u_i + \beta u_o)$$

从而

$$u_o = \frac{Ku_i}{1 - K\beta}$$

于是可得闭环放大倍数 K_f 为

$$K_f = \frac{K}{1 - K\beta} \qquad (1-2)$$

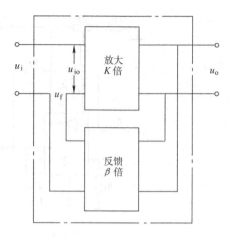

图 1-13 具有反馈的运算放大器

由式（1-2）可知，当 $K\beta \to 1$ 时，$K_f \to \infty$。在负反馈放大器中，若输出与输入之间的相移达到 $180°$ 时，便产生自激振荡。避免这种自激振荡的最好办法是在运算放大器的适当位置加 RC 补偿网络。

如图 1-14a 所示，把振荡器连接到 RC 网络并增大频率 f，一旦频率增加到某一值 f_p 时，增益开始下降。由图 1-14b 可知，当 $f = 0.1f_p$ 时，输入与输出之间出现明显相移；当 $f = f_p$ 时，相位滞后为 $45°$；当 $f = 10f_p$ 时，相位滞后接近 $90°$。此后，频率继续增加，相位滞后基本不再变化，呈水平状态。f_p 称为该 RC 回路的转折频率，并可由式（1-3）表示：

$$f_p = \frac{1}{2\pi RC} \qquad (1-3)$$

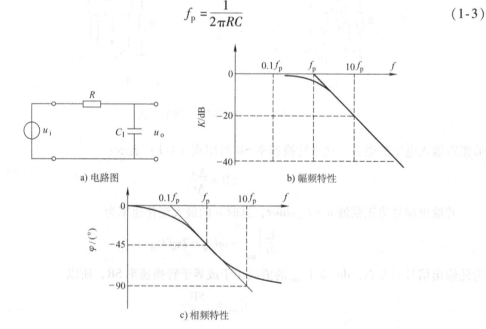

图 1-14 运算放大电路的频率特性

在电路中经常存在 RC 网络，与运算放大器结合使用时会产生振荡。由于运算放大器通常使用在负反馈状态，本来就有 $180°$ 的相位差，再加上外接和内部电路的 RC 网络，有可能出现 $360°$ 的相位差，使电路振荡。如图 1-15 所示，外接的输入电阻 R_1 和运算放大器的输入

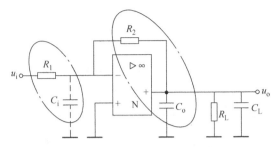

图 1-15 由 RC 组合网络引起的振荡

电容 C_i，以及反馈电阻 R_2 与运算放大器的输出电容 C_o 形成两级 RC 网络，如果再加上其他电路的相位差，便会使回路振荡。

在图 1-16 中，RC 网络采用与图 1-14 相反的连接方式，输出信号的相位超前于输入信号 90°，从 $0.1f_z$ 起超前角开始衰减，当 $f=f_z$ 时，超前角为 45°，当 $f=10f_z$ 时，超前角接近零。对于相位超前的电路其转折频率为 f_z。它和相位滞后环节的情况相反，将这两种 RC 网络适当组合，可以防止产生振荡。

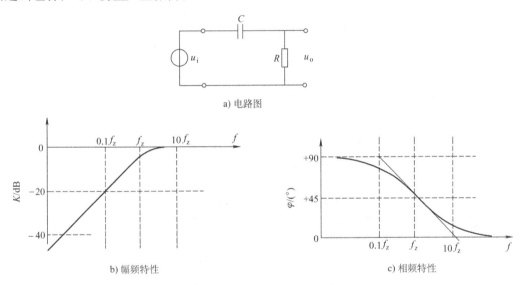

a) 电路图

b) 幅频特性　　　　　　　　　c) 相频特性

图 1-16 相位超前环节的频率特性

图 1-17 是几种相位补偿电路。图 1-17a 中为了防止由于 R_1C_i 引起的振荡，在反馈电阻两端接入电容 C_2。C_2 的大小可用下式表示：

$$C_2 = C_i \frac{R_1}{R_2}$$

图 1-17b 表示的是由电容性负载的电容量 C_L 和运算放大器输出电阻而产生振荡的情况。这时，可把 C_2 接在运算放大器的反相输入端和输出端之间。在电容性负载不能直接和运算放大器输出端相连而需接 R_o 的场合，C_2 应接在 R_o 之前。

由于运算放大器内部是由许多级放大器构成的，所以一般都有内部相位补偿网络和外接相位补偿网络两种。外接相位补偿电容时，图 1-17c 中补偿电容 C_1、C_2 和增益的关系见表 1-2。

12

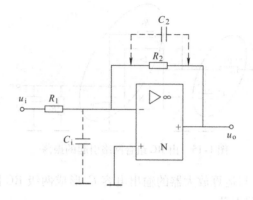

a) 补偿原理

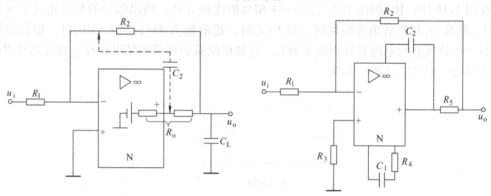

b) 有容性负载时的接法

c) 补偿电容的实用接法

图 1-17 相位补偿电路

表 1-2 补偿电容和增益的关系

R_2/R_1	C_1/pF	C_2/pF	$R_4/\text{k}\Omega$
1000	10	3	0
100	100	3	1.5
10	500	20	1.5
1	5000	200	1.5

1.4.5 噪声的基础知识

从广义上讲，噪声就是干扰有用信号的某种不希望的扰动。通常，把外部来的称为干扰，把内部产生的称为噪声。

噪声是一个随机过程，而随机过程有其功率谱密度函数。噪声功率指的是 1Ω 电阻中噪声电压或噪声电流所消耗的功率。由于噪声的随机性，噪声功率通常分布在整个频谱上，因此对噪声表征的测量结果必须说明所处的频带。一般来讲，噪声功率依赖于频带宽度和频带在整个频谱所处的位置。可以根据噪声功率谱密度函数的形状，将噪声分为白噪声和有色噪声两种。所谓白噪声是指噪声的波形是随机的，即它的幅值、相位、频率都是随机的，其瞬时值不能预测。但每赫带宽内包含的噪声功率即功率谱密度,从统计观点来看是一个常量,例如从 1~2Hz 带宽内的噪声功率等于 1000~1001Hz 带宽内的噪声功率。有色噪声是指功率谱密度函数的形状不平坦,通常的接地噪声是一种有色噪声。

1.4.5.1 噪声的种类与性质

电子电路中常见的固有噪声有热噪声、低频噪声和散弹噪声三种。下面分别进行讨论。

1. 热噪声

热噪声是由导体中的电荷载流子的热激振动引起的噪声,它是一种白噪声。处于绝对零度以上的任何导体中,都存在着电子的随机运动,这种运动与温度有关。电子的随机运动在导体中产生很多电流脉冲,尽管这些脉冲电流的平均值为零,但方均值电压 $U_t^2(t)$ 不为零,它表示噪声是随时间 t 变化的。$U_t^2(t)$ 可用式(1-4)表示:

$$U_t^2(t) = 4kTRB \tag{1-4}$$

同理,噪声电压的方均根值的表达式为

$$U_t(t) = \sqrt{4kTRB}$$

式中,k 为玻耳兹曼常数,$k = 1.38 \times 10^{-23} \mathrm{J/K}$;$T$ 为导体的热力学温度(K);B 为测量系统的噪声带宽(Hz);R 为导体的电阻或阻抗的实部(Ω)。

例如,在室温(290K)下,$R = 1000\Omega$,$B = 1\mathrm{Hz}$,则可求得 $U_t(t) = 4\mathrm{nV}$,即每赫带宽内噪声电压的方均根值等于 4nV。

对电子电路进行噪声分析时,可以用一个数值等于 $U_t(t)$ 的噪声电压发生器和一个无噪声的电阻 R 串联组成的等效电路来代替,如图 1-18 所示。

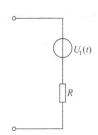

图 1-18 热噪声的等效电路

2. 低频噪声

低频噪声是一种与晶体管表面的状态以及 PN 结的漏电流有关的噪声。由于噪声电压的方均值与频率的大小成反比,故又称为 $1/f$ 噪声。因为晶体管中一部分载流子要在晶体管的表面产生与复合,而这种产生与复合又决定于表面状态。所以在晶体管制造过程中,表面的清洗腐蚀和其他清洁处理的不完善,对 $1/f$ 噪声有很大影响。根据实验,低频噪声电压的方均值可用式(1-5)表示:

$$U_f^2(t) = k_1 I^a f^{-b} \tag{1-5}$$

式中,k_1 为与材料有关的常量,其量纲与 a、b 有关;I 为工作电流(A);a、b 为由实验确定的常数,对各种半导体,$b = 0.8~1.5$,a 通常为 1;f 为工作频率(Hz)。

一般,频率低于 1kHz 时,低频噪声起很大作用,特别是绝缘栅型 MOS 场效应晶体管更为明显,所以选用绝缘栅型 MOS 场效应晶体管作调制式前置放大器时,调制频率不应选得太低,至少应高于 1kHz。

3. 散弹噪声

流过二极管、晶体管位垒层的载流子不是连续的,而是脉冲性质,这种脉冲电流的平均值为零,但电流的方均根值不为零,且可用式(1-6)表示:

$$I_{sh} = \sqrt{2qI_{DC}B} \tag{1-6}$$

式中，q 为电子电荷，$q = 1.59 \times 10^{-19}$ C；I_{DC} 为直流电流（A）；B 为测量系统的噪声带宽（Hz）。

由式（1-6）可知，散弹噪声电流的方均根值正比于 $B^{1/2}$，与频率的大小无关，即每赫带宽内含有相等的噪声功率，所以它也是一种白噪声。

晶体管正偏结的散弹噪声电压等于散弹噪声电流 I_{sh} 和发射结电阻 r_e 的乘积。由于

$$\frac{1}{r_e} = \frac{\partial I_e}{\partial U_{be}} = \frac{\partial\left[I_s\left(e^{\frac{U_{be}q}{kT}} - 1\right)\right]}{\partial U_{be}} \approx \frac{I_e q}{kT} \left(\text{在放大区工作时，} e^{\frac{U_{be}q}{kT}} \gg 1\right)$$

所以

$$U_{sh} = I_{sh}r_e = \sqrt{2qI_eB}\frac{kT}{qI_e} = kT\sqrt{\frac{2B}{qI_e}}$$

式中，k 为玻耳兹曼常数；T 为热力学温度（K）；B 为测量系统的噪声带宽（Hz）；I_e 为晶体管射极电流（A）；I_s 为反向饱和电流（A）；U_{be} 为基极和射极之间的结电压（V）。

散弹噪声的等效电路可用一个数值为 I_{sh} 的噪声电流源和一个无噪声的发射结电阻 r_e 的并联回路来代替，如图1-19所示。

1.4.5.2　处理放大器噪声的方法

1. 等效输入噪声

在分析放大器噪声时，常把放大器看成是无噪声的方框，而放大器的噪声用与输入端串联的噪声电压发生器 $U_n(t)$ 和与输入端并联的电流发生器 I_n 来表示。信号源的热噪声用噪声发生器 $U_t(t)$ 来表示，如图1-20所示，图中 U_s 是信号源，R_s 是信号源内阻。

由于把放大器的噪声全部折算到放大器的输入端，所以能和信号电平直接进行比较，容易看出噪声的危害程度。在

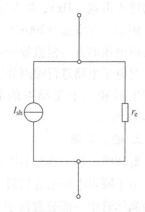

图1-19　正偏 PN 结的散弹
噪声等效电路

分析放大器时，常用一个等效噪声电压 $U_{ni}(t)$ 来代替三个噪声源 $[U_t(t)、U_n(t)$ 和 $I_n]$。若图1-20所示的三个噪声电压是非相关的，则输入端的等效噪声电压方均值 $U_{ni}^2(t)$ 可用式（1-7）表示：

$$U_{ni}^2(t) = \frac{[U_n^2(t) + U_t^2(t)]Z_i^2 + I_n^2 Z_i^2 R_s^2}{(R_s + Z_i)^2} \tag{1-7}$$

式中，$U_n(t)$ 为放大器各级电压噪声折算到输入端的等效值；I_n 为放大器各级电流噪声折算到输入端的等效值；$U_t(t)$ 为加到放大器输入端的热噪声，通常是传感器内阻的热噪声。

当放大器的输入阻抗 Z_i 远大于信号源内阻 R_s（$Z_i \gg R_s$）时，上式可简化为

$$U_{ni}^2(t) = 4kTR_sB + U_n^2(t) + I_n^2 R_s^2 \tag{1-8}$$

式（1-8）中的第一项和第三项都与 R_s 有关，所以放大器输入端的等效噪声电压 $U_{ni}(t)$ 的值除与放大器本身的参数有关外，还与信号源内阻 R_s 的大小有很大关系。当 $R_s = 0$ 时，

$U_{ni}^2(t) = U_n^2(t)$；当 R_s 足够大时，$U_{ni}^2(t) \approx I_n^2 R_s^2$。等效噪声电压 $U_{ni}(t)$ 和 R_s 的关系如图 1-21 所示。

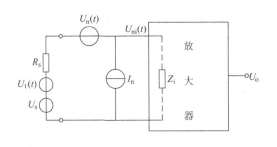

图 1-20　放大器的噪声模型

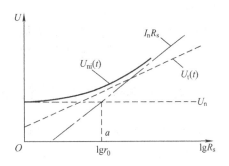

图 1-21　等效噪声电压与源电阻的关系

2. 噪声系数

噪声系数也叫噪声因数，是放大器输入端信噪比与输出端信噪比的比值。所谓信噪比是指信号有效功率 S 对噪声有效功率 N 的比值，所以信噪比通常用 S/N 表示。而噪声系数用 F 表示，其表达式为

$$F = \frac{(S/N)_i}{(S/N)_o} \quad \left(= \frac{\text{输入信噪比}}{\text{输出信噪比}} \right) \tag{1-9}$$

噪声系数是度量放大器在放大过程中信噪比恶化程度的指标。理想放大器的 $F = 1$，即放大器除源电阻外没有其他噪声。利用 F 可以直接比较不同放大器的性能。信号放大器的设计者应采取一切措施，减小噪声系数 F。

3. 最小噪声系数和最佳源电阻

由式（1-9）可知

$$F = \frac{S_i/N_i}{S_o/N_o} = \frac{S_i N_o}{N_i S_o} = \frac{N_o}{K_f N_i} \tag{1-10}$$

式中，K_f 为放大器的功率放大倍数，$K_f = S_o/S_i$。

$N_o/K_f = U_{ni}(t)$ 是放大器等效输入噪声。N_i 是输入到放大器的噪声，这里便是源电阻的热噪声。所以根据式（1-8）和式（1-10），可得噪声系数为

$$F = \frac{U_{ni}^2(t)}{U_t^2(t)} = \frac{4kTR_s B + U_n^2(t) + I_n^2 R_s^2}{4kTR_s B}$$

$$= \left[1 + \frac{I_n U_n(t)}{2kTB} \right] + \frac{\left[I_n \sqrt{R_s} - U_n(t)/\sqrt{R_s} \right]^2}{4kTB}$$

$$= \left[1 + \frac{I_n U_n(t)}{2kTB} \right] + \frac{U_n^2(t) \left(\sqrt{R_s}/r_0 - 1/\sqrt{R_s} \right)^2}{4kTB}$$

式中，$r_0 = U_n(t)/I_n$ 为等效噪声电阻。

要使噪声系数 F 达到最小值，必须使右边第二项为零，此时得到 $R_s = r_0$，即当信号源内阻与等效噪声电阻 r_0 相等时，噪声系数 F 为最小值，并为

$$[F]_{min} = 1 + \frac{I_n U_n(t)}{2kTB}$$

这一关系还可用图 1-21 来说明。当 R_s 很小时，热噪声 $U_t(t)$ 很小，F 很大。随着 R_s 的增加，F 减小，当 $R_s = r_0$ 时（图中 a 点），F 为最小值，当 R_s 继续增加时，$I_n^2 R_s^2$ 项比例越来越大，所以 F 继续增大。

信号源电阻 $R_s = r_0$ 时的值称为最佳源电阻，它是设计低噪声放大器的一个重要参数。最佳源电阻的值完全由放大器的噪声模型（$U_n - I_n$）决定，与放大器的输入阻抗无直接联系。

1.5 测控电路课程的性质、内容与学习方法

本课程是测控技术及仪器专业的一门专业课。通过本书的学习使学生熟悉怎样运用电子技术来解决测量与控制中提出的问题。它不是一般意义上电子技术课的深化与提高，而要着重讲清，如何在电子技术与测量、控制之间架起一座桥梁，实现二者之间语言的沟通。学会如何在测量和控制中运用电子技术，如何与光、机、计算机紧密配合，实现测控的总体思想。围绕精、快、灵、可靠和测控任务的其他要求来选用电路、设计电路，合理划分测控电路内部各个功能块的任务，确定如何互相配合。各种电子器件和集成电路的工作原理、构成在《模拟和数字电子技术》中讲述，本书只关注它们的外特性，讲述其应用，如何构成所需的功能电路。

由于传感器离开它的基本转换电路难以讲清其工作原理、性能特点，所以与传感器紧密相连的基本转换电路在"传感器"课程中讲授，由传感器送到测控电路的信号已是电压、电流或频率、相位、脉宽信号。有关计算机和软件的知识在"微机原理及应用""计算机软件基础""程序设计语言"课程中讲授。本书只介绍有关功能电路与微机接口中需注意的问题。自动控制理论、测控系统的总体设计在"自动控制原理""信号与系统"和"控制技术与系统"等课程中讲授，本书着重介绍它们的功能电路。

由于由传感器输入的信号一般很微弱，电路应该尽可能减小对输入信号的加载效应，本书第 2 章简述传感器接口电路，第 3 章讲述放大电路，特别是低漂移，抗干扰以及测控电路中要求的其他高性能的放大电路。信号与噪声的分离、各种信号的分离是测控技术中的一个重要问题，第 4、5 章围绕这些问题讨论信号的调制、解调与信号分离电路（主要是滤波器）。为了完成各种复杂的测量与控制任务、实现高性能，常需对信号进行各种转换与运算，第 6、7 章介绍信号运算和转换电路。增量码传感器在大位移测量与各种可以转换为位移的测量中有广泛应用，细分与辨向是这类传感器应用的关键技术，第 8 章讲述信号细分与辨向电路。第 9 章分别讨论常用的信号控制电路。第 10 章讲述了测控电路中的干扰和所采用抗干扰的方法。第 11 章结合一些典型的闭环测量系统，讲解测控电路设计总体思想，以期提高学生解决工程实际问题和创新能力。

由于科学技术的飞快发展，使得我们在书中只能介绍最基本的内容。本书安排了一定数量的思考题与习题，其目的是帮助学生更好地理解本书核心内容，培养学生的自学能力。

本课程是一门实践性很强的课程。在学习理论的同时，要求学生通过实验掌握合理选择和使用常用电子仪器、测绘电路、调试电路，分析电路、测试电路性能并能排除简单故障，通过实验加深对理论知识的理解。

思考题与习题

1-1 测控电路在整个测控系统中起着什么样的作用？

1-2　电路设计抽象化水平由低到高分为几个层次？测控电路设计在哪个层次？

1-3　测量电路的输入信号类型对其电路组成有何影响？

1-4　1）利用一个运放 μA741 和一只 100kΩ 的电位器设计可变电源，输出电压范围为 $-10\text{V} \leqslant u_{\text{S}} \leqslant 10\text{V}$。

2）如果 $u_{\text{S}} = 10\text{V}$ 时，在空载状态下将一个 1kΩ 的负载接到电压源上时，请问电源电压的变化量是多少（μA741 参数：输入阻抗 $r_{\text{d}} = 2\text{M}\Omega$，差模增益 $a = 200\text{V/mV}$，输出阻抗 $r_{\text{o}} = 75\Omega$）？

1-5　在图 1-9 所示的电路中，已知 $R_1 = 10\text{k}\Omega$，$R_2 = 1\text{M}\Omega$，令运算放大器的 $I_{\text{B}} = 100\text{nA}$ 和 $I_{\text{os}} = 30\text{nA}$，在以下不同情况下，计算输出失调误差 u_{o}。

1）$R_{\text{P}} = 0$

2）$R_{\text{P}} = R_1 \mathbin{/\mkern-5mu/} R_2$

3）$R_{\text{P}} = R_1 \mathbin{/\mkern-5mu/} R_2$，并且把所有电阻阻值缩小为原来的 1/10。

4）在 3）条件的基础上，使用 $I_{\text{os}} = 3\text{nA}$ 的运算放大器。

1-6　在图 1-22 所示电路中，已知 $R = 10\text{k}\Omega$，$C = 1\text{nF}$ 和 $\mu_{\text{o}}(0) = 0\text{V}$。假设运算放大器有 $I_{\text{B}} = 100\text{nA}$，$I_{\text{os}} = 30\text{nA}$ 和输出饱和电压 $\pm U_{\text{sat}} = \pm 13\text{V}$，在不同情况下，计算运算放大器经过多长时间进入饱和。

1）$R_{\text{P}} = 0$

2）$R_{\text{P}} = R$

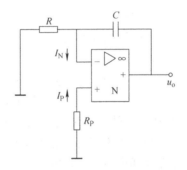

图 1-22　习题 1-6 图

1-7　在图 1-23 所示的电路中，运算放大器的 $I_{\text{B}} = 10\text{nA}$，所有电阻都为 $R = 100\text{k}\Omega$，分析 I_{B} 对反相放大器性能的影响。为了使 u_{o} 最小，在同相端上应该串联多大的电阻 R_{P}？

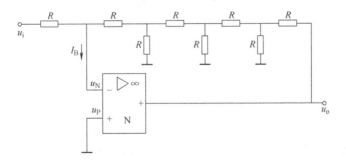

图 1-23　习题 1-7 图

1-8　如图 1-12b 所示的运算放大器使用 μA741，电路增益为 $A = -20\text{V/V}$，为使电路输入电阻最大，求满足条件的电阻值（令输入失调可调范围为 $\pm 20\text{mV}$，最大失调电流 $I_{\text{os}} = 200\text{nA}$，最大失调电压 $U_{\text{os}} = 6\text{mV}$）。

第2章 传感器接口

导读

本章针对测控系统中常见传感器接口电路问题，介绍了电阻式、电容式、电感式无源传感器和电压式、电流式有源传感器的基本原理及组成形式。在此基础上，重点介绍无源传感器中电桥信号调理电路和调频信号调理电路，有源传感器中电压源信号调理电路和电流源信号调理电路，以及传感器接口电路的线性化技术。以电阻式应变传感器、电容式传感器为例，介绍了传感器接口电路设计实例。

本章知识点

- 无源传感器及有源传感器的基本原理及组成形式
- 电桥信号调理电路及调频信号调理电路
- 电压源信号调理电路及电流源信号调理电路
- 传感器接口电路的线性化技术

测控系统为了方便地对压力、应变、位移等非电量输入信号进行测量和处理，需要使用传感器将非电信号转化为电信号。传感器可以根据其电路原理分为无源传感器和有源传感器。无源传感器（或调制传感器）需要外部额外的能量输入以产生电压或电流信号输出，如电阻式、电容式和电感式传感器；有源传感器则不需要外部额外的能量输入，其输出信号是直接由外部物理量变化产生的电信号，如基于压电效应、热电效应和光电效应等原理的传感器。

传感器接口电路可以对传感器输出电信号进行初步放大和调理，使传感器产生的微弱电压或电流信号变为更适于测量、处理的信号形式。例如，可以通过电桥放大电路调制信号的幅值，使输出信号幅值在合适范围内，便于测量及减小误差；可以使用调频电路将电容、电感等变化调制为频率变化的输出信号，便于检测及数字化处理；可以通过运算电路等对输出信号进行线性化处理，使传感器满足线性输出，方便使用。

2.1 无源传感器

2.1.1 典型无源传感器

常见的无源传感器主要有电阻式、电容式和电感式等几种形式。

2.1.1.1 电阻式传感器

电阻的阻值由电阻率、电阻长度以及电阻横截面积决定，即

$$R = \frac{\rho L}{S} \tag{2-1}$$

式中，ρ 为电阻率（Ω/m）；L 为电阻长度（m）；S 为电阻横截面积（m^2）。

不同影响因素会使式（2-1）各参数发生变化，可据此设计出反映该变化的电阻式传感器。例如，当电阻受到外力作用而拉长或压缩时，其电阻率和形状尺寸会发生变化，从而导致电阻值的变化，可以据此设计出力传感器、转矩传感器或位移传感器。当环境温度发生变化时，一些半导体的阻值会表现出与温度明显的负相关特性，可以据此设计出温度传感器。一些电阻的阻值与入射光强度相关，可以据此设计出光辐射传感器。一些电阻的阻值会随着环境水汽含量变化而变化，可以据此设计出湿度传感器。

电阻式传感器响应速度快、输出稳定，且具有体积小、重量轻等特点，但在温度、蠕变、滞后、弹性模量自补偿等多方面还存在不足，仍需要采用其他方法对性能进一步优化。

2.1.1.2　电容式传感器

电容的容量与其极板面积、相对位置以及极板间介电常数有关，可表示为

$$C = \frac{\varepsilon S}{4\pi k d} \tag{2-2}$$

式中，C 为电容（F）；d 为极板间的距离（m）；S 为极板间相互覆盖的面积（m^2）；ε 为极板间介质的介电常数；k 为静电力常量（$N \cdot m^2/C^2$）。

电容式传感器主要分为平行板式和圆柱同轴式，其中以平行板式最为常见。电容式传感器可通过改变极板相对面积、极板间距和板间介质的介电常数来改变电容量。根据变化因素的不同有变面积、变间隙和变介质三类电容式传感器。例如，当电容式传感器受到外界的作用产生线位移，导致电容器极板间隙发生改变，使电容值发生变化，可根据此原理设计出微小位移传感器。当外界作用使得两扇形极板发生相对旋转时导致极板间相互覆盖面积发生变化，使电容值发生变化，据此可设计出角度传感器。当电容极板间介质的湿度、密度、浓度等发生变化时，其介电常数变化会导致电容值发生改变，可据此设计出相应的湿度、密度、浓度等传感器。

电容式传感器结构简单、灵敏度高、分辨率高、动态响应好，适合进行非接触式测量。其缺点主要有易受电磁干扰、介电常数受温度影响大、有静电吸力等。

2.1.1.3　电感式传感器

电感式传感器结构如图 2-1 所示，传感器主要由线圈、铁心和衔铁构成。衔铁和铁心之间有空气间隙，当衔铁发生位移时，由于磁路的变化导致磁阻发生变化，从而引起线圈电感的变化。这种电感量的变化与衔铁位置（即气隙大小）有关，具体函数关系为：

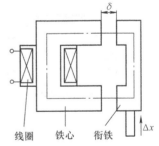

图 2-1　电感式传感器结构

$$L = \frac{W^2 \mu_0 S}{2\delta} \tag{2-3}$$

式中，W 为线圈匝数；μ_0 为空气的磁导率（H/m）；S 为气隙的截面积（m^2）；δ 为气隙长度（m）。

电感式传感器的基本原理是通过测量电感量的变化，获得衔铁位移量的大小。电感式传感器根据工作方式主要有变气隙式和变截面积式两种。前者主要用于测量线位移以及与线位移有关的量，后者主要用于测量角位移以及与角位移有关的量。

电感式传感器结构简单，工作中可以没有直接的电接触点，可靠性高、寿命较长、灵敏度高、重复性好，且在较大的范围内具有良好的线性度。不足之处在于零位信号不稳定，有较大的交流输出，不适合高频动态测量，易受外界电磁场干扰等。

2.1.2　无源传感器实例

2.1.2.1　电阻式传感器实例

　　如图2-2所示为一种电阻式应变传感器（电阻应变片）的基本结构。它能将机械构件上应变变化转换为电阻变化，适用于物体的应变测量。电阻应变片由绝缘基片和应变金属丝组成，金属丝在绝缘基片上绕成栅状排布，增大传感长度，提高传感器灵敏度，并由铜线引出，与测量电路相连。其工作原理：将应变片粘贴在机械构件上，当构件受力变形时，应变片随之发生形变，应变片中传感金属丝的形状（长度、横截面积）会发生相应的变化，测量出电阻变化量即可得到形变大小。

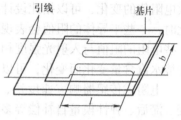

图2-2　电阻式应变片的基本结构

2.1.2.2　电容式传感器实例

　　如图2-3所示为一种电容式压差传感器的结构，可以将两个传感面的压差转换为电信号并输出。传感器主要由弹性敏感元件和差动电容传感器和空腔构成。弹性敏感元件作为电容传感器的活动极板，当受到压力时产生形变，造成电容间的距离发生改变，使得差动电容传感器的电容发生变化。通过检测电容的变化量就可以实现对压力的测量。

2.1.2.3　电感式传感器实例

　　如图2-4所示为一种电感式压力传感器。传感器由应变平面和两个完全相同的电感组成，电感由线圈和导磁体组成。应变平面感受压力差，并作为衔铁使用。当应变平面两侧的压力相等时，两个电感的气隙相等，磁阻相等，其阻抗相等；当应变平面两边产生压力差时，应变平面发生形变，造成两个电感发生变化，通过电桥电路检测出电压变化的大小即可测量出压差的大小。气隙变化量很小时，输出电压与被测压力差成正比。

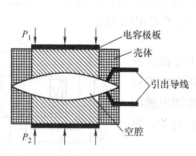

图2-3　电容式压差传感器的结构

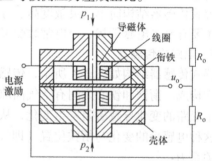

图2-4　电感式压力传感器的结构

2.2　有源传感器

　　有源传感器包括电压式传感器和电流式传感器。电压式传感器主要包括基于热电效应、霍尔效应、电磁效应、光伏效应等传感器；电流式传感器主要包括基于光电子效应、压电效应等传感器。

2.2.1　电压式传感器

2.2.1.1　热电效应传感器

　　当两种不同材料的导体相互紧密连接在一起时，由于不同导体中自由电子的浓度不同，二者单位时间内扩散到对方的电子数不同，会导致一个导体失去电子带正电，另一个导体获得电子带负电，于是在结点处会形成电势差，该电势称为接触热电势。这个电势阻止电子的继续扩散，当电子扩散能力与电场阻力达到平衡时，接触热电势就会达到一个稳定值。电势由下式得出：

$$e_{AB}(T) = \frac{kT}{e}\ln\frac{n_A(T)}{n_B(T)} \tag{2-4}$$

式中，k 为玻耳兹曼常数，$k = 1.381 \times 10^{-23}\text{J/K}$；$e$ 为电子电荷量，$e = 1.602 \times 10^{-19}\text{C}$；$T$ 为结点处的热力学温度（K）；$n_A(T)$、$n_B(T)$ 为材料 A、B 在温度 T 时的自由电子浓度。

　　将 A、B 两种不同导体材料两端相互紧密连接在一起，组成一个闭合回路，就构成了一个热电偶。当两结点温度不同时，回路中就会产生电势。热电偶温度保持不变一端成为自由端或冷端，另一端成为测量端或热端。由式（2-4）可知，可以通过测量接触电势的大小推算测量端的温度。实际应用中通常不用公式计算，可以直接查热电偶分度表确定被测温度。

　　热电偶在温度测量中有极为广泛的应用，其优点在于结构简单、使用方便、准确度高、温度测量范围宽等。其温度范围为 $-50 \sim 1600℃$。

2.2.1.2　霍尔效应传感器

　　当电流垂直于外磁场通过半导体时，载流子发生偏转，垂直于电流和磁场的方向会产生一附加电场，从而在半导体的两端产生电势差，这一现象就是霍尔效应，这个电势差也被称为霍尔电势差，如图 2-5 所示。当电流为 I_x，磁感应强度为 B_z，板间距为 d，霍尔系数为 R_H 时，感应电势为

$$U_H = \frac{R_H B_z I_x}{d} \tag{2-5}$$

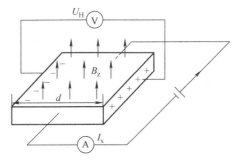

图 2-5　霍尔效应

　　由式（2-5）可以看出，当电流流过恒定磁场时，会在两极板间产生与电流大小呈线性关系的电势。电势的大小与所加磁感应强度的大小、电流大小和极板间距都有关，通过测量感应电动势即可计算出不同的物理量。根据此原理可设计出磁强计、电流传感器、位置传感器和速度传感器等。

　　霍尔传感器可以测量任意波形的电压和电流，且精度高、线性度好、带宽较宽、测量范围大，其缺点在于易受外界磁场影响。

2.2.2　电流式传感器

2.2.2.1　光电效应传感器

　　光电效应的原理为在高于特定频率电磁波照射下，特定光电材料内部的电子会被光子激发出来而形成电流，即光生电流，如图 2-6 所示。电流的大小与单位时间内溢出的电子数有关，取决于光电材料自身的性质以及入射光的光强和频率。可以据此设计出光强传感器和辐射传感器。

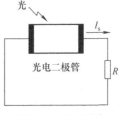

图 2-6　光电效应

2.2.2.2　压电效应传感器

　　压电效应的原理为当沿着一定方向产生形变时，特定压电材料内部会产生极化现象，同

时在表面产生电荷，当外力去掉后，重新恢复为不带电状态，如图 2-7 所示。当作用力的方向改变时，电荷极性也发生改变。因此可以把压电元件看成一个电荷发生器。压电元件的两个表面上聚集电荷时，相当于一个电容器。其电容量取决于压电元件的形状。

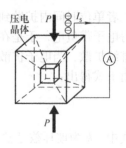

图 2-7　压电效应

　　压电传感器以压电效应为基础，在外力作用下产生电流，对非电量进行测量。压电效应传感器适合测量可以被转化为力的物理量，如压力、张力、加速度等。压电传感器具有响应频带宽、灵敏度高、信噪比大等优点，但是其输出信号容易受到温度变化的干扰。

2.2.3　有源传感器实例

2.2.3.1　热电偶温度传感器实例

　　如图 2-8 所示为一种热电偶温度传感器，其结构包括两种不同材料的导体（称为热电偶或热电极）、补偿导线和显示仪表。其工作方式为将两种热电极两端相接，使其产生闭合回路，当接合点的温度不同时，在回路中就会产生电动势。其中，直接用作测量介质温度的一端叫作热端（也称为测量端），另一端叫作冷端（也称为参考端）；冷端与显示仪表或配套仪表连接，显示仪表会指出热电偶所产生的热电势。

2.2.3.2　霍尔效应电流传感器实例

　　如图 2-9 所示为环式霍尔电流传感器，传感器由磁心、霍尔元件和调理电路构成。磁心有一开口气隙，霍尔元件放置于气隙处。当导线流过电流时，在导体周围产生磁场强度与电流大小成正比的磁场，磁心将磁力线集聚至气隙处，霍尔元件输出与气隙处磁感应强度成正比的电压信号，通过导线将电压信号引出，以供后续电路处理。

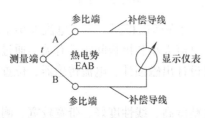

图 2-8　热电偶温度传感器

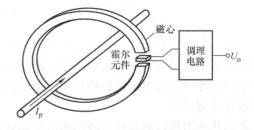

图 2-9　环式霍尔电流传感器原理图

2.2.3.3　压电式压力传感器实例

　　如图 2-10 所示为一种压电式压力传感器，该传感器由引线、壳体、压电晶片和受压膜片构成。其工作方式：当受压膜片受到压力 P 作用时，受压膜片产生形变挤压压电晶体，压电晶体产生电荷，并从引线导出。产生的电荷量与测试环境的压强、膜片的有效面积和压电晶体常数有关，通过测量压电晶体产生的电荷量大小即可实现对压力的测量。

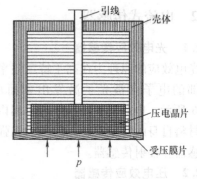

图 2-10　压电式压力传感器

2.3　信号调理电路

传感器输出的微弱电压或电流信号，通常需要经过一定的放大或调制成频率信号，方便后续电路的采集和处理，同时实现阻抗变化。运算放大器是传感器信号调理电路中最为常用的器件之一。

2.3.1　运算放大器选型

运算放大器按照基本参数及应用可以分为通用型、高精度型、低功耗型和高速型等类型。表 2-1 中对不同类型的运算放大器典型特征及典型应用进行了介绍，便于实际设计中选用。

设计传感器信号调理电路时，需要根据设计需求和运算放大器的特征进行合理选型以发挥出器件的最佳性能。常规电路设计中经济性往往是最主要的考虑原则，通常倾向于选择通用型运算放大器。在高精度信号调理电路等特殊应用场合，往往需要选用高精度的运算放大器才能符合设计要求，但是某些性能更加均衡的运算放大器，则凭借其较低的输入偏置电流和输入偏移电压成功取代高精度运算放大器获得了更多应用。

表 2-1　不同类型的运算放大器典型特征及其典型应用

类型	典型特征	典型应用
通用型	低成本 低电压转换速率（小于 $10V/\mu s$） 适中的输入偏移电压 适中的输入偏置电流	通用型设计 阻抗缓冲 有源滤波 单位增益跟随 电流转换为电压
高精度型	低温度漂移率（小于 $2\mu V/℃$） 低输入偏移电压（小于 $1mV$） 低输入偏置电流（小于 $200pA$） 高直流增益 高共模抑制比（大于 $100dB$） 低输入噪声（小于 $15nV/\sqrt{Hz}$）	信号调理电路接口设计 电桥电路中的放大器 压电式加速度计传感器的电荷型放大器 精密积分器 微小电压信号放大器 高内阻传感器的测量
低功耗、宽供电范围型	低输入偏移电压 低输入偏置电流（小于 $1mA$） 较宽的输入和输出电压范围 高开环增益 高共模抑制比	电池供电系统 单电源供电系统 便携设备 导弹，航天器
高速型	高电压转换率（小于 $100V/\mu s$） 高增益带宽（大于 $10MHz$） 低建立时间（小于 $500ns$）	高频有源滤波器 高频振荡器 高速积分器 常规传感器信号调理电路较少采用此类别

2.3.2 无源传感器调理电路

最简单的无源传感器信号调理电路有分压电路和电流源电路，可将被测对象的幅值放大后测量，如图2-11和图2-12所示。简单的电阻式温度传感器可以通过提高激励电压或激励电流的方式来测量温度变化造成的电阻微小变化。但是当激励电压或激励电流增大时，电阻自身的热效应会导致巨大的能量消耗和温度上升，进而产生额外的测量误差，因此这种类型简单电路测量电阻微小变化的能力有限。

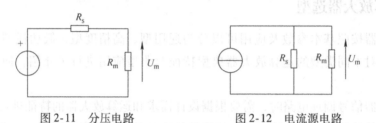

图 2-11 分压电路　　　　　图 2-12 电流源电路

无源传感器调理电路实现阻抗变化主要通过调幅和调频两种方式。调幅方式测量信号的幅值，可通过电桥电路实现测量；调频方式测量信号的频率，通过产生振荡信号对被测量进行测量。

2.3.2.1 电桥信号调理电路

1. 电阻电桥电路

（1）单臂电阻电桥电路　单臂电桥又称惠斯登电桥，如图2-13所示为单臂电桥的等效电路图。电桥结构中，三臂的标准电阻R_2、R_3、R_4的阻值均为R，又称比例臂；可变电阻R_1作为敏感外界变化量的测量臂，阻值可以用$R + \Delta R$表示。

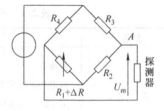

图 2-13 单臂电阻电桥等效电路

以R_1为研究对象，当$\Delta R = 0$时，电桥处于平衡状态，此时输出电压$U_m = 0$；当R_1阻值发生变化时，电桥变为不平衡状态，可得 A、B 两点电压为

$$U_A = \frac{E}{2} \qquad U_B = E \frac{R + \Delta R}{2R + \Delta R}$$

则电桥 A、B 两点间的输出电压为

$$U_m = U_A - U_B = -\frac{E}{4} \frac{\Delta R}{R} \frac{1}{1 + \frac{\Delta R}{2R}}$$

当ΔR在较小的范围内变化时，该电压可以表示为$U_m = -E\Delta R/(4R)$，输出电压仅与电阻变化量ΔR呈线性关系。当满足$\Delta R/R \ll 1$时，电桥的灵敏度可以表示为$U_m/\Delta R \approx -E/(4R)$。为了提高电桥电路的测量精度，必须选择高精度的标准电阻R_2、R_3、R_4。这种近似的方法存在着误差，需要通过一定的方法消除这种误差，具体方法在2.4节中介绍。

（2）差动输入电阻电桥电路　将传感器电桥的两输出端分别接入差动运算放大器两输入端，就构成了如图2-14所示的差动输入电阻电桥电路。

当$R_2 \gg R$时有

$$u_{\mathrm{I}} = u\frac{R}{R+2R_2} + \frac{E}{2} \qquad u_{\mathrm{N}} = \frac{E(1+\delta)}{2+\delta}$$

若运算放大器工作在理想状态时，即 $u_{\mathrm{I}} = u_{\mathrm{N}}$，可得

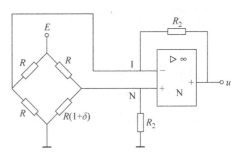

$$u = \left(1 + \frac{2R_2}{R}\right)\frac{\delta}{1+\frac{\delta}{2}}\frac{E}{4} \qquad (2\text{-}6)$$

设可变电阻的变化系数 $\delta \ll 1$，则式（2-6）可进一步简化为

图 2-14　差动输入电阻电桥电路

$$u = \frac{\delta E}{2R}R_2 \qquad\qquad (2\text{-}7)$$

根据式（2-7）可知，只有当 δ 很小时，电桥放大器的输出电压与变量才呈线性关系，即此时的非线性误差才可忽略。输出电压的简化形式是基于假设条件 $R_2 \gg R$ 得到的，而当电桥元件 R 发生变化时，将直接影响运放增益的温度特性。因此在设计过程中要求 R 和 R_2 的温度稳定性都要好。

该电路的主要优点是电路组成简单，只需要一个具有高共模抑制比的运放，且灵敏度较高。但缺点是难以调节增益大小，对于电阻 R_2 的选择较为严格，且需要匹配最大共模抑制比的运放。

2. 电容电桥电路

（1）单臂电容电桥电路　如图 2-15 所示为单臂接法的变压器桥式测量电路，高频电源经变压器接到电容电桥的一个对角线上，电容 C_1、C_2、C_3 和 C_{x} 构成电桥的四个臂，其中 C_{x} 为电容传感器所在的测量臂。

当传感器未工作时，交流电桥处于平衡状态，此时有电桥输出电压为 0。当电容 C_{x} 改变时，电桥产生输出电压，从而可以测得电容相应的变化值。

（2）差动输入电容电桥电路　变压器电桥传感电路一般采用差动连接，如图 2-16 所示。

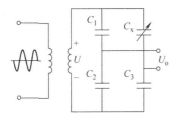
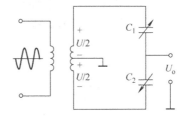

图 2-15　单臂电容电桥电路　　　　图 2-16　差动输入电容电桥电路

C_1 和 C_2 以差动形式接入相邻两个桥臂，另外两个桥臂为次级线圈。在交流电路中，C_1 和 C_2 的阻抗分别为

$$Z_1 = \frac{1}{\mathrm{j}\omega C_1} \qquad\qquad Z_2 = \frac{1}{\mathrm{j}\omega C_2}$$

则有

$$I = \frac{U}{Z_1 + Z_2}$$

因此当输出为开路时，电桥空载输出电压为

$$U_o = U_{C_2} - \frac{U}{2} = \frac{U}{Z_1 + Z_2}Z_2 - \frac{U}{2} = \frac{U}{2}\frac{Z_2 - Z_1}{Z_1 + Z_2} = \frac{U}{2}\frac{C_1 - C_2}{C_1 + C_2}$$

3. 电感电桥电路

电感电桥将电感作为敏感元件。一般实际的电感线圈都不是理想的纯电感元件，除了电抗 $XL = \omega L$ 外，还有有效电阻 R，两者之比称为电感线圈的品质因数 Q，即

$$Q = \frac{\omega L}{R}$$

（1）测量高 Q 值的电感电桥电路　测量高 Q 值的电感电桥的原理图如图 2-17 所示，在相对桥臂串联高精度电容和电阻，通过调节其他两个桥臂的电阻使电桥达到平衡状态，之后根据各个参考臂的阻值计算参考臂的电感参数。该电桥形式又称为海氏电桥。

电桥平衡时，根据平衡条件可得

$$\left(R_X + j\omega L_X\right)\left(R_n + \frac{1}{j\omega C_n}\right) = R_a R_b$$

简化和整理后可得

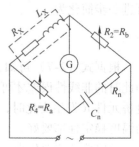

图 2-17　海氏电桥电路

$$\begin{cases} L_X = \dfrac{R_a R_b C_n}{1 + (\omega C_n R_n)^2} \\[3mm] R_X = \dfrac{R_a R_b R_n (\omega C_n)^2}{1 + (\omega C_n R_n)^2} \end{cases} \tag{2-8}$$

由式（2-8）可知，海氏电桥的平衡条件与频率有关。因此在应用成品电桥时，若改用外接电源供电，必须注意使电源的频率与该电桥说明书上规定的电源频率相符，而且电源波形必须是正弦波，否则，谐波频率就会影响测量的精度。

（2）测量低 Q 值的电感电桥电路　测量低 Q 值的电感电桥原理图如图 2-18 所示，这种电桥与上述介绍的测量高 Q 值电感电桥电路所不同的是参考桥臂中的标准电容 C_n 和可变电阻 R_n 是并联关系。该电桥形式又称为麦克斯韦电桥。

当电桥平衡时，有

$$\left(R_X + j\omega L_X\right)\left(\frac{1}{\dfrac{1}{R_n} + j\omega C_n}\right) = R_a R_b$$

简化和整理后可得

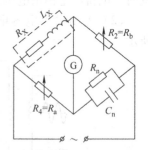

图 2-18　麦克斯韦电桥电路

$$\begin{cases} L_X = R_a R_b R_n \\[2mm] R_X = \dfrac{R_b}{R_n}R_a \end{cases} \tag{2-9}$$

麦克斯韦电桥的平衡条件式（2-9）表明，它的平衡是与频率无关的，即在电源为任何频率或非正弦的情况下，电桥都能平衡，且其实际可测量的 Q 值范围也较大，所以该电桥的应用范围较广。但是实际上，由于电桥内各元件间的相互影响，交流电桥测量时，频率对测量精度仍有一定的影响。

2. 3. 2. 2　调频信号调理电路

调频信号调理电路可以将无源传感器的阻抗变化量转换为基于振荡电路的频率变化量。振荡器电路通常根据其电路设计的不同，产生特定频率的信号。

低频振荡器电路通常以弛张型振荡器作为振荡源，能产生 $1 \sim 20 kHz$ 的频率信号。如图 2-19 所示的单运放 RC 振荡电路是弛张型振荡器的典型代表，其输出信号的周期可表示为 $T_m = 1/f_m = 2RC\ln\left[1 + (2R_1/R_2)\right]$。用敏感元件代替电容 C 或电阻 R，可以制成相应的电容或电阻传感器。如果进一步将图 2-19 中的运算放大器替换为可在宽电压范围内工作的电压比较器，就可以使得输出电压能应用于 TTL 和 CMOS 等逻辑电路中。

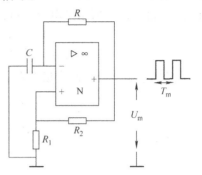

图 2-19　RC 振荡电路

更高频率的振荡器电路则通常采用 LC 振荡电路。图 2-20 展示了 LC 振荡器输出的频率信号随绕线圈中电感变化而变化的一个典型应用。

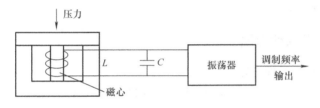

图 2-20　LC 振荡电路

为了精确地检测振荡器受外力作用产生的输出频率变化的大小，对于振荡器的可靠性和精度就提出了很高的要求。这一传感原理在静态和动态测量中都已得到应用。

以下介绍电感三点式、电容三点式两种常见的 LC 振荡电路。

（1）电感三点式振荡电路　电感三点式振荡电路，又称哈特莱振荡器，属于电感耦合、频率可调的振荡器，其振荡频率通常在 $10 \sim 20 MHz$ 之间，如图 2-21 所示是电感三点式振荡电路。

哈特莱振荡器的特点是谐振回路作为晶体管集电极的负载，利用电感 L_2 将谐振电压反馈到基极。这一反馈引起输出信号的电压幅值随共振频率的大小而放大相应倍数。

哈特莱振荡器的振荡频率表示为

$$f_0 = \frac{1}{2\pi}\frac{1}{\sqrt{C(L_1 + L_2 + 2M)}} \approx \frac{1}{2\pi}\frac{1}{\sqrt{LC}}$$

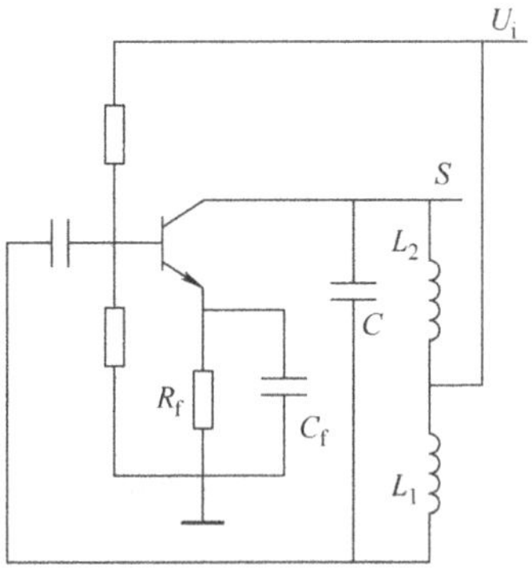

图 2-21　电感三点式振荡电路

当电感之间的互感值 M 可忽略时，振荡频率可视为与 LC 乘积的二次根式成反比。因此在电感值确定的情况下，通过调节电容 C 的大小，可以很方便地改变振荡频率，且电容的改变基本不影响电路的反馈系数，因此哈特莱振荡器广泛应用于测量位移、压力、厚度等变化量的电容传感器中。然而这种电路也存在输出波形含有大量高次谐波，波形失真大的缺点。

（2）电容三点式振荡电路　电容三点式振荡电路，又称考毕兹振荡器，由串联电容与电感回路及正反馈放大器组成，因振荡回路两串联电容的三个端点与晶体管三个引脚分别相接而得名。如图 2-22 所示是电容三点式振荡电路。

$$f_m = \frac{1}{2\pi} \frac{1}{\sqrt{LC}} \quad \frac{1}{C} = \frac{1}{C_1} + \frac{1}{C_2}$$

考毕兹振荡器的振荡频率表示为

$$f_0 \approx \frac{1}{2\pi} \sqrt{\frac{C_1 + C_2}{LC_1 C_2}} = \frac{1}{2\pi} \sqrt{\frac{1}{LC}}$$

其中

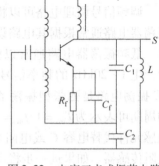

图 2-22　电容三点式振荡电路

$$C = \frac{C_1 C_2}{C_1 + C_2}$$

这种电路的优点是输出波形好、振荡频率可达 100MHz 以上。缺点是反馈值大小同时取决于 C_1 与 C_2 的相对取值。考毕兹振荡器常应用于测量应力、压力、位置、震动、位移、温度等变量的电感传感器中。

2.3.3　有源传感器调理电路

2.3.3.1　电压源传感器调理电路

电压式传感器可以抽象为电压源模型，图 2-23 展示了电压源模型传感器的等效电路，电压源传感器在信号调理电路输入阻抗为 R_i 的条件下输出电压为 U_m。电压源传感器输出的微弱信号往往需要通过运算放大器来起到缓冲、隔离和调节增益的作用，通常将运算放大器设置成比例电路，如图 2-24 所示。如果传感器信号比较弱，可以通过调节电阻 R_1 和 R_2 的比值设置电路增益。

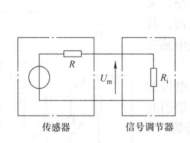

图 2-23　电压源模型传感器等效电路

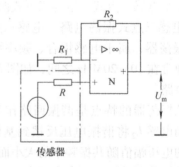

图 2-24　采用运放缓冲的电压源传感器

2.3.3.2　电流源传感器调理电路

电流式传感器可以抽象为电流源模型，图 2-25 展示了电流源模型传感器的等效电路，电流源传感器在信号调理电路输入阻抗为 R_i 的条件下输出电流为 I_m。可以通过如图 2-26 所示的运算放大器电路完成电流信号到电压信号的转换，并且输出信号的幅值与传感器

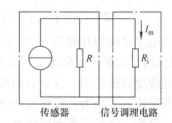

图 2-25　电流源模型传感器等效电路

内阻 R 无关。对于压电传感器来说，可以将其看作是一个与电容并联的电流源，其等效电路如图 2-27 所示。压电传感器上被测量的压力通常是动态的，这时需要电荷放大器来进行信号处理。

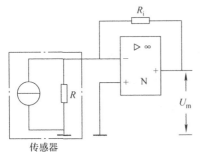

图 2-26　采用运放缓冲的
电流源传感器

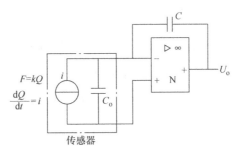

图 2-27　压电传感器等效电路

2.4　线性化

为方便使用，传感器一般都要求线性输出。如图 2-28 所示描述了输入 – 输出的理想线性曲线和实际输入 – 输出的非线性曲线。实际应用需要通过一定方法改善信号的线性度，减小非线性误差。提高线性度常用方法有优化传感电路、校正输出信号等方法。

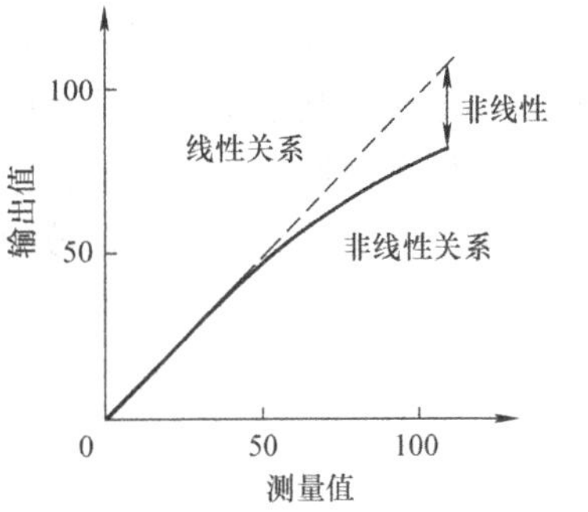

2.4.1　优化传感电路

图 2-29 介绍了一种由热敏电阻和标准电阻组成的电路优化方案，使电阻 – 温度特性曲线在一定范围内实现线性化。将一个标准电阻和热敏电阻并联起来，在任意温度 T_0 下，如果标准电阻的阻值等于热敏电阻的阻值，那么热敏电阻的特性曲线将会是以 T_0 为中心的一个相对对称的直线。

一般热敏电阻的阻值与温度关系是非线性的，二者关系可以由下式表示：

$$R = R_{ref} e^{\beta\left(\frac{1}{T} - \frac{1}{T_{ref}}\right)} \qquad (2-10)$$

T_{ref} 为某种热敏电阻的参考温度，取值为 300K；β 为热敏电阻的标定系数，由热敏电阻的材料决定，此热敏电阻标定系数为 4000K。热敏电阻常温（300K）下初始值为 10kΩ。为了校正其非线性，将热敏电阻并联一个阻值为 10kΩ 的标准电阻，则热敏电阻随温度变化曲线如图 2-30 所示。

如图 2-31 所示为另一优化电路实例，运算放大器提供一个反馈信号使电桥达到平衡状态，可以获得一个随无源传感器（R）阻抗变化而线性变化的输出信号。当电桥平衡时有

$$R = R_1 = R_2 = R_3$$

在此平衡电桥中，当电阻 R 的阻值从 R 变化为 $R + \Delta R$ 时

图 2-28　传感器输入 – 输出曲线

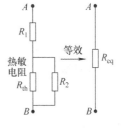

图 2-29　热敏电阻
线性化电路

30

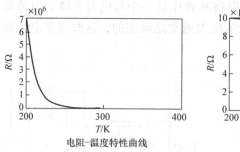

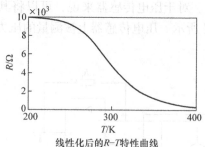

图 2-30　热敏电阻线性化结果

$$U_B = \frac{E}{2}$$

$$U_A = E \frac{R + \Delta R}{2R + \Delta R} + U_m \frac{R}{2R + \Delta R}$$

由于 U_A 常等于 U_B，得

$$U_m = -\frac{E}{2} \frac{\Delta R}{R}$$

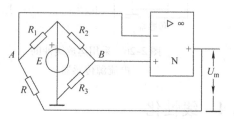

图 2-31　运算放大器改善线性度

图 2-32 所示的传感器优化电路由 4 个电阻构成差动电桥，其中相对的两个电阻阻值的增加速度和另外两个阻值的减小速度相同。这些电阻以应变片的形式完全相同地粘贴在被测构件的两个相对平面上以测量其形变。差动电桥电路可以消除电桥电路的非线性误差，还提高了测量电路的灵敏度，使得电桥的输出电压变为单个传感器输出值的 4 倍。

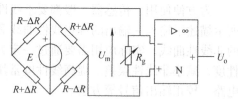

图 2-32　差动电桥改善线性度

2.4.2　校正输出信号

此方法基于信号的特点，用来补偿传感器或调理电路的非线性。

2.4.2.1　对数和指数转化校正非线性

对数放大器电路可以使输出－输入信号的指数关系转化为线性关系。如图 2-33 所示为一个对数放大器电路，其输出可表示为

$$u_o = -u_D = -U_T \ln \frac{u_i}{I_s R_1}$$

式中，I_s 为 PN 结的反向饱和电流（m）；U_T 为热电压（V），$U_T = \frac{kT}{q}$，其中 k 为玻耳兹曼常数（J/K），T 为热力学温度（K），q 为电子的电荷量（C）。

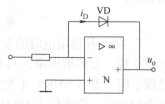

图 2-33　对数放大器电路

上述对数放大器电路可表示为

$$u_o = -k \ln \frac{u_i}{u_s}$$

式中，u_s 为电路元素确定的常量。若输入信号为 $u_i = U_o e^m$ 的形式，经过对数电路调理后变为

$$u'_o = -k\left(\ln\frac{U_o}{u_s} + m\right)$$

的形式，将原来的指数形式输出转化为线性输出。两种输出曲线对比如图 2-34 所示。

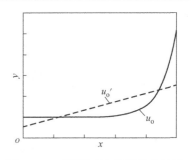

图 2-34　对数调理电路线性化结果

通常对数运算电路用来线性化指数规律变化的信号。同理对于对数规律变化信号，指数运算电路也可以产生线性输出。

常用的对数运算芯片有 ADI 公司的 AD8304、AD8305 和 AD8310 等，如图 2-35 所示为 AD8310 的典型应用电路。AD8310 是一种多级解调对数放大器，拥有 95dB 的动态范围（ $-91 \sim 4$ dBV），0dBV 定义为 1V 电压的 rms 正弦波的振幅，解调输出斜率为 24mV/dB，截距为 -108 dB。供电电压为 $2.7 \sim 5$ V 的宽范围电压，并连接 0.01μ F 的退耦电容。可以在供电脚 VPOS 串联一个小电阻进行额外的滤波。ENBL 为使能引脚，阈值为 1.3V，一般与供电电源 VPOS 直接相连。输入信号可以是差分或者单端输入的形式

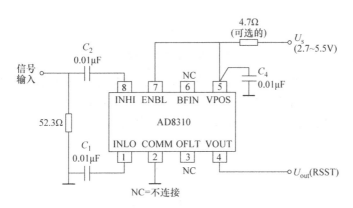

图 2-35　对数集成电路实例

2.4.2.2　使用模拟乘法器进行非线性校正

模拟乘法器的输出电压等于两个输入电压相乘的结果再乘以一个常系数。如图 2-36 所示是使用模拟乘法器进行电路非线性校正的例子。单臂电阻电桥输出电压由下式计算：

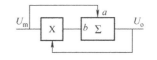

图 2-36　乘法器校正非线性框图

$$U_m = \frac{E}{4}\frac{\Delta R}{R}\frac{1}{1+\dfrac{\Delta R}{2R}} \tag{2-11}$$

由式（2-11）可得，电路的输出 U_m 并不是与 ΔR 直接线性相关。如图 2-36 所示，加法器 Σ 的输出可写为

$$U_o = b\frac{U_m U_s}{K} + aU_m \tag{2-12}$$

将式（2-12）整理后得

$$U_o = a \frac{E}{4} \frac{\Delta R}{R} \frac{1}{1 + \frac{\Delta R}{2R}\left(1 - \frac{bE}{4K}\right)}$$

调整加法器的增益 $b = \frac{4K}{E}$，整理得

$$U_o = a \frac{E}{4} \frac{\Delta R}{R}$$

可以使用集成电路芯片 AD835 作为电路乘法器，其典型应用电路如图 2-37 所示。芯片为 ±5V 供电，芯片使用时通常是单端输入，则 X2、Y2 和 Z 引脚被连接到地。

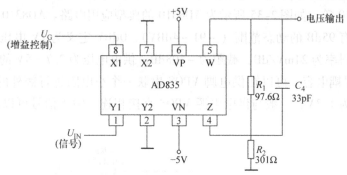

图 2-37　乘法器集成电路实例

由式（2-11）可以发现，电桥电路测量的准确性决定于电源供电电压 E 的稳定性，即当电源电压产生波动时会对测量结果输出产生影响，而通常是不希望测量结果被外界因素影响。因此可以通过使用如图 2-38 所示的除法器来克服该缺点。由除法器电路处理后的输出电压可以写为

$$U_n = -\frac{2}{3}U_m$$

$$U_d = -\frac{2}{3}U_m + \frac{E}{3}$$

$$U_o = K \frac{U_n}{U_d} = \frac{-2U_m}{-2U_m + E}K$$

因此

$$U_o = -K \frac{\Delta R}{2R}$$

得到输出值 U_o 与 E 无关，电路的输出只取决于电阻的变化量 ΔR。

除法器可以通过乘法器集成电路结合反馈电路实现，也可以直接使用有模拟除法功能的芯片实现。AD734 是 ADI 公司的模拟乘法/除法器芯片，可以同时实现乘法、除法等功能。这里介绍直接作为除法器使用的电路，应用电路如图 2-39所示。AD734 可以直接改变等式中的分母电压，

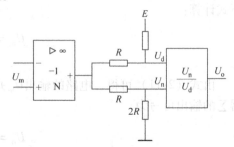

图 2-38　除法器矫正非线性

用作模拟除法器，工作在这种模式下相较于乘法器反馈电路有更高的精度和带宽，并且具有

更高的灵活性，图 2-39 中三输入除法器电路公式为

$$W = \frac{(X_1 - X_2)(Y_1 - Y_2)}{(U_1 - U_2)} + Z_2$$

其中 X、Y 和 Z 可正可负，但是 $U = U_1 - U_2$ 必须为正，并且在 10mV ~ 10V 的范围内。

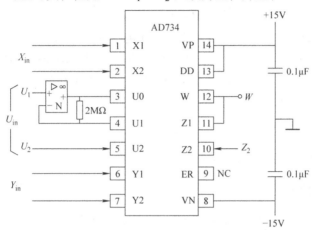

图 2-39　除法器集成电路实例

2.5　传感器接口实例

本节以电阻式应变传感器、电容式传感器为例，介绍传感器接口电路设计实例。

2.5.1　电阻式应变传感器

在 2.1 节中介绍了电阻式应变传感器，可以通过将其粘贴在被测构件表面对构件的应变进行测量。当构件发生形变时应变片中的传感电阻几何尺寸发生变化，导致传感器的阻值发生改变，可以通过全桥电路将传感器阻值的微弱变化进行放大以得到便于测量的信号。如图 2-40 所示为一种应变传感器，其中 R_1 为传感应变片，R_2、R_3、R_4 为常值电阻。为了简化模型，假设电源输入内阻为 0，输出为空载。

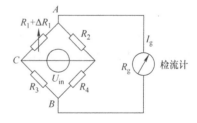

图 2-40　单臂受感全桥电路

假设被测构件不发生形变时，电桥处于平衡状态，应变片电阻值为 R_1，有

$$\frac{R_1}{R_2} = \frac{R_3}{R_4}$$

当被测构件发生形变时，引起应变片的电阻 R_1 产生 ΔR_1 的变化，电桥将产生不平衡输出，即

$$U_{\text{out}} = \left(\frac{R_1 + \Delta R_1}{R_1 + R_2 + \Delta R_1} - \frac{R_3}{R_3 + R_4} \right) U_{\text{in}} = \frac{(R_4/R_3)(\Delta R_1/R_1) U_{\text{in}}}{[1 + (R_2/R_1) + (\Delta R_1/R_1)][1 + (R_4/R_3)]} \quad (2\text{-}13)$$

引入电桥的桥臂比 $n = R_2/R_1 = R_4/R_3$，当应变片电阻的改变量远小于电阻值时，忽略式 (2-13) 分母中的小量 $\Delta R_1/R_1$，输出电压 U_{out} 与 $\Delta R_1/R_1$ 成正比，则有

$$U_{\text{out}} \approx \frac{n}{(1+n)^2} \frac{\Delta R_1}{R_1} U_{\text{in}} = U_{\text{out0}}$$

定义应变片单位电阻变化量引起的输出电压变化量为电桥的电压灵敏度，即

$$K_U = \frac{U_{\text{out0}}}{\Delta R_1 / R_1} = \frac{n}{(1+n)^2} U_{\text{in}}$$

电桥的电压灵敏度K_U与电桥的桥臂比和工作电压相关。K_U增加，说明相同的电阻相对变化引起的电桥输出电压大。利用$\mathrm{d}K_U/\mathrm{d}n = 0$可得：$n = 1$，即在$R_1 = R_2$、$R_3 = R_4$的对称条件下（实际应用$R_1 = R_2 = R_3 = R_4$的完全对称条件），电压灵敏度最高。这种对称电路最常用，电压的最大灵敏度为

$$K_{U\text{max}} = \frac{1}{4} U_{\text{in}}$$

显然，提高K_U的措施为：① $n = 1$；②提高工作电压U_{in}。

2.5.2 电容式传感器

2.1节中介绍的变间隙型电容传感器可以通过如下两种电路实现信号处理。

（1）电容传感器运算放大器式电路 运算放大器常用在信号处理电路中，如图2-41所示为一种运算放大器式变间隙电容传感器信号处理电路。在电路中，假设运算放大器是理想的，其开环增益足够大，输入阻抗足够高，则其输入/输出关系为

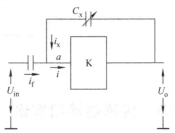

图2-41 运算放大器式变间隙型电容传感器信号处理电路

$$u_{\text{out}} = -\frac{C_f}{C_x} u_{\text{in}}$$

对于变间隙电容变换器，电容由公式$C_x = \varepsilon S/(4\pi k\delta)$确定，如果只考虑其间隙变化，公式简化为$C_x = \varepsilon' S/\delta$，则有

$$u_{\text{out}} = -\frac{C_f}{\varepsilon' S} u_{\text{in}} \delta = K\delta \tag{2-14}$$

$$K = -\frac{C_f u_{\text{in}}}{\varepsilon' S} \tag{2-15}$$

由式（2-14）可得电路的输出电压u_{out}与极板间的间隙成正比，使得传感器的输出具有比较好的线性度。但是需要注意的是，实际的运算放大器并不能完全处于理想状况，仍然存在非线性误差。从式（2-15）可以看出，信号的精度还取决于激励电压的稳定性，所以需要使用高精度的交流稳压电源；由于使用交流电压源作为激励，所以还需要对其输出进行整流，使其变成直流输出。

（2）电容传感器交流不平衡电桥（见图2-42） 与直流电桥的平衡条件相似，交流电桥的平衡条件为

$$\frac{Z_1}{Z_2} = \frac{Z_3}{Z_4}$$

在分析电容阻抗时需要引入复阻抗 $Z_i = r_i + jX_i = z_i \mathrm{e}^{\mathrm{j}\phi_i}$（$i = 1, 2, 3, 4$），j为虚数单位；$r_i$、$X_i$分别为复阻抗的实部和

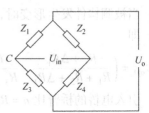

图2-42 交流不平衡电桥电路

虚部，分别代表桥臂的电阻和电抗的大小；z_i，ϕ_i分别为Z_i相应的复阻抗的模值和幅角。

由上式可以得到：

$$\frac{z_1}{z_2} = \frac{z_3}{z_4}$$

$$\phi_1 + \phi_4 = \phi_2 + \phi_3$$

$$r_1 r_4 - r_2 r_3 = X_1 X_4 - X_2 X_3$$

$$r_1 X_4 - r_4 X_1 = r_2 X_3 - r_3 X_2$$

由上述可以看出，交流电桥的平衡条件远比直流电桥复杂，不仅有幅值的要求，还有相角的要求。

当交流电桥的桥臂阻抗有 ΔZ_i 增量时（$i = 1$，2，3，4），且阻抗变化量远小于阻抗（$|\Delta Z_i / Z_i| \ll 1$）时，输出电压为

$$U_{\text{out}} = U_{\text{in}} \frac{Z_1 Z_2}{(Z_1 + Z_2)^2} \left(\frac{\Delta Z_1}{Z_1} + \frac{\Delta Z_4}{Z_4} - \frac{\Delta Z_2}{Z_2} - \frac{\Delta Z_3}{Z_3} \right)$$

思考题与习题

2-1　请简述传感器和前端调理电路的作用和相互关系。

2-2　请列举几种常见的无源传感器，并举例说明应用场景。

2-3　列举电阻传感器类别，并分别介绍其敏感原理。

2-4　将不同类别的电容式传感器与其适合测量的物理量相联系起来：

变间隙　　　　　　　　介质的某些物理特性

变面积　　　　　　　　微小的线位移

变介质　　　　　　　　角位移或较大的线位移

2-5　请列举几种常见的有源传感器，并举例说明应用场景。

2-6　绘制简单电桥放大电路原理图。

2-7　分析说明单臂电桥、差动输入运放电桥、仪表放大器电桥各自的优缺点。

2-8　绘制调频电路原理图。

2-9　请简述运算放大器的选择依据，并阐述不同类型运算放大器的应用场景。

2-10　请举例说明常用的传感器输出信号线性化方法。

第3章 信号放大电路

导读

本章先介绍了基本的信号放大电路（同相输入，反相输入和差分输入）。根据传感器所处的环境条件，传感器输出的信号特征，再讲述了几种典型的信号放大电路，如高共模抑制比放大电路、低漂移放大电路、高输入阻抗放大电路、电荷放大电路、电流放大电路、电桥放大电路以及增益调整放大电路。

本章知识点

- 基本放大电路
- 高共模抑制比放大电路
- 低漂移放大电路
- 高输入阻抗放大电路
- 电荷放大电路
- 电流放大电路
- 电桥放大电路
- 增益调整放大电路

随着集成技术的发展，集成运算放大器的性能不断完善，其价格不断降低，完全采用分立器件的信号放大电路已基本被淘汰。目前主要采用由集成运算放大器组成的各种形式的放大电路，或专门设计制成的具有某些特性的单片集成放大器。为此，本章将主要介绍测控系统中，由集成运算放大器组成的一些典型放大电路。

在测量控制系统中，用来放大传感器输出的微弱电压、电流或电荷信号的电路称为测量放大电路，亦称仪用放大电路。

测量放大电路的结构形式是由传感器的类型决定的。例如，电阻应变式传感器通过电桥转换电路输出电压信号，并用差动放大器进一步放大，因此电桥放大电路就是其测量放大电路。又如，用光电池、光敏电阻作为检测元件时，由于它们的输出电阻很高，可视为电流源，此时测量放大电路即为电流放大电路。

测量放大电路的频带宽度是由被测参数的频率范围及其载波信号频率决定的。测控系统中，被测参数的频率，低的从直流开始，高的可至 $10^{11}\,\mathrm{Hz}$ 。被测信号的频率范围越宽，测量放大电路的频带也应越宽，才能使不同的频率信号具有同样的灵敏度，使测量放大电路的输出不失真。

通常，传感器输出的电信号是很微弱的，且与电路之间的连接具有一定的距离。例如，在典型的工业环境中，距离可达 3m 以上，这时需要用电缆传送信号。传感器有内阻，电缆也有电阻，这些电阻和放大电路等产生的噪声，以及环境噪声都会对放大电路造成干扰，影响其正常工作。因此，对测量放大电路的基本要求是：①测量放大电路的输入阻抗应与传感器输出阻抗相匹配；②稳定的放大倍数；③低噪声；④低的输入失调电压和输入失调电流，以及低的漂移；⑤足够的带宽和转换速率（无畸变地放大瞬态信号）；⑥高共模输入范围（如达几百伏）和高共模抑制比；⑦可调的闭环增益；⑧线性好、精度高；⑨成本低等。

应该指出的是，不同的传感器、不同的使用环境、不同的使用条件和目的，对测量放大电路的要求是不同的，使得放大电路的种类多种多样，如差动放大电路、高共模抑制比放大电路、低噪声放大电路、高输入阻抗放大电路、电荷放大电路、电桥放大电路、程控放大电路等。

按结构原理，测量放大电路可分为差动直接耦合式、调制式和自动稳定式三大类。其中，差动直接耦合式包括单端输入（同相或反相）运算放大电路、电桥放大电路、电荷放大电路等。

按器件的制造方式，测量放大电路可分为分立器件结构形式、通用集成运算放大器组成形式和单片集成测量放大器组成形式三种。与前两种形式相比，通用集成运算放大器组成形式具有体积小、精度高、调节方便、性价比高等优点。单片集成测量放大器的体积更小、精度更高、使用更为方便，但价格较贵。随着集成工艺的发展，单片集成测量放大器的应用日益广泛。

与一般放大电路相比，测量放大电路更加突出对于"精"和"灵"的要求。噪声、干扰和漂移是误差的主要来源。本章针对噪声、干扰和漂移的抑制，将共模抑制比放大电路与低漂移放大电路作为重点，同时为适应不同的传感器、不同的使用环境、不同的使用条件和目的等提出的"灵"的要求，讲解高输入阻抗放大电路、电荷放大电路、电桥放大电路、增益调整放大电路、高共模拟制比放大电路等。

3.1　基本放大电路

3.1.1　反相放大电路

反相放大电路的基本形式如图 3-1a 所示，其输入阻抗为 R_1，闭环增益为

$$K_f = -\frac{R_2}{R_1}$$

反相放大电路的优点是性能稳定，因为运算放大器共模输入电压为零，故不存在共模噪声，缺点是输入阻抗比较低，但一般能够满足大多数场合的要求，因而在电路中应用较多。由于电阻的最大取值不宜超过 10MΩ，在提高反相放大电路的输入阻抗与提高电路的增益之间存在一定矛盾。图 3-1b 所示的电路可以避免这种矛盾，它既有较高的输入阻抗，又可取得足够的增益。如果选取 R_2 远大于 R_4、R_5，则放大电路的增益可用下式近似计算：

$$K_f = -\frac{R_2}{R_1}\left(1 + \frac{R_4}{R_5}\right) \tag{3-1}$$

任何一个放大器的带宽总是有限的，为了抑制噪声和降低成本、简化结构，通常把放大器和滤波器（常常是低通滤波器）设计成一体，图 3-1c 是使用较多的交流反相放大电路的一种形式。在该电路中，电路的低端截止频率由 C_1 和 R_1 决定，高端截止频率由 R_2 和 C_2 决定。

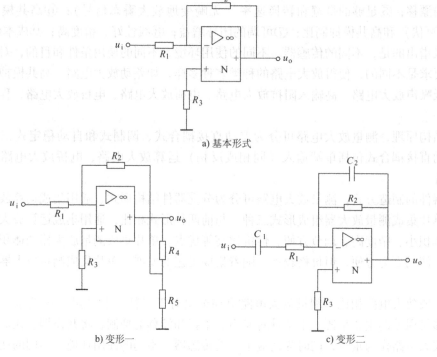

a) 基本形式

b) 变形一 c) 变形二

图 3-1 反相放大电路

3.1.2 同相放大电路

同相放大电路的基本形式如图 3-2a 所示，其闭环增益为

$$K_f = 1 + \frac{R_2}{R_1}$$

同相放大电路的输入阻抗 Z_i 为

$$Z_i = \left(1 + \frac{K}{K_f}\right) Z_i' + R_3$$

式中，Z_i' 为运算放大电路的开环输入阻抗；K 为运算放大器的开环增益。

与反相放大电路相比，同相放大电路具有高输入阻抗，但也有易受干扰的不足。因为运算放大电路的共模输入电压与输入电压相同，存在共模噪声，故在进行信号同相放大时，需选用共模抑制比大的运算放大器。

运算放大电路不论是作为同相放大电路还是反相放大电路，电路都是采用电压负反馈的形式，电路的闭环输出阻抗都非常小，其值接近于 0。

在电路中，同相放大电路除了常用于前置放大外，还经常用于阻抗变换或隔离。如图 3-2b 所示为一低频交流放大电路。为了得到较低的低端截止频率和避免使用过大的电容，电路中 R_1 选用比较大的阻值。为了避免放大电路的输入阻抗对高通滤波器截止频率的影响，采用了同相放大电路的形式。为了消除运算放大电路的输入偏置电流的影响，反馈网络采用了 "Y" 形网络，目的是使运放两输入端的电阻尽可能地相等。为了计算简单和减少元器件

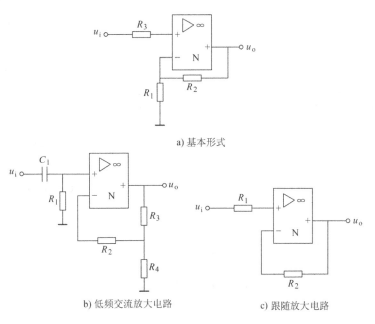

a) 基本形式

b) 低频交流放大电路

c) 跟随放大电路

图 3-2　同相放大电路

的品种，实际电路中常取 $R_1 = R_2$。如果选取 R_2 远大于 R_3、R_4，则流经 R_2 的电流可忽略不计，该同相放大电路的增益可用下式计算：

$$K_f = 1 + \frac{R_3}{R_4} \tag{3-2}$$

图 3-2c 所示为跟随放大电路，它是同相放大电路的一种极端形式，其电压增益为 1。图 3-2c 中两个电阻 R_1、R_2 是平衡电阻，其目的是为了消除运算放大电路的输入偏置电流的影响，如果运放本身的输入阻抗足够高（输入偏置电流足够小）或对电路输出的零点偏移要求不高时，可以省略这两个电阻。

现在已有许多同相放大器或跟随器产品芯片，其体积小、精度高、价格便宜、可靠性高。如美国 MAXIM 公司出品的 MAX4074、MAX4075、MAX4174、MAX4274 等；美国 BB 公司的 OPA2682、OPA3682 等。这些芯片既可以作为同相放大器，又可以作为反相放大器。设计高输入阻抗的跟随器时，可以考虑选用美国 BB 公司的 OPA128，其输入偏置电流仅为 75fA。

3.1.3　基本差动放大电路

不论是同相放大电路还是反相放大电路，由于采用的是单端输入，不具有共模信号抑制的能力。差动放大电路是把两个输入信号分别输入到运算放大器的同相和反相输入端，然后在输出端取出两个信号的差模成分，而尽量抑制两个信号的共模成分的电路。采用差动放大电路，有利于抑制共模干扰（提高电路的共模抑制比）和减小温度漂移。图 3-3a 所示为一基本差动放大电路，它由一只通用的运算放大器和四只电阻组成。利用电路的线性叠加原理，先计算输入信号 u_{i1} 作用时，电路的输出 u_{o1}：

$$u_{o1} = -\frac{R_2}{R_1} u_{i1}$$

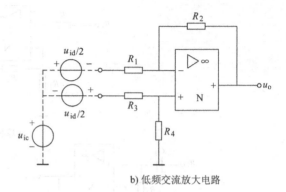

a) 基本差动放大电路   b) 低频交流放大电路

图 3-3 基本差动放大电路

40

再计算输入信号 u_{i2} 作用时，电路的输出 u_{o2} 为

$$u_{o2} = \left(1 + \frac{R_2}{R_1}\right)\frac{R_4}{R_3 + R_4}u_{i2}$$

于是可得

$$u_o = u_{o1} + u_{o2} = -\frac{R_2}{R_1}u_{i1} + \left(1 + \frac{R_2}{R_1}\right)\frac{R_4}{R_3 + R_4}u_{i2} \tag{3-3}$$

如果满足 $R_2/R_1 = R_4/R_3$，则式（3-3）可改写为

$$u_o = \frac{R_2}{R_1}(u_{i2} - u_{i1})$$

为分析电路的共模抑制性能，将图 3-3a 变换为图 3-3b 的形式，图 3-3b 中 u_{ic} 为作用于运算放大器的共模电压，u_{id} 为差模电压。于是有

$$\begin{cases} u_{ic} = \dfrac{1}{2}(u_{i1} + u_{i2}) \\ u_{id} = (u_{i2} - u_{i1}) \end{cases}$$

或者

$$\begin{cases} u_{i1} = u_{ic} - \dfrac{1}{2}u_{id} \\ u_{i2} = u_{ic} + \dfrac{1}{2}u_{id} \end{cases} \tag{3-4}$$

将式（3-4）代入式（3-3）可得

$$u_o = \left(\frac{R_4}{R_3 + R_4}\frac{R_1 + R_2}{R_1} - \frac{R_2}{R_1}\right)u_{ic} + \frac{1}{2}\left(\frac{R_4}{R_3 + R_4}\frac{R_1 + R_2}{R_1} + \frac{R_2}{R_1}\right)u_{id} = K_c u_{ic} + K_d u_{id}$$

式中，K_c 为共模电压增益；K_d 为差模电压增益。

根据定义可得基本差动放大电路的共模抑制比 CMRR 为

$$\mathrm{CMRR} = \frac{K_d}{K_c} = \frac{\dfrac{1}{2}\left(\dfrac{R_4}{R_3 + R_4}\dfrac{R_1 + R_2}{R_1} + \dfrac{R_2}{R_1}\right)}{\dfrac{R_4}{R_3 + R_4}\dfrac{R_1 + R_2}{R_1} - \dfrac{R_2}{R_1}}$$

为得到最大的共模抑制比，令 $K_c = 0$，此时 CMRR $\to \infty$，可得 $R_2/R_1 = R_4/R_3$。工程上

为了减少器件品种和提高工艺性，常常使 $R_1 = R_3$，$R_2 = R_4$，此时，$u_o = (R_2/R_1) u_{id}$，即电路只对差模信号进行放大。

但实际上，电路的共模抑制比不仅取决于电阻的匹配精度，还取决于运算放大电路的共模抑制比、开环增益和输入阻抗等参数，甚至电路的分布参数也会影响电路的共模抑制比。再者，电阻也不可能做到完全匹配。一般来说，电阻的误差越小、差动增益越大，共模抑制比越高。

这种差动放大电路虽结构简单，但输入阻抗较低，增益调节困难，使其应用受到很大限制。

集成化的差动放大器具有更好的性能，主要体现在共模抑制比和温度性能。这类芯片有很多，如 INA105，INA106，INA117 等。

3.2　高共模抑制比放大电路

来自传感器的信号通常都伴随着很大的共模电压（干扰电压常为共模电压）。一般采用差动输入集成运算放大器来抑制它，但是必须要求外接电阻完全平衡对称，运算放大器具有理想特性。否则，放大器将有共模误差输出，其大小既与外接电阻对称精度有关，又与运算放大器本身的共模抑制能力有关。一般运算放大器共模抑制比可达 80dB，而采用由几个集成运算放大器组成的测量放大电路，共模抑制比可达 120dB。

3.2.1　双运放高共模抑制比放大电路

如图 3-4 所示是由两个运算放大器组成的共模抑制比约 100dB 的差动放大电路。

1. 反相串联结构型

如图 3-4a 所示为反相输入高共模抑制比差动放大电路，其输出电压 u_o 为

$$u_o = \frac{R_2}{R_1} \frac{R_6}{R_4} u_{i1} - \frac{R_6}{R_5} u_{i2}$$

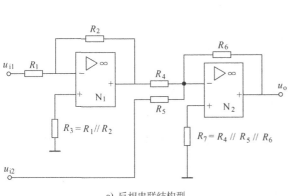

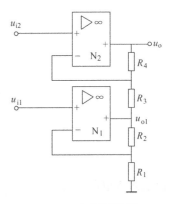

a) 反相串联结构型　　　　　　　　　　　　b) 同相串联结构型

图 3-4　双运放高共模抑制比放大电路

当 $R_2/R_1 = R_4/R_5$，$u_{i1} = u_{i2}$ 时，输出电压为零，共模信号得到了抑制。由此可见，这种电路的共模抑制能力只与外接电阻对称精度有关，但电路的输入阻抗低。通常，为了使 u_{i1}、

u_{i2} 负载相同，取 $R_1 = R_5$，则 $R_2 = R_4$。

2. 同相串联结构型

如图 3-4b 所示是同相输入高共模抑制比差动放大电路。由电路可得

$$u_{o1} = \left(1 + \frac{R_2}{R_1}\right)u_{i1}, \frac{u_{o1} - u_{i2}}{R_3} = \frac{u_{i2} - u_o}{R_4}$$

所以

$$u_o = \left(1 + \frac{R_4}{R_3}\right)u_{i2} - \left(1 + \frac{R_2}{R_1}\right)\frac{R_4}{R_3}u_{i1}$$

因输入共模电压 $u_{ic} = (u_{i1} + u_{i2})/2$，输入差模电压 $u_{id} = u_{i2} - u_{i1}$，可将上式改写为

$$u_o = \left(1 - \frac{R_2 R_4}{R_1 R_3}\right)u_{ic} + \frac{1}{2}\left(1 + \frac{2R_4}{R_3} + \frac{R_2 R_4}{R_1 R_3}\right)u_{id} \tag{3-5}$$

为了获得零共模增益，式（3-5）等号右边第一项必须为零，可取：

$$\frac{R_1}{R_2} = \frac{R_4}{R_3}$$

此时，电路的差动闭环增益为

$$K_d = 1 + \frac{R_4}{R_3}$$

这种电路采用了两个同相输入的运算放大器，因而具有极高的输入阻抗。

3.2.2 三运放高共模抑制比放大电路

图 3-5 所示电路是目前广泛应用的三运放高共模抑制比放大电路。它由三个集成运算放大器组成，其中 N_1、N_2 为两个性能一致（主要指输入阻抗、共模抑制比和增益）的同相输入通用集成运算放大器，构成平衡对称（或称同相并联型）差动放大输入级，N_3 构成双端输入、单端输出的输出级，用来进一步抑制 N_1、N_2 的共模信号，并适应接地负载的需要。

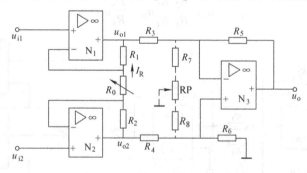

图 3-5　三运放高共模抑制比放大电路

由输入级电路可写出流过 R_1、R_0 和 R_2 的电流 I_R 为

$$I_R = \frac{u_{o2} - u_{i2}}{R_2} = \frac{u_{i1} - u_{o1}}{R_1} = \frac{u_{i2} - u_{i1}}{R_0}$$

由此求得

$$u_{o1} = \left(1 + \frac{R_1}{R_0}\right)u_{i1} - \frac{R_1}{R_0}u_{i2}, u_{o2} = \left(1 + \frac{R_2}{R_0}\right)u_{i2} - \frac{R_2}{R_0}u_{i1}$$

于是，输入级的输出电压，即运算放大器 N_2 与 N_1 输出之差为

$$u_{o2} - u_{o1} = \left(1 + \frac{R_1 + R_2}{R_0}\right)(u_{i2} - u_{i1}) \tag{3-6}$$

其差模增益 K_d 为

$$K_d = \frac{u_{o2} - u_{o1}}{u_{i2} - u_{i1}} = 1 + \frac{R_1 + R_2}{R_0} \tag{3-7}$$

由式（3-6），式（3-7）可知，当 N_1、N_2 性能一致时，输入级的差动输出及其差模增益只与差模输入电压有关，而其共模输出、失调及漂移均在 R_0 两端相互抵消，因此电路具有良好的共模抑制能力，同时不要求外部电阻匹配。但为了消除 N_1、N_2 偏置电流等的影响，通常取 $R_1 = R_2$。另外，这种电路还具有增益调节能力，调节 R_0 可以改变增益而不影响电路的对称性。

根据共模抑制比定义，可求得输入级的共模抑制比为

$$CMRR_{12} = \frac{CMRR_1 \cdot CMRR_2}{|CMRR_1 - CMRR_2|} \tag{3-8}$$

式中，$CMRR_1$、$CMRR_2$ 为 N_1、N_2 的共模抑制比。

由式（3-8）可见，如果 N_1、N_2 的共模抑制比不相等，将会引入附加的共模误差，使电路共模抑制能力下降。但 N_1、N_2 的共模抑制比相差不大（$<0.5\text{dB}$）时，输入电路的共模抑制比仍是很高的。N_3 输出级的电阻不匹配，也会引起共模误差。设电阻 R_3、R_4、R_5 和 R_6 的偏差均为 $\pm\delta$，考虑最严重的情况，即 $R_3 = R_{30}(1 + \delta)$、$R_4 = R_{40}(1 - \delta)$、$R_5 = R_{50}(1 - \delta)$、$R_6 = R_{60}(1 + \delta)$，且 $R_{30} = R_{40}$、$R_{50} = R_{60}$，这里 R_{30}、R_{40}、R_{50}、R_{60} 分别表示电阻 R_3、R_4、R_5、R_6 的名义值，可得输出级的共模增益：

$$K_{c3} = \frac{R_6}{R_4 + R_6}\left(1 + \frac{R_5}{R_3}\right) - \frac{R_5}{R_3} \approx \frac{4\delta}{1 + (1/K_{d3})}$$

对应的共模抑制比则为

$$CMRR_3' = \frac{CMRR_3 \cdot CMRR_R}{CMRR_3 + CMRR_R}$$

式中，K_{d3} 为运算放大器 N_3 的差模增益，$K_{d3} = R_{50}/R_{30}$；$CMRR_3$ 为运算放大器 N_3 的共模抑制比；$CMRR_R$ 为外接不对称电阻而限制的共模抑制比，$CMRR_R = (1 + K_{d3})/(4\delta)$。可见，外接电阻不匹配将使输出级的共模抑制比由 $CMRR_3$ 下降为 $CMRR_3'$。

如图 3-5 所示电路的共模抑制比为

$$CMRR = \frac{K_d CMRR_3' \cdot CMRR_{12}}{|K_d CMRR_1 + CMRR_{12}|} \tag{3-9}$$

当 $CMRR_{12} \gg K_d CMRR_3'$ 时，式（3-9）可简化为 $CMRR = K_d CMRR_3'$。因此为了获得高的共模抑制比，必须选取具有高共模抑制比的集成运算放大器 N_3，同时精选外接电阻，尽量使 $R_3 = R_4$、$R_5 = R_6$，精度应控制在 0.1% 内，而且通常将输入级的增益 K_d 设计得大些，输出级的增益 K_{d3} 设计得小些。这种电路由于 N_1、N_2 的隔离作用，输出级的外部电阻可以取得较小，有利于提高电阻的匹配精度，提高整个电路的共模抑制比。电路的共模抑制比 $CMRR \geq 120\text{dB}$，共模输入电压范围为 $-10 \sim 6\text{V}$，总增益 $1 \sim 1000$（RP 为几十至几百欧）。

如果在 N_3 的两输入端之间接入 R_7、R_8 和 RP 共模补偿电路，通过调节 RP，则可补偿电

阻的不对称，获得更高的共模抑制比。

如果 N_1、N_2 和 N_3 选用高精度、低漂移的集成运算放大器（如4E325），那么，该电路可获得相当优良的性能。

3.2.3 高共模隔离放大电路

双运放和三运放共模拟制比放大电路，受运算放大器输入共模电压范围的限制（一般是运算放大器的电源电压）。在很多应用中，被测信号往往叠加在很高的共模电压上，有时甚至达到几千伏。在如此高共模环境下，不能使用双运放和三运放共模拟制比放大电路。为了解决这种高电位情况，必须在输入电路和运算放大器的输出之间采取电隔离。

隔离放大电路是一种特殊的测量放大电路，其输入、输出和电源电路之间没有直接的电路耦合，即信号在传输过程中没有公共的接地端。隔离放大电路主要用于便携式测量仪器和某些测控系统中，能在高共模噪声环境下以高阻抗、高共模抑制能力传送信号；应用于生物医学测量中，可确保人体不受超过 $10\mu A$ 以上漏电流和可达几百伏以至数千伏高压的危害；应用于工业中，可防止因故障而使电网电压对低压信号电路（包括计算机）造成损坏；还常应用于普通电站和核电站、自动化试验设备、工业过程控制系统等。

可用作输入、输出的隔离方式有光、超声波、无线电波和电磁波等。在隔离放大电路中采用的隔离方式主要有电磁（变压器）耦合和光电耦合。电磁耦合实现载波调制，具有较高的线性度和隔离性能，其共模抑制比高，技术较成熟，但带宽较窄，约 1kHz 以下，且体积大、工艺复杂、成本高、应用较不方便。光电耦合结构简单、成本低廉、器件重量轻，具有良好的线性和一定的转换速度，带宽较宽，且与 TTL 电路兼容，应用前景十分广阔。

隔离电路除了隔离放大电路外，还有隔离电源（直流－直流转换器，简称 DC－DC）、隔离电压－电流转换器、隔离高低电平乘法器、D/A 转换器等。

3.2.3.1 基本原理

隔离放大电路的原理框图如图 3-6 所示。图 3-6a 为变压器耦合隔离放大电路的原理框图，被测信号经放大并调制成调幅波后，由变压器耦合，再经解调、滤波和放大后输出。输入浮地放大器的直流电源是由载波发生器产生的频率为几十千赫的高频振荡，经耦合变压器馈入输入电路，再通过整流、滤波而提供的，以实现隔离供电。同时，该高频振荡经耦合变压器为调制器提供所需载波信号，为解调器提供参考信号。变压器的隔离效果主要取决于变压器匝间的分布电容，载波频率越高，就越容易将变压器的匝数、体积和分布电容做得较小。因此对变压器要精心设计和制作。图 3-6b 是光电耦合隔离放大电路的原理框图，被测信号经放大（也可载波调制），并由光电耦合器 VLC 中的发光二极管转换成光信号，再通过光电耦合器中的光电器件（如光电二极管、光电晶体管等）变换成电压或电流信号，最后由输出放大器放大输出。

隔离放大电路由输入放大器、输出放大器、隔离器以及隔离电源等组成，如图 3-7 所示。当输入共用端接地时，u_d 为输入放大器的差模电压，u_c 为输入放大器的共模电压，该共模信号受输入放大器共模输入范围的限制（典型值为 $\pm 15V$）。u_{iso} 是隔离电压，表示输入共用端（输入地）和输出共用端（与系统地相连接）之间的电位差。与隔离电压 u_{iso} 比较，输入放大器共模电压 u_c 可忽略。这种情况下，系统的共模信号 U_{cm} 可表示为

$$U_{cm} = u_c + u_{iso} = u_{iso}$$

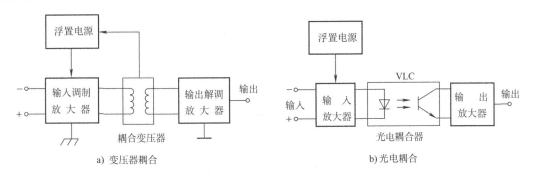

图 3-6 隔离放大电路的原理框图

一些制造商通常用 U_{cm} 表示系统的共模电压。

隔离（采用变压器或光电耦合器）电阻 R_{iso} 约 $10^{12}\,\Omega$，隔离电容 C_{iso} 的典型值为 20pF，因此隔离放大器的输出与输入隔离，消除了通过公共地线的干扰，大大地提高了电路的共模抑制比。电路的输出电压 u_o 为

$$u_o = K_{d1} u_d \left(1 + \frac{1}{\text{CMRR}_1} \frac{u_c}{u_d} \right) + \frac{u_{iso}}{\text{IMRR}}$$

式中，K_{d1}、u_d 分别为输入级的差模增益和输入端的差模电压；u_c 为对输入端公共地的输入级共模电压；u_{iso} 为隔离电压，系指在隔离器两端或输入端与输出端两公共地之间能承受的共模电压，它对误差影响较大。通常额定的隔离峰值电压高达 5000V；CMRR_1 为输入级的共模抑制比；IMRR 为由输入端公共地到输出端公共地的隔离层抑制比。

如图 3-7b 所示是隔离放大电路的符号。

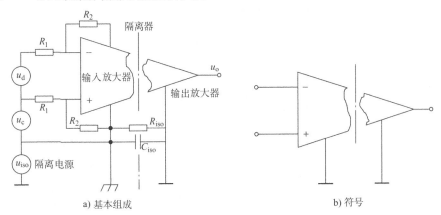

图 3-7 隔离放大电路的基本组成及符号

隔离放大器通常应用在一些仪用放大器不能使用的场合，如：在高共模电压存在的情况下（通常大于 15V），测量低电压信号；消除信号源和系统地之间的连接，如放大像热电偶这种浮动输入源的信号等；在与病人接触的传感器和监控仪器之间提供一个接口，这种情况下，需要高的共模抑制比在高的共模电压存在的情况下恢复病人的状态信号；在故障状态下，提供隔离保护。

图 3-8 所示是一个使用隔离放大器，在残留电极电压和 50Hz 工频电压干扰下，从母亲心跳中提取胎儿心跳的电路。

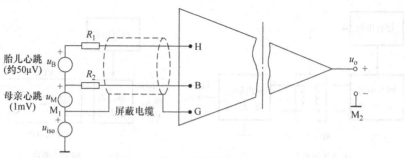

图 3-8　胎儿心跳监测电路

3.2.3.2　通用隔离放大电路

1. AD277 变压器耦合隔离放大器

AD277 是美国 AD 公司的一种通用隔离放大器（国产 284J、289 与它类似），如图 3-9a

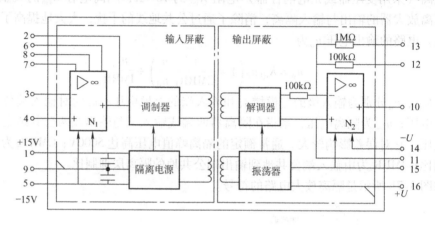

a) 内部电路结构框图和引脚

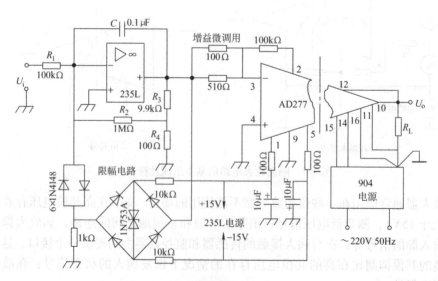

b) 斩波稳零隔离放大电路

图 3-9　AD277 变压器耦合隔离放大器

所示。其前后级各由高性能运算放大器 N_1、N_2 构成，前级由浮置电源供电，并输出浮置电压（±15V）供传感器等使用。N_1 的引脚 3、4 为差动输入端，引脚 6、7、8 为零位调整端，引脚 2 是 N_1 的输出端，为构成各种反馈放大时使用。输出级 N_2 的反相端接有 $100\mathrm{k}\Omega$ 电阻，在增益调整引脚 12 与输出引脚 10 之间外接不同阻值的电阻，可得到不同的闭环增益；引脚 13 的 $1\mathrm{M}\Omega$ 电阻用于调整零点误差，如不需要调零，应将引脚 13 接地以减小干扰的影响；引脚 14、15 和 16 为外加正负直流稳压电源端，其中引脚 16 是公共端，与 N_2 的同相端引脚 11 相连接，构成输出级的地。AD277 隔离放大器的输入与输出级靠变压器耦合。

如图 3-9b 所示是采用 AD277 隔离放大器与低漂移斩波稳零运算放大器 235L 组成的高性能斩波稳零隔离放大电路，它能承受 2500V 的共模电压，共模抑制比高达 160dB，直流漂移优于 $0.1\mathrm{nV/℃}$，增益高至 $2×10^5$，能检测微伏级的输入电压，输出可达伏级。电路中，隔离放大器 AD277 的引脚 1、5 输出作为斩波稳零反相放大器 235L 的浮置电源，235L 的输出通过电阻 R_3、R_4 分压，取其百分之一经 R_2 反馈到输入端（$R_1 = 100\mathrm{k}\Omega$），以获得 1000 倍的增益，这样不会因反馈电阻太大而引起漏电和工作不稳定。当输入过载时，235L 输出饱和电平，限幅电路导通，使放大器的增益减小，输出从饱和状态迅速恢复。反馈电容 $C = 0.1\mu\mathrm{F}$ 起限制 235L 带宽（几赫）作用，以减小高频噪声的传输。

2. 光电耦合隔离放大电路

如图 3-10 所示为采用光电耦合器的隔离放大电路。前级电路 N_1 把输入电压信号转换成与之成正比的电流信号，经光电耦合器 VLC 耦合到后级，光电耦合器中的硅光敏晶体管输出电流信号，运放 N_2 把电流信号转换成电压信号。图中使用晶体管 V 补偿光电耦合器的非线性。即便如此，在要求较高时仍难以消除光电耦合器的非线性。原因之一是晶体管的非线性与光电耦合器的非线性并不完全一致。

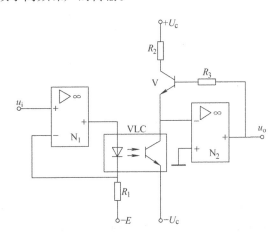

图 3-10　光电耦合隔离放大电路

如图 3-11 所示中的电路采用两个光电耦合器，称为互补式光电耦合隔离放大电路，该电路可以得到较高的线性。运算放大器 N_1 组成输入放大器，N_2 组成输出放大器，VLC_1 和 VLC_2 是特性完全对称的光电耦合器，VLC_2 用作输入放大器和输出放大器之间信号的隔离传送，VLC_1 为 N_1 的非线性反馈，用以弥补 VLC_2 的非线性。如果 N_1 和 N_2 处于理想工作状态，$i_1 = i_2$，并取 $R_2 = R_3$，由电路可得

$$i_1 = \frac{10\mathrm{V}}{R_2} + \frac{u_i}{R_1}$$

$$i_2 = \frac{10\mathrm{V}}{R_3} + \frac{u_o}{R_5 + R}$$

$$u_o = \frac{R_5 + R}{R_1}u_i$$

由于光电耦合器的工作速度远低于运算放大器的工作速度，因此在电路中采用电容 C 来改善电路的频率特性，并采用电阻 R_4 和电容 C 来改善电路的稳定性。但 C 值过大，会使电路频率上限降低，R_4 和 C 值过小，电路稳定性变差，通常取 C 值约为 1500pF。该电路的频带可达 0～40kHz，线性度为 0.1%。

如图 3-12 所示的电路由于采用了封装在一个芯片内的一对光电耦合器，所以具有更好的线性，而且电路也简单。

应该指出的是，由于光电耦合器是非线性器件，尤其在信号较强时，将出现较大的非线性误差。因此在对某些较强信号要求较高的场合，应采用调频方式。

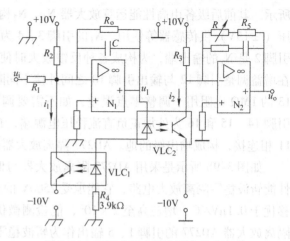

图 3-11 互补式光电耦合隔离放大电路

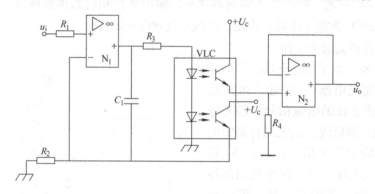

图 3-12 封装在一个芯片内的光电耦合器

此外，还应该注意的是，光电隔离放大电路的前、后级之间不能有任何电的连接，即使是地线也不能连接在一起，前、后级也不能共用电源，否则就失去了隔离的意义。一般前级放大器可以采用电池供电，或采用 DC - DC 变换器供电。光电耦合器中的发光二极管的工作电流极限值通常为 30mA，超过发光二极管的电流极限值将导致光电耦合器的损坏。因而，光电隔离放大电路的设计主要是设置光电耦合器的工作电流。选用集成化的光电隔离放大器，可以提高测控系统的可靠性及其他性能。如美国 BB 公司出品的 ISO164、ISO174 和 ISO254 把光电耦合器和前级差动放大器、后级缓冲输出放大器全部集成在一个芯片上。而美国 ADI（Analog Device Inc）的 AD215 不仅把光电耦合器和前级差动放大器、后级缓冲输出放大器全部集成在一个芯片上，还把隔离电源也集成到芯片上。采用集成化的光电隔离放大器可以大幅度地提高电路的性能。

3.2.3.3 增益可调隔离放大电路

如图 3-13 所示为增益可调电桥隔离放大电路，它由传感器电桥、隔离放大器 AD277（或 AD284，AD289 等）、多路模拟开关和其控制电路（此两部分称为增益控制电路）组成。电路中，电桥和增益控制电路的电源是由隔离放大器输入级引脚 1、5 输出的隔离电源提供，因此传感器电桥、输入放大器和增益控制电路全部浮置。输入放大器接成同相比例放大器，利用 CMOS 多路模拟开关 CD4053 按一定程序改变输入放大器的负反馈系数，实现隔离放大器闭环增益的控制。程序控制端是 D_1、D_2，当它们为 "00" 态时，CD4053 将输入放大器接成电压跟随器，隔离放大器的增益为 1。当 D_1、D_2 分别为 "10" "01" "11" 态时，CD4053 使输入放大器的闭环增益分别为 $1 + [R_1/(R_2 + R_3 + R_4)]$、$1 + [(R_1 + R_2)/(R_3 + R_4)]$、$1 + [(R_1 + R_2 + R_3)/R_4]$，则隔离放大器的增益相应为 10、100、1000。CD4053 开关的导通电阻只与输入放大器的反相输入端串接，因而开关电阻不会影响隔离放大器的增益。程序控制信号是由 TTL 电路输出，经光电耦合器输至驱动电路，隔离了控制信号的公共端，使驱动电路也被隔离浮置。

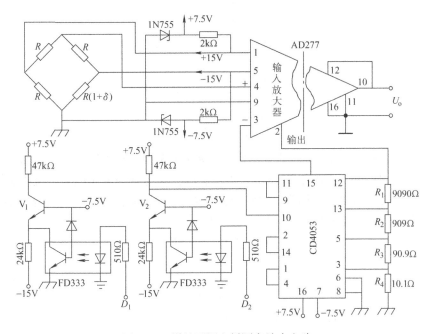

图 3-13 增益可调电桥隔离放大电路

由于光电耦合器和隔离变压器的抗高压性能好，可达几千伏，因此这种传感器电桥隔离放大电路可以带数百伏高压电位仍能正常工作。

3.2.3.4 隔离放大电路应用举例

如图 3-14 所示为线性光隔离放大电路，由两运放、两光耦构成的电流串联负反馈电路。输入信号加到运放 N_1 的反相端，N_1 的输出电流 i 同时加到两个光电耦合器 VLC_1 和 VLC_2。经 VLC_2 耦合的信号经过跟随器 N_2 缓冲隔离后输出，提高了电路的负载能力。经 VLC_1 耦合的信号由集电极输出接到运放 N_1 的同相端，形成负反馈。电容 C 用于防止运放的自激振荡。电路采用两个同型号的光电耦合器输入端串联，组成差分负反馈，来补偿光耦的非线性电流传输系数。两光耦本身虽然具有一定非线性，但其非线性程度相同，故产生相消作用。为了获得更好的特性，常采用双耦合器如 TLP521 - 2，两光耦集成在一个芯片内，可保证其特性基本一致。

对于图 3-14 有

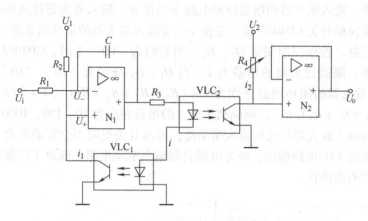

图 3-14 线性光隔离放大电路

$$\frac{U_1 - U_+}{R_2} = i_1 = k_1 i$$

$$\frac{U_2 - U_o}{R_4} = i_2 = k_2 i$$

式中，i_1、i_2 分别为两光耦光电晶体管的输出电流；i 为流过光耦输入级（发光二极管）的电流；U_1、U_2 分别为两光耦输出级的电源电压；k_1、k_2 分别为两光耦的电流传输特性参数。

利用理想运放"虚短""虚断"的概念，有 $U_- = U_i$，$U_+ = U_-$，又对于特性一致的两个光耦，其电流传输特性系数相同：$k_1 = k_2$，故：

$$\frac{U_1 - U_+}{R_2} = \frac{U_2 - U_o}{R_4}$$

从而，

$$U_o = U_2 - \frac{R_4}{R_2}(U_1 - U_i)$$

选择 $U_1 = U_2$，调节 R_4，使得 $R_4 = R_2$，则有 $U_o = U_i$。

3.3 低漂移放大电路

通常，传感器输出的信号电压在零至数毫伏范围内变化。因此，减小测量放大电路的电压漂移，实现低漂移信号放大是至关重要的。

为了减小集成运算放大器的失调和低频干扰引起的零点漂移，可采用由通用集成运算放大器组成的斩波稳零放大电路或自动调零放大电路，也可采用低漂移单片集成运算放大器。下面将介绍自动调零放大电路、斩波稳零放大电路和低漂移集成运算放大器。

3.3.1 自动调零放大电路

自动调零放大电路又称为动态校零放大电路，其原理如图 3-15a 所示。图 3-15a 中，运算放大器 N_1 为主放大器，N_2 为误差保持电路，N_3 组成时钟发生器，N_4 为其反相器，N_3、N_4 分别用来驱动模拟开关 S_{a1}、S_{a2} 和 S_{b1}、S_{b2}。当时钟发生器 N_3 输出高电平，N_4 则输出低电平时，模拟开关 S_{a1}、S_{a2} 接通，S_{b1}、S_{b2} 断开，电路处于失调调零状态，其误差保持等效电路如图 3-15b 所示。此时 N_1 输入端无输入信号，只存在失调电压 U_{os1}，其输出为 U_{o1}，再经 N_2 放大后，由电容 C_1 保持，考虑到 N_2 的失调电压 U_{os2}，电容 C_1 寄存的电压为

$$U_{C1} = -(U_{o1} + U_{os2})K_2$$
$$U_{o1} = (-U_{os1} + U_{C1})A_1$$

式中，A_1、K_2 分别为集成运算放大器 N_1、N_2 的闭环放大倍数和开环放大倍数。

由于 $A_1 >> 1$，$A_1 K_2 >> 1$，所以

$$U_{C1} \approx U_{os1} - \frac{U_{os2}}{A_1} \approx U_{os1} \tag{3-10}$$

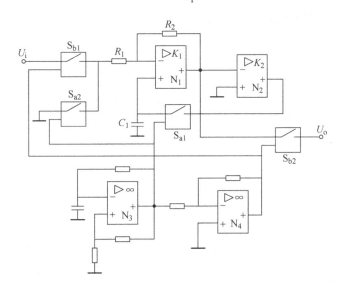

a) 电路原理图

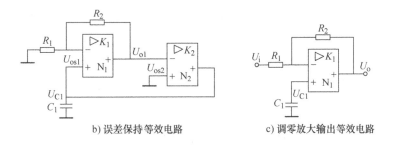

b) 误差保持等效电路　　　　c) 调零放大输出等效电路

图 3-15　自动调零放大电路

由式（3-10）可见，电容 C_1 寄存了运算放大器 N_1 的失调电压 U_{os1}。另半周，时钟发生器 N_3 输出低电平，N_4 输出高电平时，模拟开关 S_{b1}、S_{b2} 接通，S_{a1}、S_{a2} 断开，电路进入信号放大状态，其等效电路见图 3-15c，此时 U_i 经 N_1 放大后，输出为

$$U_o = -U_i \frac{R_2}{R_1} - U_{os1}A_1 + U_{C1}A_1 \approx -\frac{R_2}{R_1}U_i$$

由以上分析可知，该电路实现了对失调电压的校正，达到了自动调零的目的。

自动调零放大电路性能优于由通用集成运放组成的斩波稳零放大电路，输出电压稳定，

波动也小。与普通放大电路相比，其失调和低频干扰降低了三个数量级。这种电路实际上用一块四运放（如 LF347，LM324，5G14573 等）和一块 4 位模拟开关（如 CD4066，5G811 等）即可组成，电路成本低。

3.3.2 斩波稳零放大电路

为了避免直接耦合放大产生的零点漂移，通常用斩波放大器来放大微伏量级的信号。在斩波放大器中，输入电压信号变成交流电压信号，经过交流放大，然后再转变成与原始输入电压成比例的直流电压。

斩波放大器的工作原理如图 3-16 所示。

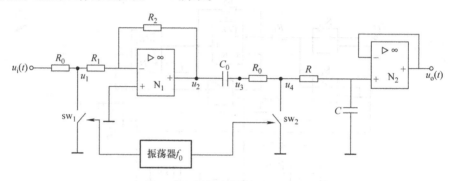

图 3-16　斩波放大器的工作原理

振荡器的输出频率为 f_0，它控制两个模拟开关 sw_1 和 sw_2，这两个开关用来作为输入信号的调制（将输入直流信号变成交流信号）和解调（将交流变成直流）。

放大器的输入信号是一个幅值与输入信号成比例，频率为 f_0 的方波信号。如图 3-17 所示，电压 u_1 可表示为

$$u_1(t) = u_i(t)\left(\frac{1}{2} + \frac{2}{\pi}\cos\omega_0 t - \frac{2}{3\pi}\cos3\omega_0 t + \frac{2}{5\pi}\cos5\omega_0 t + \cdots\right)$$

假设：

1）U_{os} 为运算放大器 N_1 的输入失调电压，ΔU_{os} 为运算放大器随温度变化的失调电压。

2）运算放大器的 N_1 的带宽小于信号 u_1 的所有谐波信号的频率。那么放大器 N_1 的输出电压信号 u_2 可写为

$$u_2(t) = -\frac{R_2}{R_1}u(t)\left(\frac{1}{2} + \frac{2}{\pi}\cos\omega_0 t\right) + \left(1 + \frac{R_2}{R_1}\right)U_{os} + \left(1 + \frac{R_2}{R_1}\right)\Delta U_{os}$$

经过电容 C_0，u_2 中的直流信号被滤掉，u_3 可写为

$$u_3(t) = -u(t)\frac{R_2}{R_1}\left(\frac{2}{\pi}\cos\omega_0 t\right)$$

模拟开关 sw_2 对输入信号进行解调，u_4 可表示为

$$u_4(t) = u_3(t)\left(\frac{1}{2} + \frac{2}{\pi}\cos\omega_0 t - \frac{2}{3\pi}\cos3\omega_0 t + \cdots\right)$$

RC 低通滤波器仅保留 u_4 的直流成分，因此信号输出可写为

$$u_o(t) = -\frac{R_2}{R_1}\frac{2}{\pi^2}u_i(t) + U_{os2}$$

U_{os2} 为跟随器 A_2 的失调电压，可忽略或者通过放大器调零来消掉。

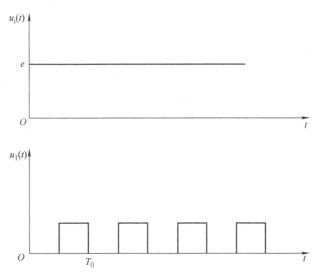

图 3-17　直流输入电压转换成交流电压（频率 $f_0 = \dfrac{1}{T_0}$）

3.3.3　低漂移集成运算放大器

1. 轮换自动校零集成运算放大器

轮换自动校零集成运算放大器简称 CAZ 运算放大器，它是一种新颖的运算放大器组合器件，如图 3-18 所示。它通过模拟开关（图中未画出）的切换，使内部两个性能一致的运算放大器 N_1、N_2 交替地工作在信号放大和自动校零两种不同的状态。图 3-18 中 G 为自动校零输入端，必须接至系统地，使放大器在自动校零时无信号输入。若 N_1 处于信号放大状

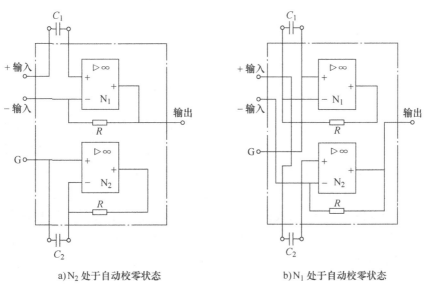

a) N_2 处于自动校零状态　　　　　　　　　b) N_1 处于自动校零状态

图 3-18　CAZ 运算放大器基本原理图

态，N_2 则处于自动校零状态，如图 3-18a 所示。此时 N_2 的反相输入端外接电容器 C_2，同相输入端接系统地，N_2 无信号输入，因此 C_2 寄存了 N_2 的输入失调和低频瞬时干扰电压，称为校正电压。当 N_2 转换成信号放大状态时，N_1 则处于自动校零状态，如图 3-18b 所示。此时电容器 C_2 串接于输入信号与 N_2 同相输入端之间，寄存于 C_2 的校正电压就抵消了 N_2 的输入失调和低频瞬时干扰电压，达到自动校零目的，N_2 输出放大了的输入信号。同时，N_1 反相输入端的外接电容器 C_1 寄存了其输入失调和低频瞬时干扰电压。在 N_1 转换成信号放大状态时（见图 3-18a），其校正电压起自动校零作用，N_1 输出放大了的输入信号。

由于集成电路中两个放大器轮换工作，因此始终保持有一个运算放大器对输入信号进行放大并输出，输出稳定，性能优于由通用集成运算放大器组成的低漂移放大电路。但是它对共模电压无抑制作用。

2. 斩波稳零集成运算放大器

斩波稳零放大电路可以放大极其微弱的电压信号，而且可以使失调电压和温度漂移减小 $1 \sim 3$ 个数量级。斩波稳零放大电路如图 3-19 所示，其中主通道 N_1 放大高频部分，辅助通道 N_2 放大低频和直流部分。由于 N_2 为调制型放大器，可以认为其失调电压为 0。设运放 N_1 的输入失调电压 U_{os} 对输出 U_o 的影响为 ΔU_o，输入为 $U_i = 0$，对于低频和直流信号，C_3 开路，调制解调部分和交流放大器总的放大倍数为 K。运放 N_1 的开环放大倍数为 K_1，则 $U_- = U_{os}$，$U_+ = -KU_a$，$U_a = \Delta U_o \times R_1/(R_1 + R_5)$，$\Delta U_o = -K_1(U_- - U_+) \approx -(U_{os}/K) \times (1 + R_5/R_1)$，所以失调电压 U_{os} 的影响减小到 $1/K$。

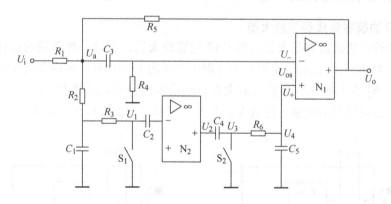

图 3-19　斩波稳零放大电路原理图

斩波稳零集成运算放大器（国产的 CF7650、5G7650，美国 Intersil 公司的 ICL7650、ICL7600 等）是一种 CMOS 差动式低漂移集成运算放大器。它利用动态校零技术消除了 CMOS 器件固有的失调和零漂，克服了传统斩波稳零放大器的缺点。ICL7650 的内部电路原理如图 3-20 所示，图中，N_1 为主放大器，N_2 为调零放大器，A_1、A_2 分别为 N_1、N_2 的侧向输入端，S_{a1}、S_{a2} 和 S_{b1}、S_{b2} 为模拟开关，由内部或外部时钟驱动。当时钟为高电平时，为误差检测和寄存阶段，模拟开关 S_{a1}、S_{a2} 闭合，S_{b1}、S_{b2} 断开，N_2 两输入端被短接，只有输入失调电压 U_{os2} 和共模信号 U_c 作用并输出，由电容 C_2 寄存，同时反馈到 N_2 的侧向输入端 A_2，此时

$$U_{o2} = K_2 U_{os2} + K_{c2} U_c - K'_2 U_{o2}$$

$$U_{o2} = \frac{K_2}{1+K'_2}U_{os2} + \frac{K_{c2}}{1+K'_2}U_c \approx \frac{K_2}{K'_2}U_{os2} + \frac{K_{c2}}{K'_2}U_c$$

式中，K_2 为运算放大器 N_2 的开环放大倍数；K_{c2} 为运算放大器 N_2 的开环共模放大倍数；K'_2 为运算放大器 N_2 的侧向端 A_2 输入时的放大倍数（$K'_2 \gg 1$）。即，C_2 两端电压 $U_{c2} = U_{o2} \approx (K_2 U_{os2} + K_{c2} U_c)/K'_2$。

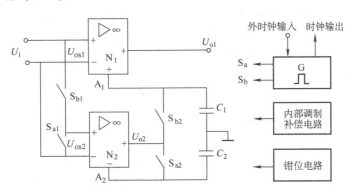

图 3-20　斩波稳零集成运算放大器 ICL7650 原理图

另半周，时钟为低电平时，为校零和放大阶段，模拟开关 S_{a1}、S_{a2} 断开，S_{b1}、S_{b2} 闭合，输入信号 U_i 同时作用到 N_1、N_2 的输入端。N_2 除输入 U_i、U_{os2} 和 U_c 外，在侧向端 A_2 还作用着 U_{c2}，所以，此时 N_2 的输出为

$$U_{o2} = K_2(U_i + U_{os2}) + K_{c2}U_c - K'_2 U_{c2} = K_2(U_i + U_{os2}) + $$
$$K_{c2}U_c - K'_2(K_2 U_{os2} + K_{c2}U_c)/K'_2 = K_2 U_i$$

由此可见，N_2 的失调电压 U_{os2} 和共模电压 U_c 在时钟的另半周期全部被消除，达到稳零目的。N_2 的输出 U_{o2} 通过开关 S_{b2} 由电容 C_1 寄存，同时还输至 N_1 的侧向输入端 A_1 进行放大，此时主放大器 N_1 的输出 U_{o1} 为

$$U_{o1} = K_1(U_i + U_{os1}) + K_{c1}U_c + K'_1 U_{o2}$$

式中，K_1、K_{c1} 分别为运算放大器 N_1 的开环放大倍数和开环共模放大倍数；U_{os1} 为运算放大器 N_1 的输入失调电压；K_1' 为运算放大器 N_1 由侧向端 A_1 输入时的放大倍数。

将 $U_{o2} = K_2 U_i$ 代入上式，则得

$$U_{o1} = (K_1 + K'_1 K_2)U_i + K_1 U_{os1} + K_{c1}U_c \tag{3-11}$$

式（3-11）中，$(K_1 + K'_1 K_2)$ 为整个放大器的开环放大倍数，一般设计中可使 $K'_1 \approx K_1$，$K_2 \gg 1$，所以该放大器开环放大倍数近似为 $K_1 K_2$，电路增益大为提高，可达 $140 \sim 160$dB。

式（3-11）中的 $K_1 U_{os1} + K_{c1}U_c$ 为输入失调电压和共模信号产生的误差项，其中失调电压 $K_1 U_{os1}$ 误差项可等效为输入失调电压：

$$U_{os} = \frac{K_1 U_{os1}}{K_1 + K'_1 K_2} \approx \frac{U_{os1}}{1+K_2} \approx \frac{U_{os1}}{K_2}$$

可见，整个集成运算放大器的失调电压为 U_{os}，相当于把 N_1 的输入失调电压 U_{os1} 缩小至 $1/K_2$，K_2 约 100dB，则 U_{os} 可小于 1μV。共模信号误差项 $K_{c1}U_c$ 相当于输入端的共模误差电压 U'_c，即

$$U'_c = \frac{K_{c1}U_c}{K_1 + K'_1 K_2} \approx \frac{K_{c1}U_c}{K_1 K_2} = \frac{U_c}{K_2 CMRR_1} = \frac{U_c}{CMRR}$$

所以
$$CMRR = K_2 CMRR_1$$

因此整个集成运算放大器的共模抑制比 CMRR 比 N_1 的共模抑制比 $CMRR_1$ 提高了 K_2 倍。内部的钳位电路是用来防止因强干扰而使输入阻塞。内部调制补偿电路是使放大电路具有较宽的频率响应特性。

由以上分析可知，ICL7650 斩波稳零集成运算放大器具有高增益、失调电压影响小、高共模抑制比和高输入电阻（达 $10^{11}\Omega$）等优点，且可用作差动放大器，是一种较理想的直流集成运算放大器。但它是低压 CMOS 器件，其电源电压的典型值为 ±6V，焊接调试时应防止击穿损坏，记忆电容 $C_1 = C_2 = 0.1\mu F$ 需外接，且采用漏电小的电容器，交替工作产生的尖峰电压可用低通滤波器滤除。

3.4 高输入阻抗放大电路

有些传感器（如电容式、压电式）的输出阻抗很高，可达 $10^8\Omega$ 以上，这就要求其测量放大电路具有很高的输入阻抗。开环集成运算放大器的输入阻抗通常都很高，反相（或差动）运算放大电路的输入阻抗远低于同相运算放大电路。为了提高其输入阻抗，可在输入端接电压跟随器，但这样会引入跟随器的共模误差。在要求较高的场合，可采用高输入阻抗集成运算放大器或采用由通用集成运算放大器组成的自举电路。

3.4.1 高输入阻抗集成运算放大器

采用 MOS – FET 作为输入级的集成运算放大器，如 CA3140、CA3260 等，它们的输入阻抗高达 $1.5 \times 10^6 M\Omega$。采用 FET 作为输入级，如 LF356/A、LF412、LM310 和 LF444 等集成运算放大器的输入阻抗为 $10^6 M\Omega$，与采用 MOS FET 作为输入级的放大器相比，性能稳定且不易损坏。ICL7613、ICL7641B/C 是 CMOS 型运算放大器，输入阻抗约为 $10^6 M\Omega$，其中 ICL7613（或 F7613）的电路中还设置了输入过电压（±200V）保护及偏置调节电路，在输出级则有输出过电压保护稳压管和相位补偿用电容，具有高输入阻抗、低失调、低漂移、高稳定性和低功耗（在 ±0.5V 的低电源电压情况下仍能正常工作，电流可低至 $10\mu A$）等优点。选用这类集成运算放大器时，还应注意其他技术指标，以满足使用要求。

高输入阻抗集成运算放大器安装在印制电路板上时，会因周围的漏电流流入高输入阻抗而形成干扰。通常采用屏蔽方法抗此干扰，即在运算放大器的高阻抗输入端周围用导体围住，构成屏蔽层，并把屏蔽层接到低阻抗处，如图 3-21 所示。图 3-21a、b 和 c 分别为电压跟随器、同相放大器和反相放大器输入的屏蔽。这样，屏蔽层与高阻抗之间几乎无电位差，从而防止了漏电流的流入。

3.4.2 自举式高输入阻抗放大电路

图 3-22 所示是三种常用的自举电路。图 3-22a 是同相交流放大电路，图 3-22b 是交流电压跟随电路，由于它们的同相输入端接有隔直电容 C_1 的放电电阻 R（图中为 $R_1 + R_2$），因此电路的输入电阻在没有接入电容 C_2 时将减为 R。为了使同相交流放大电路仍具有高的输入阻抗，可采用反馈的方法，通过电容 C_2 将运算放大器两输入端之间的交流电压作用于电阻 R_1 的两端。由于处于理想工作状态的运算放大器两输入端是虚短的（即近似等电位），

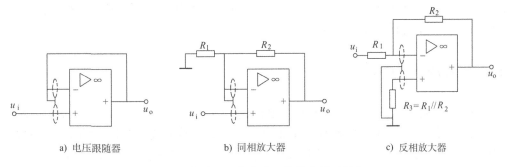

图 3-21 高输入阻抗集成运算放大器及屏蔽

因此 R_1 的两端等电位，没有信号电流流过 R_1。故对交流而言，R_1 可看作无穷大。为了减小失调电压，反馈电阻 R_3 应与 $R($ 即 $R_1 + R_2)$ 相等。

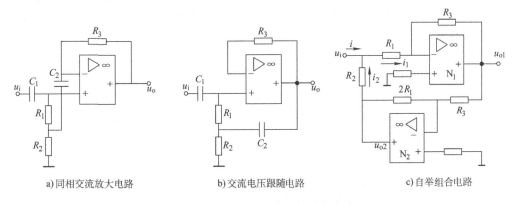

图 3-22 自举式高输入阻抗放大电路

这种利用反馈使 R_1 的下端电位提到与输入端等电位，来减小向输入回路索取电流，从而提高输入阻抗的电路称为自举电路。图 3-22c 是由两个通用集成运算放大器 N_1、N_2 构成的自举组合电路。设 N_1、N_2 为理想运算放大器，由电路得

$$u_{o1} = -\frac{R_3}{R_1}u_i, \quad u_{o2} = -\frac{2R_1}{R_3}u_{o1} = 2u_i$$

$$i = \frac{u_i}{R_1} - \frac{u_{o2} - u_i}{R_2} = \frac{R_2 - R_1}{R_1 R_2}u_i$$

输入电阻则为

$$R_i = \frac{u_i}{i} = \frac{R_1 R_2}{R_2 - R_1}$$

当 $R_2 = R_1$ 时，

$$i_2 = \frac{u_{o2} - u_i}{R_2} = \frac{u_i}{R_1} = i_1 \tag{3-12}$$

式（3-12）表明，运算放大器 N_1 的输入电流 i_1 将全部由 N_2 电路的电流 i_2 所提供，输入回路无电流，输入阻抗为无穷大。实际上，R_2 与 R_1 之间总有一定的偏差，当偏差不大时，若 $|R_2 - R_1|/R_2$ 为 0.01%，$R_1 = 10k\Omega$，则输入电阻仍可高达 100MΩ。当然，运算放大器偏离理想放大器，也会使输入阻抗有所下降。

应该指出的是，测量放大电路的输入阻抗越高，输入端的噪声就越大。因此，不是所有

情况下都要求放大电路具有高的输入阻抗，而是应该与传感器输出阻抗相匹配，使测量放大电路的输出信噪比达到最大值。

3.5 电荷放大电路

电荷放大电路是一种输出电压与输入电荷成比例关系的测量放大电路。例如，压电式传感器或电容式传感器可将某些被测量（如力、压力等）转换成电荷信号输出，再通过电荷放大电路输出放大了的电压信号。因此，电荷放大电路亦称为电荷－电压变换电路。

3.5.1 基本原理

电荷放大电路的基本原理图如图 3-23a 所示，运算放大器 N 的反相端与传感器相连，N 的输出经电容 C 反馈至其输入端。若 N 为理想工作状态，则反相输入端为虚地，直流输入电阻很高，传感器的输出电荷只对反馈电容 C 充电，电容 C 两端的电压为 $u_C = Q/C$，则电荷放大电路的输出是

$$u_o = -\frac{Q}{C}$$

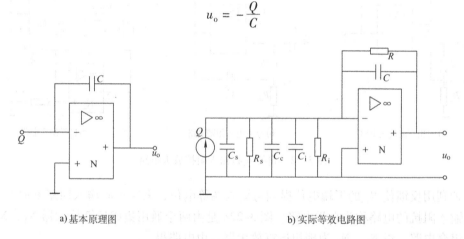

a) 基本原理图   b) 实际等效电路图

图 3-23　电荷放大电路原理及等效电路

所以，电荷放大电路的输出电压与输入电荷量成正比，与反馈电容成反比，而与电路其他参数无关。实际上压电（或电容）传感器等效为带电荷的电容器 C_s，其泄漏电阻是 R_s，如图 3-23b 所示，C_c 是传感器电缆电容，R_i 和 C_i 分别为运算放大器的输入电阻和输入电容。考虑到 C 电荷的泄放和加入直流负反馈以稳定工作减小零漂的需要，在 C 两端并联电阻 R。把 C、R 等效到 N 的输入端时，等效电阻 $R' = R/(1+K)$，等效电容 $C' = C(1+K)$，K 为运算放大器 N 的开环放大倍数，ω 为传感器工作角频率，则输出

$$\dot{U}_o = -\frac{j\omega K \dot{Q}}{\dfrac{1}{R_s} + \dfrac{1}{R_i} + \dfrac{1+K}{R} + j\omega [C_s + C_c + C_i + (1+K)C]}$$

若 K 足够大，则：

$$\dot{U}_o = -\frac{j\omega \dot{Q} R}{1 + j\omega RC} \tag{3-13}$$

3.5.2　电荷放大电路的特性

1. 开环电压增益的影响

当 C_i 可忽略，且工作角频率 ω 较高时，实际电荷放大电路的相对运算误差：

$$\delta = \frac{-\dfrac{Q}{C} - \left(-\dfrac{QK}{C_s + C_c + (1+K)C} \right)}{-\dfrac{Q}{C}} \times 100\%$$

$$= \frac{C_c + C_s + C}{C_c + C_s + (1+K)C} \times 100\%$$

可见，运算误差 δ 与开环电压放大倍数成反比。

2. 频率特性

由式（3-12）可知，输入信号频率趋于无穷大时，$u_o = -Q/C$，因此，电荷放大电路增益下降 3dB 时，对应的下限截止频率为

$$f_L = \frac{1}{2\pi RC}$$

电荷放大电路的高频特性主要与 N 的开环频率响应有关，因此，需要高的上限频率时，必须选用高速运算放大器，如 ADA4805、OP37 等。若电缆很长，杂散电容和电缆的分布电容 C_c、电阻 R_c 都增加，分别对运算误差和上限频率有一定的影响。需用很长电缆时，应选用低电容电缆。

3. 噪声及漂移

运算放大器的噪声因输入电缆电容的增大和反馈电容的减小而在输出端引起较大的噪声电压。运算放大器的零漂则因反馈电阻的增大、电缆绝缘电阻的减小和放大器输入电阻的减小而增大。因此应综合考虑下限频率、噪声和漂移，选取合适的 R、C 值。一般 R 值约在 10MΩ 以上，C 值取 $100 \sim 10^4$ pF，采用时间和温度稳定性好的聚苯乙烯等电容器。

3.5.3　电荷放大电路实例

图 3-24 是电荷放大电路的实例。图 3-24a 中，N_1 构成电荷电压转换级，输入为电荷 Q，输出为电压 u_1，其引脚 1、8 串接电位器 RP 用来调节失调，引脚 7、4 分别为外接正负电源端，与引脚 7、4 相连的电容作去耦滤波用。电荷放大器反馈回路中的 R 值由电容 C 的放电常数决定，一般 R 取 100kΩ ~ 10MΩ，C 取 $50 \sim 10^4$ pF。二极管 VD_1、VD_2 和电阻 R_1（$R_1 \ll R$）用来保护运算放大器 N_1 不因输入过电压而烧毁。二极管的极间电容要小，反向耐压应大于 30V。开关 S_{1a} 是电路灵敏度转换开关，它与 N_2（构成放大输出级）电路的可变增益开关 S_{1b} 是联动的，这样可以补偿反馈电容 C 的容量误差。开关 S_2 是用来选择电荷放电的时间常数的。当采用固定的灵敏度和放电时间时，可不用开关 S_{1a}、S_2。

图 3-24b 是压电式加速度传感器 PV - 96（日本产品，电荷灵敏度约 10000pC/g，g 为重力加速度）的电荷放大电路。电荷电压转换级由 AD544L（美国 ADI 产品）低漂移、低失调运算放大器 N_1 组成，输出约 -33V/g。电阻 R_1（1MΩ）是在输入电压过大时用来保护 N_1 的。反馈电容 C 的漏电要小，当 $C = 300$pF，$R = 10$GΩ 时，被测信号频率范围为 0.1 ~

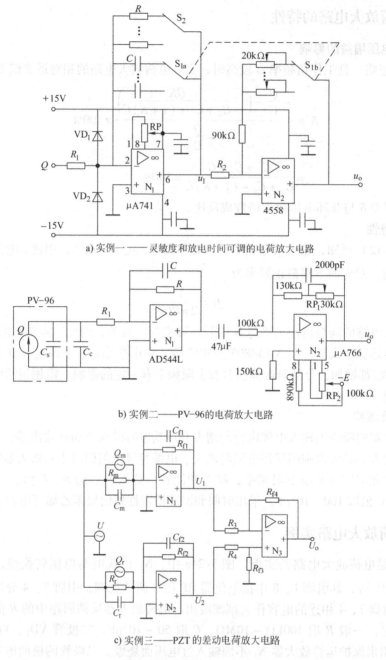

a) 实例一——灵敏度和放电时间可调的电荷放大电路

b) 实例二——PV-96的电荷放大电路

c) 实例三——PZT的差动电荷放大电路

图 3-24　电荷放大电路实例

10Hz，噪声电平为 $0.6 \times 10^{-6} \mathrm{V}/g$，加速度测量范围为 $(2 \times 10^{-6} \sim 10^{-1})\,g$。输出调整级采用美国 Fairchild 公司 μA766 多功能低功耗可编程运算放大器 N_2 组成，利用 RP_1 可将输出调整到 $50 \mathrm{V}/g$。为了降低其噪声，从第 8 个引脚输入工作电流（15μA），使噪声电压小于 1μV。

图 3-24c 是 PZT 压电微悬臂梁输出信号的差动电荷放大电路，它可以很好地抑制噪声和提高信噪比。在探针上制作一块与测量 PZT 具有相同结构、尺寸的参考 PZT，图 3-24c 中

Q_m、R_m、C_m 分别表示测量 PZT 的输出电荷、等效电阻与等效电容，而 Q_r、R_r、C_r 分别表示参考 PZT 的输出电荷、等效电阻与等效电容。在测量 PZT 和参考 PZT 上施加相同的激励信号，从而构成差动放大电路，将微弱的测量 PZT 输出电荷放大。PZT 压电微悬臂梁工作在谐振频率时，压电电荷所产生的压电电流在 nA 级别，因此在选用相应的运算放大器时，芯片的输入偏置应该在 pA 级别以下，以减少输入噪声。另外由于悬臂梁的谐振频率在 200kHz 以上，要求运放的带宽比较高，保证工作频率内具有足够的灵敏度。因此选用了 AD8608。AD8608 具有 lpA 输入偏置电流、10MHz 带宽，反馈电阻 R_{f1} 和 R_{f2} 的提供电荷泄放通道以避免电荷放大器饱和，通常选取 R_{f1} 和 R_{f2} 的值为反馈电容 C_{f1}、C_{f2} 在探针谐振频率下交流阻抗值的 10 倍以上。当运算放大器的开环放大倍数足够大，则：

$$U_1 = -\frac{j\omega Q_m R_{f1}}{1 + j\omega R_{f1} C_{f1}}$$

$$U_2 = -\frac{j\omega Q_r R_{f2}}{1 + j\omega R_{f2} C_{f2}}$$

从而差分电荷放大电路的总输出为

$$U_o = -\frac{R_{f4} U_1}{R_3} + \frac{(1 + R_{f4}/R_3) R_{f3} U_2}{R_4 + R_{f3}}$$

$$= \frac{j\omega Q_m R_{f1} R_{f4}}{(1 + j\omega R_{f1} C_{f1}) R_3} - \frac{(1 + R_{f4}/R_3) R_{f3} j\omega Q_r R_{f2}}{(R_4 + R_{f3})(1 + j\omega R_{f2} C_{f2})}$$

3.6 电流放大电路

电流放大电路是一种将微弱电流放大的测量放大电路。在微弱信号测量电路中，某些传感器（如光电池，其输出电流与光强有良好的线性关系）是电流输出型，通常都采用电流放大电路将微弱电流放大以进行后续处理。

3.6.1 基本原理

电流放大电路的基本原理图如图 3-25 所示，运算放大器 N 的正相端接地，N 的输出端经过电阻分压反馈至反相端。集成运放两输入端电压相等，若 N 为理想工作状态，则反相输入端为虚地，所以 $U_i = 0$。集成运放两输入端电流为零，所以 $U_A = -I_i R_1$，$I_L = I_i + I_2$。U_A 与 I_2 的关系为 $U_A = -I_2 R_2$。电流放大倍数：

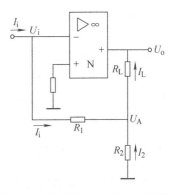

图 3-25 电流放大电路基本原理图

$$K_i = \frac{I_L}{I_i} = \frac{I_i + I_2}{I_i} = 1 + \frac{I_2}{I_i} = 1 + \frac{U_A/R_2}{U_A/R_1} = 1 + \frac{R_1}{R_2}$$

3.6.2 电流放大电路实例

图 3-26 是电流放大电路的实例。此电路是将电流转换到电压再由电压转换回电流从而

实现电流放大。N_1 为电流电压转换电路：

$$U_i = -I_i R$$

后级为 Howland 电流泵电路，实现电压对电流的转换。设 R_5 两端电压分别为 U_1 和 U_2，则：

$$U_1 = \left(1 + \frac{R_4}{R_3}\right)U_p$$

$$U_2 = \left(1 + \frac{R_2}{R_1}\right)U_p - \frac{R_2}{R_1}U_i$$

因此，可以求出输出电流：

$$I_o = \frac{U_1 - U_2}{R_5} + \frac{U_i - U_p}{R_1} = \frac{R_1 R_4 - R_3(R_2 + R_5)}{R_1 R_3 R_5}$$

$$U_p + \left(1 + \frac{R_2}{R_5}\right)\frac{U_i}{R_1}$$

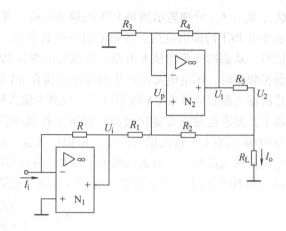

图 3-26　电流放大电路实例

满足平衡条件时，

$$R_1 R_4 = R_3(R_2 + R_5)$$

负载电流 I_o 可表示为

$$I_o = \left(1 + \frac{R_2}{R_5}\right)\frac{U_i}{R_1}$$

前后级联合起来，就实现了电流放大，即

$$I_o = -\left(1 + \frac{R_2}{R_5}\right)\frac{R}{R_1}I_i$$

电流放大倍数 K 为

$$K = -\left(1 + \frac{R_2}{R_5}\right)\frac{R}{R_1}$$

3.7　电桥放大电路

电参量式传感器，如电感式、电阻应变式、电容式传感器等，经常通过电桥转换电路输出电压或电流信号，并用运算放大器作进一步放大。因此，由传感器电桥和运算放大器组成的放大电路或由传感器和运算放大器构成的电桥都称为电桥放大电路。电桥放大电路有单端输入和差动输入两类。

3.7.1　单端输入电桥放大电路

图 3-27 所示为单端输入电桥放大电路。图 3-27a 是传感器电桥接至运算放大器的反相输入端，称为反相输入电桥放大电路。图中，电桥对角线 a、b 两端的开路输出电压 u_{ab} 为

$$u_{ab} = \left(\frac{Z_4}{Z_2 + Z_4} - \frac{Z_3}{Z_1 + Z_3}\right)u$$

u_{ab} 通过运算放大器 N 进行放大。由于电桥电源 u 是浮置的，所以 u 在 R_1 和 R_2 中无电

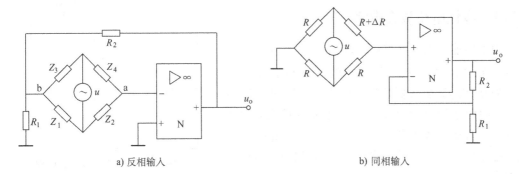

a) 反相输入　　　　　　　　　　　　　　　　b) 同相输入

图 3-27　单端输入电桥放大电路

流通过。因 a 点为虚地，故 u_o 反馈到 R_1 两端的电压为 $-u_{ab}$，即

$$\frac{u_o R_1}{R_1 + R_2} = -\left(\frac{Z_4}{Z_2 + Z_4} - \frac{Z_3}{Z_1 + Z_3}\right)u$$

$$u_o = \left(1 + \frac{R_2}{R_1}\right)\frac{Z_2 Z_3 - Z_1 Z_4}{(Z_1 + Z_3)(Z_2 + Z_4)}u$$

若令 $Z_1 = Z_2 = Z_4 = R$，$Z_3 = R(1 + \delta)$，δ 为传感器电阻的相对变化率，$\delta = \Delta R / R$，则有

$$u_o = \left(1 + \frac{R_2}{R_1}\right)\frac{u}{4}\frac{\delta}{1 + (\delta/2)}$$

图 3-27b 中，传感器电桥接至运算放大器 N 的同相输入端，称为同相输入电桥放大电路，其输出 u_o 的计算公式与上式相同，只是同相输出符号相反。由此可知，单端输入电桥放大电路的增益与桥臂电阻无关，增益比较稳定，但电桥电源一定要浮置，且输出电压 u_o 与桥臂电阻的相对变化率 δ 是非线性关系，只有当 $\delta \ll 1$ 时，u_o 与 δ 才近似按线性变化。

3.7.2　差动输入电桥放大电路

图 3-28 所示电路是把传感器电桥两输出端分别与差动运算放大器的两输入端相连，构成差动输入电桥放大电路。图中，当 $R_1 = R_2$，$R_2 \gg R$ 时

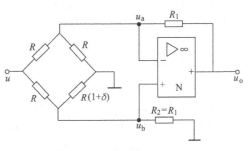

图 3-28　差动输入电桥放大电路

$$u_a = u_o \frac{R}{R + 2R_1} + \frac{u}{2}$$

$$u_b = \frac{u(1 + \delta)}{2 + \delta}$$

若运算放大器为理想工作状态，即 $u_a = u_b$，可得

$$u_o = \left(1 + \frac{2R_1}{R}\right)\frac{\delta}{1 + (\delta/2)}\frac{u}{4} \tag{3-14}$$

由式（3-14）可知，电桥四个桥臂的电阻同时变化时，电路的电压放大倍数不是常量，且桥臂电阻 R 的温度系数与 R_1 不一致时，增益也不稳定。另外，电路的非线性仍然存在。只有当 $\delta \ll 1$ 时，u_o 与 δ 才近似呈线性关系。因此，这种电路只适用于低阻值传感器，且测量精度要求不高的场合。

3.7.3 线性电桥放大电路

为了使输出电压 u_o 与传感器电阻相对变化率 δ 呈线性关系，可把传感器构成的可变桥臂 $R_2 = R(1+\delta)$ 接在运算放大器的反馈回路中，如图 3-29 所示。这时电桥的电源电压 u 相当于差动放大器的共模电压，若运算放大器为理想工作状态，此时 $u_a = u_b$，运算放大器 N 的输入电压 u_a、u_b 和输出电压 u_o 分别为

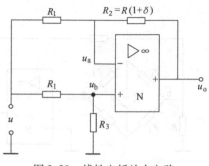

图 3-29　线性电桥放大电路

$$u_a = \frac{(u_o - u)R_1}{R_2 + R_1} + u = \frac{u_o R_1 + u R_2}{R_2 + R_1}$$

$$u_b = \frac{u R_3}{R_1 + R_3}$$

$$u_o = \left[\left(1 + \frac{R_2}{R_1} \right) \left(\frac{R_3}{R_1 + R_3} \right) - \frac{R_2}{R_1} \right] u = \frac{R_3 - R_2}{R_1 + R_3} u \tag{3-15}$$

当 $R_3 = R$（传感器的名义电阻）时，式（3-15）可写成

$$u_o = -\frac{Ru}{R_1 + R} \delta$$

这种电路的量程较大，但灵敏度较低。

3.7.4 电桥放大电路应用举例

在现代的数据采集系统中，大量使用了电阻电桥作为把非电量变换为电信号的变换电路。图 3-30 所示电路为由 INA102 集成芯片组成的电阻电桥放大电路。该电路的电压放大倍数为 1000，所以其输出电压为 $u_o = 1000(u_2 - u_1)$。为了抑制交流干扰，在电阻式电桥传感器与放大器之间应采用屏蔽线。由于 INA102 的内部附设有 9 个精度极高的金属膜电阻，且其温度稳定性也很高，所以具有很高的增益精度。在使用时不需外接电阻，因而应用极为方

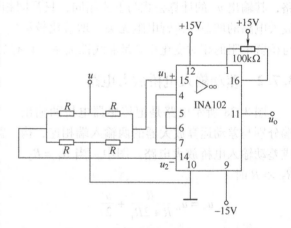

图 3-30　由 INA102 集成芯片组成的电桥放大电路

便，即只要连接 INA102 的不同引脚便可得到不同的增益：1、10、100 或 1000。INA102 芯片的内部含有三个集成运放和多个阻容元件，它具有放大微弱差动信号的能力，因而常用来作为数据检测系统的前置放大。使用中，当电压放大倍数较小（如 $K \leqslant 10$）时，对于失调电压及漂移等指标，INA102 都能很好地满足要求。当电压放大倍数较大（如 $K = 100$）时，因偏置电流的不平衡而引起的失调电压误差较大，常采用输出失调调整电路来调整 INA102 的失调电压。

3.8 增益调整放大电路

增益调整放大电路是既能方便地调整放大电路的增益，又不降低放大电路共模抑制比的专门电路。放大电路的增益调整有手动、自动和程控等方法。

3.8.1 手动增益调整放大电路

图 3-31 是由四只匹配电阻组成的差动放大器手动增益调整电路，可变电阻 R 用来调节放大器增益。对于理想运算放大器，由电路可列出以下关系式

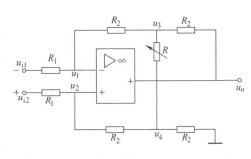

图 3-31 手动增益调整放大电路

$$\frac{u_{i1} - u_1}{R_1} = \frac{u_1 - u_3}{R_2} = \frac{u_3 - u_4}{R} + \frac{u_3 - u_o}{R_2} \quad (3\text{-}16)$$

$$\frac{u_{i2} - u_2}{R_1} = \frac{u_2 - u_4}{R_2} = \frac{u_4}{R_2} + \frac{u_4 - u_3}{R} \quad (3\text{-}17)$$

因为 $u_1 = u_2$，解式（3-16）、式（3-17）可得

$$u_o = 2\frac{R_2}{R_1}\left(1 + \frac{R_2}{R}\right)(u_{i2} - u_{i1}) = 2\frac{R_2}{R_1}\left(1 + \frac{R_2}{R}\right)u_{id}$$

由此可见，只要改变 R 就能改变电路增益，且不破坏原有的共模抑制比。但由于 R 与增益之间是非线性函数关系，因此仅用于调整范围小于 10% 的场合。

由两个同相放大器组成的增益调整电路（见图 3-5 的输入级），具有较大的增益调整范围。其差模增益公式见式（3-7）。

3.8.2 自动增益调整放大电路

自动增益调整是根据输入信号的大小，自动改变放大器反馈电阻或输入回路衰减电阻的方法来实现的。其基本电路如图 3-32 所示，它可在最小、最大两种增益间自动切换。图 3-32a 是改变反馈电阻的自动增益调整电路，其输出电压为

$$u_o = \frac{R_2 + R_4 + R_2 R_4 / R_x}{R_1} u_i$$

式中，$R_x = R_3 + r$，r 是场效应晶体管 V 的漏源电阻。当输入信号较小时，逻辑控制电路输出零电平，结型场效应晶体管 V 饱和导通，r 很小，电路增益最大。当输入信号超过某界限时，逻辑控制电路输出负电平，V 截止，$r \to \infty$，电路增益最小。图 3-32b 是改变输入回路衰减电阻的自动增益调整电路，当输入信号较小时，控制信号使晶体管 V_1 导通，于是场效应晶体管 V_2 也导通，R_1 被 V_2 的漏源导通电阻 $r_{DS}(r_{DS} << R_2)$ 所并联，这时电路增益最大。当输入信号超过某一预定界限时，逻辑电路输出正控制信号使 V_1 截止，V_2 断开，V_2 的漏源电阻极大，此时电路增益最小。如果要求电路能自动切换三种增益，则需要两个控制信号和相应的两个改变增益电阻的回路，分析方法与上述相同。

3.8.3 可编程增益放大电路

通过数字逻辑电路由确定的程序来控制放大电路增益的电路称为可编程增益放大电路，

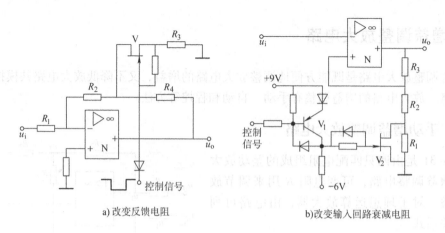

a) 改变反馈电阻　　　　　　　　　　b)改变输入回路衰减电阻

图 3-32　自动增益调整基本电路

亦称程控增益放大电路，简称 PGA。可编程增益放大电路除了本身具有可编程增益切换功能外，还可与 D/A（数字/模拟）转换器构成可编程低通滤波器，与 D/A 转换器组成减法器电路，与 A/D 转换器组合实现量程自动转换等，其应用十分广泛。可编程增益放大电路的结构形式多种多样，按所采用的放大器可分为单运放、多运放以及测量放大器可编程增益放大电路和单片集成可编程增益放大器。按增益变化可分为连续、断续可编程增益放大电路。

1. 通用运放可编程增益放大电路

通用运放可编程增益放大电路是由多路模拟开关和通用集成运算放大器构成，根据所采用的运算放大器个数又可分为单运放和多运放两类，如图 3-33 所示。其中多路模拟开关通常采用 P 沟道 JFET 阵列（图 3-33a），可直接由 TTL 逻辑电平或 CMOS 电路驱动，逻辑电平为 "1" 时，即 JFET 栅极为高电平，开关断开；反之，逻辑电平为 "0" 时，栅极加以低电平，开关接通，各支路开关的通断由确定的程序控制。图 3-33a 中点画线框内所示的多路模拟开关中，每个 JFET 的源极通常接有二极管，且二极管的负极与内部衬底相连接，以提高开关断开时的抗干扰性能，消除输入噪声和其他高阻效应。当开关断开时，若输入信号使 U_o 高于栅极电位时，由于二极管正向偏置，开关的源极将被钳位到 0.6V，保证开关不接通，电路能正常工作。

图 3-33a 中，通过开关的通断改变 N 的并联反馈电阻，来实现增益程控。增益与控制信号 A、B、C、D 关系如图 3-33a 中的表。这种电路结构简单，输入电阻不变，但开关导通电阻将影响电路的精度，开关分布电容形成的切换尖峰影响电路的稳定可靠和工作速度，因此仅用于低增益和低精度的场合。图 3-33b 中，通过控制开关将不同增益的放大单元接到输出线上，开关导通电阻和分布电容对放大电路的精度和工作速度无影响，但放大单元多，成本高。图 3-33c 中，通过控制开关串接入不同个数的放大单元以得到不同的增益，各放大单元的增益可以相同也可以不同，其优缺点与图 3-33b 所示电路基本相同。

如果用集成测量放大器，如 AD521、AD522、AD612、LH0036 等代替上述通用集成运算放大器，并采用外接模拟开关和电阻来改变它们的增益，则可组成可编程增益测量放大电路。这种电路具有低漂移、高输入阻抗、高共摸抑制比、高增益精度、调试简单等优点，其

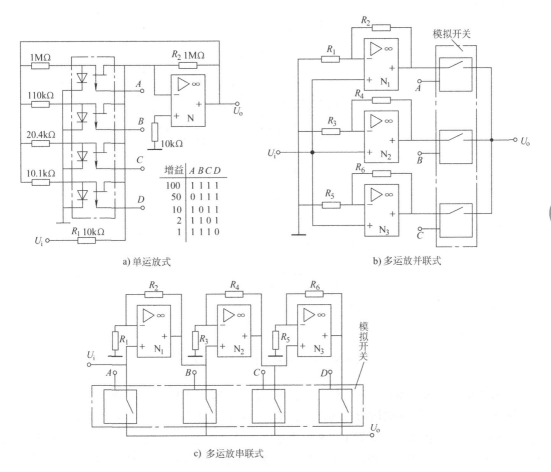

a) 单运放式　　　　　　　　　　　　b) 多运放并联式

c) 多运放串联式

图 3-33　通用运放可编程增益放大电路

增益范围的典型值为 1 ~ 1000。

2. 数字式可编程增益放大电路

图 3-34 所示为数字式可编程增益放大电路。图 3-34a 所示电路有四个模拟开关，可实现 0 ~ 15 中任意正整数增益值，即 2^4 个增益值。开关的通断改变 N 的输入电阻，电路的输入阻抗较低，开关电阻的差异和变化将直接影响总增益精度。其闭环放大倍数的计算式可表示为

$$K_f = -\frac{R_2}{R_1}(8\overline{A} + 4\overline{B} + 2\overline{C} + \overline{D})$$

其中 $R_1 = R_2 = 80\text{k}\Omega$。当开关均接通时，即 $\overline{A} = \overline{B} = \overline{C} = \overline{D} = 1$ 时，$K_f = 15$；当 $\overline{A} = \overline{B} = \overline{C} = 1$、$\overline{D} = 0$ 时，$K_f = 14$。A、B、C、D 按二进制码控制，依次类推，则可得到 2^4 个增益值。若采用 n 个开关，则可提供 2^n 个增益值。

图 3-34b 所示电路中，运算放大器 N 接成同相输入放大器，输入阻抗高，开关接在反相输入端，开关导通电阻对电路精度的影响较小，但每次只能有一个开关导通，因此只能获得 1、2、4、8 二进制增益值。其增益的逻辑式为

$$K_f = \overline{A} + 2\overline{B} + 4\overline{C} + 8\overline{D}$$

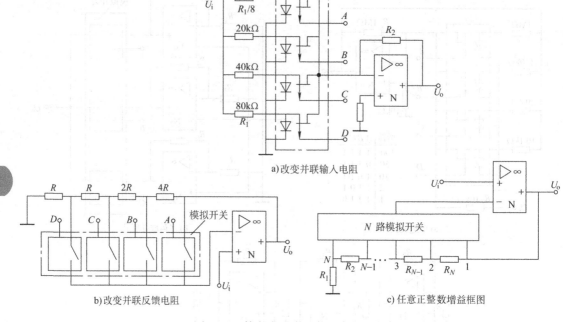

a)改变并联输入电阻

b)改变并联反馈电阻

c)任意正整数增益框图

图 3-34 数字式可编程增益放大电路

如果采用 R、$9R$、$90R$ 和三个开关，就可获得 1、10 和 100 十进制增益。

图 3-34c 是图 3-34b 结构形式的任意正整数增益值可编程增益放大电路原理框图，N 个电阻能建立 $N-1$ 个方程，得到 $1 \sim N$ 正整数的 N 个增益值。若电路的闭环增益为 K_f，则 $K_f = 1 + (R_a / R_b)$，式中 R_a 为闭合开关与电阻连接点之右电阻的总阻值，R_b 为该连接点之左电阻的总阻值。当开关 2 闭合时，$K_f = 2$，$R_a = R_N$，$R_b = R_1 + R_2 + \cdots + R_{N-1}$，则 $R_N = R_1 + R_2 + \cdots + R_{N-1}$。当开关 3 闭合时，$K_f = 3$，$R_a = R_N + R_{N-1}$，$R_b = R_1 + R_2 + \cdots + R_{N-2}$，则 $R_N + R_{N-1} = 2(R_1 + R_2 + \cdots + R_{N-2})$。当开关 N 闭合时，$K_f = N$，则 $R_N + R_{N-1} + \cdots + R_2 = (N-1)R_1$。将上述方程用矩阵形式表示，并设 $R_1 = R$，则得

$$
\begin{bmatrix}
1 & -1 & -1 & -1 & \cdots & -1 & -1 & -1 \\
1 & 1 & -2 & -2 & \cdots & -2 & -2 & -2 \\
1 & 1 & 1 & -3 & \cdots & -3 & -3 & -3 \\
\vdots & \vdots & \vdots & \vdots & \vdots & \vdots & \vdots & \vdots \\
1 & 1 & 1 & 1 & \cdots & 1 & -(N-3) & -(N-3) \\
1 & 1 & 1 & 1 & \cdots & 1 & 1 & -(N-2) \\
1 & 1 & 1 & 1 & \cdots & 1 & 1 & 1
\end{bmatrix}
\begin{bmatrix}
R_N \\
R_{N-1} \\
R_{N-2} \\
\vdots \\
R_4 \\
R_3 \\
R_2
\end{bmatrix}
= R
\begin{bmatrix}
1 \\
2 \\
3 \\
\vdots \\
N-3 \\
N-2 \\
N-1
\end{bmatrix}
\tag{3-18}
$$

因此对应 N 个增益值的电阻网络的元件值可由矩阵方程（3-18）求得。例如，$N = 8$，$R = 2\text{k}\Omega$ 时，则可求得 $R_1 = 2\text{k}\Omega$，$R_2 = (2/7)\text{k}\Omega$，$R_3 = (8/21)\text{k}\Omega$，$R_4 = (8/15)\text{k}\Omega$，$R_5 =$

$(4/5)\,\mathrm{k}\Omega$，$R_6 = (4/3)\,\mathrm{k}\Omega$，$R_7 = (8/3)\,\mathrm{k}\Omega$，$R_8 = 8\,\mathrm{k}\Omega$。

3. 集成可编程增益放大器

将运算放大电路、电阻网络和模拟开关以及译码电路等集成在一起，制成单片集成电路，称为集成可编程增益放大器，如 LH0075、LH0076、LH0086 等。下面仅介绍 LH0084（美国国家半导体公司产品）集成数字式可编程增益放大器。如图 3-35 所示，其输入级是两个匹配的高速 FET 输入运算放大器 N_1 和 N_2，通过 FET 开关 $S_{a1} \sim S_{a4}$ 和 $S_{b1} \sim S_{b4}$，以及高稳定温度补偿电阻网络 $R_1 \sim R_7$，实现对 N_1 和 N_2 的控制。当数字输入端 D_1 为高电平（$\geq 2.0\mathrm{V}$），D_0 为低电平（$\leq 0.7\mathrm{V}$）时，开关 S_{a3} 和 S_{b3} 闭合，其他开关断开，输入级放大倍数为

$$K_{\mathrm{f1}} = \frac{U_2 - U_1}{U_{\mathrm{i2}} - U_{\mathrm{i1}}} = 1 + \frac{R_4 + R_5 + R_6 + R_7}{R_1 + R_2 + R_3} = 5$$

不同的数字输入，控制不同的开关闭合，得到不同的输入级增益。输出级由运算放大器 N_3 和电阻 $R_8 \sim R_{15}$ 组成，为双端输入单端输出，选择 R_{10}、$R_{10} + R_{12}$ 或 $R_{10} + R_{12} + R_{14}$ 作为 N_3 的反馈电阻，可分别得到输出级的放大倍数为 1、4 或 10，以提高 LH0084 应用的灵活性。为了保持输出级的高共摸抑制比，接地基准端 R_{11}、$R_{11} + R_{13}$ 或 $R_{11} + R_{13} + R_{15}$ 必须与所用的反馈电阻匹配。LH0084 的数字输入、输出端子连接和放大倍数表见表 3-1。

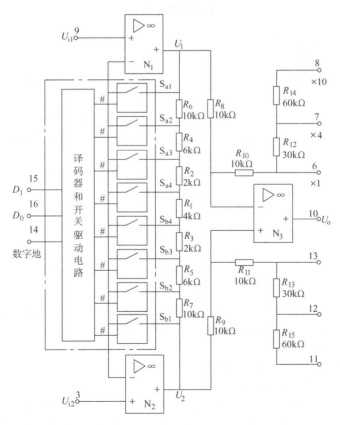

图 3-35　LH0084 集成数字式可编程增益放大器

表 3-1 LH0084 的数字输入、输出端子连接和放大倍数表

数字输入		闭合开关	输入级放大倍数 $(U_2 - U_1)/(U_{i2} - U_{i1})$	连接端子	输出级放大倍数 $U_o/(U_2 - U_1)$	总放大倍数 $U_o/(U_{i2} - U_{i1})$
D_1	D_0					
0	0	S_{a1}、S_{b1}	1	6 接 10 和 13 接地	1	1
0	1	S_{a2}、S_{b2}	2			2
1	0	S_{a3}、S_{b3}	5			5
1	1	S_{a4}、S_{b4}	10			10
0	0	S_{a1}、S_{b1}	1	7 接 10 和 12 接地	4	4
0	1	S_{a2}、S_{b2}	2			8
1	0	S_{a3}、S_{b3}	5			20
1	1	S_{a4}、S_{b4}	10			40
0	0	S_{a1}、S_{b1}	1	8 接 10 和 11 接地	10	10
0	1	S_{a2}、S_{b2}	2			20
1	0	S_{a3}、S_{b3}	5			50
1	1	S_{a4}、S_{b4}	10			100

思考题与习题

3-1 何谓测量放大电路？对其基本要求是什么？

3-2 什么是高共模抑制比放大电路？应用于何种场合？

3-3 如图 3-4b 所示电路，N_1、N_2 为理想运算放大器，$R_2 = R_4 = R_1 = R_3 = R$，试求其闭环电压放大倍数。

3-4 如图 3-5 所示电路，N_1、N_2、N_3 工作在理想状态，$R_1 = R_2 = 100\mathrm{k}\Omega$，$RP = 10\mathrm{k}\Omega$，$R_3 = R_4 = 20\mathrm{k}\Omega$，$R_5 = R_6 = 60\mathrm{k}\Omega$，$N_2$ 同相输入端接地，试求电路的差模增益？电路的共模抑制能力是否降低？为什么？

3-5 请参照如图 3-15 所示电路，根据手册中 LF347 和 CD4066 的连接图（即引脚图），将集成运算放大器 LF347 和集成模拟开关 CD4066 接成自动调零放大电路。

3-6 什么是 CAZ 运算放大器？它与自动调零放大电路的主要区别是什么？何种场合下采用较为合适？

3-7 请说明 ICL7650 斩波稳零集成运算放大器是如何提高其共模抑制比的？

3-8 何谓自举电路？其应用于何种场合？请举一例加以说明。

3-9 请简述如图 3-22a 所示的同相交流放大电路为何有高输入阻抗特性？

3-10 何谓电桥放大电路？应用于何种场合？

3-11 如图 3-29 所示线性电桥放大电路中，若 u 采用直流，其值 $U = 10\mathrm{V}$，$R_1 = R_3 = R = 120\Omega$，$\Delta R = 0.24\Omega$ 时，试求输出电压 U_o。如果要使失调电压和失调电流所引起的输出均小于 $1\mathrm{mV}$，那么输入失调电压和输入失调电流各为多少？

3-12 什么是可编程增益放大电路？请举例说明。

3-13 什么是隔离放大电路？应用于何种场合？

3-14 试分析如图 3-9 所示电路中的限幅电路是如何工作的？并写出 U_o 的计算公式。

3-15 温度计输出的典型值为 $1\mathrm{mV}$，在 $0 \sim 0.1\mathrm{Hz}$ 变化，为了将其数字化，需将其放大 1000 倍，设计该放大电路。（要求使用 LF356，输入级采用 JFET，LF356 的温漂：$5\mu\mathrm{V/^\circ C}$，温度变化范围 $40^\circ\mathrm{C}$，温度计的灵敏度：$40\mathrm{mV/^\circ C}$。）

3-16　如图 3-36 所示为双运放仪用放大电路，由两个串联的同相放大器组成，因此输入阻抗很高。其电阻网络 $R_{1a} = R_{1b} = R_1$，$R_{2a} = R_{2b} = R_2$，这样可以保证真正的差分运算。外加的公共反馈电阻 R_G 用来调节电路总增益，分析该电路的 CMRR。

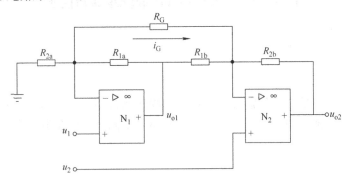

图 3-36　双运放仪用放大电路

第4章 信号调制解调电路

导读

信号的调制和解调是信号传输过程中提高信噪比的常用方法。本章针对调幅、调频、调相以及脉宽调制等几种典型的调制方法，分别介绍了不同种类调制波的产生方法以及相应的解调方法。

本章知识点

- 调幅信号的产生方法及解调方法
- 调频信号的产生方法及鉴频方法
- 调相信号的产生方法及鉴相方法
- 脉宽调制信号的产生方法及解调方法

在精密测量中，进入测量电路的除了传感器输出的测量信号外，往往还有各种噪声（含外界干扰）。而传感器的输出信号一般又很微弱，将测量信号从含有噪声的信号中分离出来是测量电路的一项重要任务。为了便于区别信号与噪声，往往给测量信号赋以一定特征，这就是调制的主要功用。将测量信号调制，再经放大并与噪声分离等处理后，还要从已经调制的信号中提取反映被测量值的测量信号，这一过程称为解调。

调制和解调首先用于通信（包括广播、电视等）中，在通信中有许多路信号需要传输，为了使它们得以互相区别，需要赋以不同的特征，例如选用不同频率的载波信号，从而让不同路信号占有不同的频段。在测量中，通常噪声含有各种频率，即近乎白噪声。这时赋以测量信号一个特定的载波频率，只让以载波频率为中心的一个很窄的频带内的信号通过，就可以有效地抑制噪声，即减小噪声的影响。如果噪声集中在某一频带，例如工频（50Hz），则调制中选用的载波频率应远离这一频率。

在通信中经调制的信号传输到接收端后，需要对已调信号解调、恢复调制信号，以获得所传输的声音、图像或其他信息。在测量中，不一定需要恢复原信号，而只需要将它所反映的量值提取出来即可，这是调制和解调的一个区别。下面将结合具体的调制解调方法予以说明。

在信号调制中常以一个高频正弦信号作为载波信号。一个正弦信号有幅值、频率、相位三个参数，可以用所需要传递的信号对这三个参数之一进行调制，分别称为调幅（amplitude modulation）、调频（frequency modulation）和调相（phase modulation）。也可以用脉冲信号作载波信号，并对脉冲信号的某一特征参数作调制，最常用的是对脉冲的宽度进行调制，称为脉冲调宽（pulse width modulation）。调制就是用一个信号（调制信号）去控制另一个作为载体的信号（载波信号），让后者的某一参数（幅值、频率、相位、脉冲宽度等）按前者的值变化。调频和调相都使得高频载波信号的相位角受到调变，电子学中常将它们统称为角度调制或调角。

调制和解调都引起信号频率的变化，电子学中常把调制和解调电路列为频率变换电路。幅值调制与解调不改变输入信号的频谱结构，属于线性频率变换电路；而角度调制及解调改变了输入信号的频谱结构，属于非线性频率变换电路。

4.1　调幅式测量电路

4.1.1　调幅原理与方法

4.1.1.1　调幅信号的一般表达式

调幅是测量中最常用的调制方式，其特点是调制方法和解调电路比较简单。调幅就是用调制信号（代表测量值的信号）x 去控制高频载波信号的幅值。常用的是线性调幅，即让调幅信号的幅值按调制信号 x 的线性函数变化。线性调幅信号 u_s 的一般表达式可写为

$$u_s = (U_{m0} + mx)\cos\omega_c t \tag{4-1}$$

式中，ω_c 为载波信号的角频率；U_{m0} 为调幅信号中载波信号的幅值；m 为调制度。

由式（4-1）可知，$(U_{m0} + mx)$ 是高频信号的幅值，反映了调制信号的变化规律，称为调幅信号 u_s 的包络，图 1-5c 绘出了这种调幅信号的波形。调制信号 x 可以按任意规律变化，为方便起见可以假设调制信号 x 为角频率 Ω 的余弦信号，$x = X_m\cos\Omega t$。当调制信号 x 不符合余弦规律时，可以将它分解为一些不同频率的余弦信号之和。在信号调制中必须要求载波信号的频率远高于调制信号的变化频率，包括高于其高次谐波的变化频率。从式（4-1）可以看到，当调制信号 x 为角频率 Ω 的余弦信号（$x = X_m\cos\Omega t$）时，调幅信号可写为

$$u_s = U_{m0}\cos\omega_c t + mX_m\cos\Omega\, t\cos\omega_c t$$

$$= U_{m0}\cos\omega_c t + \frac{mX_m}{2}\cos(\omega_c + \Omega)t + \frac{mX_m}{2}\cos(\omega_c - \Omega)t$$

它包含三个不同频率的信号：角频率为 ω_c 的载波信号 $U_{m0}\cos\omega_c t$ 和角频率分别为 $(\omega_c \pm \Omega)$ 的上下边频信号。载波信号中不含调制信号，即不含被测量 x 的信息，因此可以取 $U_{m0} = 0$，即只保留两个边频信号。这种调制称为双边带调制，对于双边带调制有

$$u_s = \frac{mX_m}{2}\cos(\omega_c + \Omega)t + \frac{mX_m}{2}\cos$$

$$(\omega_c - \Omega)t = mX_m\cos\Omega\, t\cos\omega_c t \tag{4-2}$$

双边带调制的调幅信号的形成和波形如图 4-1 所示。图 4-1a 所示为调制信号，图 4-1b 所示为载波信号，图 4-1c 所示为双边带调幅信号。双边带调制可以用调制信号与载波信号相乘来实现。

由图 4-1c 所示双边带调幅信号的波形可知，双边带调幅信号的包络仍然随调制信号变

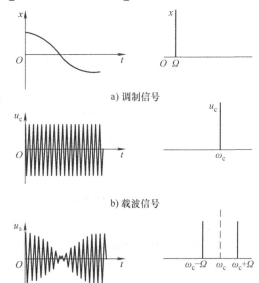

a) 调制信号

b) 载波信号

c) 双边带调幅信号

图 4-1　双边带调幅信号的形成和波形

化，但其包络已不能完全准确地反映调制信号的变化规律。而由双边带调幅信号的频谱可知，调制过程实质上是一种线性频谱搬移过程，将调制信号的频谱不失真地搬移到载波频谱的两边，称为双边频带。此外，还存在抑制一个边带，仅传输另一个边带的调幅方式，称为单边带调制。

在测量中为了正确进行信号调制，必须要求 $\omega_c \gg \Omega$。在一般信号调制中，这主要是防止产生混叠现象。在测量中，通常至少要求 $\omega_c > 10\Omega$。这除了为了在解调时滤波器能较好地将调制信号与载波信号分开，检出调制信号外，还与下述现象有关。图4-2所示中1为调制信号，2为载波信号。由于信号调制情况具有随机性，可能出现图4-2a所示情况，有一个载波的波峰正好在调制信号的最高点。也有可能出现图4-2b所示情况，载波信号对称地分布于调制信号最高点的两侧。如果 $\omega_c = n\Omega$，那么 B 点调制信号的值仅为 A 点的 $\cos\dfrac{\pi}{n}$，由此产生相对误差 $1 - \cos\pi/n \approx \pi^2/2n^2$。若要求相对误差小于1%，则要求 $n > 23$；若要求相对误差小于0.1%，则要求 $n > 71$。由于这是极限情况，在实用上 n 可以取得比上面算出的值小。

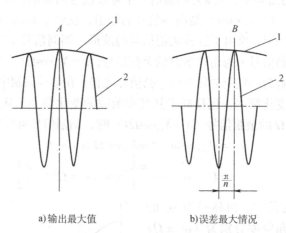

a) 输出最大值　　　　　b) 误差最大情况

图4-2　调幅信号中峰值可能发生的变化

4.1.1.2　传感器调制

为了提高测量信号抗干扰能力，常要求从信号一形成就已经是已调信号，因此常常在传感器中进行调制。

1. 通过交流供电实现调制

图1-4所示的用电感传感器测量工件的轮廓形状就是在传感器中通过交流供电实现调制的例子。

图4-3所示为通过交流供电实现调制的另一例子。这里用4个应变片测量梁的变形，并由此确定作用在梁上的力 F 的大小。4个应变片接入电桥，并采用交流电压 U 供电，交流电压供电频率就是载波频率。设4个应变片在没有应力作用的情况下，它们的阻值

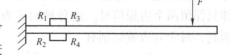

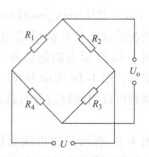

图4-3　应变式传感器输出信号的调制

$R_1 = R_2 = R_3 = R_4 = R$，电桥平衡；在有应力作用的情况下，它们的阻值发生变化，电桥的输出：

$$U_o = \frac{U}{4}\left(\frac{\Delta R_1}{R} - \frac{\Delta R_2}{R} + \frac{\Delta R_3}{R} - \frac{\Delta R_4}{R}\right)$$

实现了载波信号 U 与测量信号的相乘，即实现了调制。

对于电感和电容式传感器采用交流供电，有时仅理解为这是电感和电容式传感器的需要，这只是问题的一个方面，它同时也是为了调制。对于电阻式传感器，问题就十分明显，采用交流供电就是为了调制。

2. 用机械或光学的方法实现调制

除了通过对传感器用交流供电的方式引入载波信号实现信号调制外，还可以用机械或光学的方法实现信号调制，图4-4为用机械方法实现光电信号调制的例子。由激光器4发出的光束经光栏3、调制盘2照到被测工件1上。工件表面的微观不平度使反射光产生漫反射。根据镜面反射方向与其他方向接收到的光能量之比可以测定被测工件1的表面粗糙度。光栏6与光电器件7一起转动，依次接收各个方向的反射光能。这样用同一光电器件接收各个方向的反射光能可以消除用不同光电器件接收时，光电器件特性不一致带来的测量误差。由于镜面反射方向接收到的光能量比其他方向强得多，会使光电器件饱和，为避免其饱和，加入滤光片5。为了减小杂散光的影响，采用多孔盘或多槽调

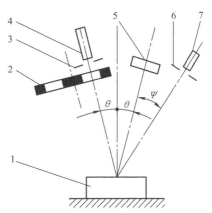

图4-4 光电信号的调制
1—被测工件 2—调制盘 3、6—光栏
4—激光器 5—滤光片 7—光电器件

制盘2使光信号得到调制，以提高信噪比。也可以不用多孔盘，而采用频闪灯作光源，同样可以实现信号调制。还常利用振子对信号进行调制。

4.1.1.3 电路调制

1. 乘法器调制

如果传感器输出为非调制信号，也可以用电路对信号进行调制。由式（4-2）看到，只要用乘法器将与测量信号 x 成正比的调制信号 $u_x = U_{xm}\cos\Omega t$ 与载波信号 $u_c = U_{cm}\cos\Omega t$ 相乘，就可以实现双边带调幅。图4-5a是它的原理图，图中 K 为乘法器增益，其量纲为 V^{-1}。图4-5b所示为用MC1496乘法器实现双边带调幅的具体电路。

2. 开关电路调制

信号的调幅也可以利用开关电路来实现。如图4-6a所示电路，在输入端加入调制信号 u_x，V_1、V_2 为场效应晶体管，工作在开关状态。在它们的栅极分别加入高频载波方波信号 U_c 与 $\overline{U}_c$。当 U_c 为高电平、$\overline{U}_c$ 为低电平时，V_1 导通、V_2 截止。若 V_1、V_2 为理想开关，输出电压 $u_o = u_x$。当 U_c 为低电平，$\overline{U}_c$ 为高电平时，V_1 截止、V_2 导通，输出为零，其波形如图4-6b所示。经过调制 u_x 与幅值按0、1变化的载波信号相乘。归一化的方波正弦载波信号按傅里叶级数展开后可写为

$$K(\omega_c t) = \frac{1}{2} + \frac{2}{\pi}\sin\omega_c t + \frac{2}{3\pi}\sin 3\omega_c t + \cdots \tag{4-3}$$

将 $K(\omega_c t)$ 与输入信号 u_x 相乘后，用带通滤波器（图4-6中未标出）滤掉低频信号 $\frac{1}{2}u_x$

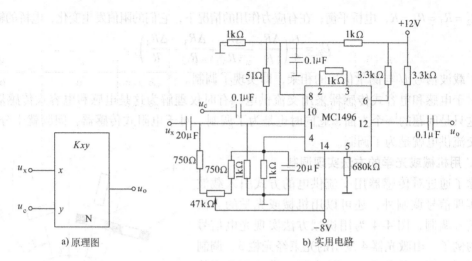

图 4-5   用乘法器实现双边带调幅

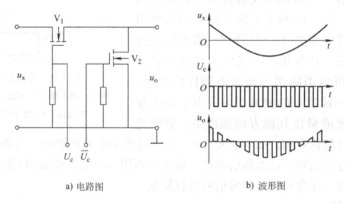

图 4-6   开关式相乘调制

与高频信号 $\dfrac{2u_x}{3\pi}\sin 3\omega_c t$ 及更高次谐波后，得到相乘调制信号 $\dfrac{2}{\pi}u_x\sin\omega_c t$。图 4-6 中 V_1 也可用电阻代替。

3. 信号相加调制

信号相加调制是就其电路形式而言的，在这种电路中调制信号 $u_x = U_{xm}\cos\Omega t$ 与载波信号 $u_c = U_{cm}\cos\omega_c t$ 相加减后去控制开关器件，选取 $U_{cm} \gg U_{xm}$，实际起控制作用的是载波信号 u_c。如图 4-7 所示，调制信号 u_x 与载波信号 u_c 分别通过变压器 T_1 和 T_2 输入，加到两个起开关作用的二极管 VD_1、VD_2 的电压分别为 $u_c + u_x$ 和 $u_c - u_x$。通过 VD_1、VD_2 的电流分别为

$$i_1 = (u_c + u_x)K(\omega_c t)/r$$
$$i_2 = (u_c - u_x)K(\omega_c t)/r$$

式中，r 为二极管的内阻、电位器 RP 串联的有效电阻与负载电阻 R_L 折合到 T_3 一次侧的等效电阻之和。

电位器 RP 串联的有效电阻是指与相应二极管相串联部分的电阻。式（4-3）是归一化

的方波正弦信号傅里叶级数表达式，对于归一化的方波余弦信号：

$$K(\omega_c t) = \frac{1}{2} + \frac{2}{\pi}\cos\omega_c t - \frac{2}{3\pi}\cos 3\omega_c t + \cdots \qquad (4\text{-}4)$$

于是有

$$
\begin{aligned}
i_3 &= n_3(i_1 - i_2) = \frac{2n_3 u_x K(\omega_c t)}{r} \\
&= 2n_3 \frac{U_{xm}}{r}\cos\Omega t\left(\frac{1}{2} + \frac{2}{\pi}\cos\omega_c t - \frac{2}{3\pi}\cos 3\omega_c t + \cdots\right) \\
&= \frac{n_3 U_{xm}}{r}\cos\Omega t + \frac{4n_3 U_{xm}}{\pi r}\cos\Omega t\cos\omega_c t - \frac{4n_3 U_{xm}}{3\pi r}\cos\Omega t\cos 3\omega_c t + \cdots
\end{aligned}
$$

式中，n_3 为变压器 T_3 的电压比。

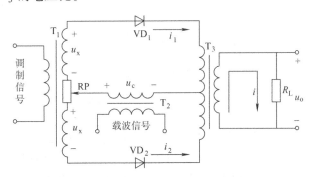

图 4-7 信号相加式调幅电路

通过滤波，滤除角频率为 Ω 的低频信号与角频率为 $3\omega_c$ 及更高频率的高频信号后，就可以得到与 $U_{xm}\cos\Omega t\cos\omega_c t$ 成正比的双边带调幅信号。这里采用二极管 VD_1、VD_2 进行两路调制，两个载波电流以相反方向通过变压器 T_3 的一次侧，并靠调整电位器 RP 使 u_c 在变压器 T_3 的两个一次侧产生的电流相等，从而使其影响消除。这种电路常称为平衡调制电路。两个信号线性相加是不能实现调制的，这里还是通过控制开关电路获得乘积项，实现调制。此外，要求乘积项中不含 U_{cm}，即它与载波信号的幅值无关，只与幅值为 1 的载波信号相乘，获得乘积项 $U_{xm}\cos\Omega t\cos\omega_c t$。

4.1.2 包络检波电路

从已调信号中检出调制信号的过程称为解调（Demodulation）或检波。从频谱上看，检波是将调幅波中的边带信号不失真地从载频附近搬移到零频附近。式（4-1）所示的幅值调制就是让已调信号的幅值随调制信号的值变化，因此调幅信号的包络线形状与调制信号一致。只要能检出调幅信号的包络线即能实现解调。这种方法称为包络检波。

4.1.2.1 二极管与晶体管包络检波

从图 4-8 中可以看到，只要从图 4-8a 所示的调幅信号中，截去它的下半部，即可获得图 4-8b 所示半波检波后的信号 u'。再经低通滤波，滤除高频信号，即可获得所需调制信号 u_o，实现解调。图 4-8c 为滤波后的检波信号。包络检波就是建立在整流的原理基础之上的。

从上述包络检波原理可以看到，只要采用适当的单向导电器件取出其上半部（也可取

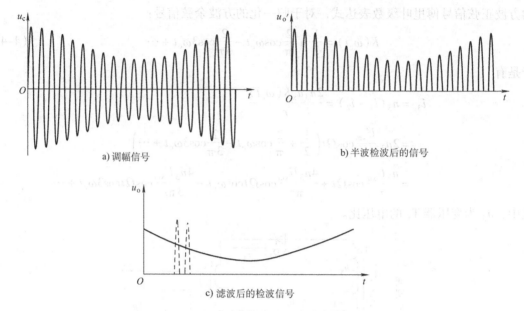

图 4-8　包络检波的信号波形

下半部）波形，即能实现包络检波。图 4-9a 中调幅信号 u_s 通过由电容 C_1 与变压器 T 的一次侧构成的谐振回路输入，这样有利于滤除杂散信号。二极管 VD 检出半波信号，再经由 R_L 和 C_2 构成的低通滤波器检出调制信号，实现解调。这里 R_L 包括接在输出端的负载电阻。

图 4-9b 是利用晶体管作为检波器件的包络检波电路。图中晶体管 V 只有在 u'_s 为负的半周期有电流通过，其余部分原理与图 4-9a 相同。

图 4-9 中，低通滤波器的参数应这样选取：使 $1/\omega \ll R_L C_2 \ll 1/\Omega$，以滤除载波信号，保留调制信号。

从图 4-8 可以看到，包络检波电路的输出不完全是调制信号，它还含有直流分量，其大小由载波信号的幅值 U_{m0} 决定（见式（4-1））。在通信中，一般情况下，调制信号如声像信号都是交流信号，可以通过隔直将直流成分去掉，以获得所需的声像信号。但在测控系统中，包络检波得到的信号中直流与交流成分可以有不同含义。例如，在振动测量中，直流分量对应于振动中心的位置，交流分量对应于振动的幅值，需要对其分别处理。

4.1.2.2　精密检波电路

在前面的讨论中，都假定二极管 VD 和晶体管 V 具有理想的特性。但实际上它们都有一定死区电压，对于二极管来说是它的正向压降，对于晶体管只有它的发射结电压超过一定值时才导通，同时它们的特性也有一定的非线性。二极管 VD 和晶体管 V 的特性偏离理想特性会给检波带来误差。在一般通信中，只要这一误差不太大，不至于造成明显的信号失真。而在精密测量与控制中，则有较严格的要求。为了提高检波精度，常需采用精密检波电路，又称为线性检波电路。

1. 半波精密检波电路

图 4-10 所示是一种由集成运算放大器构成的精密检波电路。在调幅波 u_s 的正半周，由

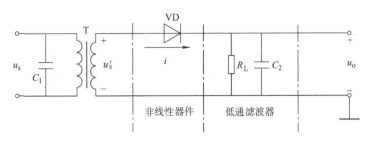

a) 二极管检波电路

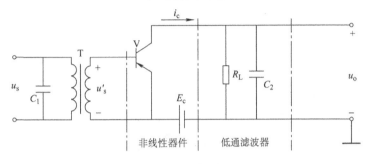

b)晶体管检波电路

图 4-9　包络检波电路

于运算放大器 N_1 的倒相作用，N_1 输出低电平，因此 VD_1 导通、VD_2 截止，A 点接近于虚地，$u_A \approx 0$。在 u_s 的负半周，有输出 u_A。若运算放大器 N_1 的输入阻抗远大于 R_2，则 $i \approx -i_1$。按图 4-10 所标注的极性，可写出下列方程组：

$$u_s = i_1 R_1 + u'_s = u'_s - i R_1$$
$$u'_A = u + u_A = u + i R_2 + u'_s$$
$$u'_A = -K_d u'_s$$

式中，K_d 为 N_1 的开环放大倍数。解以上联立方程组得到：

$$u_s = -\left[\frac{R_1}{R_2} + \frac{1}{K_d}\left(1 + \frac{R_1}{R_2}\right)\right]u_A - \frac{1}{K_d}\left(1 + \frac{R_1}{R_2}\right)u \tag{4-5}$$

通常，N_1 的开环放大倍数 K_d 很大，这时式（4-5）可简化为

$$u_s = -\frac{R_1}{R_2}u_A$$

或

$$u_A = -\frac{R_2}{R_1}u_s$$

二极管的死区和非线性不影响检波输出。

图 4-10a 中加入 VD_1 反馈回路，一是为了防止在 u_s 的正半周因 VD_2 截止使运放处于开环状态而进入饱和，另一方面也使 u_s 在两个半周期负载基本对称。图 4-10 中 N_2 与 R_3、R_4、C 等构成低通滤波器。对于低频信号电容 C 接近开路，滤波器的增益为 $-R_4/R_3$。对于载波频率信号电容 C 接近短路，它使高频信号受到抑制。

2. 全波精密检波电路

图 4-10a 所示电路只在 u_s 为负的半周期检波器 N_1 有输出 u_A，因此这种电路属于半波

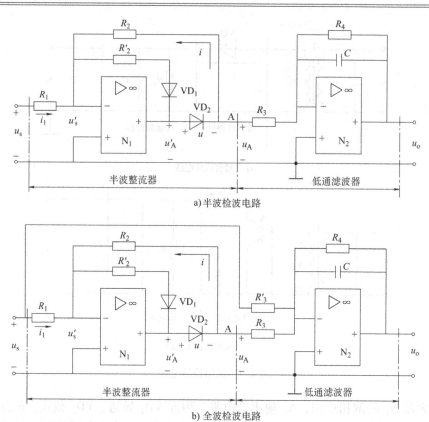

a) 半波检波电路

b) 全波检波电路

图 4-10　线性检波电路

检波电路。为了构成全波精密检波电路需要将 u_s 通过 R'_3 与 u_A 相加，图 4-10b 所示电路中 N_2 组成相加放大器，取 $R_1 = R_2$、$R'_3 = 2R_3$，在不加电容器 C 时，N_2 的输出为

$$u_o = -\frac{R_4}{R_3}\left(u_A + \frac{u_s}{2}\right)$$

图 4-11a 所示为输入调幅信号 u_s 的波形，图 4-11b 所示为 N_1 输出的反相半波整流信号 u_A，图 4-11c 所示为 N_2 输出的全波整流信号 u_o。电容 C 起滤除载波频率信号的作用。

需要说明的是，调幅信号的幅值应该是随调制信号 x 的值而变化的，但由于通常调制信号 x 变化的频率远低于载波频率，为讨论方便起见，可认为调幅信号在载波信号相邻两个周期幅值几乎没有变化，而以正弦信号表示。其次，式 (4-1) 中调幅信号是以余弦函数表示，图 4-11 中它以正弦函数表示，其实这没有实质区别，只要将时间坐标原点移至虚线所示位置，就成了余弦函数。在下面的讨论中常根据需要用正弦或余弦函数表示。

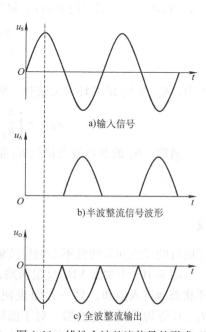

a)输入信号

b)半波整流信号波形

c)全波整流输出

图 4-11　线性全波整流信号的形成

图 4-12 为另一种全波精密检波电路，N_1 为反相放大器，N_2 为跟随器。$u_s > 0$ 时，VD_1、VD_4 导通，VD_2、VD_3 截止，$u_o = u_s$；$u_s < 0$ 时，VD_2、VD_3 导通，VD_1、VD_4 截止，取 $R_1 = R_4$，$u_o = -u_s$，所以 $u_o = |u_s|$。为减小偏置电流影响，取 $R_2 = R_1 // R_4$，$R_3 = R_5$。

图 4-13a 所示为高输入阻抗全波精密检波电路，它采用同相端输入。$u_s > 0$ 时，VD_1 导通、VD_2 截止，其等效电路如图 4-13b 所示，N_2 的同相输入端与反相输入端输入相同信号，得到 $u_o = u_s$。$u_s < 0$ 时，VD_1 截止，VD_2 导通，其等效电路如图 4-13c 所示。取 $R_1 = R_2 = R_3 = R_4/2$，这时 N_1 的输出为

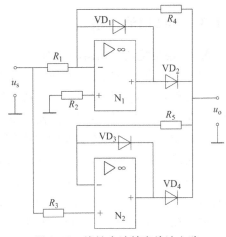

图 4-12　线性全波精密检波电路

$$u_A = \left(1 + \frac{R_2}{R_1}\right)u_s = 2u_s$$

N_2 的输出为

$$u_o = \left(1 + \frac{R_4}{R_3}\right)u_s - u_A \frac{R_4}{R_3} = 3u_s - 4u_s = -u_s$$

所以 $u_o = |u_s|$，实现全波检波。

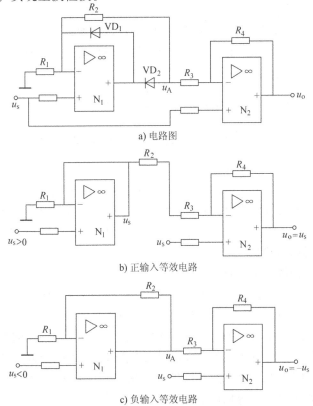

a) 电路图

b) 正输入等效电路

c) 负输入等效电路

图 4-13　高输入阻抗全波精密检波电路

4.1.3 相敏检波电路

4.1.3.1 相敏检波的功用和原理

包络检波由于原理、电路简单，在通信中有广泛的应用。但是它有两个问题：一是解调的主要过程是对调幅信号进行半波或全波整流，无法从检波器的输出鉴别调制信号的相位。例如，在图1-4所示用电感传感器测量工件轮廓形状的例子中，磁心3由它的平衡位置向上和向下移动同样的量，传感器的输出信号幅值相同，只是相位差180°。从包络检波电路的输出无法确定磁心向上或向下移动。二是包络检波电路本身不具有区分不同载波频率信号的能力。对于不同载波频率的信号它都以同样方式对它们整流，以恢复调制信号，这就是说它不具有区别信号与噪声的能力，而这是采用调制的主要目的。虽然在如图4-9所示包络检波电路中，在输入端加了一个谐振回路，使非所需频率的信号衰减，以提高信噪比，这种输入回路也可用于其他包络检波电路，但是这并不是包络检波电路本身的性能。

为了使检波电路具有判别信号相位和选频的能力，需采用相敏检波电路。从电路结构上看，相敏检波电路的主要特点是，除了需要解调的调幅信号外，还要输入一个参考信号。有了参考信号就可以用它来鉴别输入信号的相位和频率。参考信号应与所需解调的调幅信号具有同样的频率，采用载波信号或由它获得的信号作为参考信号就能满足这一条件。例如，在图1-4所示用电感传感器测量工件轮廓形状的例子中，就用传感器供电电源信号作为参考信号。

由于相敏检波电路需要有一个与输入的调幅信号同频的信号作为参考信号，因此相敏检波电路又称为同步检波电路。

在介绍信号的调幅，特别是双边带调幅时曾提及，只要将输入的调制信号 $u_x = U_{xm}\cos\Omega t$ 乘以幅值为1的载波信号 $\cos\omega_c t$ 就可以得到双边带调幅信号 $u_s = u_x\cos\omega_c t = U_{xm}\cos\Omega t\cos\omega_c t$。若将 u_s 再乘以 $\cos\omega_c t$，就得到：

$$u_o = u_s\cos\omega_c t = U_{xm}\cos\Omega t\cos^2\omega_c t = \frac{1}{2}U_{xm}\cos\Omega t + \frac{1}{2}U_{xm}\cos\Omega t\cos2\omega_c t$$

$$= \frac{1}{2}U_{xm}\cos\Omega t + \frac{1}{4}U_{xm}\left[\cos(2\omega_c - \Omega)t + \cos(2\omega_c + \Omega)t\right]$$

利用低通滤波器滤除频率为 $2\omega_c - \Omega$ 和 $2\omega_c + \Omega$ 的高频信号后就得到调制信号 $U_{xm}\cos\Omega t$，只是乘上了系数1/2。这就是说，将调制信号 u_x 乘以幅值为1的载波信号 $\cos\omega_c t$ 就可以得到双边带调幅信号 u_s，将双边带调幅信号 u_s 再乘以载波信号 $\cos\omega_c t$，经低通滤波后就可以得到调制信号 u_x。就是说，相敏检波可以用与调制电路相似的电路来实现。

4.1.3.2 相乘式相敏检波电路

1. 乘法器构成的相敏检波电路

图4-14所示为用乘法器构成的相敏检波电路，图4-14a为其原理图，图4-14b为用MC1496模拟乘法器构成的实用相敏检波电路。它与图4-5b所示调幅电路十分相似，其主要区别是：①在图4-5b中，接到输入端1的输入电容与接在引脚4的补偿电容均为 $20\mu F$，而在图4-14b中，它们的值为 $0.1\mu F$。这是因为在图4-5b中接到输入端1的输入信号为低频调制信号 u_x，而在图4-14b中，输入信号为高频调幅信号 u_s。②在图4-14b中增加了一级由运算放大器F007和 R、C 等构成的低通滤波器。

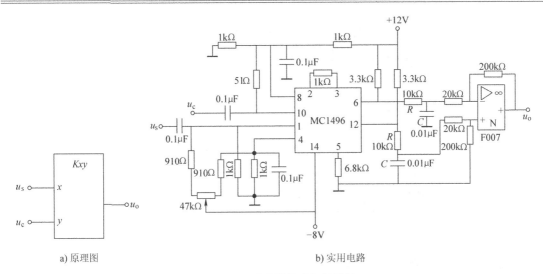

a) 原理图　　　　　b) 实用电路

图 4-14　用乘法器构成相敏检波

2. 开关式相敏检波电路

图 4-6 所示开关式相乘调制电路同样可用作相敏检波电路。这时在输入端送入图 4-15c 所示双边带调幅信号，而在 V_1、V_2 的栅极输入方波参考信号。由于载波信号的频率远高于调制信号，可以认为载波信号与调幅信号具有相同的频率。在载波信号 u_c（见图 4-15b）为正的半周期，$U_c = 1$，$\overline{U_c} = 0$，V_1 导通、V_2 截止，有信号输出。这里 U_c 是 u_c 整形后的方波信号。在 u_c 为负的半周期，$U_c = 0$，$\overline{U_c} = 1$，V_1 截止、V_2 导通，输出为零。输出信号 u_o 的波形如图 4-15d 所示。经低通滤波器滤除高频分量后得到与调制信号 u_x（见图 4-15a）成正比的输出。从图 4-15d 中还可看出，当调幅信号 u_s（见图 4-15c）与载波信号 u_c（见图 4-15b）同相时，输出信号 u_o 为正。当调幅信号 u_s 与载波信号 u_c 反相时，输出信号 u_o 为负。半波相敏检波电路的不足是输出信号的脉动较大，为了减小脉动，需采用全波相敏检波电路。图 4-15e 所示是全波相敏检波输出波形。

图 4-16 所示是两种开关式全波相敏检波电路。图 4-16a 中，在 $U_c = 1$ 的半周期，同相输入端被接地，u_s 只从反相输入端输入，放大器的放大倍数为 -1，输出信号 u_o 如图 4-16c 和图 4-16d 中实线所示。在 $U_c = 0$ 的半周期，V 截止，u_s 同时从同相输入端和反相输入端输入，放大器的放大倍数为 $+1$，输出信号 u_o 如图 4-16c 和图 4-16d 中虚线所示。

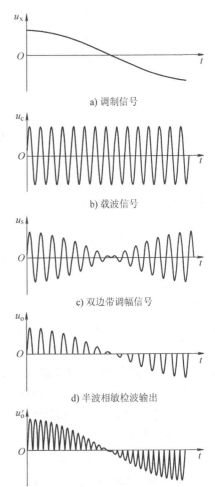

a) 调制信号

b) 载波信号

c) 双边带调幅信号

d) 半波相敏检波输出

e) 全波相敏检波输出

图 4-15　相敏检波中的信号波形

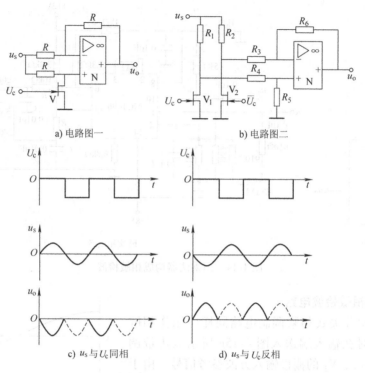

图 4-16　开关式全波相敏检波电路

图 4-16b 中，取 $R_1 = R_2 = R_3 = R_4 = R_5 = R_6/2$。在 $U_c = 1$ 的半周期，V_1 导通、V_2 截止，同相输入端接地，u_s 从反相输入端输入，放大倍数为 $- R_6/(R_2 + R_3) = -1$。在 $U_c = 0$ 的半周期，V_1 截止、V_2 导通，反相输入端通过 R_3 接地，u_s 从同相输入端输入，放大倍数为 $[R_5/(R_1 + R_4 + R_5)](1 + R_6/R_3) = (1/3) \times 3 = 1$。效果与图 4-16a 相同，实现了全波相敏检波。

由于一般调制信号的频率 Ω 远比载波信号的频率 ω_c 要低，即 $\Omega \ll \omega_c$，在载波信号的若干个周期范围内，调制信号 u_x 的值变化很小，可以将它看成一个常量。特别是在一些测量中，被测量只是在某一值附近变动。为讨论与表达方便起见，常将在载波信号的若干个周期范围内调制信号 u_x 的值看作一个常量，这时调幅信号 u_s 为与载波信号（或参考信号）u_c 或 U_c 同频信号；u_x 为正时，u_s 与 u_c（或 U_c）同相；u_x 为负时，u_s 与 u_c（或 U_c）反相。图 4-16c、图 4-16d 中就是用这种方式表达。在以后的讨论中，常采用这种表达方式。

4.1.3.3　相加式相敏检波电路

在 4.1.1.3 电路调制一节中曾介绍信号相加调制电路。相敏检波也可用信号相加式电路来实现。在介绍信号相加调制电路时曾指出，信号相加只是就其电路形式而言，就其实质还是利用参考信号去控制开关器件的通断，实现输入信号与参考信号的相乘。所不同的是，输入信号（这里是调幅信号 u_s）与参考信号以相加减的方式加到同一开关器件。为了正确实现解调，必须要求参考信号 u_c 的幅值远大于调幅信号 u_s 的幅值，使开关器件的通断完全由参考信号决定。

图 4-17 所示是一种相加式半波相敏检波电路，它与图 4-7 所示的信号相加式调幅电路

十分相似。其主要区别是图 4-7 的输出为高频信号（调幅信号），通过变压器输出；图 4-17 的输出为低频信号（解调信号），经电容滤波后输出。

　　经放大后的调幅信号 u_s 经变压器 T_1 输入，而参考信号 u_c 经变压器 T_2 输入。由于参考信号 u_c 的幅值远大于调幅信号 u_s 的幅值，只有在 u_c 的左端为正的半周期内二极管 VD_1、VD_2 才导通。按图 4-17 中标定的极性，作用在 ad 两点的电压为 $u'_c + u_{s1}$，作用在 bd 两点的电压为 $u'_c - u_{s2}$。在不接电容 C_1、C_2 的情况下，cd、ed 上的压降分别为

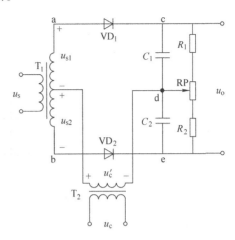

$$u_{cd} = \frac{R_1 + R'_1}{r_1 + R_1 + R'_1}(u'_c + u_{s1})$$

$$u_{ed} = \frac{R_2 + R'_2}{r_2 + R_2 + R'_2}(u'_c - u_{s2})$$

式中，r_1、r_2 分别为 VD_1、VD_2 的正向电阻；R'_1、R'_2 分别为电位器 RP 上半部和下半部的阻值。

图 4-17　相加式半波相敏检波电路

　　调整电位器 RP 使 $(R_1 + R'_1)/(r_1 + R_1 + R'_1) = (R_2 + R'_2)/(r_2 + R_2 + R'_2)$，令其值为 k_0，则在不接电容 C_1、C_2 的情况下，ce 两点的压降为

$$u_o = k_0(u_{s1} + u_{s2})$$

　　这一电压值与 u_c 无关。当 $u_s = 0$ 时，$u_o = 0$。u_o 只与 u_c 的左端为正的半周期的 u_s 有关，即 u_s 与 u_c 同相时，输出 u_o 为正；u_s 与 u_c 反相时，u_o 为负，实现相敏作用。电容 C_1、C_2 起滤除载波频率信号的作用。

　　变压器体积较大，采用电容 C_0 耦合输出有利于减小集成运算放大器的体积。图 4-18 中经放大后的调幅信号 u_s 通过电容 C_0 耦合。送入相敏检波电路。图 4-18b 所示是它在图示极性半周期的等效电路。在图 4-18b 所示半周期内，作用在 VD_1、R_1 所经回路上的电压为 $u_{c1} + u_s$，作用在 VD_2、R_2 所经回路上的电压为 $u_{c2} - u_s$。先不考虑电容 C_1 的影响，并认为 C_0 很大，可将 C_0 视为短路，写出方程：

$$u_{c1} + u_s = i_1(r_1 + R_1) + (i_1 - i_2)(R_5 + r_A)$$

$$u_{c2} - u_s = i_2(r_2 + R_2) - (i_1 - i_2)(R_5 + r_A)$$

式中，r_1、r_2 分别为 VD_1、VD_2 的正向电阻；r_A 为电流表 A 的内阻。

　　通过选配电阻 R_1 与 R_2，使 $u_s = 0$ 时，$i_1 = i_2$，输出为零。这时，

$$\frac{u_{c1}}{r_1 + R_1} = \frac{u_{c2}}{r_2 + R_2}$$

$u_s \neq 0$ 时，流经电流表 A 的电流：

$$i = i_1 - i_2 = \frac{r_1 + R_1 + r_2 + R_2}{(r_1 + R_1)(r_2 + R_2) + (r_1 + R_1 + r_2 + R_2)(R_5 + r_A)}u_s$$

由 R_5 上输出电压：

$$u_o = \frac{(r_1 + R_1 + r_2 + R_2)R_5}{(r_1 + R_1)(r_2 + R_2) + (r_1 + R_1 + r_2 + R_2)(R_5 + r_A)}u_s$$

　　这里需要注意的是，在图 4-18b 所示的电路中只要 u_s 与 u_c 的相位极性关系不变，电流

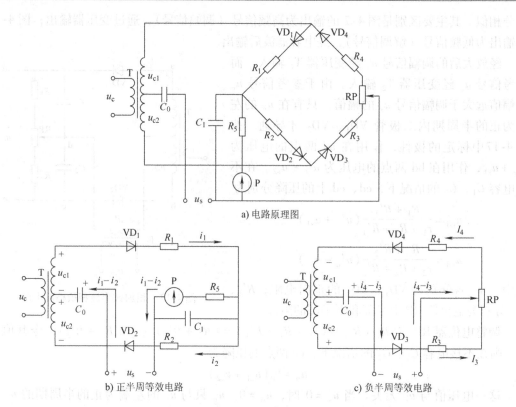

图 4-18 采用电容耦合输入的相加式半波相敏检波电路

$i_1 - i_2$ 总是从同一方向通过电容 C_0，按图示极性充电，很快使 VD_1、阻塞，电路不能正常工作。为了电路正常工作，需增加由 VD_3、VD_4、R_3、R_4、RP 组成的回路。在另半周期其等效电路如图 4-18c 所示，VD_1、VD_2 截止，VD_3、VD_4 导通，作用在 VD_3、R_3 所经回路上的电压为 $u_{c2} - u_s$，作用在 VD_4、R_4 所经回路上的电压为 $u_{c1} + u_s$。可以写出方程：

$$u_{c2} - u_s = i_3(r_3 + R_3 + R_{P2})$$
$$u_{c1} + u_s = i_4(r_4 + R_4 + R_{P1})$$

式中，r_3、r_4 分别为 VD_3、VD_4 的正向电阻；R_{P1}、R_{P2} 分别为 RP 中与 R_4、R_3 相串联部分的电阻。

在这个半周期流经电容 C_0 的电流为 $i_4 - i_3$，方向与图 4-18b 所示半周期相反。靠调节电位器 RP 使 $i_4 - i_3 = i_1 - i_2$。实际中，通过调整 RP，使 $u_s = 0$ 时流经电流表 A 的电流为零来达到这一要求。图 4-18 中电容 C_1 用于滤除载波频率的信号。

半波相敏检波电路只有半个周期内有反映 u_s 的信号输出，这样使得输出信号的波纹系数较大。为了减小波纹系数，并提高灵敏度，需采用全波相敏检波电路。图 4-19a 所示是一种全波相敏检波电路。由于 $u_c(u_{c1}, u_{c2}) \gg u_s(u_{s1}, u_{s2})$，二极管 $VD_1 \sim VD_4$ 的通断由 u_c 决定。在 u_c 的上端为正半周，二极管 VD_1、VD_2 导通，其等效电路如图 4-19b 所示。在 u_c 的上端为负半周，二极管 VD_3、VD_4 导通，其等效电路如图 4-19c 所示。

在图 4-19b 所示的半周内，作用在 VD_1、R_1 所经回路上的电压为 $u_{c1} - u_{s1}$，作用在 VD_2、R_2 所经回路上的电压为 $u_{c2} + u_{s1}$。先不考虑电容 C 的影响，可以写出方程：

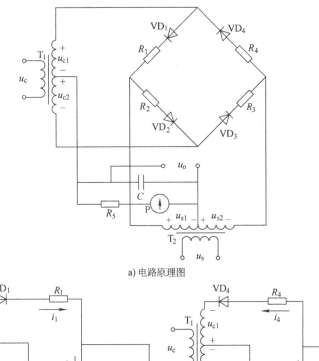

a) 电路原理图

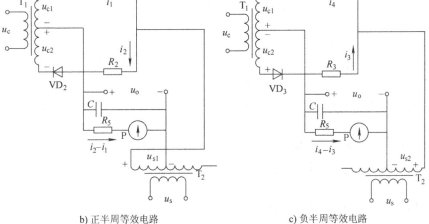

b) 正半周等效电路　　　　　　　c) 负半周等效电路

图 4-19　相加式全波相敏检波电路

$$u_{c1} - u_{s1} = i_1(r_1 + R_1) - (i_2 - i_1)(R_5 + r_A)$$
$$u_{c2} + u_{s1} = i_2(r_2 + R_2) + (i_2 - i_1)(R_5 + r_A)$$

式中，r_1、r_2 分别为 VD_1、VD_2 的正向电阻；r_A 为电流表 A 的内阻。

通过选配电阻 R_1 与 R_2，使 $u_{s1} = 0$ 时，$i_1 = i_2$，输出为零。这时，

$$\frac{u_{c1}}{r_1 + R_1} = \frac{u_{c2}}{r_2 + R_2}$$

$u_{s1} \neq 0$ 时，流经电流表 A 的电流：

$$i = i_2 - i_1 = \frac{(r_1 + R_1 + r_2 + R_2)}{(r_1 + R_1)(r_2 + R_2) + (r_1 + R_1 + r_2 + R_2)(R_5 + r_A)} u_{s1} \tag{4-6}$$

输出电压：

$$u_o = (i_2 - i_1)(R_5 + r_A) = \frac{(r_1 + R_1 + r_2 + R_2)}{(r_1 + R_1)(r_2 + R_2) + (r_1 + R_1 + r_2 + R_2)(R_5 + r_A)} u_{s1}(R_5 + r_A)$$

$$(4-7)$$

在图 4-19c 所示半周期内，作用在 VD$_3$、R_3 所经回路上的电压为 $u_{c2} - u_{s2}$，作用在 VD$_4$、R_4 所经回路上的电压为 $u_{c1} + u_{s2}$。不考虑电容 C 的影响，可以写出方程：

$$u_{c2} - u_{s2} = i_3(r_3 + R_3) - (i_4 - i_3)(R_5 + r_A)$$
$$u_{c1} + u_{s2} = i_4(r_4 + R_4) + (i_4 - i_3)(R_5 + r_A)$$

式中，r_3、r_4 分别为 VD$_3$、VD$_4$ 的正向电阻。

流经电流表 A 的电流：

$$i = i_4 - i_3 = \frac{(r_3 + R_3 + r_4 + R_4)}{(r_3 + R_3)(r_4 + R_4) + (r_3 + R_3 + r_4 + R_4)(R_5 + r_A)} u_{s2} \qquad (4-8)$$

输出电压：

$$u_o = (i_4 - i_3)(R_5 + r_A) = \frac{(r_3 + R_3 + r_4 + R_4)}{(r_3 + R_3)(r_4 + R_4) + (r_3 + R_3 + r_4 + R_4)(R_5 + r_A)} u_{s2}(R_5 + r_A)$$

$$(4-9)$$

当 $u_{c1} = u_{c2}$，$u_{s1} = u_{s2} = u_{s0}$；$r_1 + R_1 = r_2 + R_2 = r_3 + R_3 = r_4 + R_4 = R_0$ 时，

$$u_o = \frac{(R_5 + r_A)u_{s0}}{R_0/2 + (R_5 + r_A)} \qquad (4-10)$$

输出电压 u_o 只与 u_{s0} 有关，而与 u_c 无关，并且在两个半周期，流经电流表的电流方向相同，实现全波检波。在 u_c 与 u_s 的极性关系如图 4-19 所示情况下，两个半周期流经电流表的电流方向均为由左向右；而在与图 4-19 所示情况相反时，即当 u_{c1}、u_{c2} 的上端为正的半周期 u_{s1}、u_{s2} 的左端为负的情况下，在两个半周期流经电流表 A 的电流方向均为由右向左，这就是相敏作用。u_{s1}、u_{s2} 的左端为负的情况下，利用式（4-6）~式（4-10）计算 i 与 u_o 时应认为 u_{s0} 为负。电容 C 用来滤除经全波检波后 u_{s1}、u_{s2} 中的高频成分，以获得调制信号 u_x。

4.1.3.4　精密整流型全波相敏检波电路

在前面的讨论中，都把相敏检波电路中的开关器件视为理想开关器件。在图 4-16 中，我们忽略了用作开关的器件 V、V$_1$、V$_2$ 导通时的等效内阻和截止时的漏电流，在图 4-17 ~ 图 4-19 中我们假设各个二极管导通时的内阻为一常量，也没有考虑它们截止时的漏电流。上述因素的存在和变化会引起一定的误差。为了减小由于开关器件不理想而带来的误差，可以仿照精密整流包络检波电路的原理构成精密整流型全波相敏检波电路，如图 4-20 所示。

它与图 4-10b 的主要区别在于：图 4-10b 中 N$_1$ 的输出接两个二极管 VD$_1$ 与 VD$_2$，而图 4-20 中接到 N$_1$ 输出端的是两个由参考信号 U_c 控制的开关器件 V$_1$、V$_2$。在 U_c 为正、$\overline{U}_c$ 为负的半周期，V$_1$ 截止、V$_2$ 导通，N$_1$ 用作反相放大器，u_A 为 u_s 的反相信号；在 U_c 为负、$\overline{U}_c$ 为正的半周期，V$_1$ 导通、V$_2$ 截止，N$_1$ 的输出 u_A 为零。这样，u_A 的波形为一半波整流信号。取 $R_1 = R_2$，$R'_3 = 2R_3$，N$_2$ 对 u_A 的放大倍数比对 u_s 的放大倍数大一倍，在不接电容 C 的情况下，N$_2$ 的输出 u_o 波形为全波整流信号，其原理与图 4-10b 相同。图 4-20 与图 4-10b 所示电路相比，其输出的区别在于：图 4-10b 输出的全波整流信号的极性是固定

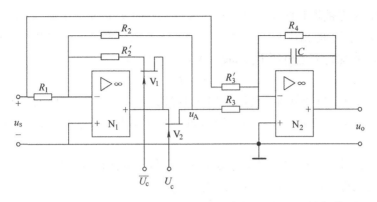

图 4-20 精密整流型全波相敏检波电路

的。而图 4-20 中，在 U_c 与 u_s 同相时，U_c 为正的半周期 u_A 为负，输出 u_o 为正的全波检波信号；在 U_c 与 u_s 反相时，U_c 为正的半周期 u_A 为正，输出 u_o 为负的全波检波信号，实现相敏检波。电容 C 用来滤除经全波检波后 u_s 中的高频成分，以获得调制信号 u_x。

4.1.3.5 脉冲钳位式相敏检波电路

图 4-21 为脉冲钳位式相敏检波电路。参考信号 U_c 经单稳 D_S 形成窄脉冲 U'_c，使开关

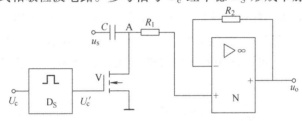

a) 电路原理图

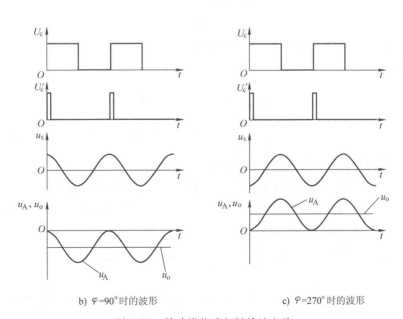

b) $\varphi=90°$ 时的波形　　　　c) $\varphi=270°$ 时的波形

图 4-21 脉冲钳位式相敏检波电路

管 V 瞬时导通，A 点被瞬时接地。电容 C 被充电到此时 u_s 的瞬时值 $U_{sm}\sin\varphi$（其中 U_{sm} 为 u_s 的幅值，φ 为 u_s 与 U_c 的相位差）。窄脉冲过去后，V 被切断，C 的放电回路时间常数很大，可以认为 C 上一直保持充电电压 $U_{sm}\sin\varphi$，A 点的电位为

$$u_A = u_s - U_{sm}\sin\varphi$$

当 $\varphi = 90°$ 时，u_A 为全负值，其波形如图 4-21b 所示。当 $\varphi = 270°$ 时，u_A 为全正值，其波形如图 4-21c 所示。经接在 N 后面的低通滤波器（图中未表示）滤波后得到解调后的 u_o 输出。

需要指出，这种相敏检波电路没有实现输入信号与载波信号的相乘，它不能用于信号的调制。抑制干扰的性能也不如其他相敏检波电路。

4.1.3.6　相敏检波电路的选频与鉴相特性

前面谈到，在测控电路中对信号进行调制、解调主要目的是为了提高它抑制干扰的能力。对信号进行调幅后就使它成为以载波信号的频率 ω_c 为中心，宽度为 2Ω 的窄频带信号。可以利用选频放大器只对这一频带的信号放大；也可以利用带通滤波器选取所需频带的信号，使噪声与干扰的影响得到抑制。另一方面，相敏检波电路本身也具有选取信号、抑制干扰的功能，这主要基于它的选频与鉴相特性。

1. 相敏检波电路的选频特性

相敏检波的基本工作机理就是将输入信号与角频率为 ω_c 的单位参考信号相乘，再通过滤波将高频载波信号滤除。滤除载波信号在数学上可以用载波信号在一个周期内取平均值来表示。由于 $\Omega \ll \omega_c$。可以认为调幅信号的角频率也是 ω_c，这样调幅信号的相敏检波可表示为

$$u_o = \frac{1}{2\pi}\int_0^{2\pi} u_s\cos\omega_c t\mathrm{d}(\omega_c t) = \frac{1}{2\pi}\int_0^{2\pi} u_x\cos^2\omega_c t\mathrm{d}(\omega_c t)$$

$$= \frac{1}{2\pi}\int_0^{2\pi} u_x\left(\frac{1+\cos2\omega_c t}{2}\right)\mathrm{d}(\omega_c t) = \frac{u_x}{2}$$

如果输入信号中含有高次谐波，设 n 次谐波为 $u_n\cos n\omega_c t$，其中 n 为大于 1 的整数，由它产生的附加输出为

$$u_{on} = \frac{1}{2\pi}\int_0^{2\pi} u_n\cos n\omega_c t\cos\omega_c t\mathrm{d}(\omega_c t)$$

$$= \frac{1}{4\pi}\int_0^{2\pi} u_n[\cos(n-1)\omega_c t + \cos(n+1)\omega_c t]\mathrm{d}(\omega_c t) = 0$$

即相敏检波电路具有抑制各种高次谐波的能力。

但需指出，在实用的相敏检波电路中，常采用方波信号作为参考信号。这时输入信号不是与单位参考信号 $\cos\omega_c t$ 相乘，而是与归一化的方波载波信号相乘。由式（4-4），输出电压：

$$u_{on} = \frac{1}{2\pi}\int_0^{2\pi} u_n\cos n\omega_c t\left(\frac{1}{2} + \frac{2}{\pi}\cos\omega_c t - \frac{2}{3\pi}\cos3\omega_c t + \cdots\right)\mathrm{d}(\omega_c t)$$

$$= \frac{1}{2\pi}\int_0^{2\pi} u_n\left[\frac{1}{\pi}\cos(n-1)\omega_c t - \frac{1}{3\pi}\cos(n-3)\omega_c t + \cdots\right]\mathrm{d}(\omega_c t)$$

这时，对于所有 n 为偶数的偶次谐波，输出为零，即它有抑制偶次谐波的功能。对于

$n = 1$、3、5 等各次谐波，输出信号的幅值相应为 u_1/π、$u_3/(3\pi)$、$u_5/(5\pi)$ 等，即信号的传递系数随谐波增高而衰减，对高次谐波有一定抑制作用。这一结论也可由图 4-22 获得直观说明，图 4-22a 为 $n = 1$ 的情况，在 U_c 的一个周期内，u_s 与 U_c 始终有相同极性，输出电压为正。图 4-22b 为 $n = 2$ 的情况，在 U_c 为正的半周期内，u_s 变化一个周期，平均输出为零；在 U_c 为负的半周期内，u_s 同样变化一个周期，平均输出也为零。图 4-22c 为 $n = 3$ 的情况，在 U_c 为正的半周期内，u_s 变化 1.5 个周期，正负抵消后，仍有 1/3 的正信号输出；在 U_c 为负的半周期内，u_s 又变化 1.5 个周期，u_s 与 U_c 极性相同的情况多半个周期，正负抵消后，仍有 1/3 的正信号输出，即 $n = 3$ 时传递系数为 $n = 1$ 时的 1/3。同样可对 $n = 5$、7 等情况进行讨论，容易看到传递系数分别减为 $n = 1$ 时的 1/5 和 1/7。

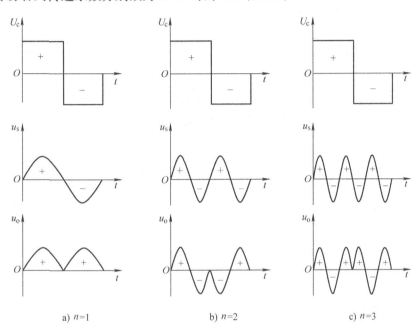

a) $n=1$　　　　b) $n=2$　　　　c) $n=3$

图 4-22　相敏检波电路的选频特性

下面讨论输入信号 u_s 的角频率 ω_s 与 ω_c 无倍数关系的情况，这时，

$$u_o = \frac{1}{2\pi}\int_0^{2\pi} U_{sm}\cos\omega_s t\cos\omega_c t\, \mathrm{d}(\omega_c t) = \frac{U_{sm}}{4\pi}\int_0^{2\pi}\left[\cos(\omega_s - \omega_c)t + \cos(\omega_s + \omega_c)t\right]\mathrm{d}(\omega_c t)$$

其中 U_{sm} 为 u_s 的幅值。

总的来说，当 ω_s 与 ω_c 无倍数关系时上述积分式的值不为零。但是：①$\omega_s + \omega_c$ 与 $\omega_s - \omega_c$ 值越大，积分式中正负相消的成分越多，积分值越小；②ω_s 接近于 ω_c 的不等于 1 的整倍数时，在 $\omega_c t$ 的一个周期，$\cos(\omega_s + \omega_c)$ 与 $\cos(\omega_s - \omega_c)$ 接近变化整数个周期，积分式中有正有负的成分大部分互相抵消，积分值接近于零。这就是说，除了 $\omega_s \approx \omega_c$ 的一个窄频带内，其他频率的输入信号均得到较大的衰减，这说明相敏检波电路具有抑制干扰的能力。

在采用与归一化的方波载波信号相乘的情况下，角频率接近 $3\omega_c$、$5\omega_c$ 等的干扰信号也会有一定影响。

2. 相敏检波电路的鉴相特性

如果输入信号 u_s 与参考信号 u_c（或 U_c）为同频信号，但有一定相位差，这时输出电压：

91

$$u_o = \frac{1}{2\pi} \int_0^{2\pi} U_{sm} \cos(\omega_c t + \varphi) \cos\omega_c t \, d(\omega_c t) = \frac{U_{sm}\cos\varphi}{2} \tag{4-11}$$

即输出信号随相位差 φ 的余弦而变化。

采用归一化的方波信号 U_c 作为参考信号对输出电压 u_o 没有影响，因为 $\cos(\omega_c t + \varphi)$ $\cos3\omega_c t$ 和 $\cos(\omega_c t + \varphi)\cos5\omega_c t$ 等在 $\omega_c t$ 的一个周期内积分值为零。

相敏检波电路的鉴相特性可由图 4-23 获得直观说明，图 4-23a 为 u_s 与 U_c 同相的情况，在 U_c 的整个周期内，u_s 与 U_c 始终有相同极性，输出电压为正。图 4-23b 为 u_s 与 U_c 反相的情况，在 U_c 的整个周期内，u_s 与 U_c 始终有相反极性，输出电压为负。图 4-23c 为 u_s 与 U_c 相位差为90°的情况，在 U_c 的半个周期中，前 1/4 周期，u_s 与 U_c 有相同极性，输出电压为正；后 1/4 周期，u_s 与 U_c 极性相反，输出电压为负；在 U_c 的整个周期内，平均输出为零。图 4-23d 为 u_s 与 U_c 相位差30°的情况，多半周期 u_s 与 U_c 有相同极性，输出电压为正；少半周期 u_s 与 U_c 极性相反，输出电压为负。正负相消后，输出正电压，平均值为图 4-23a 的 0.866。

由式（4-11）看到，在输入到相敏检波电路的信号幅值 U_{sm} 确定的情况下，可以根据相敏检波器的输出确定输入信号 u_s 与参考信号 U_c 的相位差 φ，从而可以用作相位计。

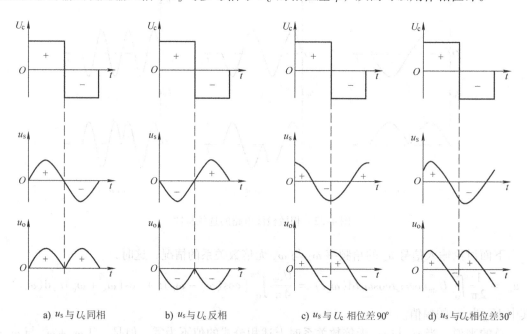

a) u_s 与 U_c 同相   b) u_s 与 U_c 反相   c) u_s 与 U_c 相位差90°   d) u_s 与 U_c 相位差30°

图 4-23　相敏检波电路的鉴相特性

相敏检波电路的鉴相特性除使它能用作相位计外，也有利于提高电路抑制干扰的能力。在干扰信号中，相位具有随机性。相敏检波电路的鉴相特性使频率与参考信号很接近的干扰也受到一定抑制。只要干扰的频率与参考信号略有差别，它与参考信号的相位差就不断变化，经低通滤波后平均输出接近零。

相敏检波电路的鉴相特性在测量中还有另一作用。在图 1-4 所示用电感传感器测量工件的例子中，由于工件尺寸变化使两个线圈的电感不等引起的输出是与参考信号同频同相的。

而由于两个线圈的电阻不等或两边磁阻不等引起的输出与参考信号同频但相位差90°，这一输出不反映工件尺寸的变化，在传感器处于零位（两个线圈的电感相等的位置）仍有这一输出，常称为零点残余电压。相敏检波电路的鉴相特性有抑制零点残余电压影响的作用。

4.1.3.7 相敏检波电路的应用

由于相敏检波电路能较好地抑制干扰等，在测控系统中具有广泛应用。

1. 用于调幅电路的解调

由于幅值调制电路简单，在模拟式测量电路中有广泛的应用。在这类电路中常采用相敏检波器作为它的解调电路，图 4-24 所示的调幅式电感测微仪电路就是一个例子。

晶体管 V 与变压器 T、电容 C 等构成三点式 LC 振荡器。振荡器的输出一方面通过变压器二次侧 4、5、6、7 给传感器供电，实现测量信号的幅值调制；另一方面通过变压器二次侧 1、2、3 给相敏检波电路提供参考电压。调幅信号经 RP_3 与 $R_1 \sim R_4$ 构成的分压器衰减后送入相加放大器 N，分压器 $R_1 \sim R_4$ 构成量程切换电路，利用它可使电路适应不同大小的输入信号。RP_3 用于调整仪器灵敏度。送到相加放大器 N 输入端的还有由 RP_2 输出的调零信号，通过调节 RP_2 使仪器指零。变换量程时，测量电桥的输出与调零电压按同样比例衰减。RP_1 用来补偿电感传感器的零点残余电压。

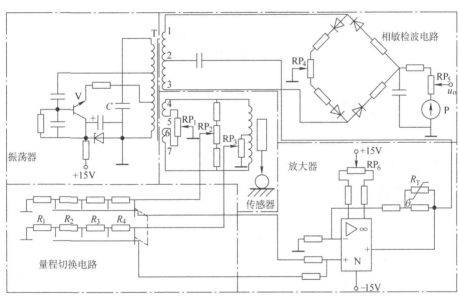

图 4-24 调幅式电感测微仪电路

放大器 N 采用同相输入以提高输入阻抗。放大器的闭环放大倍数为 200，热敏电阻 R_T 用于温度补偿。放大器的输出送到图 4-18 所示的相敏检波电路。还可以从电位器 RP_5 取出电压信号，进行模数转换或作控制用。

2. 对称判别电路

在测量与控制中，经常需要进行对称判别，并可在此基础上拾取峰值信号。例如，在光学和光电显微镜中，常以刻线像 1 对称于狭缝光栏 2 作为瞄准状态（见图 4-25）。若用两个光电器件分别接收狭缝两侧的光通量，在两侧的光通量相等时发瞄准信号，则照明光斑不均匀，两个光电器件特性的差异都会影响瞄准精度。为提高瞄准精度，常采用信号调制的方法，将狭缝光栏 2 固定在一个振子上，让它沿 x 向振动，并只用一个光电器件 3 接收。当刻线处于瞄准状态，即刻线像 1 对称于狭缝光栏 2 时，光电器件 3 输出图 4-25b 所示信号；当刻线处于非瞄准状态，光电器件 3 输出图 4-25c 所示信号，Φ 为光电器件 3 接收到的光通量，u 为经光电转换后的电压输出。以振子的激励信号为参考信号，对放大后的光电信号进行相敏检波。在图 4-25b 所示情况下，光电信号中不含频率为参考信号频率奇数倍的谐波信号，相敏检波电路输出为零；图 4-25c 所示情况下，光电信号中含有参考信号的基波频率和奇次谐波信号，相敏检波电路有输出。根据相敏检波电路的输出，可以确定显微镜是否瞄准被测刻线。

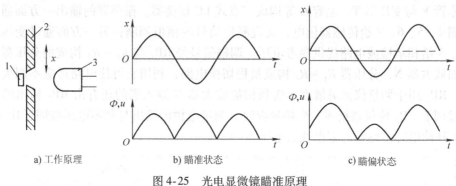

a) 工作原理   b) 瞄准状态   c) 瞄偏状态

图 4-25　光电显微镜瞄准原理
1—刻线像　2—狭缝光栏　3—光电器件

4.2　调频式测量电路

4.2.1　调频原理与方法

4.2.1.1　调频信号的一般表达式

调频就是用调制信号 x 去控制高频载波信号的频率。常用的是线性调频，即让调频信号的频率按调制信号 x 的线性函数变化。线性调频信号 u_s 的一般表达式可写为

$$u_s = U_m \cos(\omega_c + mx)t$$

式中，ω_c 为载波信号的角频率；U_m 为调频信号中载波信号的幅度；m 为调制度。

图 4-26 所示绘出了这种调频信号的波形。图 4-26a 为调制信号 x 的波形，它可以按任意规律变化；图 4-26b 为调频信号的波形，它的频率随 x 变化。若 $x = X_m \cos \Omega t$，则调频信号的频率可在 $\omega_c \pm mX_m$ 范围内变化。为了避免发生频率混叠现象，并且便于解调，要求 $\omega_c \gg mX_m$。

4.2.1.2　传感器调制

与调幅的情况一样，为了提高测量信号的抗

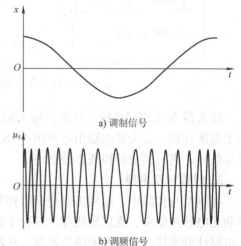

a) 调制信号

b) 调频信号

图 4-26　调频信号的波形

干扰能力，常要求从信号一形成就是已调信号，因此常常在传感器中进行调制。

图 4-27 所示是传感器调制的一个例子。这是一个测量力或压力的振弦式传感器，振弦 3 的一端与支承 4 相连接，另一端与膜片 1 相连接，振弦 3 的固有频率随张力 T 变化。振弦 3 在磁铁 2 形成的磁场内振动时产生感应电动势，其输出为调频信号。

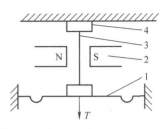

图 4-27　振弦式传感器
1—膜片　2—磁铁　3—振弦　4—支承

多普勒测速是利用传感器实现调频的另一典型例子。当频率为 f_0 波束 P 以速度 V 射向以速度 v 运动的物体 W 时（见图 4-28a），反射波束产生多普勒频移，其频率 f 变为

$$f = f_0 \frac{1 + \dfrac{v}{V}}{1 - \dfrac{v}{V}} \qquad (4\text{-}12)$$

这里的波束可以是电磁波（包括光波），也可以是机械波（如超声波）。当运动物体 W 向波源移动时，式（4-12）中的 v 取正值，反射波的频率增大；反之当运动物体 W 由波源移开时，式（4-12）中的 v 取负值，反射波的频率减小。反射波的频率由物体运动速度 v 调制。在多数情况下 $V \gg v$，这时可将式（4-12）简化为

$$f = f_0 \left(1 + \frac{2v}{V} \right)$$

频率变化为

$$\Delta f = \frac{2v}{\lambda}$$

式中，λ 为入射波束的波长。

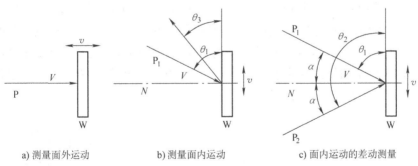

a) 测量面外运动　　　b) 测量面内运动　　　c) 面内运动的差动测量

图 4-28　多普勒测速

图 4-28a 是测量面外运动的情形，即物体运动过程中反射面的位置发生变化。但是在生产和科学实践中经常需要测量面内运动，例如，在生产过程中测量钢带、布、纸等的运动速度，在物体运动过程中反射面的位置不变。这时波束 P_1 应当斜射，如图 4-28b 所示，产生的多普勒频移为

$$\Delta f_1 = \frac{v(\cos\theta_1 + \cos\theta_3)}{\lambda}$$

式中，θ_1、θ_3 分别为波束相对于运动方向的入射角和观测角。

为了消除观测角的影响，可以采取差动的方法，即同时采用两路波束 P_1 和 P_2 分别以 θ_1

和 θ_2 入射，沿法线方向观测，如图 4-28c 所示。两路反射波束的频差为

$$\Delta f = \Delta f_1 - \Delta f_2 = \frac{v(\cos\theta_1 - \cos\theta_2)}{\lambda}$$

在 P_1 和 P_2 对称于运动的法线方向时，

$$\Delta f = \frac{2v\sin\alpha}{\lambda}$$

4.2.1.3 电路调制

信号的调频也可以用电路来实现。只要能用调制信号去控制产生载波信号的振荡器频率，就可以实现调频。载波信号可以用 LC、RC 或多谐振荡器产生，只要让决定其频率的某个参数，如电感 L、电阻 R 或电容 C 随调制信号（测量信号）变化，就可以实现调频。

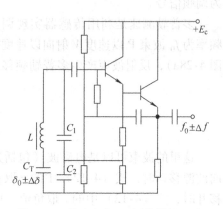

图 4-29 通过改变 LC 振荡器的 C 或 L 实现调频电路

图 4-29 是实现调频的一个例子。这是一个电容三点式 LC 振荡器，图中 C_T 为电容传感器的电容，它随被测参数变化。C_T 的变化使振荡器输出频率变化，从而实现调频。同样可以采用电感传感器的电感作为振荡器的电感 L，实现调频。

图 4-30 是通过改变多谐振荡器中的电容实现调频的例子。靠稳压管 VS 将输出电压 u_o 稳定在 $\pm U_r$。若输出电压为 U_r，则它通过 $R + R_P$ 向电容 C 充电，当电容 C 上的充电电压 $u_C > FU_r$ 时［其中 $F = R_4/(R_3 + R_4)$］，N 的状态翻转，使 $u_o = -U_r$。$-U_r$ 通过 $R + R_P$ 对电容 C 反向充电，当电容 C 上的充电电压 $u_c < -FU_r$ 时，N 再次翻转，使 $u_o = U_r$。这样就构成一个在 $\pm U_r$ 之间来回振荡的多谐振荡器，其振荡频率 $f = 1/T_0$，它由充电回路的时间常数 $(R + R_P)C$ 决定。可以用一个电容传感器的电容作为图中的 C，这样就可使振荡器的频率得到调制。R_P 用来调整调频信号的中心频率。也可以用一个电阻式传感器的电阻作为 R，振荡器的频率随被测量的变化得到调制。

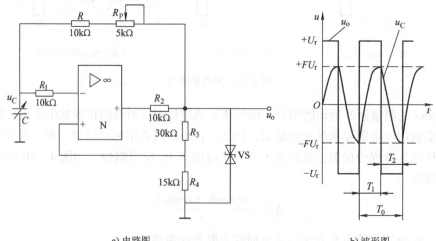

a) 电路图　　　　　　　　　　　　b) 波形图

图 4-30 通过改变多谐振荡器的 C 或 R 实现调频电路

除了通过改变 C、R、L 使振荡器的频率得到调制外，还可以通过电压的变化控制振荡器的频率。例如，可以利用变容二极管将电压的变化转换为电容的变化，实现振荡器的频率调制。也可以用电压去改变一个晶体管的等效内阻，使振荡器的频率发生变化，实现调制。这种频率随外加电压变化的振荡器常称为压控振荡器。第 7 章 7.4 节介绍的电压频率变换器，即 V/f 变换器（见图 7-29 ~ 图 7-32）都可用于频率调制。

4.2.2　鉴频电路

对调频信号实现解调，从调频信号中检出反映被测量变化的调制信号称为频率解调或鉴频。

4.2.2.1　微分鉴频

1. 工作原理

调频信号 u_s 的数学表达式为 $u_s = U_m \cos(\omega_c + mx)t$，将此式对 t 求导数得到

$$\frac{\mathrm{d}u_s}{\mathrm{d}t} = -U_m(\omega_c + mx)\sin(\omega_c + mx)t$$

这是一个调频调幅信号。利用包络检波检出它的幅值变化，就可以得到含有调制信号的信息 $U_m(\omega_c + mx)$。通过定零，即测定 $x = 0$ 时的输出，可以求出 $U_m \omega_c$。通过灵敏度标定，即测定 x 改变时输出的变化，可以求出 $U_m m$，从而获得调制信号 x。

2. 微分鉴频电路

微分鉴频电路的原理如图 4-31 所示。电容 C_1 与晶体管 V 的发射结正向电阻 r 组成微分电路。二极管 VD 一方面为晶体管 V 提供直流偏压，另一方面为电容 C_1 提供放电回路。电容 C_2 用于滤除高频载波信号。

在微分电路中，微分电流 $i = C_1(\mathrm{d}u_s/\mathrm{d}t)$。为了正确微分，要求 $C_1 \ll 1/\omega_c r$，因而这种电路灵敏度较低。为了提高其性能，可用单稳形成窄脉冲代替微分。

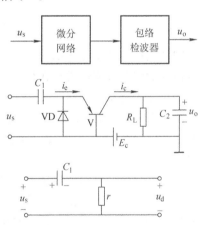

图 4-31　微分鉴频电路的原理

3. 窄脉冲鉴频电路

窄脉冲鉴频电路的工作原理如图 4-32 所示。调频信号 u_s 经放大后进入电平鉴别器，当输入信号超过一定电平时，电平鉴别器翻转，它推动单稳态触发器输出窄脉冲。u_s 的瞬时频率越高，窄脉冲越密，经低通滤波后输出的电压越高，它将频率变化转换为电压变化。为了避免发生混叠现象，要求单稳触发器的脉宽：

$$\tau < \frac{1}{f_m} = \frac{2\pi}{\omega_c + mx_m}$$

式中，f_m、x_m 分别为 u_s 的最高瞬时频率和 x 的最大值。

第 7 章 7.4 介绍的频率电压变换器，即 f/V 变换器（见图 7-34、图 7-35）都可用于鉴频。

4.2.2.2　斜率鉴频

将一个调频信号送到一个具有变化的幅频特性网络，就可以得到调频调幅信号输出，然后通过包络检波检出它的幅值变化，就可以得到所需调制信号。鉴频网络的幅频特性斜率越

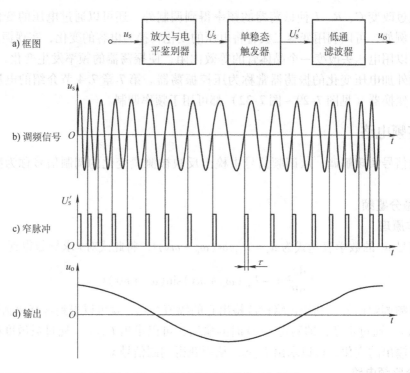

图4-32 窄脉冲鉴频电路的工作原理

大,同样大小的频率变化引起的幅值变化越大,幅值调制度越大,鉴频的灵敏度越高。由于调频信号的瞬时频率通常只在很小的一个范围内变化,为了获得较高的鉴频灵敏度,常常用谐振回路作为斜率鉴频网络。

图4-33a是双失谐回路鉴频电路。两个调谐回路的固有频率 f_{01}、f_{02} 分别比载波频率 f_c 高和低 Δf_0,图4-33b为两个调谐回路的幅频特性,图4-33c 是输入的调频信号。随着输入信号 u_s 的频率变化,回路1的输出 u_{s1} 和回路2的输出 u_{s2} 如图4-33d 和图4-33e 所示。在回路1的工作段内,其输出灵敏度,即单位频率变化引起的输出信号幅值变化 $\Delta U_m / \Delta \omega$ 随着频率升高而增大,而回路2在其工作段内的输出灵敏度随着频率升高而减小,总输出为二者绝对值之和。采用双失谐回路鉴频电路不仅使输出灵敏度提高一倍,而且使线性得到改善。图4-33a中二极管 VD_1、VD_2 用作包络检波,电容 C_1、C_2 用于滤除高频载波信号,两个 R_L 为负载电阻。滤波后的输出如图4-33f 所示。

4.2.2.3 数字式频率计

前面曾经谈到,在测控系统中为实现解调,并不一定需要恢复原调制信号,只要能把代表被测量值的信息检出即可。对于调频信号,就是要检出频率变化的信息。只要能测得调频信号的瞬时频率,即可实现调频信号的解调。测量频率有两种方法:一种是测量在某一基准时段内,例如在1s 或1ms 内的信号变化的周期数。由于调频信号的频率是变化的,基准时段不能选得太长。但是脉冲计数的方法难以避免1个脉冲的误差,所以除非调频信号的频率很高,否则会产生较大的相对误差,使得这种方法难以用于调频信号的解调。另一种方法基于测量信号的周期,根据在信号的一个周期内进入计数器的高频时钟脉冲数即可测得信号的周期,从而确定它的频率。调频信号的解调常采用测量周期长度的方法。图4-34 为基于测

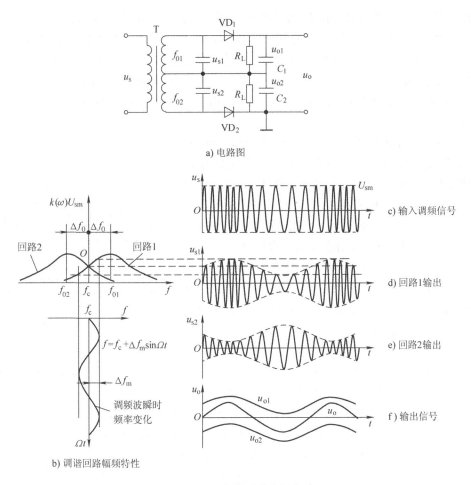

a) 电路图

b) 调谐回路幅频特性

c) 输入调频信号

d) 回路1输出

e) 回路2输出

f) 输出信号

图 4-33　双失谐回路鉴频电路

量周期的调频信号解调方法。

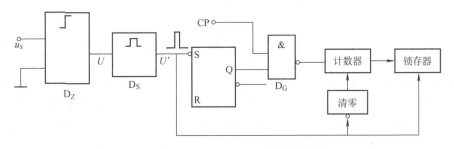

图 4-34　基于测量周期的调频信号解调方法

　　调频信号 u_s 经整形器成为方波信号 U，经单稳触发器形成窄脉冲。窄脉冲 U' 的后沿使 RS 触发器翻为 1 态，计数器的门 D_G 打开，高频时钟脉冲 CP 进入计数器。信号 u_s 变化一个周期后，出现第二个窄脉冲 U'，它的前沿发出锁存指令，将计数器计的数送入锁存器。锁存器中存的数代表信号的周期，由它可以确定信号的瞬时频率。第二个窄脉冲 U' 的后沿将计数器清零。计数器对信号的第二个周期计数。这样，每次送到锁存器的数代表信号的周期。为使测量准确，必须要求在 U' 的脉冲宽度间隔时段内完成计数器对锁存器送数。与此同时，U' 的脉冲宽度应小于时钟脉冲的一个周期，以减小由于送数与清零所需的时间带来的误差。这种方法的缺点是锁存器的示数代表信号周期，它与频率间的转换关系是非线性的。测量周期的量化误差是时钟脉冲的一个周期，为了获得高的测量精度，要求时钟脉冲的频率远高于被测信号的频率。测量周期的方法适用于被测信号频率较低的情况，测量的相对误差较小。

图 4-35 所示是测量周期的波形图，T_s 为调频信号 u_s 的一个周期，T_0 为时钟脉冲的周期。在调频信号 u_s 的一个周期 T_s 共有 n 个时钟脉冲通过图 4-34 所示中的门 D_G 进入计数器。一般来说 T_s 的上升沿不会正好与进入计数器的第一个时钟脉冲的上升沿重合，设该时钟脉冲的上升沿较 T_s 的上升沿滞后 t_1，如图 4-35 所示。同样，T_s 的一个周期结束时间（T_s 第二个周期的上升沿）不会正好与门 D_G 关闭后的第一个时钟脉冲的上升沿重合，设门 D_G 关闭后的第一个时钟脉冲的上升沿较 T_s 的下降沿滞后 t_2，那么

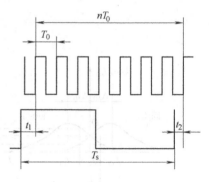

图 4-35　测量周期的波形图

$$T_s = nT_0 + t_1 - t_2 \tag{4-13}$$

式中，$t_1 - t_2$ 构成测量误差。在图 4-35 所示情况下，$t_1 > t_2$，$T_s > nT_0$。由于 $t_1 \leq T_0$，$t_2 \geq 0$，所以 $t_1 - t_2 \leq T_0$，最多会产生一个时钟脉冲的误差。

由于时钟脉冲与调频信号 u_s 的时间关系有随机性，如果时钟脉冲较图 4-35 所示情况前移，则会出现 $t_1 < t_2$ 的情况，测得的 n 就增大 1。由于 $t_2 \leq T_0$，$t_1 \geq 0$，所以 $t_1 - t_2 \geq -T_0$。综上所述，$-T_0 \leq t_1 - t_2 \leq T_0$。采用脉冲计数的方法带来的最大测量误差为 $\pm T_0$。

实际上，以上讨论不仅适用于测量周期的情况，同样适用于测量频率的情况。这时图 4-35 中 T_0 与 nT_0 分别变为 T_s 与 nT_s，T_s 变为基准时段 T_0。由于脉冲当量带来的最大测量误差仍然为 ±1 个脉冲。

为了提高周期测量精度，可以利用图 4-36 所示电路测量 t_1 和 t_2，按测量得到的 t_1 和 t_2 引入修正。

图 4-36 中 U_2 是图 4-34 中 U 的二分频信号，U_2 为高电平的时间为 T_s，U 出现上升沿时，有窄脉冲 U'（见图 4-34）通过 D_{G1} 将 D_{F1} 置为 1 态，Q_1 呈高电平，V_1 导通。由于 V_2 的栅极通过电阻接地，在没有正脉冲到来时，它处于截止状态。V_1 导通后，恒流源 I_0 通过 V_1 向电容 C_1 充电。在 U_2 出现上升沿后第一个时钟脉冲 CP 到来时，将 D_{F1} 置为 0 态，V_1 截止，恒流源 I_0 停止向电容 C_1 充电。V_1 导通的时间等于 t_1，电容 C_1 上的电压与 t_1 成正比。电容 C_1 上的电压经 ADC1 进行模数转换后，得到 t_1 的值。CP 到来延时一段时间后，V_2 导通，使电容 C_1 放电。延时一段时间是为了让 ADC1 来得及进行模数转换。

在调频信号 u_s 的一个周期结束后，U_2 变为低电平，$\overline{U_2}$ 为高电平。在跳变时窄脉冲 U' 再次出现，由于 U_2 为低电平、$\overline{U_2}$ 为高电平，U' 只能通过 D_{G2}，它将 D_{F2} 置为 1 态，Q_2 呈高电平，V_3 导通，恒流源 I_0 通过 V_3 向电容 C_2 充电。在 $\overline{U_2}$ 出现上升沿后第一个时钟脉冲 CP 到来时，将 D_{F2} 置为 0 态，V_3 截止，恒流源 I_0 停止向电容 C_1 充电。V_3 导通的时间等于 t_2，电容 C_2 上的电压与 t_2 成正比。电容 C_2 上的电压经 ADC2 进行模数转换后，得到 t_2 的值。

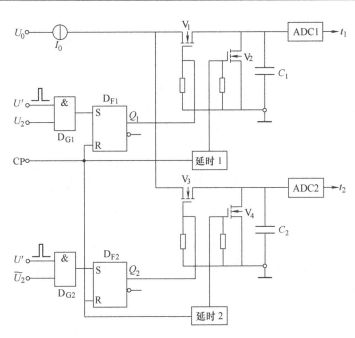

图 4-36　t_1 和 t_2 的测量

在测量得到 t_1 和 t_2 后，就可以按式（4-13）对 T_s 的值进行修正，从而提高测量周期的精度。

图 4-36 所示测量 t_1 和 t_2 的原理同样可以用于测量频率的情况。

4.3　调相式测量电路

4.3.1　调相原理与方法

4.3.1.1　调相信号的一般表达式

调相就是用调制信号 x 去控制高频载波信号的相位。常用的是线性调相，即让调相信号的相位按调制信号 x 的线性函数变化。线性调相信号 u_s 的一般表达式可写为

$$u_s = U_m \cos(\omega_c t + mx) \tag{4-14}$$

式中，ω_c 为载波信号的角频率；U_m 为调相信号中载波信号的幅度；m 为调制度。

图 4-37 所示绘出了这种调相信号的波形。图 4-37a 为调制信号 x 的波形，它可以按任意规律变化，图 4-37b 为载波信号的波形，图 4-37c 为调相信号的波形，调相信号与载波信号的相位差随 x 变化。当 $x < 0$ 时，调相信号滞后于载波信号。$x > 0$ 时，则超前于载波信号。实际上调相信号的瞬时频率也在不断变化，由式（4-14）可以得到调相信号的瞬时频率为

$$\omega = \omega_c + m \frac{\mathrm{d}x}{\mathrm{d}t} \tag{4-15}$$

由式（4-14）与式（4-15）可以看到，若调制信号为 x，u_s 是调相信号；若调制信号为 $\mathrm{d}x/\mathrm{d}t$，则 u_s 是调频信号。如果 x 为被测位移，对于位移量 x，u_s 是调相信号；对于速度

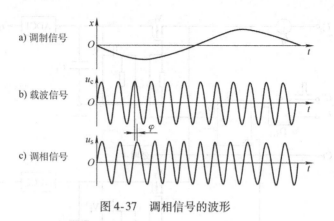

图 4-37　调相信号的波形

$\mathrm{d}x/\mathrm{d}t$，u_s 就是调频信号。从图 4-37 也可看到，当 x 值上升时，u_s 的频率升高，x 值下降时，u_s 的频率减小。调相和调频都使载波信号的总相角受到调制，所以统称为角度调制。

4.3.1.2　传感器调制

与调幅、调频的情况一样，为了提高测量信号抗干扰能力，常要求从信号一形成就已经是已调信号，因此常常在传感器中进行调制。图 4-38 是感应式转矩传感器测量扭矩的例子。在弹性轴 1 上装有两个相同的齿轮 2 与 5。齿轮 2 以恒速与弹性轴 1 一起转动时，在感应式传感器 3 中产生感应电动势。由于转矩 M 的作用，使弹性轴 1 产生扭转，齿轮 5 在传感器 4 中产生的感应电动势为一调相信号，它和传感器 3 中产生的感应电动势的相位差与转矩 M 成正比。

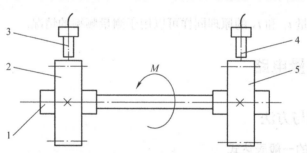

图 4-38　感应式转矩传感器测量扭矩
1—弹性轴　2、5—齿轮　3、4—传感器

图 4-39 是共焦式测头的光路图。由激光器 1 发出的光束经分光镜 2 和透镜组 6 和 7 聚焦在被测工件 8 的表面。如果工件 8 正好在透镜组 6 和 7 的焦平面上，在工件 8 的表面形成很小、很亮的光斑。聚焦光束经工件 8 的表面反射后经过透镜组 6 和 7、分光镜 2 反射后，汇聚在针孔 4 处。针孔 4 与光源 1、透镜组 6 和 7 的物方焦点处于共轭位置，因此在针孔 4 处也形成一个很小、很亮的光斑，它由光电器件 3 接收。被测工件 8 的表面稍微偏离透镜组 6 和 7 的焦平面，光电器件 3 接收到的信号就急剧下降，所以这种测头具有很高的灵敏度，但是量程很小。

为了扩展量程引入振子 5，使透镜组 6 和 7 的焦平面位置做周期性的变化。如果工件 8 的表面处于不加振子 5 时透镜组 6 和 7 的焦平面位置，那么当振子 5 处于中间位置时，光电器件 3 出现峰值信号，也就是说，振子 5 的相位每变化 180°，光电器件 3 出现一个峰值信号。如果工件 8 的表面偏离透镜组 6 和 7 的原始焦平面 s，那么需要在振子 5 处让透镜组 6 和 7 的焦平面位置也变化 s，光电器件 3 处才会出现一个峰值信号。这时在振子 5 的一个周期光电器件 3 仍然出现 2 个峰值信号，但是它们不均布，而是按图 4-40 所示分布。两个相邻峰值脉冲之间的相位差 φ 随偏距 s 变化，或者说光电器件 3 输出信号的相位为被测工件表面的位置调制，光电器件 3 的输出信号是一个调相信号。载波信号的频率等于振子 5 的振动频率。

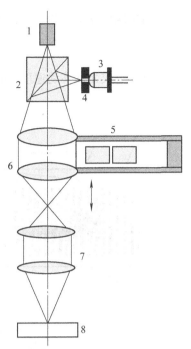

图 4-41 是对莫尔条纹信号进行相位调制的例子。图 4-41a 中 1 为标尺光栅，2 为指示光栅。两块栅距相同的光栅，当其刻线面互相靠近，其刻线方向相交成很小的夹角 θ 时，形成亮暗交替的莫尔条纹，其光通量 Φ 变化的曲线如图 4-41b 所示。当标尺光栅 1 沿 X 方向移动时，莫尔条纹沿 Y 方向移动。如果沿 Y 方向在莫尔条纹宽度 B 范围内放置许多光电器件 $V_{P1} \sim V_{Pn}$，如图 4-41c 所示，那么 $V_{P1} \sim V_{Pn}$ 将输出不同相位的信号。当标尺光栅 1 静止时，这些光电器件输出不同的直流电平，这种直流信号容易受到干扰。可以用电子开关 $S_1 \sim S_n$ 将光电器件 $V_{P1} \sim V_{Pn}$ 依次与运算放大器 N 接通（见图 4-41d）。这样当标尺

图 4-39　共焦式测头的光路图
1—激光器　2—分光镜　3—光电器件
4—针孔　5—振子
6、7—透镜组　8—工件

光栅 1 静止时，经滤除电子开关切换造成的纹波后，放大器 N 输出余弦信号 $U_m\cos(\omega_c t + \varphi_0)$，其中 ω_c 为切换电子开关的角频率，φ_0 为信号的初相角。当标尺光栅 1 沿 X 方向移过 x 时，输出信号获得附加相位移 $2\pi x/W$（其中 W 为光栅栅距）。输出信号为位移量 x 的调相信号：

$$u_s = U_m\cos\left(\omega_c t + \varphi_0 + \frac{2\pi x}{W}\right)$$

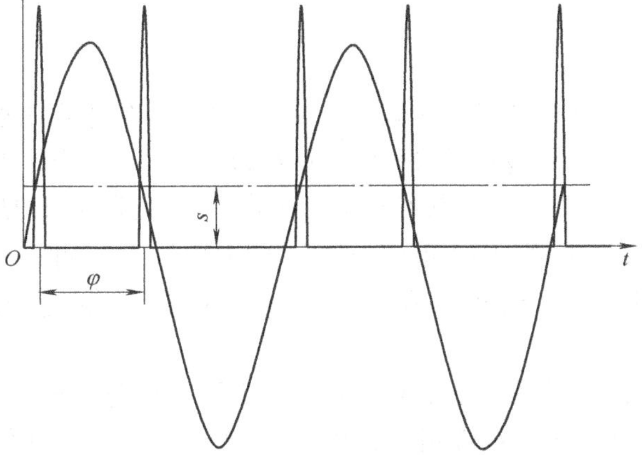

图 4-40　共焦式测头的输出信号

适当选取位移量 x 的零点，使 $\varphi_0 = 0$，这时，

$$u_s = U_m \cos\left(\omega_c t + \frac{2\pi x}{W}\right)$$

它也可写成光栅移动速度 v 的调频信号：

$$u_s = U_m \cos\left(\omega_c + \frac{2\pi v}{W}\right)t$$

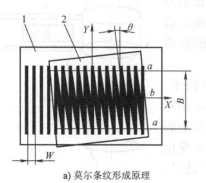

a) 莫尔条纹形成原理

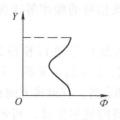

b) 光通量波形

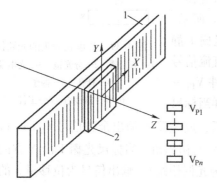

c) 光电器件的排列

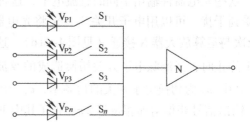

d) 调相信号的形成

图 4-41 莫尔条纹信号的相位调制

1—标尺光栅 2—指示光栅

4.3.1.3 电路调制

1. 调相电桥

图 4-42a 中靠变压器 T 在它的二次侧形成感应电势 $\dot{U}$，在电桥的两臂是两个不同性质的阻抗元件。例如，C 为电容式传感器的电容，而 R 为一个固定电阻；也可以 C 为固定电容，而 R 为电阻式传感器的电阻。由于电容 C 上的压降 $\dot{U}_C$ 和电阻 R 上的压降 $\dot{U}_R$ 相位差 90°，当传感器的电阻或电容变化时，输出电压矢量 $\dot{U}_s$ 的末端在以 O 为圆心、以 $U/2$ 为半径的半圆上移动，如图 4-42b 所示。$\dot{U}_s$ 的幅值不变，其相位随传感器的电阻或电容变化，输出调相信号。

由于变压器制作麻烦、体积较大，可用运算放大器代替变压器。图 4-43 中靠运算放大器 N_1、N_2 形成两个幅值相同、极性相反的电压 $\dot{U}/2$ 与 $-\dot{U}/2$，其余原理与图 4-42 相同。

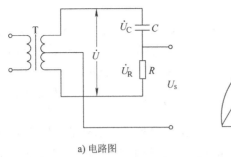

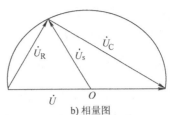

图 4-42 变压器式调相电桥

2. 脉冲采样式调相电路

如图 4-44 所示，将由参考信号 U'_c 形成的锯齿波电压 u_j 与调制信号 u_x 相加，当它们之和达到门限电平 U_0 时，比较器翻转，脉冲发生器输出调相脉冲 u_s，如图 4-44e 所示。

4.3.2 鉴相电路

鉴相就是从调相信号中将反映被测量变化的调制信号检出来，实现调相信号的解调，又称为相位检波。

4.3.2.1 相敏检波电路鉴相

相敏检波器具有鉴相特性，因此可以用相敏检波器鉴相。

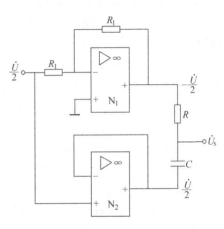

图 4-43 用运算放大器代替变压器构成的调相电桥

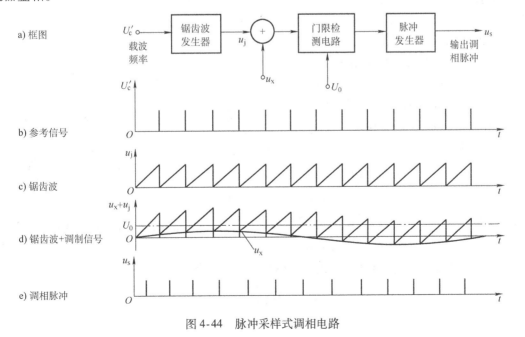

图 4-44 脉冲采样式调相电路

1. 乘法器构成相敏检波电路鉴相

用乘法器实现鉴相的基本原理如图 4-14 所示。乘法器的两个输入信号分别为调相信号 $u_s = U_{sm}\cos(\omega_c t + \varphi)$ 与参考信号 $u_c = U_{cm}\cos\omega_c t$。乘法器的输出送入低通滤波器滤除由于载波信号引起的高频成分，低通滤波相当于求平均值，整个过程可用式（4-16）表示为

$$u_o = \frac{K}{2\pi}\int_0^{2\pi} U_{sm}\cos(\omega_c t + \varphi)U_{cm}\cos\omega_c t \, d(\omega_c t) = \frac{KU_{sm}U_{cm}\cos\varphi}{2} \qquad (4\text{-}16)$$

其中乘法器的增益 K 的量纲为 V^{-1}，由式（4-16）可见输出信号随相位差 φ 的余弦而变化。在 $\varphi = \pi/2$ 附近，有较高的灵敏度与较好的线性。这种乘法器电路简单，其不足之处是输出信号同时受调相信号与参考信号幅值的影响。

2. 开关式相敏检波电路鉴相

开关式相敏检波电路如图 4-16 所示。前面谈到，开关式相敏检波电路中采用归一化的方波信号 U_c 作为参考信号，用它与调相信号相乘。归一化的方波信号 U_c 中除频率为 ω_c 的基波信号外，还有频率为 $3\omega_c$ 和 $5\omega_c$ 等的奇次谐波成分。但它们对输出电压 u_o 没有影响，因为 $\cos(\omega_c t + \varphi)\cos 3\omega_c t$ 和 $\cos(\omega_c t + \varphi)\cos 5\omega_c t$ 等在 $\omega_c t$ 的一个周期内积分值为零。其输出信号仍可用式（4-16）表示，只是取 $KU_{cm} = 1$。在开关式相敏检波电路中参考信号的幅值对输出没有影响，但调相信号的幅值仍然有影响。

3. 相加式相敏检波电路鉴相

相加式相敏检波电路同样具有鉴相特性，即它也能用于调相信号的解调。这里以图 4-45a 所示相敏检波电路为例进行说明。相加式相敏检波电路用于调相信号的解调与用于调幅信号的解调有一个区别：在用于调幅信号的解调时，要求参考信号 u_c 的幅值 U_{cm} 远大于调幅信号 u_s 的幅值 U_{sm}，使开关器件的通断完全由参考信号决定；而在用于相位测量时常取 $U_{cm} = U_{sm}$。作用在 a、d 两点和 b、d 两点上的电压分别为 $\dot{U}_1 = \dot{U}_c + \dot{U}_s$ 和 $\dot{U}_2 = \dot{U}_c - \dot{U}_s$（这里设 $\dot{U}_{s1} = \dot{U}_{s2} = \dot{U}_s$），如图 4-45b 所示。

$$U_{1m} = \sqrt{(U_{cm} + U_{sm}\cos\varphi)^2 + (U_{sm}\sin\varphi)^2} \qquad (4\text{-}17)$$

$$U_{2m} = \sqrt{(U_{cm} - U_{sm}\cos\varphi)^2 + (U_{sm}\sin\varphi)^2} \qquad (4\text{-}18)$$

当 $U_{cm} = U_{sm}$ 时，式（4-17）、式（4-18）分别可简化为

$$U_{1m} = 2U_{cm}\left|\cos\frac{\varphi}{2}\right|$$

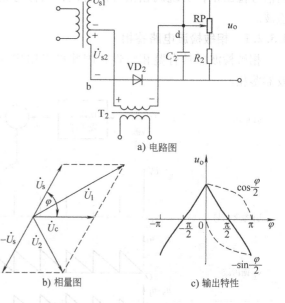

a) 电路图

b) 相量图

c) 输出特性

图 4-45 相加式相敏检波电路鉴相

$$U_{2m} = 2U_{cm} \left| \sin \frac{\varphi}{2} \right|$$

先讨论 $0 \le \varphi \le \pi$ 的情形，输出电压：

$$u_o = k(U_{1m} - U_{2m}) = 2kU_{cm}\left(\cos \frac{\varphi}{2} - \sin \frac{\varphi}{2} \right) = 2\sqrt{2}kU_{cm}\sin\left(\frac{\pi}{4} - \frac{\varphi}{2} \right)$$

这里 k 是半波（或全波）整流器的整流系数，其输出特性如图4-45c所示。这种鉴相器的特性比 $U_{cm} \gg U_{sm}$ 时要好，因为正弦函数的自变量变化范围减小了一半。因此，在用作鉴相器时，常取 $U_{cm} = U_{sm}$。

当 $\varphi < 0$ 时，输出与 $\varphi > 0$ 时相同，如图4-45c所示，鉴相器不能鉴别相位超前与滞后，用相敏检波电路构成的鉴相器都有这一特点。它们工作在 $\pi/2 \pm \pi/2$ 范围内，在 $\varphi = \pi/2$ 附近，鉴相器线性最好，灵敏度最高。

4.3.2.2　通过相位-脉宽变换鉴相

1. 异或门鉴相

异或门鉴相的工作原理如图4-46所示。将调相信号与参考信号整形后形成占空比为1:1的方波信号 U_s 和 U_c，将它们送到异或门 D_{G1}，异或门输出 U_o 的脉宽 B 与 U_s 和 U_c 的相位差 φ 相对应，如图4-46b所示。这一脉宽有两种处理方法。一种方法是将 U_o 送入一个低通滤波器，滤波后的输出 u_o 与脉宽 B 成正比，也即与相位差 φ 成正比，根据 u_o 可以确定相位差 φ。

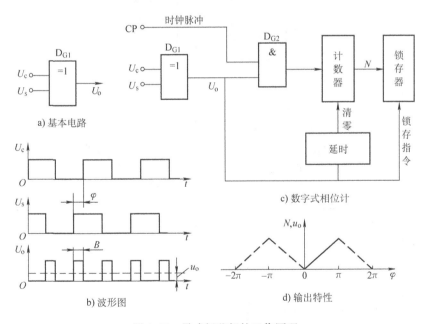

图4-46　异或门鉴相的工作原理

另一种方法是 U_o 用作门控信号。如图4-46c所示，只有当 U_o 为高电平时，时钟脉冲 CP 才能通过门 D_{G2} 进入计数器。这样进入计数器的脉冲数 N 与脉宽 B 成正比，也即与相位差 φ 成正比。U_o 的下跳沿来到时，发出锁存指令，将计数器计的脉冲数 N 送入锁存器。延时片刻后将计数器清零。这样锁存器锁存的数 N 为在 U_s 和 U_c 的一个周期内进入计数器的脉冲数，它反映 U_s 和 U_c 的相位差 φ。电路的输出特性如图4-46d所示，在 $0 \sim \pi$ 范围内具有线性关系，它不能鉴别 U_s 和 U_c 哪个相位超前。鉴相器的鉴相范围为 $0 \sim \pi$。鉴相器要求 U_s 和 U_c 的占空比均为1:1，否则会带来误差。

2. RS 触发器鉴相

将由调相信号 U_s 和参考信号 U_c 形成的窄脉冲 U'_s、U'_c 分别加到 RS 触发器的 S 端和 R 端，如图4-47a所示，$Q=1$ 的脉宽 B 与 U_s 和 U_c 的相位差 φ 相对应，如图4-47b所示。这一脉宽与异或门鉴相一样有两种处理方法：一种方法是将 Q 端输出送入一个低通滤波器，滤波后的输出 u_o 与脉宽 B 成正比，也即与相位差 φ 成正比，根据 u_o 可以确定相位差 φ；另一种方法是用 Q 代替图4-46c中的 U_o 作门控信号，锁存器锁存的数代表 U_s 和 U_c 的相位差 φ。这种鉴相器的鉴相范围为 $\Delta\varphi \sim (2\pi - \Delta\varphi)$，其中 $\Delta\varphi$ 为窄脉冲宽度所对应的相位角，其输出特性如图4-47c中实线1所示。图中 N、u_o 的含义与图4-46d相同。

如果将 Q 与 $\bar{Q}$ 分别送到差分放大器的同相和反相输入端；或者在 $Q=1$ 时让计数器作加法计数，$Q=0$ 时作减法计数，就可以使鉴相器具有图4-47c中虚线2所示的输出特性，鉴相范围为 $\pm(\pi - \Delta\varphi)$。RS 触发器鉴相线性好，鉴相范围宽，并且对 U_s 和 U_c 的占空比没有要求，由于这些优点使 RS 触发器鉴相获得广泛应用。

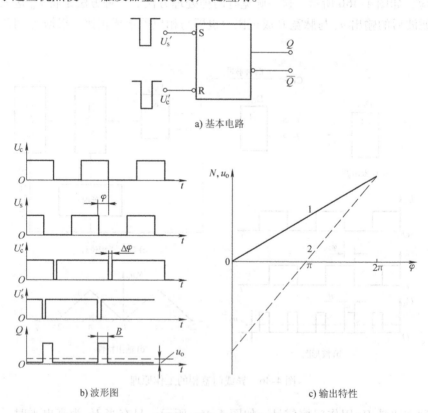

a) 基本电路

b) 波形图　　　　　　　　　　　c) 输出特性

图 4-47　RS 触发器鉴相

4.3.2.3　脉冲采样式鉴相

脉冲采样式鉴相电路的工作原理与图4-44所示脉冲采样式调相电路相似，它实现脉冲采样调相的逆过程，其原理图如图 4-48 所示。由参考信号 U_c 形成窄脉冲 U'_c 送到锯齿波发生器的输入端，形成图 4-49c 所示的锯齿波信号 u_j。由调相信号 U_s 形成窄脉冲 U'_s 通过采样保持电路采集此时的 u_j 值，并将其保持。采样保持电路采得的电压值由 U_s 与 U_c 的相位差 φ 决定。采样保持电路输出 u' 的波形如图 4-49d 所示，经反相放大与平滑滤波后得到图 4-49e 所示输出波形 u_o，实现调相信号的解调。脉冲采样式鉴相电路的工作原理基于相位 – 时间 – 电压的变换。随 U_s 与 U_c 的相位差 φ 的变化，采样脉冲 U'_s 出现的时刻不同，通过对锯齿波 u_j 的采样实现时间 – 电压的变换。这种鉴相器的鉴相范围为 $0 \sim (2\pi - \Delta\varphi)$，其中 $\Delta\varphi$ 为与锯齿波回扫区所对应的相位角。锯齿波 u_j 的非线性对鉴相精度有较大影响。

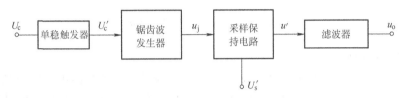

图 4-48　脉冲采样式鉴相电路工作原理

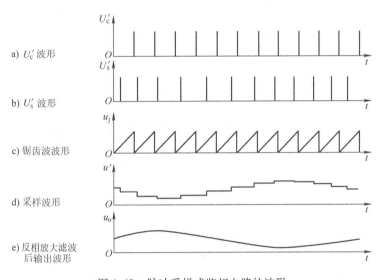

a) U'_c 波形

b) U'_s 波形

c) 锯齿波波形

d) 采样波形

e) 反相放大滤波
后输出波形

图 4-49　脉冲采样式鉴相电路的波形

4.4　脉冲调制式测量电路

4.4.1　脉冲调制原理与方法

脉冲调制是指用脉冲作为载波信号的调制方法。脉冲调制可以调制脉冲的频率或相位，图 4-30 所示通过改变多谐振荡器的 C 或 R 实现调频电路属于脉冲调频，图 4-44 所示脉冲采样式调相电路属于脉冲调相。脉冲信号只有 0、1 两个电平，没有脉冲调幅。在脉冲调制中广泛应用的是脉冲调宽。脉冲调宽的数学表达式为

$$B = b + mx$$

式中，b 为常量；m 为调制度。

脉冲的宽度 B 为调制信号 x 的线性函数。它的波形如图 4-50 所示，图 4-50a 为调制信号 x 的波形，图 4-50b 为脉冲调宽信号的波形。图中 T 为脉冲周期，等于载波频率的倒数。

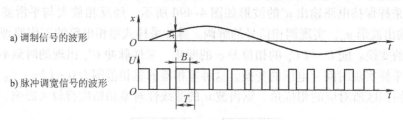

a) 调制信号的波形

b) 脉冲调宽信号的波形

图 4-50　脉冲调宽信号的波形

4.4.1.1　传感器调制

图 4-51 是利用激光扫描的方法测量工件直径的例子。由激光器 4 发出的光束经反射镜 5 与 6 反射后，照到扫描棱镜 2 的表面。棱镜 2 由电动机 3 带动连续回转，它使由棱镜 2 表面反射返回的光束方向不断变化，扫描角 θ 为棱镜 2 中心角的 2 倍。透镜 1 将这一扫描光束变成一组平行光，对工件 8 进行扫描。这一平行光束经透镜 10 汇聚，由光电器件 11 接收。7 和 9 为保护玻璃，使光学系统免受污染。

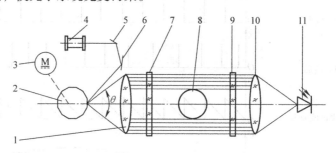

图 4-51　用激光扫描的方法测量工件直径

1、10—透镜　2—棱镜　3—电动机　4—激光器　5、6—反射镜　7、9—保护玻璃　8—工件　11—光电器件

当光束扫过工件时，它被工件挡住，没有光线照到光电器件 11 上，对应于"暗"的信号宽度与被测工件 8 的直径成正比，即脉冲宽度受工件直径调制。

4.4.1.2　电路调制

1. 参量调宽

图 4-30 通过改变多谐振荡器的 C 或 R 实现调频电路，如果对这一电路略加改造，即可构成脉宽调制电路。图 4-30 中，两个半周期是通过同一电阻通道 $R + R_P$ 向电容 C 充电，两个半周期充电时间常数相同，从而输出占空比为 1:1 的方波信号。充电时间改变引起调制后信号的频率变化。如果让电路在两个半周期通过不同的电阻通道向电容充电，如图 4-52 所示。那么两个半周期充电时

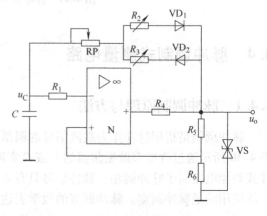

图 4-52　用电阻变化实现脉宽调制的电路

间常数不同，从而输出信号的占空比也随两个充电回路的阻值而变化。图 4-52 中 R_2、R_3 为差动电阻传感器的两臂，$R_2 + R_3$ 为一常量，输出信号的频率不随被测量值变化，而它的占空比随 R_2、R_3 的值变化，即输出信号的脉宽受被测信号调制。

2. 电压调宽

在图 4-30 所示的多谐振荡器中，若 R_4 不接地，而接某一电压 u_x，如图 4-53 所示。那么运算放大器 N 同相输入端的电位为

$$u_+ = \frac{u_o R_4 + u_x R_3}{R_3 + R_4}$$

若 u_x 为正，则它使 u_+ 升高。在 u_o 为正的半周期，只有当电容 C 上的电压 u_C 超过 u_+ 时，才使输出电压 u_o 发生负跳变。u_+ 升高使充电时间延长，即使输出信号 u_o 处于高电平的时间延长。在 u_o 为负的半周期，u_+ 的升高使 u_C 能较快地降

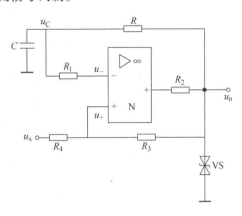

图 4-53　用电压变化实现脉宽调制的电路

至 u_+ 之下。当 u_C 降至 $u_C < u_+$ 时，输出电压 u_o 发生正跳变，使输出信号 u_o 处于低电平的时间缩短。这就是说，u_+ 升高使输出信号 u_o 处于高电平的脉宽加大，u_o 处于低电平的脉宽减小；反之，u_+ 下降使输出信号 u_o 处于低电平的脉宽加大，u_o 处于高电平的脉宽减小，从而使脉宽受到调制。

4.4.2　脉冲调制信号的解调

脉宽调制电路的解调比较简单，脉宽有两种处理方法：一种方法是将脉宽信号 U_o 送入一个低通滤波器，滤波后的输出 u_o 与脉宽 B 成正比。另一种方法是 U_o 作为门控信号，如图 4-46c 所示，只有当 U_o 为高电平时，时钟脉冲 CP 才能通过门 D_{G2} 进入计数器。这样进入计数器的脉冲数 N 与脉宽 B 成正比。两种方法的电路均具有线性特性。

4.4.3　脉冲调制测量电路应用举例

图 4-54 是利用脉宽调制的电容测量电路。根据传感器的结构，它可用于测量位移、压力、力等。C_1、C_2 是传感器的两个电容，D_F 为 RS 触发器，当 Q 为高电平时，它通过 R_2 对 C_2 充电。电容 C_2 上的电压通过由场效应晶体管 V_4 组成的源极跟随器加到比较器 N_2 上，比较器的参考电压 U_c 同样通过源极跟随器 V_3 加入。当 C_2 上的电压充至刚高于 U_c 时，比较器 N_2 输出低电平，使 RS 触发器翻为 0 态。RS 触发器翻到 0 态后，C_2 通过 VD_2 迅速放电。与此同时 $\overline{Q}$ 呈高电平，它通过 R_1 向 C_1 充电。当 C_1 上的电压充至刚高于 U_c 时，比较器 N_1 输出低电平，使 RS 触发器翻回 1 态。如此往复。RS 触发器处于两种状态的时间，即输出波形的脉宽分别由 C_1、C_2 上的电压充至刚高于 U_c 时所需的时间决定，即脉宽受 C_1、C_2 调制。由 Q、$\overline{Q}$ 输出的脉宽调制信号经差分放大器 N_3 放大后，由低通滤波器滤波，输出与 $\Delta C = C_1 - C_2$ 成正比的信号 u_o。实际电路中传感器电容为 $2 \times 40\text{pF}$，脉宽调制信号频率 $f \approx 400\text{kHz}$，它可以通过调整参考电压 U_c 来调节。

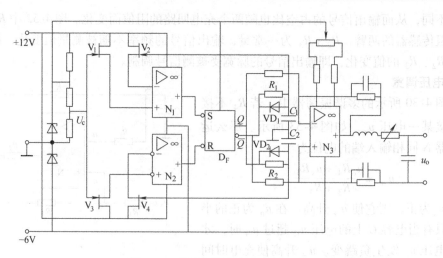

图 4-54　脉宽调制的电容测量电路

思考题与习题

4-1　什么是信号调制？在测控系统中为什么要采用信号调制？什么是解调？在测控系统中常用的调制方法有哪几种？

4-2　什么是调制信号？什么是载波信号？什么是已调信号？

4-3　什么是调幅？请写出线性调幅信号的数学表达式，并画出它的波形。

4-4　已知调幅信号为 $u_s(t) = [10 + 0.5\cos(2\pi \times 100t)]\cos(2\pi \times 10^4 t)\,\text{mV}$，请确定载波信号频率，调制信号频率，调制度。

4-5　什么是调频？请写出线性调频信号的数学表达式，并画出它的波形。

4-6　什么是调相？请写出线性调相信号的数学表达式，并画出它的波形。

4-7　什么是脉冲调宽？请写出线性脉冲调宽信号的数学表达式，并画出它的波形。

4-8　为什么说信号调制有利于提高测控系统的信噪比，有利于提高它的抗干扰能力？它的作用通过哪些方面体现？

4-9　为什么在测控系统中常常在传感器中进行信号调制？

4-10　请举若干实例，说明在传感器中进行幅值、频率、相位、脉宽调制的方法。

4-11　在电路中进行幅值、频率、相位、脉宽调制的基本原理是什么？

4-12　什么是双边带调幅？请写出其数学表达式，画出它的波形。

4-13　已知载波信号为 $u_c(t) = 5\cos(2\pi \times 10^5 t)\,\text{mV}$，调制信号为 $x(t) = 3\cos(2\pi \times 10^3 t)\,\text{mV}$，调制度 $m = 0.3$，绘制调幅信号一般形式、双边带以及单边带调幅信号的波形及频谱。

4-14　在测控系统中被测信号的变化频率为 0~100Hz，应当怎样选取载波信号的频率？怎样选取调幅信号放大器的通频带？信号解调后，怎样选取滤波器的通频带？

4-15　什么是包络检波？试述包络检波的基本工作原理。

4-16　如图 4-9a 的二极管包络检波电路，已知输入信号的载波频率为 500kHz，调制信号频率为 6kHz，调制度为 0.3，负载电路 $R_L = 10\text{k}\Omega$，确定滤波电容 C_2 的大小。

4-17　为什么要采用精密检波电路？试述图 4-10b 所示全波检波电路工作原理，电路中哪些电阻的阻值必须满足一定的匹配关系，并说明其阻值关系。

4-18　什么是相敏检波？为什么要采用相敏检波？

4-19　相敏检波电路与包络检波电路在功能、性能与在电路构成上最主要的区别是什么？

4-20 已知双边带调幅波 $u_s(t) = 5\cos(2\pi \times 5t)\cos(2\pi \times 200t)$ V，该信号可否采用二极管检波电路进行解调？如不能，说明原因，给出一个可用电路，并设置参数。

4-21 从相敏检波器的工作机理说明为什么相敏检波器与调幅电路在结构上有许多相似之处？它们又有哪些区别？

4-22 试述图 4-16 开关式全波相敏检波电路工作原理，电路中哪些电阻的阻值必须满足一定的匹配关系？并说明其阻值关系。

4-23 什么是相敏检波电路的鉴相特性与选频特性？为什么对于相位称为鉴相，而对于频率称为选频？

4-24 举例说明相敏检波电路在测控系统中的应用。

4-25 试述图 4-33 所示双失谐回路鉴频电路的工作原理，工作点应怎么选取？

4-26 在用数字式频率计实现调频信号的解调中，为什么采用测量周期的方法，而不用测量频率的方法？采用测量周期的方法又有什么不足？

4-27 一般调相信号是指调制后的信号相位与参考信号的相位差随调制信号变化，而图 4-40 中是调制后的信号的两个脉冲之间的相位差随调制信号变化。这里有没有参考信号？如有，什么是参考信号？

4-28 试述用乘法器或开关式相敏检波电路鉴相的基本原理。

4-29 在本章介绍的各种鉴相方法中，哪种方法精度最高？主要有哪些因素影响鉴相误差？它们的鉴相范围各为多少？

4-30 在图 4-46c 所示数字式相位计中锁存器的作用是什么？为什么要将计数器清零，并延时清零？延时时间应怎样选取？

4-31 脉冲调制主要有哪些方式？为什么没有脉冲调幅？

4-32 为什么图 4-30 所示电路实现的是调频，而图 4-52 所示电路实现的是脉冲调宽，它们的主要区别在哪里？

4-33 脉冲调宽信号的解调主要有哪些方式？

第 5 章　信号分离电路

导读

本章首先从基本理论入手，分析了通过频率域实现信号分离的机理，介绍了相关的特性指标以及三种不同的优化方法。在此理论基础上介绍了一阶无源与有源滤波电路；使用一个、两个以及更多运放构成的性能更加良好的二阶有源滤波电路。对不同类型滤波电路的优缺点做了比较全面的分析比较。之后结合理论与具体电路结构，介绍了滤波器设计的完整过程。最后对数字滤波电路做了简要分析与介绍。

本章知识点

- 滤波器基本理论与基础知识
- 常用无源与有源滤波电路结构组成与特性分析
- 有源滤波器设计
- 数字滤波电路简介

测量系统从传感器拾取的信号中，除了有价值的信息之外，往往还包含许多噪声以及其他与被测量无关的信号，并且原始的测量信号经传输、放大、各种形式的变换、运算及各种其他处理过程，也会混入各种不同形式的噪声，从而影响测量精度。这些噪声一般随机性很强，很难从时域中直接分离，但限于其产生的物理机理，噪声功率是有限的，并按一定规律分布于频率域中某一特定的频带中。本章所讨论的信号分离电路利用滤波器从频率域中实现对噪声的抑制，提取所需的测量信号，是各种测控系统中必不可少的组成部分。

例如用轮廓仪测量表面粗糙度，工件表面轮廓如图 5-1a 所示，测量信号如图 5-1b 所示，其中不仅包含反映粗糙度的测量信号，还包含反映工件表面几何形状误差和波度的低频信号以及电气干扰产生的高频噪声。利用适当滤波器，滤去几何形状误差和波度的低频信号以及高频噪声干扰，即可实现对粗糙度的测量，如图 5-1c 所示。此外，滤波器还广泛应用于多种信号处理及电子电路抗干扰技术中。

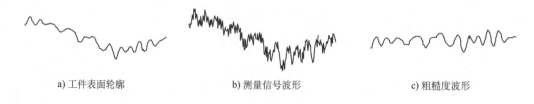

a) 工件表面轮廓　　　　b) 测量信号波形　　　　c) 粗糙度波形

图 5-1　粗糙度测量

5.1　滤波器基本知识

滤波器是具有频率选择作用的电路或运算处理系统。也就是说，滤波处理可以利用模拟电路实现，也可以利用数字运算处理系统实现。现代数字技术发展十分迅猛，许多传统的模拟运算处理电路已经被数字系统取代，数字滤波应用也十分广泛。但是数字滤波并不能完全取代模拟滤波。例如，模拟信号在 A/D 采样数字化之前，应保证信号带宽不超过采样频率的 1/2，必须通过模拟滤波器进行抗混叠滤波。此外，模拟滤波器在响应速度、实时性以及经济性等方面仍具有一定优势。

滤波器的工作原理是：当信号与噪声分布在不同频带中时，利用滤波器对不同频率信号具有不同的衰减作用，从频率域实现信号分离。在实际测量系统中，噪声与信号的频带往往有一定的重叠，如果重叠不很严重，仍可利用滤波器有效地抑制噪声功率，提高测量精度。例如常见的白噪声，其功率均匀地分布在很宽的频带 Δf_n 中，这往往会覆盖全部信号频带 Δf_s，如果 $\Delta f_n \gg \Delta f_s$，选用适当滤波器滤除 Δf_s 以外的噪声信号，可使残留的噪声功率降低到原来的 $\Delta f_s / \Delta f_n$ 数量级。一般来说，测量精度在很大程度上由测量信号频带内有用信号功率与噪声功率之比，即信噪比决定。

除滤除噪声外，滤波器还可用于分离各种不同的信号，例如将表面粗糙度信号与波度信号分开，将传输电路中不同信道信号分开，将调制信号与载波信号分开，提取特定频率成分的信号等。

5.1.1　滤波器的类型

按照所处理信号形式不同，滤波器可分为模拟与数字两大类。二者在功能特性方面有许多相似之处，在结构组成方面又有很大差别。前者处理对象为连续的模拟信号，后者为离散的数字信号。本章主要介绍模拟滤波器，数字滤波器仅做简单介绍。

滤波器对不同频率的信号有三种不同的选择作用：①在通带内使信号受到较小的衰减而通过；②在阻带内使信号受到较大的衰减而抑制；③在通带与阻带之间的一段过渡带使信号受到不同程度衰减。

滤波器的三种频带在全频带中分布位置不同，可实现对不同频率信号的选择作用。依此滤波器可分为四种不同的基本类型：①低通滤波器，通带从零延伸到某一规定的上限频率；②高通滤波器，通带从某一规定的下限频率延伸到无穷大；③带通滤波器，通带位于两个有限非零的上下限频率之间；④带阻滤波器，阻带位于两个有限非零的上下限频率之间。此外还有一种全通滤波器，各种频率的信号都能够无衰减通过，但不同频率信号的相位有不同变化，它实际上是一种移相器。

各种滤波器的通带与阻带关系，即滤波器频率特性如图 5-2 所示，通带与阻带之间都具有一定范围的过渡带。即使在阻带也不意味着所有位于此频带内的信号被完全滤除，只不过其幅值得到较大程度的衰减。因此在实际电路系统中，当噪声与信号的频带差别不大时，不能过分依赖滤波器的频率选择作用。

根据滤波器的电路组成可以分为以下类型：

（1）LC 无源滤波器　由电感 L、电容 C 组成的无源电抗网络具有良好的频率选择特性，

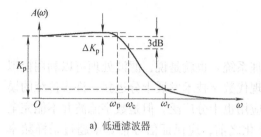

a) 低通滤波器

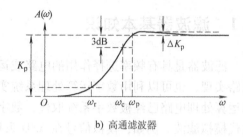

b) 高通滤波器

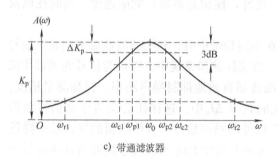

c) 带通滤波器

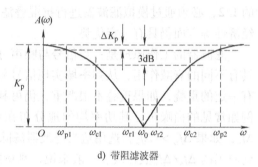

d) 带阻滤波器

图 5-2　各种滤波器频率特性波形

116

并且信号能量损耗小、噪声低、特性变化对于电路参数变化的灵敏度低，曾广泛应用于通信及电子测量仪器领域。其主要缺点是电感元件体积大，在低频及超低频频带范围品质因数低（即频率选择性差），不便于集成化，目前在一般针对信号处理的测控系统中应用不多。

（2）RC 无源滤波器　由于电感元件有很多不足，人们自然希望实现无感滤波器。由电阻 R、电容 C 构成的无源网络，由于信号在电阻中的能量损耗问题，其频率选择特性较差，一般只用于要求比较低的场合。

（3）由特殊元件构成的无源滤波器　这类滤波器主要有机械滤波器、压电陶瓷滤波器、晶体滤波器、声表面波滤波器等。其工作原理一般是通过电能与机械能、分子振动能的相互转换，并与器件固有频率谐振实现频率选择，多用作频率选择性能很高的带通或带阻滤波器，其品质因数可达数千至数万，并且稳定性也很高，具有许多其他种类滤波器无法实现的特性。但由于其品种系列有限，调整不便，一般仅应用于某些特殊场合。

（4）RC 有源滤波器　RC 无源滤波器特性不够理想的根本原因是电阻元件对信号功率的消耗，如在电路中引入具有能量放大作用的有源器件，如电子管、晶体管、运算放大器等，补偿损失的能量，可使 RC 网络像 LC 网络一样，获得良好的频率选择特性，称为 RC 有源滤波器，本章重点讨论这种滤波器。此外各种形式的集成滤波器也属于有源滤波器。

滤波器还可以按照许多其他不同的特征分类。滤波器的输出与输入信号电压（或电流）之间的关系通常用微分方程来描述。根据微分方程的阶数，滤波器可分为一阶、二阶和高阶滤波器。

5.1.2　模拟滤波器的传递函数与频率特性

5.1.2.1　模拟滤波器的传递函数

模拟滤波电路的基本形式为线性四端网络，其特性可由传递函数来描述，定义为输出与

输入信号电压（或电流）拉普拉斯变换（简称拉氏变换）之比

$$H(s) = \frac{U_o(s)}{U_i(s)} = \frac{b_m s^m + b_{m-1} s^{m-1} + \cdots + b_1 s + b_0}{a_n s^n + a_{n-1} s^{n-1} + \cdots + a_1 s + a_0} = \frac{\displaystyle\sum_{k=0}^{m} b_k s^k}{\displaystyle\sum_{l=0}^{n} a_l s^l} \tag{5-1}$$

式中，$s = \sigma + j\omega$，为拉氏变量；分子分母中各系数 a_l、b_k 是由网络结构与元件参数值决定的实常数。一般来说，这些常数与系统频率特性之间的关系很不直观。由线性网络稳定性条件所限，分母中各系数均不能为负，并要求 $n \geqslant m$，n 称为网络阶数，也即滤波器的阶数，反映电路复杂程度。

对传递函数式（5-1）分子分母因式分解，可将其改写为

$$H(s) = K \frac{(s - z_1)(s - z_2) \cdots (s - z_m)}{(s - p_1)(s - p_2) \cdots (s - p_n)} = K \frac{\displaystyle\prod_{k=1}^{m} (s - z_k)}{\displaystyle\prod_{l=1}^{n} (s - p_l)} \tag{5-2}$$

式中，K 为实常数；z_k 为网络零点，是分子多项式的复根，可位于 s 平面的任意位置；p_l 为网络极点，是分母多项式的复根，由线性网络稳定性条件所限，p_l 只能位于 s 平面的左半部分，即其实部 $\mathrm{Rep}[p_l] \leqslant 0$。$K$，$z_k$，$p_l$ 可由传递函数中各系数 a_l、b_k 确定，实际上也是由网络结构参数决定。传递函数零、极点分布与频率特性有着更为直接的关系，但这些复常数与元器件实数参数对应关系也很不直观。因为实际电路传递函数的系数 a_l、b_k 均为实数，所以任何复数的零点或极点必须共轭出现，因此式（5-2）又可改写为

$$H(s) = \frac{\displaystyle\prod_{i=1}^{M} (b_{i2} s^2 + b_{i1} s + b_{i0})}{\displaystyle\prod_{j=1}^{N} (a_{j2} s^2 + a_{j1} s + a_{j0})} \tag{5-3}$$

当 m 或 n 为偶数时，分别有 $N = n/2$ 或 $M = m/2$；当 m 或 n 为奇数时，分别有 $N = (n+1)/2$ 或 $M = (m+1)/2$，但其中必有一个二次分式退化为一次分式。即 a_{j2} 或 b_{i2} 有一个为零，分母中各系数 a_{j2}、a_{j1} 和 a_{j0} 必须为正值。

根据线性网络理论，任意个互相隔离（没有负载效应）的线性网络级联后，总的传递函数等于各网络传递函数的乘积。式（5-3）说明，任何复杂的滤波网络，可由若干简单的一阶与二阶滤波电路等效级联构成。

5.1.2.2　模拟滤波器的频率特性

模拟滤波器的传递函数 $H(s)$ 表达了滤波器的输入与输出间的传递关系。若滤波器的输入信号 $U_i(j\omega)$ 是角频率为 ω 的单位信号，滤波器的输出 $U_o(j\omega) = H(j\omega)$，表达了在单位信号输入情况下的输出信号随频率变化的关系，称为滤波器的频率特性函数，简称频率特性。在式（5-1）中，令拉氏变量 $s = j\omega$ 可以得到频率特性函数：

$$H(j\omega) = \frac{U_o(j\omega)}{U_i(j\omega)} = \frac{\displaystyle\sum_{k=0}^{m} b_k (j\omega)^k}{\displaystyle\sum_{l=0}^{n} a_l (j\omega)^l} \tag{5-4}$$

频率特性 $H(j\omega)$ 是一个复函数，它的幅值 $A(\omega) = |H(j\omega)|$ 称为幅频特性，滤波器的频率选择特性主要由其幅频特性决定。对于理想滤波器通带内信号应完全通过，即 $A(\omega)$ 在通带内应为常数，在阻带内应为零，没有过渡带。实际滤波器不可能具有这种理想特性，只能通过选择适当的电路阶数和零极点分布位置向理想滤波器逼近。例如传递函数在 $j\omega$ 轴上的零点 ω_z 可使 $A(\omega_z) = 0$，使频率为 ω_z 的信号受到阻塞，对应于滤波器的阻带。传递函数的极点位置则对频率特性，特别是过渡带特性有很大影响。高性能滤波器一般没有或只有一个负实轴极点（n 为奇数时）。

频率特性复函数 $H(j\omega)$ 的幅角表示输出信号的相位相对于输入信号相位的变化，称为相频特性，$\varphi(\omega) = \arctan[H(j\omega)]$。对于理想滤波器，为使通带内信号无失真地通过，即输出信号与输入信号具有同样波形，$\varphi(\omega)$ 应为 ω 的线性函数，即 $\varphi(\omega) = \omega T_0 + \varphi_0$，这样输出信号中各种谐波成分相对输入只有一个固定延迟 T_0，否则输出信号波形相对输入将产生相位失真。实际滤波器也无法实现这种线性的相频特性。如果对信号波形保真度要求比较高，或滤波器相位失真比较严重，也可以利用全通滤波器，即移相器进行相位修正。

5.1.2.3 滤波器的主要特性指标

（1）特征频率　$f_c = \omega_c/(2\pi)$ 为信号功率衰减到 1/2（约 3dB）时的频率，称为转折频率，一般应用中也常以此作为通带与阻带的边界点。这种划分沿袭于通信系统，对于比较精密的信号处理系统则过于粗糙，例如要求通带内测量误差不超过 10%，这是相当宽松的要求，但是通带内转折频率附近信号电压已经衰减到 70% 左右。$f_p = \omega_p/(2\pi)$ 为通带与过渡带边界点的频率，在该点信号增益下降到一个人为规定的下限，又称通带截频，因为增益误差可以人为地限定，更适合精度较高的应用场合。$f_r = \omega_r/(2\pi)$ 为阻带与过渡带边界点的频率，在该点信号衰耗（增益的倒数）下降到一个人为规定的下限，又称阻带截频。图 5-2a 和图 5-2b 分别表示了在低通和高通滤波器中 ω_p、ω_r 与 ω_c 的含义。ω_p 的位置与规定的增益下限有关，当选取 3dB 增益下限时 ω_p 就是 ω_c。ω_r 同样与规定的衰减下限有关。对于带通和带阻滤波器，在它的通带或阻带中心频率两侧各有一组 ω_p、ω_r 和 ω_c，如图 5-2c 和图 5-2d 所示。

滤波器的另一重要特征频率是它的固有频率 $f_0 = \omega_0/(2\pi)$，也就是其谐振频率，它是当电路没有损耗时，即式（5-3）的分母中 $a_{j1} = 0$ 时极点所对应的频率。一般固有频率的概念仅与二阶系统相对应，复杂的高阶系统往往有多个固有频率。

（2）增益与衰耗　滤波器在通带内的增益 K_p 并非常数。对低通滤波器通带增益一般指 $\omega = 0$ 时的增益；高通滤波器指 $\omega \to \infty$ 时的增益；带通滤波器则指中心频率处的增益。对带阻滤波器，应给出阻带衰耗，定义为增益的倒数。通带增益变化量 ΔK_p 指通带内各点增益的最大变化量，如果 ΔK_p 以 dB 为单位，则指增益 dB 值的变化量。

（3）阻尼系数与品质因数　阻尼系数 α 是表征滤波器对角频率为 ω_0 信号的阻尼作用，是滤波器中表示能量衰耗的一项指标，它是与传递函数的极点实部大小相关的一项系数。α 的倒数 $Q = 1/\alpha$ 称为品质因数，是评价带通与带阻滤波器频率选择特性的一个重要指标。后面将要证明，对于常用的二阶带通或带阻滤波器有

$$Q = \frac{\omega_0}{\Delta\omega} \tag{5-5}$$

式中，$\Delta\omega$ 为带通或带阻滤波器的 3dB 带宽；ω_0 为中心频率。对于只有一个固有频率的二阶

带通或带阻滤波器，其中心频率与固有频率 ω_0 相等，二者常常混用。

（4）灵敏度　滤波电路由许多元件构成，每个元件参数值的变化都会影响滤波器的性能。滤波器某一性能指标 y 对某一元件参数 x 变化的灵敏度记作 S_x^y，定义为

$$S_x^y = \frac{\dfrac{\mathrm{d}y}{y}}{\dfrac{\mathrm{d}x}{x}} \tag{5-6}$$

灵敏度可以按照定义，根据传递函数确定，但在很多情况下直接计算往往是非常复杂的。在各种滤波器设计的工具书中，一般会给出各种类型滤波器各种灵敏度的表达式。

灵敏度是电路设计中的一个重要参数，可以用来分析元件实际值偏离设计值时，电路实际性能与设计性能的偏离；也可以用来估计在使用过程中元件参数值变化时，电路性能变化情况。该灵敏度与测量仪器或电路系统灵敏度不是一个概念，该灵敏度越小，标志着电路容错能力越强，稳定性也越高。灵敏度问题在滤波电路设计中尤为突出。

（5）群时延函数　当滤波器幅频特性满足设计要求时，为保证输出信号失真度不超过允许范围，对其相频特性 $\varphi(\omega)$ 也应提出一定要求。在滤波器设计中，常用群时延函数

$$\tau(\omega) = \frac{\mathrm{d}\varphi(\omega)}{\mathrm{d}\omega} \tag{5-7}$$

评价信号经滤波后相位失真程度。$\tau(\omega)$ 越接近常数，信号相位失真越小。

滤波器的上述特性指标都会直接或间接地体现在后面将要介绍的传递函数、频率特性函数以及相应的电路参数表达式中。

5.1.3　基本滤波器

前面谈到，任何复杂的滤波网络，可由若干简单的一阶与二阶滤波电路级联等效构成。因为一阶滤波电路的特性也比较简单，并且其极点在实轴上，性能较差，所以本节侧重二阶滤波器的分析。

5.1.3.1　一阶低通与高通滤波器

一阶滤波电路只能构成低通和高通滤波器，而不能构成带通和带阻滤波器。一阶低通和高通滤波器的传递函数具有如下简单的形式：

$$H(s) = \frac{K_{\mathrm{p}}\omega_{\mathrm{c}}}{s + \omega_{\mathrm{c}}} \tag{5-8}$$

$$H(s) = \frac{K_{\mathrm{p}}s}{s + \omega_{\mathrm{c}}} \tag{5-9}$$

式中，K_{p} 为通带增益；ω_{c} 为 3dB 转折频率。

5.1.3.2　二阶低通与高通滤波器

二阶低通滤波器的传递函数的一般形式为

$$H(s) = \frac{K_{\mathrm{p}}\omega_0^2}{s^2 + \alpha\omega_0 s + \omega_0^2} \tag{5-10}$$

式中，ω_0 为固有频率；α 为阻尼。

不同 α 值下二阶低通滤波器的幅频特性和相频特性如图 5-3 所示。通过图 5-3 所示可以发现，α 值对频率特性影响很大。如果采用 RC 无源器件构成滤波器，其极点一定是实数，

这要求 $\alpha \geqslant 2$。从图 5-3a 可以看出，当阻尼 α 较大时，过渡带将非常平缓地下降，频率选择特性变差。只有采用 LC 器件或 RC 器件与有源器件组合，才能实现较低的阻尼，得到复数极点，使频率特性变得较为理想。但是当 α 很小时，其幅频特性在 ω_0 附近将产生较大的过冲，这对于二阶低通滤波也是很不利的。这种低阻尼环节多用于实现高阶的窄带带通或带阻滤波器。此外，进行特性逼近时，也要求某些环节具有较低的阻尼。关于特性逼近的主题将在后面讨论。上述关于阻尼对频率特性影响的讨论也适用于其他类型滤波器。

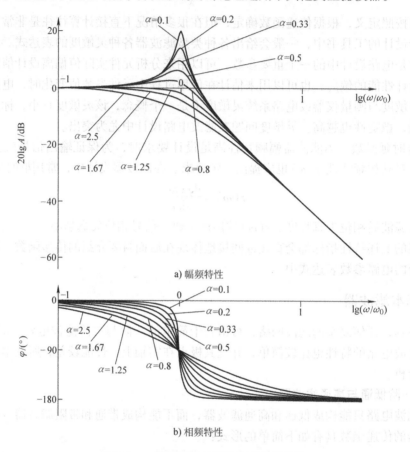

图 5-3 二阶低通滤波器的频率特性曲线

对二阶低通滤波器的传递函数式（5-10）进行频率变换 $s/\omega_0 \to \omega_0/s$ 可以得到二阶高通滤波器的传递函数的一般形式：

$$H(s) = \frac{K_p s^2}{s^2 + \alpha\omega_0 s + \omega_0^2} \tag{5-11}$$

不同的 α 值下二阶高通滤波器的幅频特性和相频特性如图 5-4 所示。图 5-4 与图 5-3 的区别在于高频 $\omega \to \infty$ 部分与低频 $\omega = 0$ 部分互换了位置，这也体现了 $s/\omega_0 \to \omega_0/s$ 的频率变换作用。实际上式（5-8）与式（5-9）也满足这种频率变换关系。

5.1.3.3 二阶带通与带阻滤波器

对式（5-8）与式（5-9）进行频率变换，也可以得到二阶带通与带阻滤波器的传递函数。限于篇幅，不深入讨论其频率变换关系，只给出结果：

$$H(s) = \frac{K_p(\omega_0/Q)s}{s^2 + (\omega_0/Q)s + \omega_0^2} \tag{5-12}$$

$$H(s) = \frac{K_p(s^2 + \omega_0^2)}{s^2 + (\omega_0/Q)s + \omega_0^2} \tag{5-13}$$

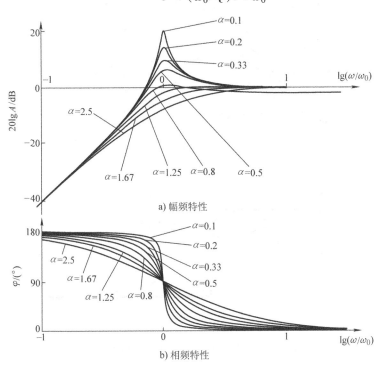

图 5-4 二阶高通滤波器的频率特性曲线

式（5-12）是带通滤波器的传递函数；式（5-13）是带阻滤波器的传递函数。式中 $Q = 1/\alpha$，为品质因数，对于带通与带阻滤波器，多采用品质因数描述。

注意到对于二阶带通与带阻滤波器，其通带与阻带中心频率与固有频率 ω_0 相等。对带通滤波器来说，当 $\omega = 0$ 或当 $\omega \to \infty$ 时，$A(\omega) = 0$；当 $\omega = \omega_0$ 时，$A(\omega) = K_p$，达到极大值。对带阻滤波器来说，则与之相反。

不同 Q 值二阶带通与带阻滤波器的幅频特性和相频特性分别如图 5-5 与图 5-6 所示。因为这两种滤波器是一阶滤波器经频率变换而得到的，所以其幅频特性更接近一阶滤波器，没有出现图 5-3a 和图 5-4a 中过冲的情况。

无论对于带通或者带阻滤波器，在转折频率 $f_c = \omega_c/(2\pi)$ 处，信号增益下降 3dB，也就是说 $\omega = \omega_c$ 时，$A(\omega) = K_p/\sqrt{2}$，根据式（5-12）或式（5-13）可以得到：

$$(\omega_c^2 - \omega_0^2)^2 = (\omega_0\omega_c/Q)^2$$

解方程得到两个转折角频率分别为

$$\omega_{c1} = \frac{\omega_0}{2Q} + \sqrt{\frac{\omega_0^2}{4Q^2} + \omega_0^2}, \omega_{c2} = -\frac{\omega_0}{2Q} + \sqrt{\frac{\omega_0^2}{4Q^2} + \omega_0^2}$$

$$\Delta\omega = \omega_{c1} - \omega_{c2} = \omega_0/Q$$

121

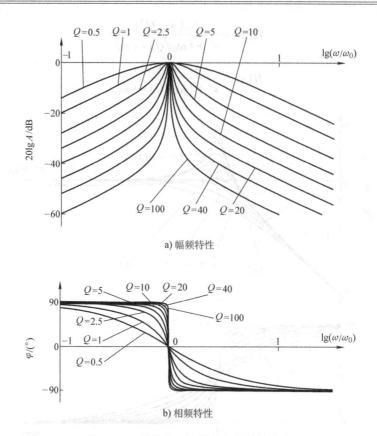

a) 幅频特性

b) 相频特性

图 5-5 二阶带通滤波器的频率特性曲线

$$Q = \frac{\omega_0}{\Delta\omega}$$

这正是前面给出的式（5-5）。在带通或带阻滤波器中，品质因数的倒数 $1/Q = \Delta\omega/\omega_0$ 又称为相对带宽，$\Delta\omega$ 则称为（3 dB）绝对带宽。Q 值越大，相对带宽越小，频率选择性能越强。这一结论对更高阶的带通或带阻滤波器也成立，但是对品质因数 Q 的概念与二阶滤波器不完全一样。

5.1.3.4 一阶与二阶全通滤波器

除了前面介绍的具有频率选择作用的基本滤波器之外，还存在一类特殊的全通滤波器，一阶与二阶全通滤波器传递函数一般形式分别为

$$H(s) = \frac{K_p(s - \omega_c)}{s + \omega_c} \tag{5-14}$$

$$H(s) = \frac{K_p(s^2 - \alpha\omega_0 s + \omega_0^2)}{s^2 + \alpha\omega_0 s + \omega_0^2} \tag{5-15}$$

简单分析可知，这两种滤波器的幅频特性为一常数，但是对不同频率的信号具有不同的移相作用，又称为移相器，传统上也视为滤波器。移相器可用来修正因非线性相位特性所产生的相位失真，也可以用于相位补偿，防止系统自激振荡。

以上对各种基本滤波器的传递函数及特性做了简单介绍，其中出现了四个基本参数：转

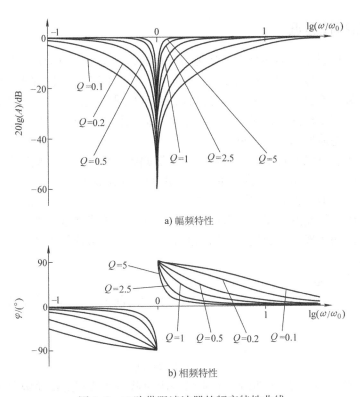

a) 幅频特性

b) 相频特性

图 5-6　二阶带阻滤波器的频率特性曲线

折频率 ω_{c}、固有频率 ω_0、增益 K_p 和阻尼 α 或品质因数 Q，这些参数已经在前面介绍过。表 5-1 为这些基本滤波器幅频特性与相频特性表达式一览表。

表 5-1　基本滤波器幅频特性与相频特性表达式一览表

滤波器	幅频特性 $A(\omega)$	相频特性 $\varphi(\omega)$
一阶低通滤波器	$K_p\omega_c\big/\sqrt{\omega^2+\omega_c^2}$	$-\arctan(\omega/\omega_c)$
一阶高通滤波器	$K_p\omega\big/\sqrt{\omega^2+\omega_c^2}$	$\pi/2-\arctan(\omega/\omega_c)$
一阶全通滤波器	K_p	$-2\arctan(\omega/\omega_c)$
二阶低通滤波器	$K_p\omega_0^2\big/\sqrt{(\omega^2-\omega_0^2)+(\alpha\omega_0\omega)^2}$	$\arctan\big[\alpha\omega_0\omega/(\omega^2-\omega_0^2)\big]\qquad \omega\leqslant\omega_0$ $-\pi+\arctan\big[\alpha\omega_0\omega/(\omega^2-\omega_0^2)\big]\qquad \omega>\omega_0$
二阶高通滤波器	$K_p\omega\big/\sqrt{(\omega^2-\omega_0^2)+(\alpha\omega_0\omega)^2}$	$\pi+\arctan\big[\alpha\omega_0\omega/(\omega^2-\omega_0^2)\big]\qquad \omega\leqslant\omega_0$ $\arctan\big[\alpha\omega_0\omega/(\omega^2-\omega_0^2)\big]\qquad \omega>\omega_0$
二阶带通滤波器	$K_p\alpha\omega_0\omega\big/\sqrt{(\omega^2-\omega_0^2)+(\alpha\omega_0\omega)^2}$	$\pi/2+\arctan\big[\alpha\omega_0\omega/(\omega^2-\omega_0^2)\big]\qquad \omega\leqslant\omega_0$ $-\pi/2+\arctan\big[\alpha\omega_0\omega/(\omega^2-\omega_0^2)\big]\qquad \omega>\omega_0$
二阶带阻滤波器	$K_p\,\lvert\omega^2-\omega_0^2\rvert\big/\sqrt{(\omega^2-\omega_0^2)+(\alpha\omega_0\omega)^2}$	$\arctan\alpha\omega_0\omega/(\omega^2-\omega_0^2)$
二阶全通滤波器	K_p	$2\arctan\big[\alpha\omega_0\omega/(\omega^2-\omega_0^2)\big]\qquad \omega\leqslant\omega_0$ $-2\pi+2\arctan\big[\alpha\omega_0\omega/(\omega^2-\omega_0^2)\big]\qquad \omega>\omega_0$

5.1.4 滤波器特性逼近

前面已经说明理想滤波器在物理上是无法实现的，理论上可以通过增加电路阶数，以及选择适当的分子分母系数，即选择电路元件参数值，使其频率特性向理想滤波器逼近。如果单纯增加电路阶数，不仅增加了电路的复杂性，而且也难以全面达到理想要求。实践中当电路阶数一定时，人们设计滤波器时往往侧重于某一方面性能要求与应用特点，选择适当逼近方法，实现对理想滤波器的最佳逼近。

逼近的基本概念可以通过前面二阶低通滤波器幅频特性曲线定性地解释。假设一个二阶环节具有较小的阻尼，在 ω_0 附近将产生一定的过冲，如果级联一个阻尼较大的二阶环节或一阶环节，可以有效地改善 ω_0 附近的频率特性，构成更加理想的滤波器。

在实际应用中，低通滤波器最为常用。另一方面，其他类型滤波器一般也可以对低通滤波器进行频率变换来实现。下面仅以低通滤波器为例，对一般测控系统中常用的三种逼近方法做简单的介绍。

5.1.4.1 巴特沃斯逼近

这种逼近的基本原则是在保持幅频特性单调变化的前提下，通带内最为平坦。其幅频特性为

$$A(\omega) = \frac{K_{\mathrm{p}}}{\sqrt{1 + (\omega/\omega_{\mathrm{c}})^{2n}}} \tag{5-16}$$

式中，n 为网络阶数；ω_{c} 为转折频率。n 阶巴特沃斯低通滤波器的传递函数可由下式确定：

$$H(s) = \begin{cases} K_{\mathrm{p}} \prod\limits_{k=1}^{N} \dfrac{\omega_{\mathrm{c}}^2}{s^2 + 2\sin\theta_k \omega_{\mathrm{c}} s + \omega_{\mathrm{c}}^2} & n = 2N \\[3mm] \dfrac{K_{\mathrm{p}}\omega_{\mathrm{c}}}{s + \omega_{\mathrm{c}}} \prod\limits_{k=1}^{N} \dfrac{\omega_{\mathrm{c}}^2}{s^2 + 2\sin\theta_k \omega_{\mathrm{c}} s + \omega_{\mathrm{c}}^2} & n = 2N+1 \end{cases} \tag{5-17}$$

在式（5-17）中，$\theta_k = (2k-1)\pi/2n$。

图 5-7 所示是 $n = 2$、4、5 阶单位增益巴特沃斯低通滤波器的幅频与相频特性。由图 5-7a 可知幅频特性 $A(\omega)$ 随频率单调下降，随电路阶数 n 增加逐渐向理想的矩形逼近，这一结论对各种逼近方法都适用。由图 5-7b 可知，其相频特性随电路阶数增加线性度变差。

对于二阶巴特沃斯低通滤波器，$\theta_1 = \pi/4$，与式（5-10）比较可知，对应于 $\alpha = 2^{1/2} \approx 1.414$。这时其极点实部与虚部相等，幅频特性处于出现过冲的临界状态，又称为临界阻尼。对于三阶低通滤波器，一个二阶环节具有较小的阻尼 α（欠阻尼），另一个环节为一阶环节。二者互相补偿，使其幅频特性在保持单调的前提下，通带最为平坦。如果阶数扩展到四阶，一个二阶环节具有较小的阻尼 $\alpha \approx 0.765$（欠阻尼），另一个环节具有较大的阻尼 $\alpha \approx 1.848$（过阻尼），也满足单调平坦要求。

5.1.4.2 切比雪夫逼近

这种逼近方法的基本原则是允许通带内有一定的波动量 ΔK_{p}，故在电路阶数一定的条件下，可使其幅频特性更接近矩形。其幅频特性为

$$A(\omega) = \frac{K_{\mathrm{p}}}{\sqrt{1 + \varepsilon^2 c_n^2(\omega/\omega_{\mathrm{p}})}} \tag{5-18}$$

式中，n 为电路阶数；$\varepsilon = \sqrt{10^{\Delta K_{\mathrm{p}}/10} - 1}$ 称为通带增益波纹系数；ΔK_{p} 为通带内允许的波动幅

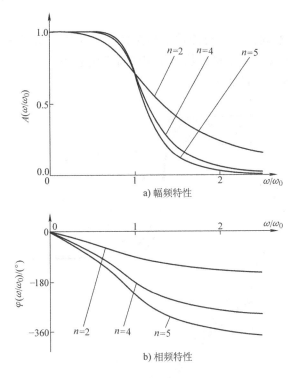

图 5-7　三种巴特沃斯低通滤波器频率特性

度（以 dB 计）；ω_p 为其通带截频，对应于波纹区终止频率。

$c_n(\omega/\omega_p)$ 为 n 阶切比雪夫多项式

$$c_n(\omega/\omega_p) = \begin{cases} \cos[n\arccos(\omega/\omega_p)] & \omega \leqslant \omega_p \\ \cosh[n\operatorname{arccosh}(\omega/\omega_p)] & \omega > \omega_p \end{cases} \tag{5-19}$$

由式（5-19）可知，切比雪夫逼近在通带内 $\omega \leqslant \omega_p$，有 $[n/2]$（$[n/2]$ 表示 $n/2$ 取整）个等幅波动，通带增益在 $1 \sim 1/(1+\varepsilon^2)^{1/2}$ 之间变化。允许的波动幅度越大，其过渡带越陡峭。但 ΔK_p 所产生的幅度失真也越大。在通带外 $\omega > \omega_p$，基本以指数规律衰减。

n 阶切比雪夫低通滤波器的传递函数可由式（5-20）确定：

$$H(s) = \begin{cases} K_p \displaystyle\prod_{k=1}^{N} \dfrac{\omega_p^2(\sinh^2\beta + \cos^2\theta_k)}{s^2 + 2\sinh\beta\sin\theta_k\omega_p s + \omega_p^2(\sinh^2\beta + \cos^2\theta_k)} & n = 2N \\[4mm] \dfrac{K_p\omega_p\sinh\beta}{s + \omega_p\sinh\beta} \displaystyle\prod_{k=1}^{N} \dfrac{\omega_p^2(\sinh^2\beta + \cos^2\theta_k)}{s^2 + 2\sinh\beta\sin\theta_k\omega_p s + \omega_p^2(\sinh^2\beta + \cos^2\theta_k)} & n = 2N+1 \end{cases} \tag{5-20}$$

在式（5-20）中，θ_k 与式（5-16）意义相同，$\beta = [\operatorname{arcsinh}(1/\varepsilon)]/n$。

对于常用的二阶低通滤波器，不同通带波动 ΔK_p 的切比雪夫逼近对应于不同 α 值，而且 ω_p/ω_0 与 ω_p/ω_c 也各不相同，见表 5-2，其阻尼系数 α 一般应控制在 $0.75 \sim 1.3$ 之间。

表 5-2　二阶切比雪夫滤波器 α、ω_p/ω_0、ω_p/ω_c 与 ΔK_p 的对应关系

ΔK_p/dB	0.1	0.25	0.5	1	1.5	2	2.5
α	1.3031	1.2358	1.1578	1.0455	0.9588	0.8860	0.8227
ω_p/ω_0	0.5493	0.6878	0.8121	0.9524	1.0396	1.1023	1.1503
ω_p/ω_c	0.5146	0.6257	0.7196	0.8213	0.8844	0.9310	0.9682

5.1.4.3 贝赛尔逼近

这种逼近与前两种不同，它主要侧重于相频特性，其基本原则是使相频特性线性度最高，群时延函数 $\tau(\omega)$ 最接近于常量，从而使相频特性引起的相位失真最小。对于常用的二阶低通滤波器，取 $\alpha = 3^{1/2}$ 能满足这一要求。

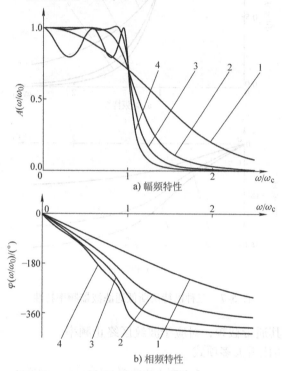

a) 幅频特性

b) 相频特性

图 5-8　四种五阶低通滤波器的频率特性

1—贝赛尔滤波器　2—巴特沃斯滤波器　3—通带波动为 0.5dB 的切比雪夫滤波器　4—通带波动为 2dB 的切比雪夫滤波器

图 5-8 是四种具有相同 3dB 转折频率 ω_c 的五阶单位增益低通滤波器的频率特性曲线。由图 5-8a 幅频特性可知，切比雪夫逼近过渡带最为陡峭，而贝赛尔逼近最差。如果在通带内不允许有波纹，显然巴特沃斯型比切比雪夫型更可取；反之，则切比雪夫型是最好的。由图 5-8b 所示相频特性可知，切比雪夫逼近线性度最差，贝赛尔逼近线性度最高，而且贝赛尔逼近与其他逼近不同，阶数越高，群时延特性越好。

图 5-9 是三种具有相同固有频率 ω_0 的单位增益二阶低通滤波器的单位阶跃响应，图 5-9 中 $t_0 = 2\pi/\omega_0$。由图 5-9 可知，在阶跃输入情况下，三种逼近方式均存在一定的失真。其中 1 为贝赛尔逼

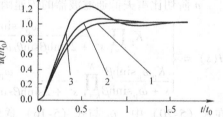

图 5-9　三种二阶低通滤波器的单位阶跃响应

1—贝赛尔逼近　2—巴特沃斯逼近
3—通带波动为 2dB 的切比雪夫逼近

近，基本没有上冲现象；2 为巴特沃斯逼近，出现了一定的上冲；3 为通带波动为 2 dB 的切比雪夫逼近，出现了明显的上冲。

上述讨论原则上也同样适合于高通、带通和带阻滤波器。

5.2　RC 滤波电路

目前在一般测控系统中，RC 滤波器，特别是由各种形式一阶与二阶有源电路构成的滤波器应用最为广泛。它们结构简单，调整方便，也易于集成化。实用电路如果采用运算放大器作有源器件，几乎没有负载效应，利用这些简单的一阶与二阶电路级联，也很容易实现复杂的高阶传递函数，在信号处理领域得到广泛应用。

5.2.1　一阶滤波电路

按照前一节所述，一阶滤波电路只能构成低通和高通滤波器，性能也不是很出色，但是电路十分简单，成本低廉，所以在实际应用中，一阶滤波电路的应用却很广泛，其原因在于在很多情况下，对滤波器性能要求并不很高。例如，当载波频率远高于信号带宽时，解调后可以利用一阶 RC 低通滤波器滤除残余的高频载波，没有必要采用高成本、高性能的高阶滤波电路。

图 5-10 所示是一阶无源 RC 滤波电路。因为 RC 无源滤波器具有较大的负载效应，也可后接运算放大器，构成一阶有源 RC 滤波电路，如图 5-11 所示。此外，还有一种反向的一阶有源 RC 滤波电路，如图 5-12 所示，相当于一阶 RC 滤波与反相放大器的组合，应用也十分广泛。

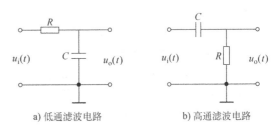

a) 低通滤波电路　　　　　　b) 高通滤波电路

图 5-10　一阶无源 RC 滤波电路

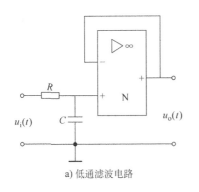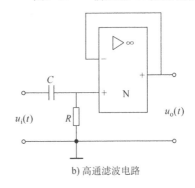

a) 低通滤波电路　　　　　　　　　　　b) 高通滤波电路

图 5-11　单位增益一阶有源 RC 滤波电路

这些滤波器传递函数的形式分别与式（5-8）或式（5-9）相同。按照图示标注，各滤波器的转折频率均为 $\omega_c = 1/RC$。图 5-11a 和图 5-11b 电路的增益均为 $K_p = 1$。图 5-12a 电路的增益为 $K_p = -R/R_0$，图 5-12b 电路的增益则为 $K_p = -R_0/R$。

5.2.2　单一运放构成的二阶 RC 有源滤波电路

当系统对滤波电路特性要求较高时，一阶电路已经不能满足要求，而二阶 RC 无源滤波电路由于电阻对能量的损耗，导致阻尼过大，性能不佳。二阶 RC 有源滤波电路能够解决这

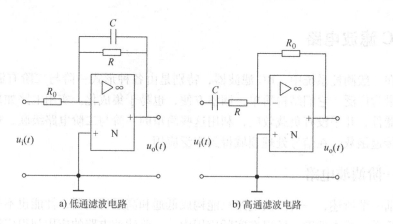

a) 低通滤波电路　　　　　　　　　b) 高通滤波电路

图 5-12　反相一阶有源 RC 滤波电路

个问题，因此得到广泛应用。

首先介绍由单一运放构成的二阶 RC 有源滤波电路。这类滤波电路有两种类型：压控电压源型电路与无限增益多路反馈型电路。

5.2.2.1　压控电压源型滤波电路

图 5-13 所示是压控电压源型二阶滤波电路基本结构，点画线框内由运算放大器与电阻 R 和 R_0 构成的同相放大器，称为压控电压源。压控电压源可由任何增益有限的电压放大器实现，如使用图示的运算放大器，压控增益为 $K_f = 1 + R_0/R$。通过基尔霍夫定理可以证明（推导从略），该电路的传递函数为

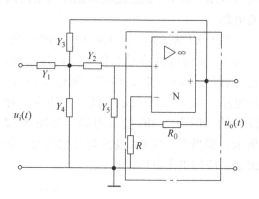

图 5-13　压控电压源型二阶滤波电路基本结构

$$H(s) = \frac{K_f Y_1 Y_2}{(Y_1 + Y_2 + Y_3 + Y_4) Y_5 + [Y_1 + (1 - K_f) Y_3 + Y_4] Y_2} \tag{5-21}$$

式中，$Y_1 \sim Y_5$ 为所在位置元件的复导纳，对于电阻元件 $Y_i = 1/R_i$，对于电容元件 $Y_i = sC_i$ （$i = 1 \sim 5$）。

$Y_1 \sim Y_5$ 选用适当电阻 R、电容 C 元件，该电路可构成低通、高通与带通三种二阶有源滤波电路，如图 5-14 所示。

在图 5-13 中，$Y_4 = 0$ 开路，取 Y_3 与 Y_5 为电容，其余为电阻，可构成低通电路，如图 5-14a 所示，其传递函数的形式与式 （5-10） 相同。将此图电路中的 R、C 元件互换，可以得到高通电路，如图 5-14b，其传递函数的形式与式 （5-11） 相同。

用压控电压源构成的二阶带通滤波电路有多种形式，以图 5-13 为基本结构可构成两种形式。图中取 Y_2 与 Y_4 为电容，其余为电阻，即为一种形式，如图 5-14c 所示，其传递函数的形式与式 （5-12） 相同。

用压控电压源也可以构成二阶带阻滤波电路，也有多种形式，但是与图 5-13 架构不一样。图 5-15 是一种基于 RC 双 T 网络的二阶带阻滤波电路，为使其传递函数具有式 （5-13） 的形式，双 T 网络必须具有平衡式结构，即 $R_1 R_2 C_3 = (R_1 + R_2)(C_1 + C_2) R_3$，或 $R_3 = R_1 //$

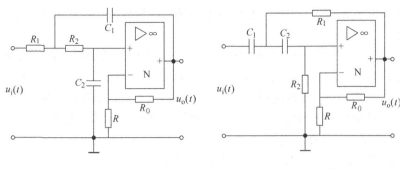

a) 低通滤波电路　　　　　　　　b) 高通滤波电路

c) 带通滤波电路

图 5-14　压控电压源型二阶滤波电路

R_2，$C_3 = C_1 // C_2$。可以证明，在这样的条件下，R、C 元件位置互换，仍为带阻滤波电路。一般实用时常选用对称参数，即 $C_1 = C_2 = C_3/2 = C$，$R_1 = R_2 = 2R_3 = R$，则 $\omega_0 = 1/RC$，$Q = 1/(4 - 2K_f)$。品质因数完全由压控增益 K_f 决定。在这种情况下，压控增益 K_f 不能超过 2，否则会自激振荡。

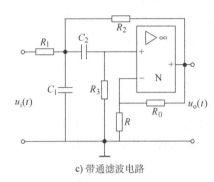

压控电压源型滤波电路的各个滤波参数，如固有频率 ω_0、增益 K_p 和阻尼 α 或品质因数 Q，与电路元件值具有比较复杂的对应关系，见表 5-3。

图 5-15　基于 RC 双 T 网络的二阶带阻滤波电路

表 5-3　压控电压源型滤波电路特性参数表达式

图号	类型	K_p	ω_0	$\alpha\omega_0$ 或 ω_0/Q
图 5-14a	低通	K_f	$\dfrac{1}{\sqrt{R_1 R_2 C_1 C_2}}$	$\dfrac{1}{C_1}\left(\dfrac{1}{R_1} + \dfrac{1}{R_2}\right) + \dfrac{1 - K_f}{R_2 C_2}$
图 5-14b	高通	K_f	$\dfrac{1}{\sqrt{R_1 R_2 C_1 C_2}}$	$\dfrac{1}{R_2}\left(\dfrac{1}{C_1} + \dfrac{1}{C_2}\right) + \dfrac{1 - K_f}{R_1 C_1}$
图 5-14c	带通	$K_f \left[1 + \left(1 + \dfrac{C_1}{C_2}\right)\dfrac{R_1}{R_3} + (1 - K_f)\dfrac{R_1}{R_2}\right]^{-1}$	$\sqrt{\dfrac{R_1 + R_2}{R_1 R_2 R_3 C_1 C_2}}$	$\dfrac{1}{R_1 C_1} + \dfrac{1}{R_3 C_1} + \dfrac{1}{R_3 C_2} + \dfrac{1 - K_f}{R_2 C_1}$
图 5-15	带阻	K_f	$\dfrac{1}{\sqrt{R_1 R_2 C_1 C_2}}$	$\dfrac{C_1 + C_2}{R_2 C_1 C_2} + (1 - K_f)\dfrac{R_1 + R_2}{R_1 R_2 C_1}$

通过表5-3的各表达式，可以对相应的电路进行特性分析，或者依此确定所设计滤波电路元件的参数。

注意到，压控电压源电路构成的二阶滤波器 α 或 Q 表达式中都包含 $-K_f$ 项，说明增益过大很容易导致自激振荡，这是因为电路中存在正反馈，从图5-13、图5-14和图5-15都可以证明这一点。除此之外，这种电路灵敏度也比较高，不适宜用作高性能滤波电路。其优点是电路简单，并且对放大器理想程度要求也比较低，成本低，经济性好。

5. 2. 2. 2 无限增益多路反馈型电路

与压控电压源电路一样，无限增益多路反馈型电路也可由一个运算放大器构成多种二阶滤波电路。图5-16是由单一运算放大器构成的无限增益多路反馈二阶滤波电路的基本结构，因为其输出通过不同的途径反馈，故得名。其传递函数为

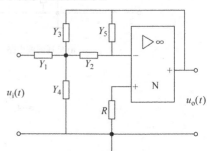

$$H(s) = -\frac{Y_1 Y_2}{(Y_1 + Y_2 + Y_3 + Y_4)Y_5 + Y_2 Y_3} \quad (5\text{-}22)$$

式中，$Y_1 \sim Y_5$ 为所在位置元件复导纳。选用适当 RC 元件，可构成低通、高通与带通三种二阶滤波电路，但不能构成带阻滤波电路。

图5-16　无限增益多路反馈型二阶
滤波电路基本结构

在图5-16中，取 Y_4 与 Y_5 为电容，其余为电阻，可构成低通滤波电路，如图5-17a所示，其传递函数的形式与式（5-10）相同。将图5-17a中电容 C_1 与 C_2 换为电阻，电阻 R_1、R_2 与 R_3 换为电容，可以实现高通滤波电路，如图5-17b所示，其传递函数的形式与式（5-11）相同。在图5-16中，取 Y_2 与 Y_3 为电容，其余为电阻，可构成二阶带通电路，如图5-17c所示，其传递函数的形式与式（5-12）相同。

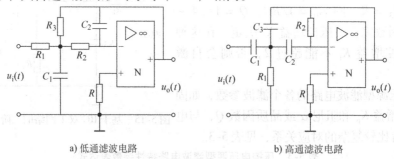

a) 低通滤波电路　　　　　　　　　　　　b) 高通滤波电路

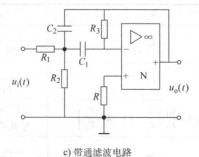

c) 带通滤波电路

图5-17　无限增益多路反馈型二阶滤波电路

无限增益多路反馈型滤波电路的各个滤波参数，如固有频率 ω_0、增益 K_p 和阻尼 α 或品质因数 Q，与电路元件值也具有比较复杂的对应关系，见表 5-4。

表 5-4　无限增益多路反馈型滤波电路特性参数表达式

图号	类型	K_p	ω_0	$\alpha\omega_0$ 或 ω_0/Q
图 5-17a	低通	$-\dfrac{R_3}{R_1}$	$\dfrac{1}{\sqrt{R_2 R_3 C_1 C_2}}$	$\dfrac{1}{C_1}\left(\dfrac{1}{R_1}+\dfrac{1}{R_2}+\dfrac{1}{R_3}\right)$
图 5-17b	高通	$-\dfrac{C_1}{C_3}$	$\dfrac{1}{\sqrt{R_1 R_2 C_2 C_3}}$	$\dfrac{C_1+C_2+C_3}{R_2 C_2 C_3}$
图 5-17c	带通	$-\dfrac{R_3 C_1}{R_1\,(C_1+C_2)}$	$\sqrt{\dfrac{R_1+R_2}{R_1 R_2 R_3 C_1 C_2}}$	$\dfrac{1}{R_3}\left(\dfrac{1}{C_1}+\dfrac{1}{C_2}\right)$

从图 5-16 和图 5-17 看出，无限增益多路反馈型滤波电路不存在正反馈，因而总是稳定的。从表 5-4 可以确定，各项特性指标对 R、C 参数灵敏度都不会超过 ±1。从经济性方面考虑，这种电路成本也比较低。其不足之处在于调整不太方便，因为电路调整一般是通过改变电阻实现的。从表 5-4 可以看出，改变一个电阻值，很可能会改变两个甚至三个特性指标。与压控电压源型电路相比，这种电路对运算放大器理想程度要求也比较高。

5.2.3　两个运放构成的二阶 RC 有源滤波电路

对于更高性能要求的滤波电路，比如说对滤波器特性指标要求非常严格，或利用一系列一阶与二阶环节构成高阶滤波电路，需要准确控制每一个环节零极点位置，可以考虑采用两个运放构成的广义阻抗变换电路。当然广义阻抗变换电路还有许多其他应用，但这里只涉及二阶滤波电路。

图 5-18 是由两个运放构成的广义阻抗变换滤波电路的基本结构，其传递函数为

$$H(s)=\frac{Y_7(Y_2 Y_5-Y_0 Y_4)+Y_4 Y_6(Y_1+Y_3)}{Y_2 Y_5(Y_1+Y_7)+Y_3 Y_4(Y_0+Y_6)} \tag{5-23}$$

式中，$Y_0 \sim Y_7$ 为所在位置元件复导纳。

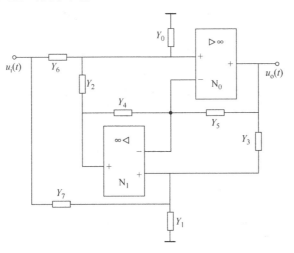

图 5-18　广义阻抗变换滤波电路基本结构

选用适当 RC 元件，可构成低通、高通、带通与带阻四种二阶滤波电路，稍加修改也可以实现全通移相器功能（限于篇幅略去）。所构成的各种滤波电路如图 5-19 所示。分别将相应的 RC 参数代入式（5-21），可以得到形如式（5-10）～式（5-13）的传递函数。注意图 5-19d 的带阻滤波电路要求满足 $R_0/R_1 = R_4/R_5$。

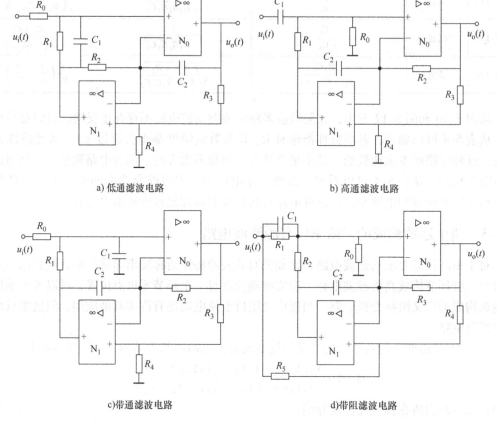

a) 低通滤波电路   b) 高通滤波电路

c) 带通滤波电路   d) 带阻滤波电路

图 5-19　广义阻抗变换滤波电路

广义阻抗变换滤波电路的各个滤波参数，如固有频率 ω_0、增益 K_p 和阻尼 α 或品质因数 Q，与电路元件参数也具有比较复杂的对应关系，见表 5-5。

表 5-5　广义阻抗变换滤波电路特性参数表达式

图号	类型	K_p	ω_0	$\alpha\omega_0$ 或 ω_0/Q
图 5-19a	低通	$1+\dfrac{R_3}{R_4}$	$\sqrt{\dfrac{R_4}{R_0 R_2 R_3 C_1 C_2}}$	$\dfrac{1}{R_1 C_1}$
图 5-19b	高通	$1+\dfrac{R_3}{R_4}$	$\sqrt{\dfrac{R_3}{R_1 R_2 R_4 C_1 C_2}}$	$\dfrac{1}{R_0 C_1}$
图 5-19c	带通	$1+\dfrac{R_3}{R_4}$	$\sqrt{\dfrac{R_3}{R_1 R_2 R_4 C_1 C_2}}$	$\dfrac{1}{R_0 C_1}$
图 5-19d	带阻	1	$\sqrt{\dfrac{R_4}{R_2 R_3 R_5 C_1 C_2}}$	$\dfrac{1}{C_1}\left(\dfrac{1}{R_0}+\dfrac{1}{R_1}\right)$

这种电路与无限增益多路反馈电路一样，对放大器的理想程度要求比较高。从表5-5可以确定，各项特性指标对 R、C 参数灵敏度都不会超过 ± 1。虽然也不能实现每个特性参数都有独立的可调整电阻，但这种电路可供调整的电阻比较多，比无限增益多路反馈电路调整更方便。不足之处是电路比较复杂，成本高。

5.2.4 双二阶环电路

根据给定的传递函数或微分方程，可以通过状态变量法，利用加法器与积分器直接构成任意的滤波电路，双二阶环电路正是这样设计的。一般来说，这样构成的电路都比较复杂。前两种二阶电路只使用一到两个运算放大器，而双二阶环电路则要用三个甚至四个运算放大器。虽然双二阶环电路灵敏度低（各种灵敏度都不会超过 ± 1），调整方便，特性非常稳定，但是由于电路比较复杂，成本高，利用分立的电阻、电容以及运算放大器构成的双二阶环滤波电路应用并不很普遍。其价值在于可以利用双二阶环电路构成各种集成滤波器。学习双二阶环电路的目的之一就是为了更好地应用这类基于双二阶环电路的集成滤波器。

由于所选择的状态变量不同，双二阶环电路结构也不一样，种类十分丰富。这里介绍三种典型的双二阶环电路。

5.2.4.1 低通与带通滤波电路

图5-20所示电路可实现两种滤波功能，从 u_3 点输出为带通滤波电路，从 u_2 与 u_1 点输出为低通滤波电路，滤波器参数为

$$K_{p1} = -\frac{R_1}{R_0}, K_{p2} = \frac{R_1 R_4}{R_0 R_5}, K_{p3} = -\frac{R_2}{R_0}$$

$$\omega_0 = \sqrt{\frac{R_5}{R_1 R_3 R_4 C_1 C_2}}, \alpha\omega_0 = \frac{\omega_0}{Q} = \frac{1}{R_2 C_1}$$

式中，K_{p1}、K_{p2}、K_{p3} 分别为由 u_1、u_2、u_3 输出时的通带增益。可以用 R_5 调节 ω_0，用 R_2 调 Q，用 R_0 调节 $K_{pi}(i=1,2,3)$，各参数间相互影响很小。

该电路不能实现高阶零点，也不能实现非零零点，所以不能构成高通与带阻滤波器。

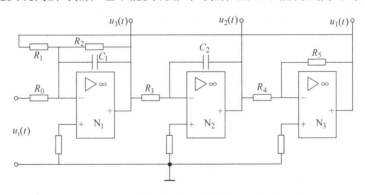

图5-20 具有低通与带通功能的双二阶环电路

5.2.4.2 可实现高通、带阻与全通功能的双二阶环电路

图5-21是另一种比较经典的电路双二阶环电路，与图5-20电路比较，该电路能够产生非零零点。从 u_o 输出时，其传递函数为

$$H(s) = \cfrac{-\cfrac{R_4}{R_{02}}s^2 + \cfrac{R_4}{C_1}\left(\cfrac{1}{R_{01}R_3} - \cfrac{1}{R_{02}R_2}\right)s - \cfrac{R_4}{R_{03}R_1R_3C_1C_2}}{s^2 + \cfrac{1}{R_2C_1}s + \cfrac{R_4}{R_1R_3R_5C_1C_2}}$$

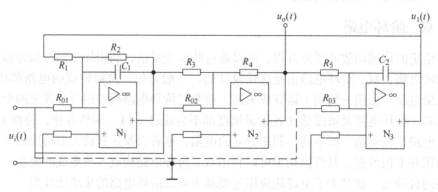

图 5-21 可实现高通、带阻与全通功能的双二阶环电路

如果令 R_{03} 开路（虚线断开），并使 $R_3 = (R_2R_{02})/R_{01}$，分子多项式只剩下 $(-R_4/R_{02})s^2$，则该电路为高通滤波电路；如果仍保持上述条件，并接入 $R_{03} = (R_{02}R_5)/R_4$，则该电路为带阻滤波电路；如果同时接入 $R_{03} = (R_{02}R_5)/R_4$，$R_3 = R_2R_{02}/(2R_{01})$，则该电路为全通滤波电路。至于 u_1 的输出性质，留作习题。该电路所实现的各种双二阶电路，滤波器参数均为

$$K_p = -\frac{R_4}{R_{02}}, \quad \omega_0 = \sqrt{\frac{R_4}{R_1R_3R_5C_1C_2}}, \quad \alpha\omega_0 = \frac{\omega_0}{Q} = \frac{1}{R_2C_1}$$

5.2.4.3 低通、高通、带通、带阻与全通滤波电路

在图 5-22 中，如果 $R_{01} = R_{02} = R_{03} = R_{04} = R_{05} = R_{06} = R_{07} = R_0$，则 u_1、u_b 与 u_h 分别为低通、带通与高通滤波电路的输出。滤波器参数分别为

$$K_{pl} = 1, \quad K_{pb} = -1, \quad K_{ph} = 1$$

$$\omega_0 = \frac{1}{\sqrt{R_1R_2C_1C_2}}, \quad \alpha\omega_0 = \frac{\omega_0}{Q} = \frac{1}{R_1C_1}$$

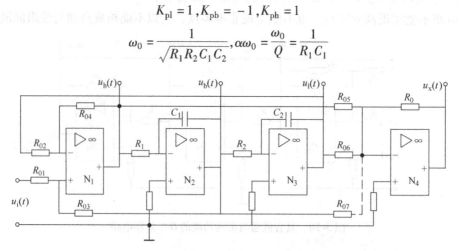

图 5-22 可实现低通、高通、带通、带阻与全通功能的双二阶环电路

这里 K_{pl}、K_{pb} 与 K_{ph} 分别为构成低通、带通、高通滤波器时的通带增益。如果令 R_{07} 开路

（虚线断开），则 u_x 为带阻滤波器的输出，如果接入 R_{07}，则 u_x 为全通滤波器的输出，增益均为 $K_{px} = -1$，ω_0 与 Q 不变。

通过简单比较可知，该电路最为复杂，使用四个运算放大器，功能也最齐全。如果用分立器件组成这样的电路很不实用，但是该电路可以用来设计通用性很强的集成滤波器。例如在图 5-20 中，将除 R_1，R_2，C_1 及 C_2 之外的其他元器件全部集成到芯片内部，可以构成一个功能丰富、调整方便的通用集成滤波器。

5.3　有源滤波器设计

滤波器设计与其他电路设计一样，在满足功能要求前提下，在成本和性能之间取得最佳平衡。就滤波器而言，功能要求主要是是否能够准确可靠地实现给定的传递函数，包括对通带、阻带、过渡带以及相频特性等方面的要求。成本体现在所使用的有源与无源器件的数目，性能则主要体现在稳定性与灵敏度。

有源滤波器的设计主要包括确定传递函数，选择电路结构，选择有源器件与计算无源元件参数四个过程。但是在这些具体的设计过程之前，首先需要考虑的是滤波器类型。

滤波电路主要有四种类型：低通、高通、带通与带阻。在实际系统中低通滤波器应用最广泛，也是最重要的。

设计高通滤波器时可以首先设计一个低通滤波器，然后再通过频率变换转变成高通滤波器。

理论上带通或带阻滤波器的设计也可以通过直接对低通滤波器进行更复杂的频率变换来实现。但是这种设计方法还需要涉及更深的频率变换理论，且工程应用并不很普遍，本书没有详细讨论这部分内容。

一般来说，带通或带阻滤波器可分为宽带与窄带两种。比如音频频率范围为 20Hz ~ 20kHz，频带很宽，用低通与高通滤波器的级联可实现宽带的带通滤波器。宽带的带阻滤波器则可以用低通与高通滤波器的并联来实现。

在一般测控系统中，宽带的带通或带阻滤波器应用远不如窄带普遍，例如传输高频的已调制信号、载波或解调参考信号，滤除 50Hz 工频干扰等，带宽都比较窄，一般要求有较高的品质因数。不论采用哪种电路结构，单级电路品质因数均不宜过高。为了构成品质因数较高的窄带带通或带阻滤波器，可以多级级联，并且各级品质因数尽量一致。n 级具有相同品质因数 Q 的二阶电路级联后总的品质因数 Q_n 为

$$Q_n = \frac{Q}{\sqrt{\sqrt[n]{2} - 1}}$$

5.3.1　传递函数的确定

确定电路传递函数主要有两个方面：电路阶数和逼近方法。

电路阶数选择是非常关键的，设计滤波器的一个非常重要的原则是尽量选择低阶电路。一般来说能选择一阶电路就没有必要选择高阶电路，因为高阶滤波器虽然能够实现更强的频率选择功能，但是电路比较复杂，成本增加。由于一阶电路比较简单，基本上不需要设计，所以这里重点讨论二阶或更高阶有源滤波电路的设计。电路阶数选择一般可根据经验确定，

对通带增益与阻带衰耗有一定要求时，应按照给定的设计要求来确定电路阶数。

例1 一个低通滤波器，要求在 0 ~ 100Hz 的通带内，信号损耗不超过 1dB，高于 1000Hz 的阻带噪声衰耗不低于 20dB，试确定一阶滤波器能否满足上述设计要求。

解 信号损耗不超过 1dB，意味着在 100Hz 范围内，信号最多衰减到 89%，依此可以确定 $f_c > 196$Hz。此时 1000Hz 阻带边界的衰耗是 14.3dB，不满足设计要求，需要二阶或更高阶的电路。

一旦选定超过一阶的电路系统，应按照应用特点选择一种逼近方法，以达到最佳特性。在电路复杂性一定的条件下，各方面特性难以兼顾。在一般测控系统中，只有个别对相位失真非常敏感的电路才会采用贝赛尔逼近，大多数情况下多采用巴特沃斯逼近与切比雪夫逼近。相对来说切比雪夫逼近过渡带最为陡峭，当阶为 n 时，阻带衰耗比巴特沃斯逼近高大约 $6(n-1)$dB，但相位失真更严重，对元件准确度要求也更高。

设计低通滤波器时可直接应用式（5-16）与式（5-18）。对于高通滤波器，经频率变换，式（5-16）与式（5-18）相应地变为

$$A(\omega) = \frac{K_p}{\sqrt{1 + (\omega_c/\omega)^{2n}}}, A(\omega) = \frac{K_p}{\sqrt{1 + \varepsilon^2 c_n^2(\omega_p/\omega)}}$$

根据上述公式确定电路阶数后，可根据式（5-17）与式（5-20）确定滤波器的传递函数。

例2 一个切比雪夫逼近的三阶高通滤波器，通带截频 $f_p = 100$Hz，通带增益波动为 2dB，试确定其传递函数。

解 首先按照式（5-20）确定相应低通滤波器的传递函数。

$\theta_1 = \pi/6$，$\sin\theta_1 = 1/2$，$\cos\theta_1 = \sqrt{3}/2$，$\varepsilon = \sqrt{10^{\Delta K_p/10} - 1} = 0.7648$，$\beta = [\operatorname{arcsinh}(1/\varepsilon)]/n = 0.3610$，$\sinh\beta = 0.3689$。

该低通滤波器的传递函数为

$$H(s) = \left(\frac{0.3689\omega_p}{s + 0.3689\omega_p}\right)\left(\frac{0.8861\omega_p^2}{s^2 + 0.3689\omega_p s + 0.8861\omega_p^2}\right)$$

然后再通过频率变换，并代入 f_p 的频率值，得到最终高通滤波器的传递函数

$$H(s) = \left(\frac{s}{s + 2.317 \times 10^2}\right)\left[\frac{s^2}{s^2 + (2.317 \times 10^2)s + 3.498 \times 10^5}\right]$$

5.3.2 电路结构的选择

同一类型的电路，特性基本相近，因此掌握各种基本电路性能特点对于滤波电路设计是十分重要的。

压控电压源型滤波电路使用元件数目较少，对有源器件特性理想程度要求较低，结构简单，对于一般应用场合性能比较优良，应用十分普遍。但压控电压源电路利用正反馈补偿 RC 网络中能量损耗，反馈过强将降低电路稳定性。在这类电路中，α 或 Q 值表达式均包含 $-K_f$ 项，表明 K_f 过大，可能会使 α 或 Q 值变负，导致电路自激振荡。此外这种电路 α 或 Q 的灵敏度都比较高，并且均与 $1/\alpha$ 或 Q 成正比，如果电路 $1/\alpha$ 或 Q 值较高，外界条件变化将会使电路性能发生较大变化，如果电路在临界稳定条件下工作，还可能出现自激振荡。综

上所述，这种电路结构不适宜实现高性能滤波电路。

无限增益多路反馈型滤波电路与压控电压源滤波电路使用元器件数目相近，由于没有正反馈，稳定性很高。根据表 5-4 可以确定，各电路性能参数 K_p、ω_0、α 或 Q，相对每个电路 RC 元件参数的灵敏度都不超过 ± 1，因而可实现较高性能的滤波电路。其不足之处是对有源器件特性要求较高，并且调整不是很方便，因此这种滤波电路也不允许 Q 值过高，一般不应超过 10。

广义阻抗变换型滤波电路与无限增益多路反馈型电路一样，对有源器件特性要求也比较高，也具有稳定性高、灵敏度低的特点。相对来说，更容易调整，但是需要使用两个运放，电路复杂，成本比较高。因此这种电路应用场合主要有：①需要准确调整零极点位置分布的高性能滤波电路；②构成集成滤波器框架。

无论从稳定性与灵敏度方面考虑，双二阶环电路相对于无限增益多路反馈型电路与广义阻抗变换型电路都没有更多优势，并且双二阶环电路使用元器件数目更多，但是这种电路结构调整更加方便灵活，非常适合于构成通用的集成滤波器框架，不建议采用分立器件组建双二阶环滤波电路。

电路结构类型的选择与特性要求密切相关。特性要求较高的电路应选择灵敏度较低的电路结构。设计实际电路时应特别注意电路的品质因数，因为许多电路当 Q 值较高时灵敏度也比较高，即使低灵敏度的电路结构，如果 Q 值过高，也难以保证电路特性稳定。一般来说，低阶的低通与高通滤波电路 Q 值较低，灵敏度也较低。高阶的低通与高通滤波电路某些基本环节 Q 值较高，如特性要求较高必须选择灵敏度较低并且容易调整的电路结构。窄带的带通与带阻滤波电路 Q 值一般比较高，也应选择灵敏度较低的电路结构。从电路布局方面考虑，多级级联应将高 Q 值级安排在前级。

5.3.3 有源器件的选择

有源器件是有源滤波电路的核心，其性能对滤波器特性有很大影响。前面讨论的电路均默认所采用的有源器件运放是理想的，各种不理想因素都被忽略不计，例如默认开环增益无限大，且与信号频率无关，输入失调电压与电流均为 0。这些因素在传递函数中都没有体现。

实际设计时应考虑以下两个方面：

1）有源器件不可避免会引入噪声，降低信噪比，从而限制有用信号幅值下限。对于需要保留低频信号的低通与带阻滤波电路，首先要考虑各种失调导致的噪声；其次也要根据具体情况顾及有源器件的频率特性。

2）器件特性不理想，如单位增益带宽太窄，开环增益过低或不稳定，这些将会改变其传递函数性质，一般情况下会限制有用信号频率上限。对于高通与带通滤波电路，各种低频的误差，如输入失调电压或电流都可以被忽略不计，但是必须十分重视有源器件的频率特性。

目前受有源器件自身带宽的限制，有源 RC 滤波器只能应用于较低的频率范围，但对于多数实用的测控系统，基本能够满足使用要求。随着集成电路制造工艺的进步，这些限制也会不断得到改善。

当然，在有些情况下，也要考虑输入与输出阻抗。

5.3.4　无源元件参数计算

当所选有源器件特性足够理想时，滤波电路特性主要由无源的 RC 元件参数决定。由传递函数可知，电路元件数目总是大于滤波器特性参数的数目，因而具有较大的选择余地。考虑到无源元件公称值系列不是连续的，并且存在一定的误差，实际设计计算时往往非常复杂。

传统上，滤波器设计计算多基于图表法，即由图决定电路结构，由表决定元件参数。现代滤波器设计则多采用计算机进行优化设计，相应的实用程序也很多，限于篇幅，这里不做详细讨论。但在一般简单电路设计中，利用图表仍不失为一种方便实用的方法。下面以具有不同增益的无限增益多路反馈二阶巴特沃斯低通滤波器（图 5-17a）为例，予以简单说明。

首先在给定的 f_c 下，参考表 5-6 选择电容 C_1。设计其他各种二阶滤波器时，也可参考该表。

表 5-6　二阶无限增益多路反馈巴特沃斯低通滤波器设计电容选择用表

f_c/Hz	< 100	100 ~ 1000	$(1 \sim 10) \times 10^3$	$(10 \sim 100) \times 10^3$	$\geqslant 100 \times 10^3$
$C_1/\mu F$	0.1 ~ 10	0.01 ~ 0.1	0.001 ~ 0.01	$(100 \sim 1000) \times 10^{-6}$	$(10 \sim 100) \times 10^{-6}$

然后根据所选择电容 C_1 的实际值，按照下式计算电阻换标系数 K：

$$K = \frac{100}{f_c C_1} \qquad (5-24)$$

其中，f_c 以 Hz 为单位；C_1 以 μF 为单位。然后再按表 5-7 确定电容 C_2 与归一化电阻值 $r_1 \sim r_3$。最后将归一化电阻值乘以换标系数 K，$R_i = Kr_i$（$i = 1, 2, 3$），即可得到各电阻实际值，设计过程非常简单。

表 5-7　二阶无限增益多路反馈巴特沃斯低通滤波器设计用表

K_p/dB	1	2	6	10
$r_1/k\Omega$	3.111	2.565	1.697	1.625
$r_2/k\Omega$	4.072	3.292	4.977	4.723
$r_3/k\Omega$	3.111	5.130	10.180	16.252
C_2/C_1	0.2	0.15	0.05	0.033

实际设计中，电阻、电容设计值很可能与标称系列值不一致，而且标称值与实际值也会存在差异。对于滤波器特性参数要求较低的低阶电路，元件参数相对设计值误差不超过 5%，一般可以满足设计要求；对 5 阶或 6 阶电路，元件误差应不超过 2%；对 7 阶或 8 阶电路，元件误差应不超过 1%。如对滤波器特性要求较高或滤波器灵敏度较高，对元件参数精度要求还应进一步提高。

5.3.5　设计举例

要求设计两个通带增益 $K_p = -2$，转折频率分别为 $f_{c1} = 650Hz$，$f_{c2} = 750Hz$ 的无限增益多路反馈二阶巴特沃斯逼近低通滤波器（阻尼 $\alpha \approx 1.414$）。

通过表 5-6 确定两个不同转折频率滤波器 C_1 电容取值均为 $0.01\mu F$，由式（5-24）计算

得到电阻换标系数 $K_1 = 15.38$，$K_2 = 13.33$。查表 5-7 得到归一化电阻值：$r_1 = 2.565\text{k}\Omega$，$r_2 = 3.292\text{k}\Omega$，$r_3 = 5.130\text{k}\Omega$。按照表 5-6，这两个滤波器电容 C_2 取值均为 1500pF。

通过计算可以得到最终设计结果，分别见表 5-8 与表 5-9。

表 5-8　转折频率 $f_{c1} = 650\text{Hz}$ 滤波器电阻取值计算结果

阻值	R_1	R_2	R_3
计算值/kΩ	39.46	50.65	78.92
标称值/kΩ	39	51	82

表 5-9　转折频率 $f_{c1} = 750\text{Hz}$ 滤波器电阻取值计算结果

阻值	R_1	R_2	R_3
计算值/kΩ	34.20	43.89	68.40
标称值/kΩ	33	43	68

在实际电路中，R_1、R_2 与 R_3 可选用容差为 5% 的金属膜电阻，电容 C_1 与 C_2 可选 5% 或 10% 容差的元件。按照设计要求，在不考虑元件实际参数相对标称值误差的前提下，对电路参数进行校核，结果见表 5-10。

表 5-10　按照标称值计算的校核结果

参量	$f_{c1} = 650\text{Hz}$	$f_{c2} = 750\text{Hz}$
f_c/Hz	635	760
α	1.439	1.431
K_p	-2.1	-2.06

简单计算可以发现，比较关键的参数 f_c 和 α 的误差均在 1% ~ 2% 之间（增益误差最大为 5%，可以通过系统增益调整环节补偿）。如果考虑元件标称值与实际值的偏差，可以借助于元件容差与电路灵敏度进行估算。

如果特性要求比较高，考虑元件参数实际值相对标称值的误差，可采取如下措施：如批量较大，可采用定制的精密电阻与电容；如批量较小，可在装配之前对各元件进行测试与选配；单件制造时可设置调整环节，装配之后对电路进行测试与调整。

5.4　数字滤波电路

现代数字技术发展异常迅猛，很多传统的模拟运算与处理逐渐转向数字技术，滤波技术也是这样。数字运算与处理主要有两种实现方式：各种形式计算机软件运算；数字电路硬件运算。本节只简单介绍后者。

数字滤波器大体上可以分为有限冲激响应（FIR）与无限冲激响应（IIR）两种类型。尽管这两种类型滤波器设计方法差别很大，但是用电路实现差别并不很大。

与模拟滤波器一样，数字滤波器也存在性能和成本的问题。性能主要指幅频特性与相频特性方面的有关指标。对于硬件滤波电路来说，成本主要体现在运算电路复杂程度以及运算量的大小。

在介绍数字滤波电路之前首先要建立数字角频率的概念。连续时间信号 $x(t)$ 经采样形成离散时间序列 $x(n)$ 之后才能被数字运算设备所运算（实际运算还要包括量化过程，这里暂不考虑）。采样过程中一定会存在一个采样时间间隔 T_s，其倒数 $f_s = 1/T_s$ 为采样频率。如果采样过程满足或近似满足采样定理，采样后离散时间序列的频率范围被限制在 $\pm f_s/2$ 的范围内。

对于数字滤波器设计者来说，这个采样频率可能是可见的，也可能是不可见的。因为数字滤波属于纯数字运算，没有必要考虑具体的物理频率，连续时间信号的角频率 ω 被归一化为一个纯数：$\Omega = \omega T_s = 2\pi(f/f_s)$，称为数字角频率，其范围为 $\pm\pi$。因此对数字滤波器来说，频率是一个相对的概念。

5.4.1 有限冲激响应滤波器

有限冲激响应滤波器与无限冲激响应滤波器的设计理念差别非常大。前者基于理想滤波器，后者基于模拟滤波器。从性能方面考虑，在相同运算量的前提下，前者幅频特性比较差，要达到相同的运算结果，需要更大的运算量，但是前者能够实现线性的相频特性。因此在算力过剩的情况下，可以得到更加理想的结果。

有限冲激响应滤波器可以用如下常系数差分方程描述：

$$y(n) = \sum_{m=0}^{M} h_m x(n-m) \tag{5-25}$$

式中，h_m（$m = 0 \sim M$）为滤波器单位冲激响应系数，其长度是有限的，故得名。

从式（5-25）可以看出，当前输出仅与当前输入与过去输入有关，与输出无关，也称为无记忆的。改变 h_m，可以改变滤波器的频率特性。按照此式可以构造出电路框图，如图 5-23 所示。

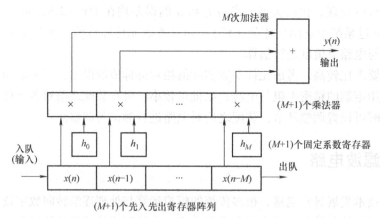

图 5-23 有限冲激响应滤波器电路框图

一般来说，直接按照图 5-23 构成的电路很难得到最理想的结果，因为有限冲激响应滤波器需要较高的运算量，实际的滤波电路为了降低运算量，电路结构形式可能会有所变化。降低运算量的方法主要有：降低乘法运算次数，降低加法运算次数。其中前者更为重要。下面的两个例子都能够实现理想的线性的相频特性。

例 3 算术平均值滤波（本例是 5 个序列值取平均），这是一种应用十分广泛的低通滤

波器，其差分方程为

$$y(n) = \frac{1}{5} \sum_{m=0}^{4} x(n-m)$$

其电路结构如图 5-24 所示。与图 5-23 比较，该电路可以使乘法运算次数降低到最少。其不足也是显而易见的，因为只有序列长度一个参数可用来调节频率特性，调节能力很差，多用于对频率特性要求不高的场合。

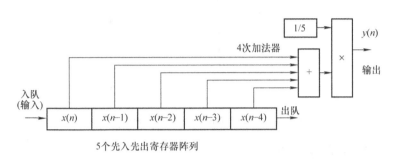

图 5-24 算术平均值滤波电路

例 4 一种具有 5 个序列值的低通滤波器，给定如下差分方程为

$$y(n) = \frac{1}{20}x(n) + \frac{1}{5}x(n-1) + \frac{1}{2}x(n-2) + \frac{1}{5}x(n-3) + \frac{1}{20}x(n-4)$$

表面上看，该电路具有 5 个 h_m 可以用来调节频率特性，但为了实现理想的线性相频特性，要求这些 h_m 具有对称形式，因此只有三个是可以独立调节的。该滤波器电路如图 5-25 所示，这种结构可以使乘法运算量降低一半左右。

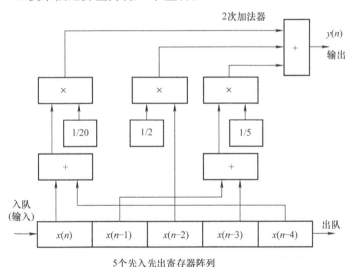

图 5-25 5 个序列值的低通滤波电路

图 5-26 是上述两种滤波器的幅频特性，其中曲线 1 对应算术平均值滤波器；曲线 2 对应另一个具有 5 个序列值的低通滤波器。第二种滤波器具有更多的可调节参数，可以使滤波器幅频特性得到一定程度的改善，由于运算量太小，难以实现更理想的幅频特性。

141

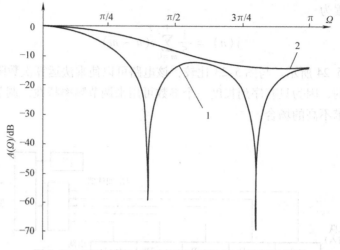

图 5-26　两种有限冲激响应低通滤波器电路幅频特性

5.4.2　无限冲激响应滤波器

无限冲激响应滤波器源于传统的模拟滤波器。从设计方面考虑，可以借鉴模拟滤波器设计长期积累的经验。从性能方面考虑，无限冲激响应滤波器的幅频特性远胜于有限冲激响应滤波器，从而可以大大降低运算量。其不足之处与模拟滤波器一样，无法实现理想的线性相频特性。

无限冲激响应滤波器可以用如下常系数差分方程描述：

$$y(n) = \sum_{m=0}^{M} a_m x(n-m) + \sum_{k=1}^{N} b_k y(n-k) \qquad (5\text{-}26)$$

从式（5-26）可以看出，当前输出不仅与当前输入、过去输入有关，也与过去的输出有关，也称为有记忆的。将式（5-26）展开成单位冲激响应系数，其长度是无限的，故得名。改变各个系数 a_m 与 b_k，可以改变滤波器的频率特性。按照此式可以直接构造出电路框图，如图 5-27 所示。尽管无限冲激响应滤波器运算量相对比较低，但构成实际电路时适当优化也是十分必要的。

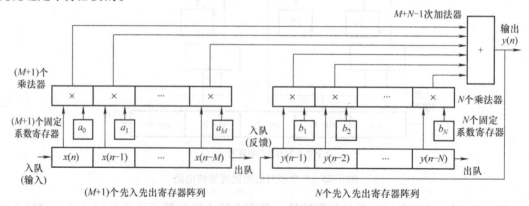

图 5-27　无限冲激响应滤波器电路框图

最后通过一个具体的例子说明如何构建无限冲激响应滤波电路，以及对电路进行适当的优化。

例 5　设计一个增益为 1，基于二阶巴特沃斯逼近的无限冲激响应低通滤波电路，要求转折频率 $f_c = f_s/10$（f_s 为采样频率）。

解　首先按照设计要求，构造一个模拟二阶巴特沃斯低通滤波器，其传递函数为

$$H(s) = \frac{\omega_0^2}{s^2 + \sqrt{2}\omega_0 s + \omega_0^2}$$

模拟滤波器到数字滤波器的映射方式有很多种，结果会有一定的差异，但从运算电路角度考虑，差别不会很大。这里采用双线形变换，变换结果为

$$y(n) = 0.0639643849x(n) + 0.1279287697x(n-1) + 0.0639643849x(n-2) +$$
$$1.1682606672y(n-1) - 0.4241182066y(n-2)$$

理论上讲，将相应的系数嵌入到图 5-27 所示电路框图，就能够实现给定的滤波电路功能。

用硬件实现浮点数乘法与加法的电路都是比较复杂的。另一方面，滤波电路输入的离散时间序列 $x(n)$ 一般是通过 A/D 转换得到的整型数。如果能够把浮点数运算转变为整型数运算，可以极大降低电路复杂程度。

对前面浮点数差分方程稍微变形，可以得到如下分数形式的差分方程：

$$y(n) = \frac{4192}{65536}x(n) + \frac{8384}{65536}x(n-1) + \frac{4192}{65536}x(n-2) +$$
$$y(n-1) + \frac{11027}{65536}y(n-1) - \frac{27795}{65536}y(n-2)$$

此时，浮点数乘法等效为先进行一次整型数乘法，再除以 65536。实际上后者根本不需要运算，简单地将前一次整型数乘法运算结果的最后两字节舍弃即可得到足够精度的近似值。这种算法的运算误差为 1/65536 数量级，相当于 16bit A/D 转换器的量化误差，能够满足绝大多数应用要求。如需进一步提高运算精度，可仿照此例，再增加一个字节运算长度，电路复杂程度基本没有增加。这种方法也适合于有限冲激响应滤波电路的设计，甚至也适合软件数字滤波算法。

对图 5-27 稍做修改，就可以得到满足设计要求的滤波电路，其运算复杂度显著降低，如图 5-28 所示。

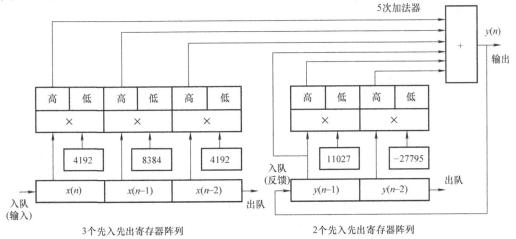

图 5-28　二阶巴特沃斯逼近低通滤波电路

该电路运算量与前面的有限冲激响应滤波电路运算量完全一样，5 次乘法运算，4 次加法运算，但它们的频率特性差别十分显著。图 5-29 是上述无限冲激响应滤波电路的幅频特性。从图中可以看出，在给定的 $10\% f_s$ 范围内，响应曲线非常平坦，之后快速衰减，最后衰减到 80dB 以下，而图 5-26 所示的有限冲激响应滤波电路的幅频特性要差得多。

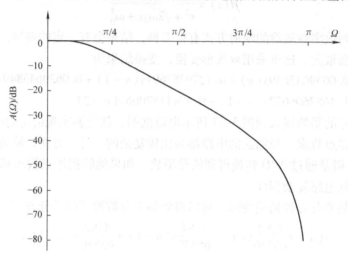

图 5-29　无限冲激响应二阶巴特沃斯逼近低通滤波电路幅频特性

思考题与习题

5-1　简述滤波器功能，按照功能要求，滤波器可分为几种类型？

5-2　按照电路结构，常用的二阶有源滤波电路有几种类型？特点是什么？

5-3　测控系统中常用的滤波器特性逼近的方式有几种类型？简述这些逼近方式的特点。

5-4　按照电路组成，滤波电路主要有几种类型？特点是什么？

5-5　滤波器特性参数主要有哪些？

5-6　两个特性参数完全相同的低通滤波器级联后，其 3dB 截止频率 f_c 与原来的单个低通滤波器是否一致？其他特征频率是否一致？为什么？

5-7　证明二阶电路传递函数分母系数均为正时电路是稳定的（提示：极点位置均位于 s 平面左半部分）。

5-8　试确定式（5-10）所示的低通滤波器的群时延函数 $\tau(\omega)$，并证明当 $\omega \ll \omega_0$ 时，贝赛尔逼近 $Q = 1/\sqrt{3}$ 可使 $\tau(\omega)$ 最接近常数。

5-9　如果带通滤波器可等效成低通与高通滤波电路的级联，那么带阻滤波器呢？试以带阻滤波器传递函数证明之。

5-10　具有图 5-8 所示的通带波动为 0.5dB 特性的 5 阶切比雪夫低通滤波器可由一个一阶基本节与两个二阶基本节等效级联组成。试求两个二阶基本节的品质因数，并确定通带内增益相对直流增益的最大偏离为百分之几。

5-11　试确定一个单位增益巴特沃斯低通滤波器的传递函数，要求信号在通带 $f \leq 250Hz$ 内，增益最大变化量 ΔK_p 不超过 2dB，在阻带 $f > 1000Hz$，衰耗不低于 25dB。

5-12　用单一运放设计一个增益为 -1、$f_c = 273.4Hz$ 的三阶巴特沃斯高通滤波器。

5-13　一电路结构如图 5-30 所示。其中 $R_0 = R_1 = R_5 = 10k\Omega$、$R_2 = 4.7k\Omega$、$R_3 = 47k\Omega$、$R_4 = 33k\Omega$、$C_1 = C_2 = 0.1\mu F$。试确定当电阻 R_0 断开与接入时电路功能分别是什么？并计算相应的电路参数 K_p、f_0 与 α

或 Q（提示：令 R_0 断路，u_1 点输出 $U_{11}(s) = f_1(s)U_i(s)$；令 R_1 断路，$U_{12}(s) = f_2(s)U_o(s)$。因为 $R_0 = R_1$，所以 $f_1(s) = f_2(s) = f(s)$。$U_1(s) = f_1(s)U_i(s) + f_2(s)U_o(s) = f(s)[U_i(s) + U_o(s)]$）。

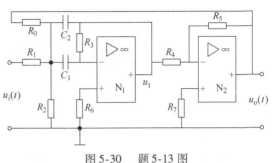

图 5-30　题 5-13 图

5-14　设计一个品质因数不低于 10 的多级带通滤波器，如要求每一级电路的品质因数不超过 4，需要多少级级联才能满足设计要求？级联后实际的品质因数为多少？

5-15　按图 5-14a 与图 5-17a 设计两个二阶巴特沃斯低通滤波器，$f_c = 1\text{kHz}$、$K_p = 1$，其中无限增益多路反馈型电路按书中表 5-6 与表 5-7 设计，压控电压源电路中 C_1 参考表 5-6 选择，并取 $C_2 = 0.33 C_1$。

5-16　一个二阶带通滤波器电路如图 5-14c 所示，其中 $R_1 = 56\text{k}\Omega$、$R_2 = 2.7\text{k}\Omega$、$R_3 = 4.7\text{k}\Omega$、$R_0 = 20\text{k}\Omega$、$R = 3.3\text{k}\Omega$、$C_1 = 1\mu\text{F}$、$C_2 = 0.1\mu\text{F}$。求电路品质因数 Q 与通带中心频率 f_0。当外界条件使电容 C_2 增大或减小 1% 时，Q 与 f_0 变为多少？当电阻 R_2 增大或减小 1% 呢？当电阻 R_2 减小 5% 呢？

5-17　在图 5-21 中，当 R_{03} 开路，并且 $R_{01}R_3 = R_{02}R_2$ 时，u_o 为高通输出，u_1 输出性质如何？

第6章 信号运算电路

导读

本章针对测控系统中常用各种模拟信号运算处理问题，介绍基于集成运算放大器搭建的模拟信号运算基本电路及其工作原理，实现信号的线性化，以及各种特征值提取，包括比例运算电路、加法/减法运算电路、对数/指数、乘法/除法运算电路、微分/积分运算电路、特征值与复杂运算电路和集成 V/I 转换器。在此基础上，以调节仪表常用的比例-积分-微分 PID 运算电路为例，详细介绍 PID 运算电路的构成及运算公式。

本章知识点

- 比例加法/减法运算电路
- 乘除法对数运算电路
- 微分积分运算电路
- 特征值提取运算电路
- PID 调节器运算电路

运算放大器在各种测量电路中完成信号调理和运算功能。当今，第四代运算放大器特性已非常接近理想放大器，在第 1 章中已经讲解。本章主要介绍其在测控系统中的各种运算应用，包括：比例运算电路、加法/减法运算电路、对数/指数、乘法/除法运算电路、特征值与复杂运算电路、微分/积分运算电路，最后介绍控制系统中常用的比例-积分-微分（PID）运算电路，以及集成 V/I 转换器。

6.1 比例运算放大电路

6.1.1 同相比例放大电路

如图 6-1 所示，输入电压 u_i 通过 R_2 输入到运放的同相端，输出电压 u_o 通过反馈电阻 R_f 反馈到运放的反相端，反相端接入平衡电阻 $R_1 = R_2 /\!/ R_f$ 到地。由于运算放大器工作在线性区，有

$$u_- = \frac{R_1}{R_1 + R_f} u_o$$

根据"虚短"的特点，$u_+ = u_-$，

$$u_- = \frac{R_1}{R_1 + R_f} u_o = u_+ = u_i$$

所以同相比例放大器的电压放大倍数为

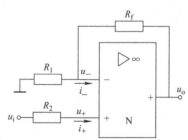

图 6-1 同相比例运算电路

$$K_f = \frac{u_o}{u_i} = 1 + \frac{R_f}{R_1}$$

可见，同相比例放大器运算电路的放大倍数 $K_f \geq 1$。当 $R_1 \to \infty$ 时（开路），$K_f = 1$，放大器构成一个等幅、同相的电压跟随器。同相放大器运算电路具有输入阻抗高的特点。

6.1.2　反相比例放大电路

如图 6-2 所示，输入电压 u_i 通过 R_1 输入到运放的反相端，输出电压 u_o 通过反馈电阻 R_f 反馈到反相端，构成负反馈，运放的同相端接入平衡电阻 $R_2 = R_1 /\!/ R_f$ 到地。根据"虚断"和叠加原理，反相端的电位 u_- 为

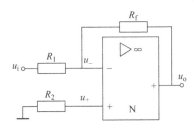

$$u_- = \frac{R_f}{R_1 + R_f} u_i + \frac{R_1}{R_1 + R_f} u_o$$

根据放大器"虚短"的特点，$u_+ = u_-$，有

$$u_- = \frac{R_f}{R_1 + R_f} u_i + \frac{R_1}{R_1 + R_f} u_o = u_+ = 0$$

图 6-2　反相比例运算电路

所以反相放大器的电压放大倍数为

$$K_f = -\frac{R_f}{R_1}$$

即电路实现了反相比例运算，其值由 R_f 与 R_1 之比确定。当 $R_f = R_1$ 时，$K_f = -1$，电路构成单位增益倒相器，一般用于阻抗匹配和倒相。

6.1.3　差分比例放大电路

图 6-3 所示为差分输入比例运算电路，输入电压 u_{i1}、u_{i2} 分别由输入电阻加在运放的反相端和同相端，为了保证运放输入平衡，一般要求输入电阻相等，即 $R_1 = R_2$，$R_f = R$。根据"虚断"的特点和叠加原理，反相端的电位为

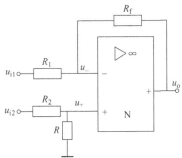

$$u_- = \frac{R_f}{R_1 + R_f} u_{i1} + \frac{R_1}{R_1 + R_f} u_o$$

而同相端的电位为

$$u_+ = \frac{R}{R_2 + R} u_{i2} = \frac{R_f}{R_1 + R_f} u_{i2}$$

根据放大器"虚短"特点，$u_+ = u_-$，得到差分比例运算电压放大倍数为

图 6-3　差分输入比例运算电路

$$K_f = \frac{u_o}{u_{i1} - u_{i2}} = -\frac{R_f}{R_1}$$

电路的输出与两个输入端电压的差值成比例，实现了差分比例运算。差分输入电路可有效地抑制共模干扰电压的影响。

6.2 加法/减法运算电路

6.2.1 同相加法运算电路

同相输入加法电路可以实现输入信号的求和运算，如图 6-4 所示，信号 u_{i1}、u_{i2} 分别通过电阻 R_2、R_3 接到同相端。同相端电位为

$$u_+ = \frac{R_3 /\!/ R}{R_2 + R_3 /\!/ R} u_{i1} + \frac{R_2 /\!/ R}{R_3 + R_2 /\!/ R} u_{i2}$$

反相端电位为

$$u_- = \frac{R_1}{R_1 + R_f} u_o$$

根据"虚短"的特点，可得

$$u_o = \left(1 + \frac{R_f}{R_1}\right)\left(\frac{R_3 /\!/ R}{R_2 + R_3 /\!/ R} u_{i1} + \frac{R_2 /\!/ R}{R_3 + R_2 /\!/ R} u_{i2}\right)$$

若 $R_2 = R_3$，则有

$$u_o = \left(1 + \frac{R_f}{R_1}\right)\left[\frac{R_2 /\!/ R}{R_2 + R_3 /\!/ R}\ (u_{i1} + u_{i2})\right]$$

实现了信号 u_{i1}、u_{i2} 相加，且输入输出同相。

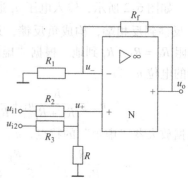

图 6-4 同相加法运算电路

6.2.2 反相加法运算电路

如图 6-5 所示，输入信号 u_{i1}、u_{i2} 分别通过电阻 R_1、R_2 接到反相端。根据放大器的"虚地"特性，可得

$$u_+ = u_- = 0$$

$$i_1 = \frac{u_{i1}}{R_1}$$

$$i_2 = \frac{u_{i2}}{R_2}$$

$$i_f = -\frac{u_o}{R_f}$$

$$i_1 + i_2 = i_f$$

所以

$$u_o = -\frac{R_f}{R_1} u_{i1} - \frac{R_f}{R_2} u_{i2}$$

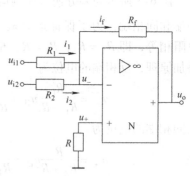

图 6-5 反相加法运算电路

若有 $R_1 = R_2$，则

$$u_o = -\frac{R_f}{R_1}(u_{i1} + u_{i2})$$

实现了信号 u_{i1}、u_{i2} 的相加。注意输入与输出反相。

6.2.3 减法运算电路

上一节介绍的加法运算电路可以通过适当的组合构成减法器。

例 试用运算放大器实现运算：$u_o = 6u_{i3} - 0.2u_{i2} - 5u_{i1}$。

解 分析上式运算关系，$u_o = 6u_{i3} - (0.2u_{i2} + 5u_{i1})$，可知要完成上式运算，需要一个加法运算和一个减法运算。信号在同相输入端实现求和运算，由反相端输入时，可对同相信号进行减法运算，由此设计图 6-6 所示电路。根据叠加原理，推导其元件参数

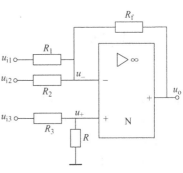

$$u_{o1} = -\frac{R_f}{R_1}u_{i1} = -5u_{i1}$$

得 $R_f = 5R_1$

$$u_{o2} = -\frac{R_f}{R_2}u_{i2} = -0.2u_{i2}$$

得 $R_f = 0.2R_2$

图 6-6 减法运算电路

$$u_{o3} = \frac{R}{R+R_3}\left(1 + \frac{R_f}{R_1 /\!/ R_2}\right)u_{i3} = 6u_{i3}$$

$$\frac{R}{R+R_3}\left(1 + \frac{R_f}{R_1 /\!/ R_2}\right) = 6$$

代入前两式，解出

$$R = 30R_3$$

按求得的关系式取电阻值，可实现所需的算术运算。注意：按电阻系列标准选取电阻值时，可能会有偏差，从而引入运算误差。为实现准确运算，需要引入调整环节（可以用电位器进行调节）。

6.3 对数、指数和乘、除运算电路

6.3.1 对数运算电路

对数、指数运算电路属于非线性运算电路，通常采用具有非线性特性的器件作为放大器的负反馈回路构成。常用的有利用二极管的电压－电流特性或晶体管的集电极电流－发射极电压构成的对数运算电路。

图 6-7 为对数放大器的原理电路，当工作于大信号时，二极管 VD 导通，起限幅作用，为限幅器；若工作于小信号，利用二极管 PN 结的非线性特性，则可实现对数运算。根据运算放大器的"虚地"原理可得

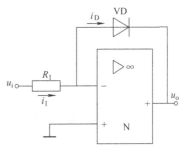

$$i_1 \approx \frac{u_i}{R_1} \approx i_D$$

图 6-7 对数放大器的原理电路

而由二极管特性方程

$$i_D = I_s(e^{\frac{u_D}{U_T}} - 1) \approx I_s e^{\frac{u_D}{U_T}}$$

式中，I_s 为 PN 结的反向饱和电流；U_T 为热电压，$U_T = \dfrac{kT}{q}$；k 为玻耳兹曼常数；q 为电子的电荷量。

在室温（293K）时，$U_T = 26mV$。当 $u_D \gg U_T$ 时，可得运算放大器的输出电压为

$$u_o = -u_D = -U_T \ln \frac{u_i}{I_s R_1}$$

可见，输出电压与输入电压之间存在对数运算关系。上述对数放大器只在 $u_i > 0$ 时适用，如工作在 $u_i < 0$ 时，则必须将 VD 反接。

上面的原理电路，在实际应用中还存在一些问题，需做如下改进。

1. 失调补偿

对数放大器工作范围的下限，通常取决于运算放大器的输入偏置电流和输入失调电压，为此，除应选用输入偏置电流和输入失调电压小的运算放大器外，必要时还须对输入偏置电流和输入失调电压进行补偿。

2. 温度补偿

运算电路中，I_s 和 U_T 都与温度有关，这将极大地影响运算精度，为此必须进行温度补偿。常规方法是选用对管补偿 I_s，而 U_T 用热敏电阻进行补偿。

3. 安全保护

为了防止输入电压极性偶然反向而导致 PN 结击穿，运算放大器输出须增加反向限幅环节。

4. 校正环节

为了保证闭环稳定性，须加 RC 校正环节。

图 6-8 为一种具有温度补偿的对数放大器电路。N_1、N_2 都工作于负反馈状态。其中 V_1 用来实现对数运算。流过 V_1 的集电极电流为

$$i_{c1} \approx i_1 \approx \frac{u_i}{R_1}$$

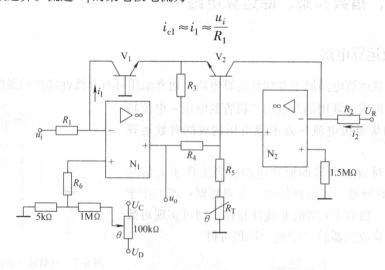

图 6-8　具有温度补偿的对数放大器电路

V_1 的发射极电压为

$$u_{BE1} = U_T \ln \frac{u_i}{R_1 I_{s1}}$$

V_2 用作温度补偿，U_R 为基准电压。V_2 的集电极电流为

$$i_{C2} \approx i_2 \approx \frac{U_R}{R_2}$$

i_{C2} 是一常量。V_2 的发射极电压为

$$u_{BE2} = U_T \ln \frac{U_R}{R_2 I_{s2}}$$

u_o 通过 R_4、R_5 和热敏电阻 R_T 分压后加在 V_1 和 V_2 两个发射极上

$$u_o \frac{R_5 + R_T}{R_4 + R_5 + R_T} = u_{BE2} - u_{BE1} = -U_T \ln \frac{u_i R_2 I_{s2}}{U_R R_1 I_{s1}}$$

所以

$$u_o = -U_T \frac{R_4 + R_5 + R_T}{R_5 + R_T} \ln \frac{u_i R_2 I_{s2}}{U_R R_1 I_{s1}}$$

若 V_1、V_2 为制作在同一芯片上的对称管（简称对管），$I_{s1} = I_{s2}$，上式变成

$$u_o = -U_T \frac{R_4 + R_5 + R_T}{R_5 + R_T} \ln \frac{u_i R_2}{U_R R_1}$$

选用具有正温度系数的热敏电阻 R_T，使 $\dfrac{R_4 + R_5 + R_T}{R_5 + R_T}$ 与温度 T 成反比，即可对 U_T 实现补偿。

使用中，常通过选用参数使在室温时，$\dfrac{R_4 + R_5 + R_T}{R_5 + R_T} = 16.7$，实现以 10 为底的对数运算

$$u_o = -\lg\left(\frac{R_2}{U_R R_1} u_i\right)$$

6.3.2　指数运算电路

6.3.2.1　基于运放的指数运算电路

指数是对数的逆运算，在电路结构上也存在这种对偶性。将反馈回路的非线性器件移到输入端，而反馈环节采用电阻，则可实现指数运算。

图 6-9 是指数运算原理电路。根据运算放大器"虚地"原理，可得

$$i_f \approx -\frac{u_o}{R_f} \approx i \qquad (6-1)$$

由图 6-9 可知

$$i = i \approx I_s e^{\frac{u_{BE}}{U_T}} \approx I_s e^{\frac{u_i}{U_T}} \qquad (6-2)$$

将式（6-2）代入式（6-1），解出

$$u_o = -I_s R_f e^{\frac{u_i}{U_T}}$$

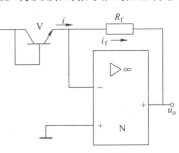

图 6-9　指数运算的原理电路

因此输出电压与输入电压之间存在指数运算关系。

图 6-10 所示是具有温度补偿的常用指数运算电路，可以看出它在结构上与图 6-8 具有

对偶性。晶体管 V_2 用来实现指数运算，其发射极电压为

$$u_{BE2} = U_T \ln \frac{u_o}{R_2 I_{s2}}$$

V_1 用作温度补偿，其发射极电压为

$$u_{BE1} = U_T \ln \frac{U_R}{R_1 I_{s1}}$$

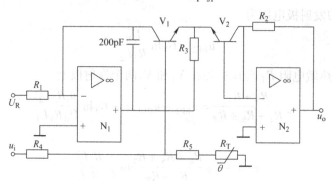

图 6-10 具有温度补偿的指数运算电路

u_i 经电阻分压后加在 V_1 与 V_2 的发射极上，即

$$u_i \frac{R_5 + R_T}{R_4 + R_5 + R_T} = u_{BE1} - u_{BE2} = -U_T \ln \frac{u_o R_1 I_{s1}}{U_R R_2 I_{s2}}$$

V_1 与 V_2 是对管，$I_{s1} = I_{s2}$，可得

$$u_o = \frac{U_R R_2}{R_1} e^{-(R_5 + R_T) u_i / [(R_4 + R_5 + R_T) U_R]}$$

I_s 被完全补偿。选择正温度系数的热敏电阻 R_T，使 $\dfrac{R_5 + R_T}{R_4 + R_5 + R_T}$ 与 T 成正比，即可实现对温度的补偿。如果在室温时，选择参数使 $\dfrac{R_5 + R_T}{R_4 + R_5 + R_T} = \dfrac{1}{16.7}$，则可实现以 10 为基数的指数运算。

$$u_o = \frac{U_R R_2}{R_1} 10^{-u_i} = k \, 10^{-u_i}$$

系数 k 可以根据要求计算确定。

6.3.2.2 集成对数运算放大器

LOG114 是 TI 公司特为超低电流宽动态应用设计的对数放大器，广泛应用于通信、激光、医药和工业领域。器件完成对输入电流、电压对参考端的对数运算，可实现 10^8 的动态范围。器件内部设有温度漂移补偿，在单电源或者双极性电源供电的情况下，均可保证高精度的对数运算。

输入端可以是低阻的电压源串联电阻输入，也可以是电流源直接输入，比如光电器件一类电流型传感器件。器件内部设计有高稳定度的基准参考电压，方便完成参比对数运算，每 10 倍对数运算输出 0.375V，输入电流范围 100pA ~ 3.5mA，输入达到 10mA 后，输出线性变差。在 LOG114 内部设计有 2 个输出调整缓冲放大器，用于对输出值调整，满足不同使用

要求。其运算函数：

$$U_{\text{LOGOUT}} = 0.375 \times \lg \left(\frac{I_1}{I_2} \right)$$

图 6-11 为双电源供电的一种高精度 10^8 倍对数比运算电路。在使用时，一定要注意 U_{CMIN} 端，当为单电源工作时，其 U_{CMIN} 端要接入大于 1V 的电压。而当使用双电源时，其需要接入电源地端。

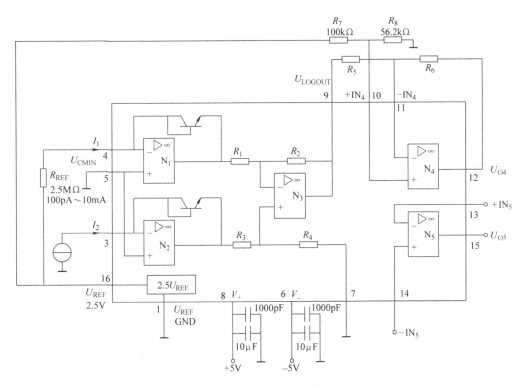

图 6-11 LOG114 对数运算电路

6.3.3 基于对数/指数运算的乘法/除法运算电路

6.3.3.1 基于对数/指数运算的乘法运算电路

乘法运算在数据运算、调制解调等中有广泛的应用。乘法运算可以基于对数/指数运算原理，也可以基于跨导运算的原理来实现。基于对数/反对数（指数）乘法器的实现原理是

$$u_o = e^{(\ln u_1 + \ln u_2)} = u_1 u_2$$

实现这种关系的运算电路如图 6-12 所示。图中 N_1、N_2 为对数放大器，它们的输出电压为

$$u_{o1} = -U_T \ln \frac{u_1}{I_{s1} R_1}$$

$$u_{o2} = -U_T \ln \frac{u_2}{I_{s2} R_1}$$

经反向加法器 N_3 相加，得

$$u_{o3} = -(u_{o1} + u_{o2}) = U_T \ln \frac{u_1 u_2}{I_{s1} I_{s2} R_1^2}$$

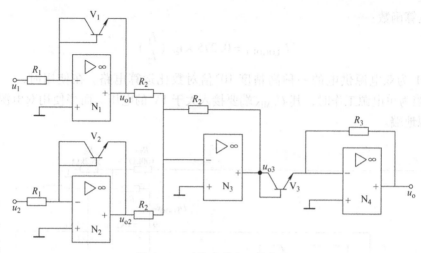

图 6-12　对数式乘法运算电路

再由 N_4 取反对数，得

$$u_o = -I_{s3}R_3 e^{\frac{u_{o3}}{U_T}} = -\frac{I_{s3}R_3}{I_{s1}I_{s2}R_1^2}u_1u_2$$

假设 V_1、V_2、V_3 的特性相同，则 $I_{s1} = I_{s2} = I_{s3} = I_s$，并取 $R_1 = R_3 = R$，可得

$$u_o = -\frac{1}{I_sR}u_1u_2$$

实现了乘法运算。

6. 3. 3. 2　基于对数/指数运算的除法运算电路

基于对数/指数运算的除法器的实现原理是

$$u_o = e^{(\ln u_1 - \ln u_2)} = \frac{u_1}{u_2}$$

实现这种关系的运算电路如图 6-13 所示。

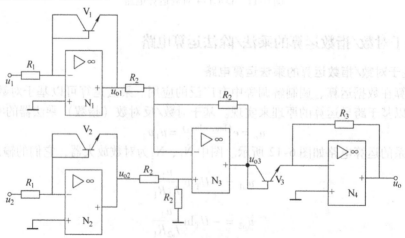

图 6-13　对数式除法运算电路

假设 V_1、V_2、V_3 的特性相同，则 $I_{s1} = I_{s2} = I_{s3} = I_s$，并取 $R_1 = R_3 = R$，可得

$$u_{o1} = -U_{T}\ln\frac{u_1}{I_{s1}R_1}$$

$$u_{o2} = -U_{T}\ln\frac{u_2}{I_{s2}R_1}$$

经反向加法器 N_3 相减，得

$$u_{o3} = (u_{o2} - u_{o1}) = U_{T}\ln\frac{u_1}{u_2}$$

$$u_{o} = -RI_{s}e^{\frac{u_{o3}}{U_{T}}} = -I_{s}R\frac{u_1}{u_2}$$

实现了除法运算。

6.3.3.3　四象限乘法/除法运算电路

由于对数放大器是单极性的，因此对数乘法器和除法器也是单象限的。为了使乘法器的两个输入量的符号是任意的，并且输出也与之相对应，需要采用四象限乘/除电路。一种方法是通过复杂的电路控制输入和输出端符号来实现；另一种方法是将输入电压 U_x 和 U_y 分别与常数电压 U_{xC} 和 U_{yC} 相加后再相乘/除，就可使得输入到乘/除电路的电压总在允许范围内。以乘法电路为例，此时输出电压为

$$U_{o} = \frac{(U_x + U_{xC})(U_y + U_{yC})}{E}$$

则

$$\frac{U_xU_y}{E} = U_{o} - \frac{U_{xC}}{E}U_y - \frac{U_{yC}}{E}U_x - \frac{U_{xC}U_{yC}}{E}$$

式中，E 为固定电压。由此可见，在这种乘法电路的输出端还需减掉一个电压常数和两个分别与两输入端成正比的电压。

图 6-14 所示是四象限乘法器原理图，N_3 为乘法/除法器的符号，它表示可以实现 $U_3 = \frac{xy}{z}$ 的运算。图中常数电压和系数的选取是为了充分利用放大器的线性范围。若输入电压 U_x、U_y 的范围分别是 $-E \leqslant U_x \leqslant +E$ 和 $-E \leqslant U_y \leqslant +E$，取 $U_1 = 0.5U_x + 0.5E$，$U_2 = 0.5U_y + 0.5E$，那么 $0 \leqslant U_1 \leqslant E$，$0 \leqslant U_2 \leqslant E$，此时输出电压为

$$U_{o} = \frac{(U_x + E)(U_y + E)}{E} - U_x - U_y - E = \frac{U_xU_y}{E}$$

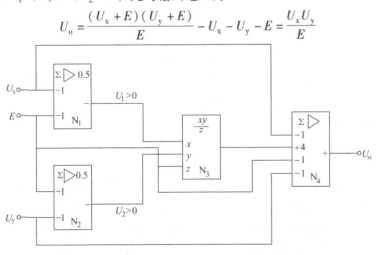

图 6-14　四象限乘法器的原理图

6.3.4 变跨导乘法运算电路

由跨导型运算放大器（OTA）的工作原理可知，跨导放大器的输出电流受两个信号控制，一个是差模输入电压 U_x，另一个是偏置电流 I_B。而且，在一定范围内，其输出电流与上述两个信号分别呈线性关系。如果设法使偏置电流 I_B 正比于另一个电压信号 U_y，则其输出电流将正比于两个电压信号的乘积 $U_x U_y$。因此，可以利用跨导运算放大器实现两个电压信号的乘法运算。

采用 OTA 的变跨导乘法器的原理图如图 6-15 所示。可以列出下列方程式：

$$I_o = -G_m U_x \tag{6-3}$$

$$U_x = I_1 R_1 + U_o \tag{6-4}$$

$$I_1 + I_o = I_L \tag{6-5}$$

$$U_o = I_L R_L \tag{6-6}$$

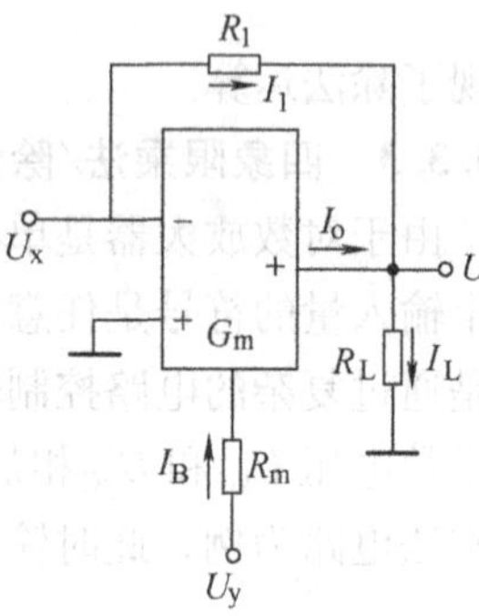

由式（6-3）~式（6-6）可求得

$$U_o \frac{R_L + R_1}{R_L} = U_x (1 - G_m R_1)$$

对双极型 OTA

$$G_m = h_B I_B = h_B \frac{U_y - E_- - U_{BE}}{R_m}$$

由此得到

$$U_o \frac{R_L + R_1}{R_L} = U_x \left[1 - \frac{h_B U_y R_1}{R_m} + \frac{h_B (E_- + U_{BE}) R_1}{R_m} \right]$$

式中，E_- 是 OTA 的负电源电压，本身为负数；h_B 为跨导系数。

适当选取电阻参数，使之满足下列条件

$$\frac{h_B (E_- + U_{BE}) R_1}{R_m} = -1$$

则输出电压可写作

$$U_o = \frac{-h_B R_1 R_L}{R_m (R_1 + R_L)} U_x U_y = K U_x U_y$$

$$K = \frac{-h_B R_1 R_L}{R_m (R_1 + R_L)}$$

图 6-15　采用 OTA 的变跨导乘法器的原理图

输出电压正比于 U_x 与 U_y 的乘积；K 为乘积因子，由外接电阻值和 h_B 决定；U_x 与 U_y 可分别取正值或负值，从而构成四象限乘法器。

上述模拟乘法器有两个缺点：第一，受 OTA 传输特性线性范围小的限制，U_x 电压的允许范围较小；第二，由于 $h_B = 1/(2U_T)$，乘积因子 K 值与温度有关。下面介绍改进电路设法克服上述缺点。

图 6-16 所示为扩展输入电压范围及补偿温度影响的四象限变跨导模拟乘法器电路。该电路的基本原理是，输入电压 U_x 控制了由 V_1、V_2、V_3、V_4 组成的上半部双差分对的基极回路，U_y 控制了 V_5、V_6 的集电极电流，从而控制了双差分对的恒流源的电流分配。U_x 与 U_y 均可正可负，可以实现四象限乘法运算。由于 V_5、V_6 之间接有电阻 R_y，就可使 $U_y \gg$

U_T，改善了线性，扩大了输入范围，还减小了温度的影响。

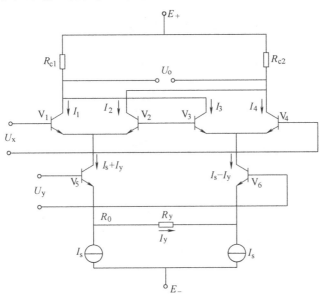

图 6-16　四象限变跨导模拟乘法器电路

6.3.5　乘方和开方运算电路

图 6-17 是利用对数放大器和指数放大器构成的乘方和开方电路。图中 N_1、N_2 构成对数放大器，R_7、R_8、N_3、N_4 构成指数放大器，V_1、V_2 和 V_3、V_4 为对管，用以补偿 I_s。对数放大器与指数放大器级联，实现 U_T 补偿。经推导，可得 N_1 的输出电压为

$$u_{o1} = -\frac{R_5 + R_6}{R_6} U_T \ln\left(\frac{R_2}{u_2 R_1} u_i\right)$$

$$u_o = \frac{R_4 u_3}{R_3} e^{-\frac{R_8}{(R_7 + R_8) U_T} u_{o1}} = \frac{R_4 u_3}{R_3}\left(\frac{R_2}{u_2 R_1} u_i\right)^{\frac{(R_5 + R_6) R_8}{(R_7 + R_8) R_6}} \tag{6-7}$$

令

$$\frac{(R_5 + R_6) R_8}{(R_7 + R_8) R_6} = n, \quad \frac{R_4 u_3}{R_3}\left(\frac{R_2}{u_2 R_1}\right)^n = K$$

则式（6-7）简化成

$$u_o = K u_i^n$$

适当选取参数使 n 等于所要求的值。如果 n 为正整数，可以实现乘方运算；如果 n 为分数，则实现开方运算。利用这一电路还可以实现任意幂函数的运算。

6.3.6　集成乘法运算电路

实际应用中，集成乘法运算电路，基本均使用集成模拟乘法器完成。典型的模拟集成乘发器如 BG314、MYP634 等，在选择时，要注意输入电压范围、带宽及精度等主要指标。

MYP634 是 AD 公司设计的高精度四象限模拟乘法器，其激光调整的精度可以达到 0.5%，输入信号范围可达到 10V，带宽为 10MHz，可应用于精密模拟信号处理，信号调制

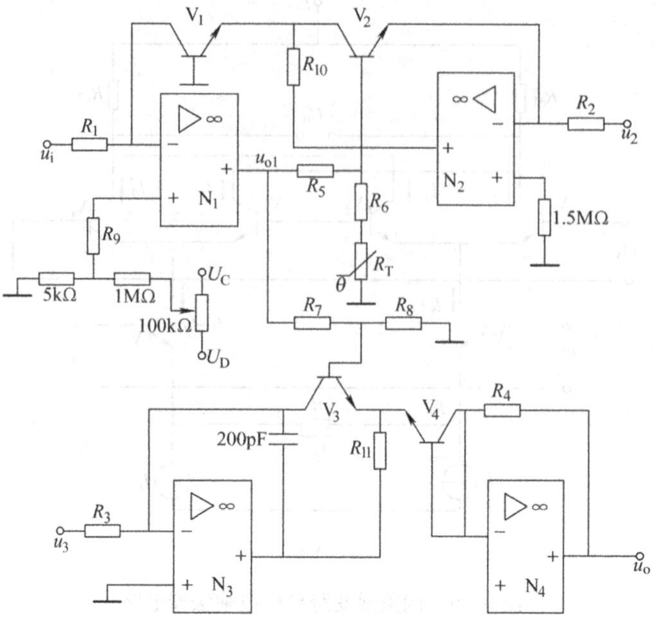

图 6-17 乘方与开方运算电路

解调，电压控制放大器，视频信号处理，以及电压控制滤波器和振荡器。

如图 6-18 所示，其传递函数为

$$U_o = A\left\{\frac{(x_1 - x_2)(y_1 - y_2)}{SF} - (z_1 - z_2)\right\}$$

式中，A 为输出放大器放大倍数；SF 为乘法系数，出厂时调整为精度 10V，3 ~ 10V 可调；x，y，z 为输入电压，满度输入等于 SF。

根据不同的运算需要，可以完成乘法/除法等运算功能。

图 6-19 为 MYP634 基本乘法运算电路，无须更多调整，即可满足精度要求。其 X，Y 输入端可以采用差分输入，或者如 X 端，可以加入调整电路，以方便零点和满度的调整。更好地抑制共模干扰。

图 6-20 所示，将 MYP634 连接成除法运算电路，其高阻输入端 X 和 Z 作为输入信号端，Y 作为反馈端。其运算函数为

$$U_o = \frac{(x_1 - x_2)(y_1 - U_o)}{10} - (z_1 - z_2)$$

解出：

$$U_o = \frac{y_1(x_1 - x_2) - (z_1 - z_2)}{10 + (x_1 - x_2)}$$

除法运算精度可以在 1.0% ~ 2.5% 之间，带宽由分母 X 决定。输出 Y 可以直接接入输出端，作求和运算。

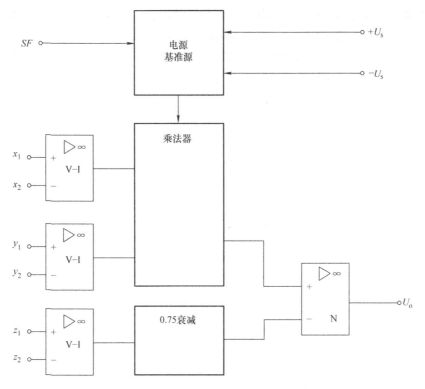

图 6-18 MYP634 模拟乘法器运算电路

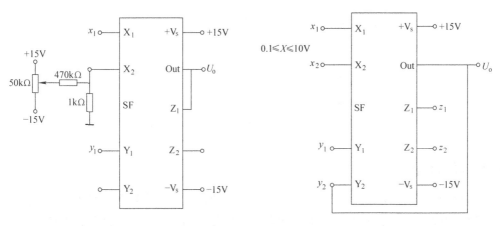

图 6-19 MYP634 基本乘法运算电路   图 6-20 MYP634 连接成除法运算电路

6.4 常用特征值运算电路

6.4.1 绝对值运算电路

从电路上看,取绝对值就是对信号进行全波或半波整流。绝对值电路的传输特性曲线应具有如图 6-21 所示的形式。整流二极管的非线性会带来严重影响,特别是在小信号的情况下。为了精确地实现绝对值运算，必须采用线性整流电路（可参看第 4 章图 4-10、图 4-12、图 4-13，但不要其中的滤波电容）。在多数情况下，需要绝对值运算电路输出电流。图 6-22 所示为输出电流的全波线性绝对值电路。运算放大器构成了由电压控制的电流源，流过电流表的电流与二极管的截止电压无关，即

$$I_o = \frac{|U_i|}{R}$$

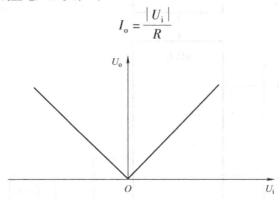

图 6-21　绝对值运算电路的传输特性

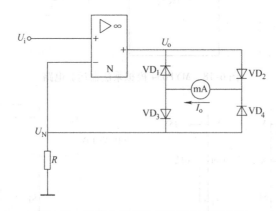

图 6-22　输出电流的全波线性绝对值电路

6.4.2　峰值检测电路

峰值检测电路是一种检测信号在某一周期内峰值的电路，当输入信号上升大于前次采样的信号时，电路工作于采样状态，并且跟踪输入信号。当输入信号下降时，保持采样值。其输出为一个采样周期内的峰值。图 6-23 是一种由同相运算放大器构成的正向峰值检测电路。

正向峰值检测电路由电容 C_2 实现电压存储功能。N_1 为实现电容电压跟随输入峰值变化的电压跟随器，采用高阻场效应晶体管 V 对电容 C_2 充电的单向开关，减小反向电流，同时增加第一个运放的输出驱动力。N_2 的作用是对电容电压进行缓冲，以防止通过 R_1 和任何外部负载所引起的放电。N_2 选用具有超低偏置电流的 BJT 输入运算放大器，以减少 C_2 的放电。峰值检测过程分为两部分，跟踪模式和保持模式。在跟踪模式期间，VD_2、V 相当于一个单向开关，当一个新的峰值 u_i 到达时，N_1 的输出 u_{1o} 为正，VD_1 截止，VD_2 导通，N_1 利用反馈通路 VD_2—V— N_2—R_1 使输入端之间保持虚短路。由于没有电流流过 R_1，u_o 会跟踪

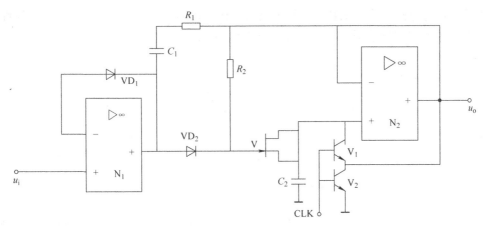

图 6-23　正向峰值检波器电路

u_i，N_1 流出的电流经过 VD_2 对 C_2 充电。在经历了峰值以后，进入保持模式，u_i 开始下降，这也使 N_1 的输出开始下降。此时 VD_2 截止，VD_1 导通，这就给 N_1 提供了另一条反馈通路。在保持模式期间，R_2 将 V 栅极拉起，使它与阴极具有相同的电位，这样就消除了 V 的泄漏，只用 VD_2 来保持反相偏置。下一次采样前，CLK 瞬时接高电位，使 V_1 导通，电容 C_2 复位。

6.4.3　平均值运算电路

在测量系统中，平均值这一术语可以有不同的含义，设计运算电路时，应根据具体情况，选用相应的运算电路。

1. 若干参数的平均值

如测量工件若干截面积的直径、若干点的平均温度等，这时可用求和方法，求取平均值：$x = (x_1 + x_2 + \cdots + x_n)/N$。

2. 某一参数在一定时间变化的平均值

如测量管道流体压力，由于管道的振动等，会引入测量误差，这时可采用时间平均方法，即积分运算电路实现。

3. 某些低频信号受高频信号的干扰

如存在电源或电磁干扰等，可用低通滤波器进行滤波，滤除高频干扰。可用有源或 RC 滤波器实现。具体线路可参考第 5 章的滤波器设计。

4. 某一交变参数的有效值

例如交流电压或电流的有效值，对有效值的精确测量需采用热力学有效值定义的方法，但测量电路较复杂，可参考相关书籍。一般可采用取绝对值再平均的方法。绝对值运算电路可采用本章介绍的方法，平均值运算采用低通滤波器。滤波后的输出直流信号正比于输入信号的平均值。

6.5　函数型运算电路

测量中经常遇到非线性的物理变量，在送显示或进行调节时需进行线性化。实现线性化

161

可由函数型运算电路完成。函数型运算电路的传输特性为 $u_o(t)=f(u_i)$。典型的非线性函数有限幅型、扩展型和倒数型，其特性曲线如图 6-24 所示。

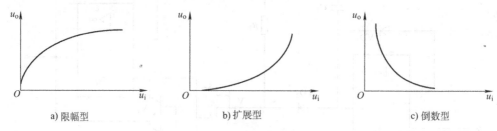

a) 限幅型   b) 扩展型   c) 倒数型

图 6-24   典型的函数型特性曲线

模拟非线性运算，一般采用运算放大器构建分段线性化方法，即用折线近似地逼近被模拟函数。本节仅介绍限幅型运算电路，其他类型可仿此设计。

图 6-25 为一种限幅型函数运算电路，根据输入非线性的曲线拟合非线性传递函数。图 6-26 为其运算特性曲线。

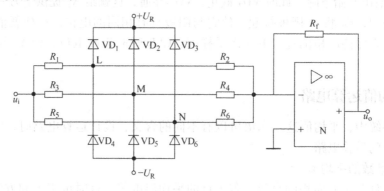

图 6-25   限幅型函数运算电路

当 $|u_i|$ 较小时，$VD_1 \sim VD_6$ 皆因反偏而截止，放大器的输入等效阻抗 $r_{in}=(R_1+R_2)$ // (R_3+R_4) // (R_5+R_6) 阻值最小，特性曲线 AA' 段的斜率为

$$S_0 = \frac{du_o}{du_i} = -\frac{R_f}{r_{in}}$$

$$= -\frac{R_f}{(R_1+R_2)//(R_3+R_4)//(R_5+R_6)}$$

设各个二极管均为理想二极管，$\dfrac{R_1+R_2}{R_2} <$

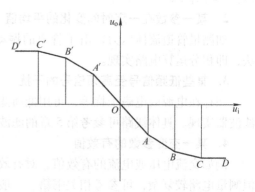

图 6-26   限幅型函数运算特性曲线

$\dfrac{R_3+R_4}{R_4} < \dfrac{R_5+R_6}{R_6}$，则当 u_i 增大到

$$u_{i1} = \frac{R_1+R_2}{R_2}U_R$$

二极管 VD_1 导通，L 点电位被钳位于 $+U_R$，流过 R_2 的电流不再随 u_i 变化，电阻 R_1 和 R_2 被旁

路，不影响特性曲线斜率。于是 AB 段特性曲线的斜率为

$$S_1 = \frac{\mathrm{d}u_o}{\mathrm{d}u_i} = -\frac{R_f}{(R_3 + R_4) /\!/ (R_5 + R_6)}$$

当 u_i 进一步增大到

$$u_{i2} = \frac{R_3 + R_4}{R_4} U_R$$

二极管 VD_2 导通，M 点电位被钳位于 $+U_R$，则 BC 段特性曲线的斜率为

$$S_2 = \frac{\mathrm{d}u_o}{\mathrm{d}u_i} = -\frac{R_f}{(R_5 + R_6)}$$

当 u_i 增大到

$$u_{i3} = \frac{R_5 + R_6}{R_6} U_R$$

二极管 VD_3 导通，N 点电位被钳位于 $+U_R$，流过 R_2、R_4、R_6 的电流不再变化，动态输入阻抗变为 ∞，CD 段的斜率为

$$S_3 = \frac{\mathrm{d}u_o}{\mathrm{d}u_i} = 0$$

同理可推导 $u_i < 0$ 时的特性曲线 $OA'B'C'D'$。

设计电路时，可先选定 R_f，然后按上述公式选取 $R_1 \sim R_6$。

6.6 微分积分运算电路

6.6.1 常用积分电路

积分运算电路是指运放的输出与输入的积分成比例的运算电路，由于电容两端的电压是其输入电流的积分函数，因而可将运放的负反馈回路用电容实现，即可得到积分运算电路。积分电路的应用很广，由于积分可以滤除高频干扰，常用于滤波作用，而且利用它的充放电特性还可以实现延时、定时，以及产生各种波形，这里主要介绍其用于调节器构成比例积分调节电路的应用。

6.6.1.1 反相积分电路

电容具有对输入电流的积分作用，因而可以将电容引入负反馈回路，实现积分运算。典型的积分运算电路如图 6-27 所示。

根据运算放大器的"虚断"特点，有

$$u_o = -\frac{Q}{C} = -\frac{1}{C}\Big[\int_0^t i_C(t)\,\mathrm{d}t + Q_0\Big]$$

式中，Q_0 是 $t = 0$ 时电容器已存储的电荷，由 $i_C = i_i = u_i/R$，得到

$$u_o = -\frac{1}{RC}\int_0^t u_i(t)\,\mathrm{d}t + U_{o0}$$

常量 U_{o0} 根据初始条件确定，即 $t = 0$ 时，$u_o(0) = U_{o0} = Q_0/C$。

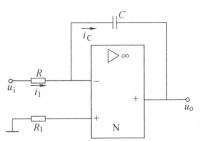

图 6-27 积分运算电路

当输入电压为常量时，输出电压为

$$u_o(t) = -\frac{U_i}{RC}t + U_{o0} \tag{6-8}$$

可见输出 $u_o(t)$ 随时间线性上升，在阶跃输入信号 u_i 作用下，积分器输出 u_o 的响应曲线如图 6-28 所示。令 $T_I = RC$，称为积分常数，表明积分作用的大小。T_I 越大，积分速度越慢，积分作用越弱；反之，T_I 越小，积分作用越强。

由式（6-8）可见，积分器的输出与输入信号存在的时间成正比，这一特点用于调节器时，可构成输入偏差积分调节器。只要输入偏差存在，输出就会随时间不断增加，直到偏差消除，积分器的输出才不变。因此，积分器能消除纯比例调节器固有的静差问题，这是其重要的优点之一。但是，积分器的积分作用动作缓慢，在偏差刚出现时，积分器输出很弱，不能及时克服扰动影响，被调参数的动态偏差增大，调节过程拖长。因此，很少单独使用积分调节器，大多数是将积分和比例作用结合在一个调节器中实现比例积分调节。

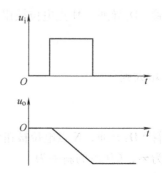

图 6-28　积分器的输出 u_o 的响应曲线

当输入信号为交流信号时，$u_i(t) = U_m\cos\omega t$，输出信号经积分后

$$u_o(t) = -\frac{1}{RC}\int_0^t U_m\cos\omega t \, dt + U_{o0} = -\frac{U_m}{\omega RC}\sin\omega t + U_{o0}$$

由此可见，输出信号仍然为一交流信号，其幅值与角频率成反比，频率不变。

实际运算放大器存在输入失调电压 U_{0s} 和偏置电流 I_b，当没有信号时，积分电容将对失调电压和偏置电流进行积分，这将带来误差和积分饱和问题，使用时需采取抗饱和减小误差等措施。

6.6.1.2　比例积分电路

图 6-29 是一种比例积分运算电路，它引入比例电阻，串接于积分电容上。其传递函数为

$$u_o = -\frac{R_2}{R_1}u_i - \frac{1}{R_1C}\int_0^t u_i \, dt$$

式中，第一项为比例项，第二项为积分项。

在输入阶跃信号 u_i 时，其输出为

$$u_o = -\frac{R_2}{R_1}u_i - \frac{1}{R_1C}u_i t$$

可见，第一项为比例调节作用，第二项为积分作用。

作为调节器运算电路时，在其输入端有偏差存在时，调节器输出有一比例输出 $-\frac{R_2}{R_1}u_i$，接着在其上叠

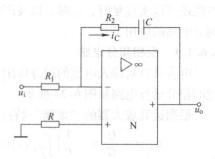

图 6-29　比例积分运算电路

加一个与时间成比例的项 $-\frac{1}{R_1C}u_i t$。$T_I = RC$ 为其积分常数，也称为再调节时间。表明当输入 u_i 时，先有一比例输出，对参数进行调节，当 $t = T_I$ 时，积分器输出一个等于输入偏差的

比例项, 对偏差进一步调节。

6.6.2 常用微分电路

微分运算是积分运算的反运算, 因此, 可将处于积分运算电路负反馈回路中的电容和输入电阻对调, 得到微分运算电路。图6-30a是基本微分运算电路。

当输入 u_i 时, 其输出有

$$C\frac{\mathrm{d}u_i}{\mathrm{d}t}+\frac{u_o}{R}=0$$

则

$$u_o=-RC\frac{\mathrm{d}u_i}{\mathrm{d}t} \tag{6-9}$$

输出为输入信号的微分, $T_D=RC$ 称为微分时间常数。

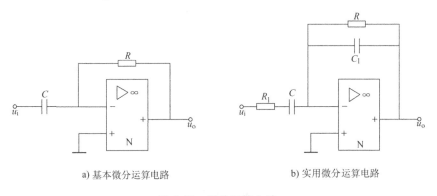

a) 基本微分运算电路   b) 实用微分运算电路

图6-30 微分运算电路

当输入信号为交流正弦波 $u_i=U_m\sin\omega t$ 时, 输出信号为

$$u_o=-\omega RCU_m\cos\omega t$$

输出仍为一交流信号, 其幅值与输入比值为 ωRC, 相位滞后90°, 在对数幅频特性曲线中为一条 $+6\mathrm{dB/dec}$ 的直线。

从式 (6-9) 可知, 当在 t_0 输入阶跃信号, 理论上其输入变化速度无限大, 理想微分输出为 $\delta(t)$ 函数; 在 $t>t_0$ 后, 输入无变化, 微分输出为零。由此, 可见微分运算只能反映输入信号的变化速度, 当输入信号无变化时, 其输出为零。因此, 微分运算电路经常用于调节器运算电路中, 实现对输入偏差信号的微分前馈调节。由于其特性决定它仅对输入偏差信号的变化速度有调节作用, 对一个固定不变的偏差, 无论多大, 均无输出, 因此, 纯微分电路无法克服静差。当偏差信号变换缓慢时, 经长时间的积累到达相当大时, 微分作用也无能为力。所以, 在实际中, 不能仅用纯微分电路, 需加入比例运算电路, 构成比例微分运算电路, 图6-30b是一种实用微分运算电路。

6.6.3 PID 运算电路

由前述的各种负反馈运算电路, 可以根据不同的组合构成 PID (比例、微分、积分) 调节运算电路, 本节将介绍两种 PID 调节器运算电路构成方法及其特点。

6.6.3.1 比例、比例积分和比例微分运算电路串联构成的 PID 电路

图6-31 所示电路为 P、PI、PD 三种运算电路串联构成的 PID 调节电路。假设各电路的

输入阻抗很大，输出阻抗足够小，则各电路串联后，总的传递函数为各传递函数的乘积。

比例部分的传递函数为

$$H_1(s) = -K_{P1}$$

比例微分部分的传递函数为

$$H_2(s) = K_{P2}\frac{1 + T_D s}{1 + \dfrac{T_D s}{K_D}}$$

比例积分部分的传递函数为

$$H_3(s) = -K_{P3}\frac{1 + \dfrac{1}{T_I s}}{1 + \dfrac{1}{K_I T_I s}}$$

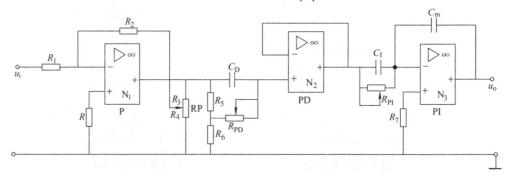

图 6-31 PID 调节器串联实现电路

PID 运算电路总的传递函数为

$$H(s) = H_1(s)H_2(s)H_3(s) = K_{P1}K_{P2}K_{P3}\frac{1 + T_D s}{1 + \dfrac{T_D s}{K_D}}\frac{1 + \dfrac{1}{T_I s}}{1 + \dfrac{1}{K_I T_I s}}$$

$$= K_{P1}K_{P2}K_{P3}\frac{1 + \dfrac{T_D}{T_I} + \dfrac{1}{T_I s} + T_D s}{1 + \dfrac{T_D}{K_D K_I T_I} + \dfrac{1}{K_I T_I s} + \dfrac{T_D}{K_D}s}$$

为实现正常微积分运算，要求 $\dfrac{T_D}{K_D K_I T_I} \ll 1$，可以忽略不计，因此可得

$$H(s) = K_P F\frac{1 + \dfrac{1}{F T_I s} + \dfrac{T_D}{F}s}{1 + \dfrac{1}{K_I T_I s} + \dfrac{T_D}{K_D}s}$$

式中，K_P 为比例系数；K_D 为微分增益；K_I 为积分增益；F 为互调干扰系数。（其中 R_3 为电位器 RP 的全部阻值，R_4 为电位器 RP 的下部阻值）

$$K_P = K_{P1}K_{P2}K_{P3}$$

$$K_{P1} = \frac{R_3}{R_4}\frac{R_2}{R_1}$$

$$K_{P2} = \frac{R_6}{R_5 + R_6} = \frac{1}{n}$$

$$K_{P3} = \frac{C_I}{C_m}$$

$$K_D = n$$

$$K_I = \frac{C_m}{C_I}$$

$$F = 1 + \frac{T_D}{T_I}$$

K_P、T_D 和 T_I 称为调节器的调节整定参数，可在一定范围内调整。三部分串联后，调节器运算电路的实际调节系数为

实际比例系数：

$$K'_P = K_P F$$

实际积分时间：

$$T'_I = T_I F$$

实际微分时间：

$$T'_D = \frac{T_D}{F}$$

由此可见，串联型 PID 调节器，其各调节参数互相影响，F 的大小表示实际参数与理论参数之间相互影响的程度。当 $F = 1$ 时，K'_P、T'_D 和 T'_I 之间无干扰，即三个参数在调整时互不影响。当 $F \neq 1$ 时，K_P、T_D 和 T_I 之间相互影响，使得参数整定互相影响，整定困难。F 越大，这种影响也越严重。设计时，尽量使 $F = 1$，便于参数整定。实际使用时，有时省去比例部分，由 PD 或 PI 部分代替。

另外，由 PD 和 PI 运算电路串联构成的 PID 调节器，可实现测量值先行微分的调节方法，如图 6-32 所示。测量值经过微分电路后再与给定值比较，差值送入积分电路。这样，给定值不经过微分，在改变给定值时，调节器输出不会发生改变，避免给定值扰动。

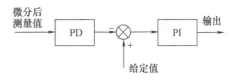

图 6-32　测量值先行微分调节器原理

串联构成的 PID 调节器的缺点是，由于各回路串联，各级的误差必然累积到后级放大。为保证整机的精度，对各级的精度要求高。

6.6.3.2　由 P、I、D 电路并联构成 PID 调节器

图 6-33 为由 P、I、D 三电路并联构成的 PID 调节电路，三部分的输出求和作为调节器的输出。图 6-34 为 PID 调节器并联框图。

PID 系统的传递函数为

$$W(s) = K_P + \frac{1}{T_I s} + \frac{T_D s}{1 + \frac{T_D}{K_D} s} = K_P \left(1 + \frac{1}{K_P T_I s} + \frac{\frac{T_D}{K_P} s}{1 + \frac{T_D}{K_D} s} \right)$$

167

式中，$K_P = \dfrac{R_3 + R_4}{5R_4}$，这里 R_3、R_4 分别为电位器 RP 上部和下部的电阻；$T_I = R_1 C_1$；$T_D = R_D C_D$；$K_D = \dfrac{R_2}{R_1}$。

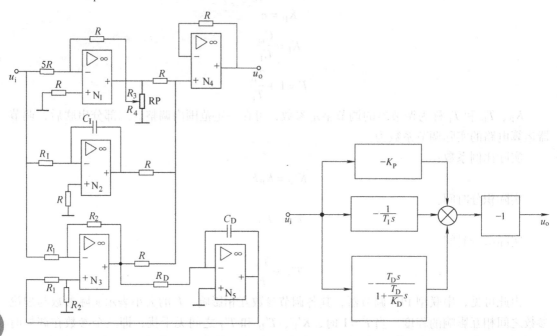

图 6-33 PID 调节器并联实现电路   图 6-34 PID 调节器并联框图

并联构成的 PID 调节器，由于三个运算电路并联连接，避免了级间误差的累计放大，对保证整机精度有利，同时，并联结构可以消除参数 T_I、T_D 变化对整定参数的互相影响。

6.7 过程调节器电路分析

在工业生产中，为了保证工艺流程正常进行，得到合格的产品，广泛使用各种自动调节器。在生产过程中需要调节的参数，如压力、流量、温度等多为模拟量，因此模拟调节器具有广泛应用。模拟调节器多以 DDZ-Ⅲ型调节器，即电动单元组合仪表为基础，根据使用要求进行适当组合或删节，以满足使用要求。本节介绍以 DDZ-Ⅲ调节器的核心运算电路为基础，说明设计模拟 PID 调节器的一般方法。

通常，调节器接收前级变送器送来的信号（一般要求为 DC 1~5V），与给定值进行比较，得到偏差后，通过其内部的 PID 运算电路进行运算，输出 DC 4~20mA 信号，调节执行器，实现过程参数的调节。设计调节器时应该注意其调节参数的要求，主要包括比例带、微分时间、积分时间以及调节精度响应时间等。

图 6-35 是全刻度指示调节器原理图，它由控制单元和指示单元组成。控制单元包括电平移动电路、PD 与 PI 电路、输出电路、软手动与硬手动操作电路；指示单元包括输入信号指示电路和给定信号指示电路。

168

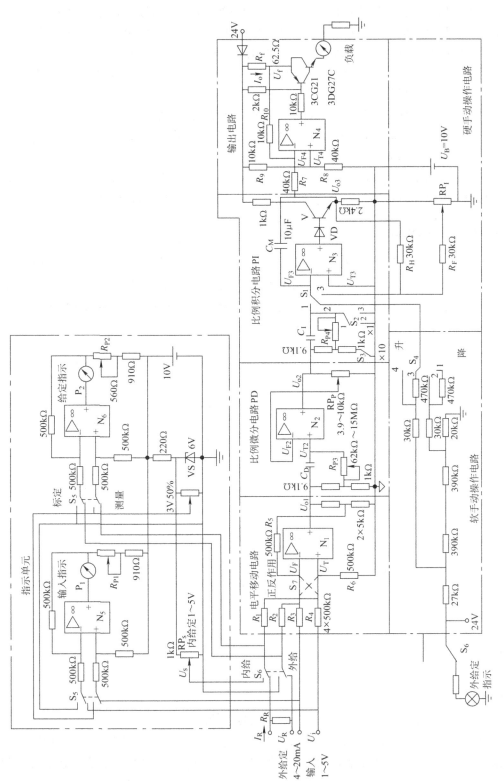

图 6-35　全刻度指示调节器原理图

调节器的输入信号与给定信号均是以 0V 为基准的 DC 1～5V 信号；利用开关 S_6 可以选择内或外给定信号。在接外给定信号时，为 DC 4～20mA 电流信号 I_R，通过 250Ω 精密电阻 R_R 转换为 DC 1～5V 信号。在接内给定信号时，由稳压管 VS 上取出 6V 的基准电压，经电位器 RP_S 分压后形成 DC 1～5V 信号。无论采用内、外给定信号，它们都送到 N_6 的差动输入端，然后面板上的电表 A_2 指示给定值。在外给定时，S_6 还将外给定指示灯点亮。开关 S_7 用来选择调节器的正、反作用。

调节器有自动、保持、软手动和硬手动 4 种工作状态，并通过联动开关 S_1、S_4 切换。S_1 在位置"1"时进行自动测量；S_1 在位置"2"时，处于软手动工作状态，将通过 S_4 引入的直流电直接送入积分器 N_3。通过改变 S_4 的位置可以改变积分时间常数和灵敏度。当灵敏度最低，而积分时间常数最长时，可认为处于保持状态。S_1 在位置"3"时，输入信号 U_i 不经过微分和积分电路而直接输出，称为硬手动状态。下面介绍调节器各部分的组成。

6.7.1 电平移动电路

如图 6-36 所示，电平移动电路将输入信号 U_i 与给定信号 U_S 进行综合，其输出 U_{o1} 则是以 10V 为基准的电压信号。U_{o1} 一方面送至 PD 电路，另一方面取 $U_{o1}/2$ 作为 N_1 的负反馈。这是一个比例放大器，输出 U_{o1} 和输入 U_i 与 U_S 之差成正比。图 6-36 是图 6-35 中电平移动电路的等效电路。

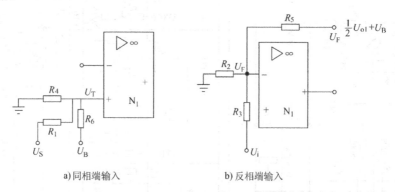

a) 同相端输入   b) 反相端输入

图 6-36 电平移动电路的等效电路

由于 $R_1 = R_2 = R_3 = R_4 = R_5 = R_6$，由图 6-36a 得

$$U_T = (U_S + U_B)/3$$

由图 6-36b 得

$$U_F = (U_i + U_B + U_{o1}/2)/3$$

根据理想放大器"虚短"特性，$U_T = U_F$，故有

$$U_{o1} = -2(U_i - U_S)$$

由此可知：

1）电平移动电路的输出是两输入 U_S、U_i 信号差的两倍。

2）输入信号采用电平迁移，将两个以 0V 为基准的输入信号迁移到以 U_B（10V）为基准的输出信号，其目的是为了满足放大器共模电压范围的要求。这是由于整个电路是由 24V 单电源供电，运算放大器输出有约为 12V 直流偏置输出，超出运放的共模电压范围。

若不进行迁移，即 $U_B = 0V$，则
$$U_F = U_T = U_S/3$$
因 $U_S = 1 \sim 5V$，显然不能满足放大器的共模电压范围的要求。

6.7.2　PD 运算电路

　　PD 电路是实现对信号进行比例微分运算。图 6-37 为图 6-35 中比例微分电路等效电路，图中 R_{P3} 为微分电阻，C_D 为微分电容，电位器 RP_P 为调节比例用的电阻。调整 R_{P3}、RP_P 可以改变调节器的微分时间和比例系数。U_{o1} 通过 C_D、R_{P3} 进行微分运算，再经比例放大后输出为 U_{o2}，它作为 PI 运算电路的输入信号。

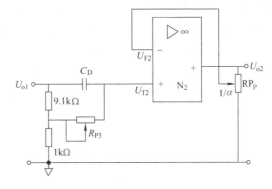

图 6-37　PD 运算电路的等效电路

　　PD 电路由无源 PD 电路与比例运算电路串联组成，如图 6-38 所示。由 R_{P3}、C_D 等组成的无源 PD 电路如图 6-38a 所示。设 N_2 为理想运算放大器，其输入阻抗为无穷大，并且输出电阻为零，则可不考虑放大器的影响，单独分析 U_{T2} 与 U_{o1} 的关系。由图 6-38a 可得

$$U_{T2}(s) = \frac{1}{n} \frac{1 + nR_{P3}C_D s}{1 + R_{P3}C_D s} U_{o1}(s)$$

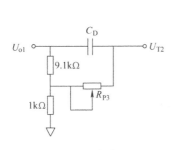
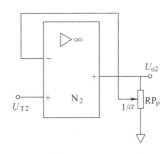

a) 无源PD电路　　　　　　　　b) 比例运算电路

图 6-38　PD 运算电路的构成

比例运算电路如图 6-38b 所示，有

$$U_{F2}(s) = \frac{1}{\alpha} U_{o2}(s)$$

因为

$$U_{F2}(s) = U_{T2}(s)$$

所以

$$U_{o2}(s) = \alpha U_{T2}(s) = \frac{\alpha}{n} \frac{1 + nR_{P3}C_D s}{1 + R_{P3}C_D s} U_{o1}(s)$$

　　设微分增益 $K_D = n$，微分时间 $T_D = nR_{P3}C_D = K_D R_{P3}C_D$，故有

$$U_{o2}(s) = \frac{\alpha}{K_D} \frac{1 + T_D s}{1 + \frac{T_D}{K_D}s} U_{o1}(s)$$

6.7.3　PI 运算电路

PI 运算电路如图 6-39 所示，为图 6-35 中比例积分电路的等效电路。PI 电路是对前级输出 U_{o2} 进行比例积分运算。图中 R_{P4} 为积分电阻，C_M 为积分电容。N_3 的输出经二极管 VD 接至射极跟随器 V 输出。图 6-40 所示为其简化原理图。为简化分析，假设 S_3 置于分压系数 $m=10$ 档，推导 PI 运算关系。根据放大器 N_3 反相端电流总和为零的原则，可得

$$\frac{U_{o2}(s) - U_{F3}(s)}{\frac{1}{C_I s}} + \frac{\frac{U_{o2}(s)}{m} - U_{F3}(s)}{R_{P4}} - \frac{U_{o3}(s) - U_{F3}(s)}{\frac{1}{C_M s}} = 0 \tag{6-10}$$

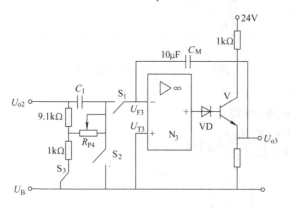

图 6-39　PI 运算电路的等效电路

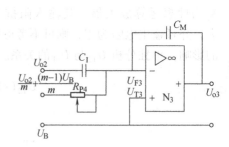

图 6-40　PI 运算电路简化原理图

对于放大器 N_3

$$U_{o3}(s) = -K U_{F3}(s) \tag{6-11}$$

式中，K 为放大器 N_3 的开环电压增益。

求解式 (6-10)、式 (6-11)，并化简可得

$$U_{o3}(s) = \frac{-\frac{C_I}{C_M}\left(1 + \frac{1}{mR_{P4}C_I s}\right)}{1 + \frac{1}{K}\left(1 + \frac{C_I}{C_M}\right) + \frac{1}{KR_{P4}C_M s}} U_{o2}(s)$$

对于一般的运算放大器 $K > 10^5$，则 $\frac{1}{K}\left(1 + \frac{C_I}{C_M}\right) \ll 1$，可忽略不计，则得

$$U_{o3}(s) = -\frac{\frac{C_I}{C_M}\left(1 + \frac{1}{T_I s}\right)}{1 + \frac{1}{K_I T_I s}} U_{o2}(s)$$

式中，T_I 为积分时间；K_I 为积分增益。

$$T_I = mR_{P4}C_I$$

$$K_I = \frac{K}{m} \frac{C_M}{C_I}$$

6.7.4　调节器的传递函数

从图6-36、图6-37、图6-39所示电路可见，调节器由三个基本运算电路构成，即 P – PD – PI以串联形式实现PID控制规律。综合以上各部分分析，得到图6-41的传递函数框图。

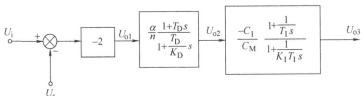

图6-41　调节器的传递函数框图

调节器的传递函数为

$$H(s) = \frac{U_{o3}(s)}{U_i(s) - U_s(s)} = K_P F \frac{1 + \dfrac{1}{F T_I s} + \dfrac{T_D}{F} s}{1 + \dfrac{1}{K_I T_I s} + \dfrac{T_D}{K_D} s}$$

式中，F为相互干扰系数；K_P为比例增益。

$$F = 1 + \frac{T_D}{T_I}$$

$$K_P = \frac{2\alpha}{n} \frac{C_I}{C_M}$$

由于存在相互干扰系数F，当$F \neq 1$时，实际比例系数δ'、积分时间T'_I、微分时间T'_D与$F = 1$时调节器的δ、T_I、T_D的刻度值不同，其影响关系为

$$\delta' = \frac{\delta}{F}, \quad T'_I = F T_I, \quad T'_D = \frac{T_D}{F}$$

调整参数时需要注意。

6.7.5　输出电路

图6-35中输出电路是一个电平迁移的电压 – 电流转换电路，即将PID运算电路输出的电压信号转换为4 ~ 20mA电流信号，驱动执行器。如图6-42所示，其输入输出运算关系由N_4、R_7、R_{10}等决定。假设图中电阻$R_9 = R_{10}$，$R_7 = R_8 = 4R_{10}$，根据放大器"虚地"和"虚断"特性

$$\frac{24V - U_B}{R_8 + R_9} = \frac{U_{T4} - U_B}{R_8}$$

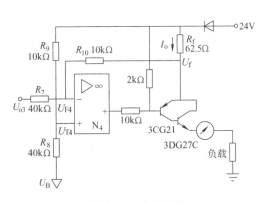

图6-42　输出电路

所以

$$U_{T4} = \frac{24V}{R_8 + R_9}R_8 + \frac{R_9}{R_8 + R_9}U_B = \frac{4 \times 24V}{5} + \frac{1}{5}U_B$$

又因

$$\frac{U_f - U_{F4}}{R_{10}} = \frac{U_{F4} - U_{o3}}{R_7}$$

所以

$$U_{F4} = \frac{R_7}{R_7 + R_{10}}U_f + \frac{R_{10}}{R_7 + R_{10}}U_{o3} = \frac{4}{5}U_f + \frac{1}{5}U_{o3}$$

由于

$$U_{F4} = U_{T4}$$

所以

$$U_f = 24V - \frac{U_{o3} - U_B}{4}$$

又有

$$U_f = 24V - I_o R_f$$

解上面两方程

$$I_o = \frac{U_{o3} - U_B}{4R_f}$$

调节电路参数，使 $U_{o3} - U_B = \mathrm{DC}(1 \sim 5)V$，$R_f = 62.5\Omega$，调节器的输出电流 $I_o \approx (4 \sim 20)\mathrm{mA}$。

显示与给定电路比较简单。使用时可根据需要自行设计，不再介绍。

思考题与习题

6-1　推导图6-43中各运放输出电压，假设各运放均为理想运放。

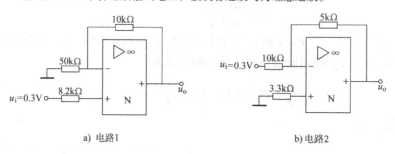

a) 电路1　　　　　　　　　　　b) 电路2

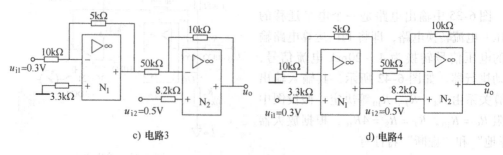

c) 电路3　　　　　　　　　　　d) 电路4

图 6-43　题 6-1 图

6-2　请设计一个实现 $u_o = \dfrac{1}{5}(u_{i1} + u_{i2} + u_{i3} + u_{i4} + u_{i5}) - \dfrac{1}{3}(u_{i6} + u_{i7} + u_{i8})$ 运算的电路。

6-3　由理想运算放大器构成的反向求和电路如图 6-44 所示。

（1）推导其输入与输出间的函数关系 $u_o = f(u_1, u_2, u_3, u_4)$；

（2）如果有 $R_2 = 2R_1$，$R_3 = 4R_1$，$R_4 = 8R_1$，$R_1 = 10\text{k}\Omega$，$R_f = 20\text{k}\Omega$，输入 $u_1 \sim u_4$ 范围为 $0 \sim 4\text{V}$，确定输出的变化范围，并画出 u_o 与输入的变化曲线。

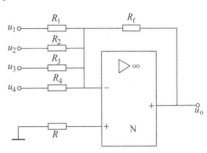

图 6-44　题 6-3 图

6-4　理想运放构成图 6-45a 所示电路，其中 $R_1 = R_2 = 100\text{k}\Omega$，$C_1 = 10\mu\text{F}$，$C_2 = 5\mu\text{F}$。图 6-45b 为输入信号波形，分别画出 u_{o1}、u_o 的输出波形。

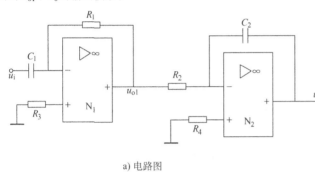

a) 电路图

b) 输入信号波形

图 6-45　题 6-4 图

6-5　理想运算放大器构成图 6-46 所示电路，推导输入输出关系，并说明电路的作用。

6-6　理想单电源运算放大器作为电路放大器使用时，经常需要用减法器电路，实现电平迁移，图 6-47 所示为一理想运算放大器构成的电平迁移电路，试推导其输入/输出关系。

6-7　图 6-48 为题 6-7 图所示的一种实用电路，根据电路参数，推导输入/输出关系，完成 $u_o = mu_i + b$ 运算，求其系数 m，b。

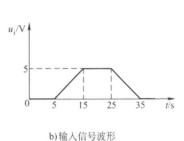

6-8　图 6-49 为 Pt100 铂电阻的三线测温电路，TL431 为 2.5V 的精密电压基准源，试分析线路工作原理，推导输出 u_o 与 Pt100 的关系，当 Pt100 电阻值从 100Ω 到 175.8Ω 变化时，对应温度变化为 $0 \sim 200℃$，要求线路输出电压 $0 \sim 2\text{V}$，说明 R_{P1} 和 R_{P2} 的作用。如何调整电路输出零点和满度？

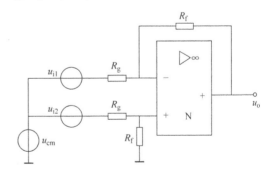

图 6-46　题 6-5 图

6-9　如何利用乘法器构成三次方运算电路？

6-10　将正弦信号 $u_i = 15\sin\omega t$（V）加到图 6-50 电路中，试分析电路的输出，并画出其波形。

6-11　在图 6-35 所示的调节器电路中为什么需要采用电平移动电路？

6-12　试说明图 6-35 中输入显示和给定显示中两个电表的工作原理。

6-13　在图 6-35 所示比例积分（PI）运算电路中二极管 VD 起什么作用？

6-14　图 6-51 示为 T 形网络微分电路，反馈网络采用 T 形网络可以使用小阻值的精密电阻模拟大阻值的积分电阻，实现长周期的微分电路，试分析图示网络的传递函数。

175

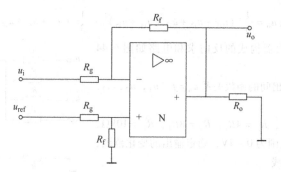

图 6-47 题 6-6 图

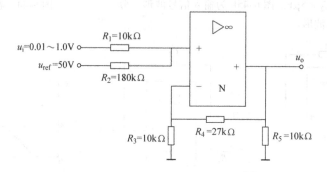

图 6-48 题 6-7 图

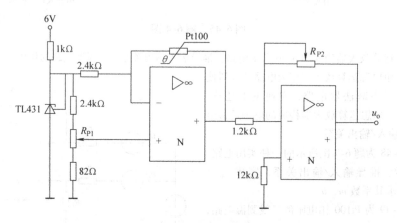

图 6-49 题 6-8 图

6-15 图 6-52 为一采用双 T 形网络的双重积分电路，试推导输入/输出关系。

6-16 乘法器可以用于信号的调制解调，或者幅值调制及相位检波。图 6-53 所示为一信号倍频电路，输入正弦波，分析其输出波形，并给出输入/输出关系式。

6-17 图 6-54 为模拟乘法器用于调制运算，根据其运算功能，分析输出 u_o。

6-18 试设计一电能测量仪表，输入 50Hz 0～10V 交流电压信号，0～1A 交流电流信号，求其功率。

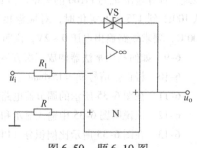

图 6-50 题 6-10 图

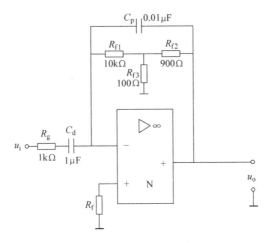

图 6-51 题 6-14 图

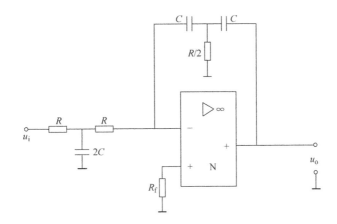

图 6-52 题 6-15 图

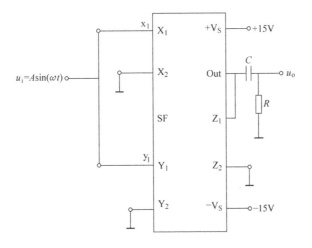

图 6-53 题 6-16 图

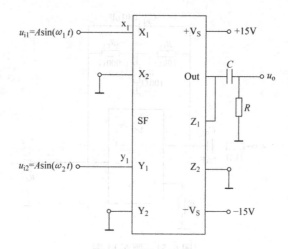

图 6-54 题 6-17 图

第7章　信号转换电路

导读

信号转换是测控系统中常见的一类问题，本章选择电流电压间、电压频率间和数字模拟间转换及相关的模拟开关、采样/保持器，以典型电路分析了其工作原理，在掌握转换原理的基础上，分别以一款常用的集成电路器件为例介绍了其典型应用电路。对计算机测控系统前、后向通道中通常使用的模拟开关（多路开关）、采样/保持器、模拟/数字转换等电路，分析了转换电路的误差源或介绍了其特性指标。

本章知识点

- 通过常用器件构成转换电路的工作原理
- 以常用的集成转换器件介绍其基本应用
- 转换电路的性能参数或误差源分析

信号转换电路用于将各类型的信号进行相互转换，使具有不同输入、输出的器件与电路可以联用。在进行信号转换时，需要考虑以下两个问题：①转换电路应具有所需特性；②要求信号转换电路具有一定的输入阻抗和输出阻抗，以与之相连的器件或电路阻抗匹配。

7.1　模拟开关

开关是电子电路中的一个基本器件，模拟开关是在电路中用于实现模拟信号通与断的电子开关器件，它的作用类似于机械式转换开关，信号电流从输入端流到输出端，其信号传送方向可以是双向的。

在前面所介绍的调制解调及可编程增益放大电路中都用到了模拟开关，例如，模拟开关常应用于自动调零放大器，图 3-18 ~ 图 3-20 都是其例子，通过对各开关的控制，实现放大器增益的改变。模拟开关在多路选择、采样/保持、开关电容、开关电流和数字滤波器等电路中都有大量的应用，一些具有低导通电阻和低工作电压的模拟开关成为机械式继电器的理想替代品。其发展趋势主要是低的导通阻抗、宽频带和多功能等。

7.1.1　模拟开关及其主要参数

模拟开关通常有三个端子：控制端 C、信号输入端 I 及输出端 O。I/O 可以互换的为"双向开关"。

模拟开关的主要参数如下：导通电阻 R_{on} 是指开关闭合时所呈现的电阻；截止电阻 R_{off} 是指开关关断时所呈现的电阻，主要由于漏电所致；电荷注入是指与构成模拟开关的 NMOS 和 PMOS 管相伴的杂散电容引起的一种电荷变化，是开关过程中模拟开关的寄生电容失配及其对输出信号完整性影响的函数；延迟时间是指控制信号改变时对应产生的输出延迟时间，包括开关导通延迟时间和开关截止延迟时间，由模拟开关的寄生电容所致。

常用的模拟开关器件包括二极管开关、双极型晶体管开关、结型场效应晶体管（JFET）开关、MOS 型场效应晶体管（MOSFET）开关等。用增强型 MOSFET 构成的电子模拟开关，尽管导通特性并不是最佳的，但由于其易于集成、尺寸小、成本低、极间泄漏电流非常小，在测控电路中得到了广泛的应用。

7.1.2 增强型 MOSFET 开关电路

7.1.2.1 N 沟道增强型 MOSFET 开关电路

N 沟道增强型 MOSFET 模拟开关图形符号如图 7-1 所示。源极 S 接输入信号 u_i，从漏极 D 引出输出信号 u_o。为保证其正常工作，衬底 B 应处于最低电位，使 B 与 S 和 D 之间的两个 PN 结反偏。N 沟道管导通的条件为 $u_{GS} > U_T$（其中 U_T 为开启电压），即

$$u_i < u_c - U_T$$

在栅极 G 上加高电平 $u_c = U_{cH}$，当 $u_i < U_{cH} - U_T$ 时，开关导通，导通电阻 R_{on} 随 u_i 不同而改变，如图 7-2 所示。当 $u_i > U_{cH} - U_T$ 时，会导致 N 沟道 MOSFET 移出可变电阻区。通常使用中，R_{on} 应限制在几千欧范围内，因此要限制 u_i 的电平范围。

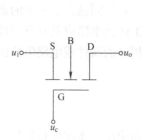

图 7-1　N 沟道增强型 MOSFET 模拟开关图形符号　　　图 7-2　N 沟道 MOSFET 的 $R_{on} - u_i$ 特性曲线

反之，当栅极 G 加以低电平 U_{cL} 时，要保证漏极和源极电位均不能低于 $U_{cL} - U_T$，以保证 MOSFET 开关为截止状态，此时开关电阻 R_{off} 约为 $10^{13} \Omega$ 量级。

7.1.2.2 CMOS 开关电路

N 沟道增强型 MOSFET 开关的缺点之一是 R_{on} 随 u_i 增大而增大，如果将一个 P 沟道增强型 MOSFET 与之并联构成如图 7-3a 所示 CMOS 开关电路，则可以克服这一缺点。P 沟道增强型 MOSFET 的衬底接 $+E$，外加栅极控制电压与 N 沟道增强型 MOSFET 相反，当控制电压 $u_{GN} = +E$、$u_{GP} = -E$ 时，两管均导通；而当 $u_{GN} = -E$、$u_{GP} = +E$ 时，两管截止。由于 N 沟道和 P 沟道增强型 MOSFET 电阻变化特性相反，两管电阻可以互补，其等效电阻基本恒定，与输入模拟信号无关，如图 7-3b 所示。由图可见，CMOS 开关的 $R_{on} - u_i$ 曲线在 $-E \sim +E$ 范围内较为平坦，且 R_{on} 比较小，这是我们所希望的。

7.1.3 模拟开关误差源分析

实际的模拟开关存在导通电阻 R_{on}、漏电流 I_{LKG}、结电容 C_S、C_{DS} 和 C_D 等多种误差源，

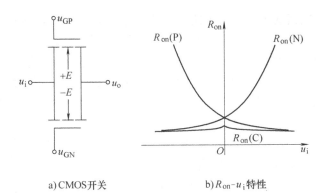

a) CMOS开关　　　　　　　　　b) $R_{on} - u_i$特性

图 7-3　CMOS 开关原理及其 $R_{on} - u_i$ 特性

会影响其直流和交流性能。

7.1.3.1　CMOS 开关直流特性

　　处于导通和截止的 CMOS 开关的直流误差等效电路如图 7-4 所示。在开关导通状态下，受导通电阻和漏电流的影响，漏电流流过 $R_{on} + R_G$ 和 R_L 的并联等效电阻，输出电压为

$$u_o = u_i \left(\frac{R_L}{R_G + R_{on} + R_L} \right) + I_{LKG} \left(\frac{R_L (R_G + R_{on})}{R_G + R_{on} + R_L} \right)$$

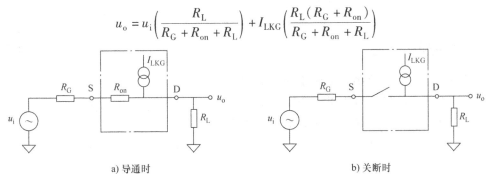

a) 导通时　　　　　　　　　　　　　b) 关断时

图 7-4　CMOS 开关直流误差等效电路

在开关关断状态下，漏电流流过负载电阻，产生电压：$u_o = I_{LKG} \cdot R_L$。

7.1.3.2　CMOS 开关交流特性

　　CMOS 开关结电容的存在影响其交流特性，等效电路如图 7-5 所示。在导通状态下，该电路的传递函数为

$$A(s) = \left(\frac{R_L}{R_{on} + R_L} \right) \left[\frac{s R_{on} C_{DS} + 1}{s \left(\frac{R_{on} R_L}{R_{on} + R_L} \right) (C_L + C_D + C_{DS}) + 1} \right]$$

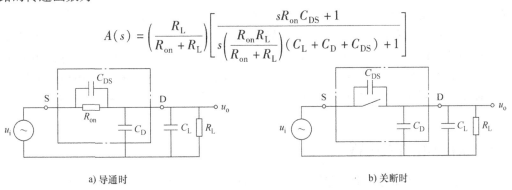

a) 导通时　　　　　　　　　　　　　b) 关断时

图 7-5　CMOS 开关交流误差等效电路

开关的极点影响电路的带宽，为了使带宽最大化，开关应具有低输入电容、低输出电容和低导通电阻。在关断状态下，C_{DS}会把输入信号耦合至输出端，导致开关隔离性能劣化，关断隔离度随输入频率增大而下降。就此误差源而言，解决方法是选择C_{DS}尽量小的开关。

构成CMOS开关的P沟道和N沟道的栅漏分布电容的失配，形成所谓的等效栅漏电容C_Q，此时开关的等效电路如图7-6a所示。CMOS开关的控制端在开、关控制期间都对栅漏极电容C_Q注入电荷，这将导致输出电压的阶跃变化（见图7-6b），其大小与C_Q和负载电容C_L有关。

值得注意的是，一般的模拟开关极间等效电容在几皮法～几十皮法，在低频情况下，它们的影响可以忽略。

在很多应用场合，要求模拟开关（多路开关）的导通电阻小，使得其输出电压尽可能和输入电压相等。导通电阻不仅与输入电压有关，也与电源电压有关，电源电压降低将导致导通电阻和响应时间增加。

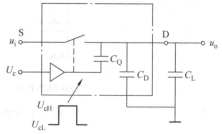

a) 电荷注入等效电路

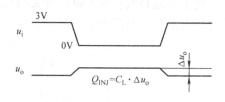

b) 对输出的影响

图 7-6 电荷注入效应

7.1.4 集成模拟开关

集成模拟开关型号很多，适用于便携应用的新型低功耗模拟开关的导通电阻低于10Ω、泄漏电流小于$2nA$，目前也有多款器件的导通电阻低于1Ω，如Pericom公司的PI3A3159 SPDT模拟开关。而经典的CD4066模拟开关导通电阻大于100Ω。

C544、CD4066均为单片集成CMOS四模拟开关电路，即在同一芯片上集成了四个独立的电路结构完全相同的CMOS双向模拟开关单元，其中一路CMOS模拟开关如图7-7所示。它是在上述基本模拟开关基础上，增加了辅助传输门V_3和V_4、负载管V_5及两个非门D_{G1}和D_{G2}。当开关导通（$U_c = +E$）时，V_3、V_4及V_5可保证NMOSFET的衬底与输入信号保持等电位，这是为了克服衬底B至S之间的偏置电压所引起导通电阻的变化，即NMOSFET衬底调制效应。而PMOSFET衬底虽接固定电位$+E$，但因其衬底调制效应很小，可以忽略。各模拟开关单元共用一个正、负电源端$+E$、$-E$。通常要求开关控制信号U_c的幅度在$-E$～$+E$之间，当$U_c = +E$时，相应开关单元导通而闭合，当$U_c = -E$（<0），则相应开关单元截止而断开。每个开关单元输入模拟信号幅度u_i范围为$-E \leqslant u_i \leqslant +E$。和有关MOS器件的应用注意事项一样，使用MOS模拟开关时，要防止静电感应造成栅击穿而导致永久损坏。如集成模拟开关C544中，需把其中不用开关的控制输入端U_c接至$+E$或$-E$，不要让其悬空。

7.1.5 模拟多路开关电路

模拟多路开关又称为模拟多路转换器。它由地址译码器和多路双向模拟开关组成，可以根据外部地址输入信号经内部地址译码器译码。选通与地址码相应的模拟开关单元，从N

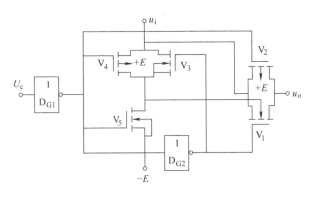

图 7-7　含辅助电路的 CMOS 开关电路

路模拟输入信号中选取某一路传送到输出端，或把一路模拟输入信号送到 N 个输出端中的某一端输出。以 8 选 1 模拟多路开关 CD4051 为例，它由逻辑电平转换电路、8 选 1 译码电路和 8 个 CMOS 开关单元 $S_1 \sim S_8$ 三部分组成，其电路原理如图 7-8 所示。图中，A、B、C 是 3 位二进制地址输入端，三位二进制的八种组合用于选择 8 路通道；INH 是地址输入禁止端，其为高电平时，地址输入无效，即无通道被选通。A、B、C 及 INH 的输入电平与 TTL 兼容。CD4051 有 8 个输入/输出端、1 个输出/输入端，数字电路供电 $+E$ 和 $-E_1$，模拟电路供电 $+E$ 和 $-E_2$。逻辑电平转换电路的主要作用是把地址输入端 A、B、C 和地址输入禁止端 INH 输入的 TTL 逻辑电平（通常来自计算机的接口电路）转换成 CMOS 电平，使开关单元能用 TTL 电平控制。8 选 1 地址译码电路的主要作用是把来自逻辑电平转换电路的地址输入信号转换成相应的开关单元选通信号，并把相应开关单元接通。

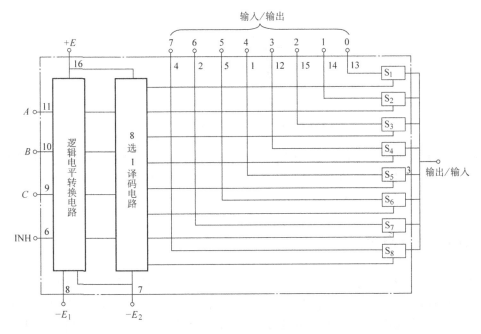

图 7-8　CD4051 电路原理图

模拟多路开关中各通道开关的输出电容上会有电荷，当通和断的两路信号存在较大压差时，该电荷耦合到放大器输出端会产生一个瞬变过程。以图7-9所示电路为例，多路开关的S_1处于断开、S_2为闭合状态，C_{S1}、C_{S2}充电至$-5V$。当S_2断开、S_1闭合时，放大器A的输出端会产生一个$-5V$的瞬变，直到放大器A的输出使C_{S1}、C_{S2}完全放电到0V，输出才会稳定下来。

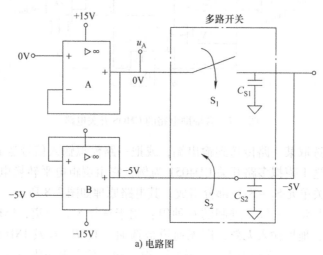

a) 电路图

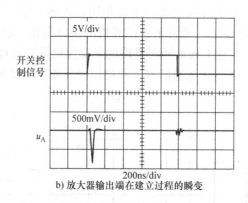

b) 放大器输出端在建立过程的瞬变

图7-9 模拟多路开关通道间存在串扰

模拟开关只能处理幅度在电源电压幅度以内的信号，输入信号幅度必须保证在所规定的电源电压范围内。目前在低功耗、便携应用系统，多采用单电源供电，这样，系统中所用的模拟开关也应尽量选择专为单电源供电而设计的产品。

7.2 采样保持电路

采样/保持（S/H）电路具有采集某一瞬间的模拟输入信号、根据需要保持并输出采集的电压数值的功能。在"采样"状态下，电路的输出跟踪输入模拟信号；转为"保持"状态后，电路的输出保持采样结束时刻的瞬时模拟输入信号，直至进入下一次采样状态为止。这种电路用于各种需要对输入信号瞬时采样和存储的场合，如自动补偿直流放大器的失调和漂移等，最常见的是应用于快速数据采集系统，以保持输入信号在采样过程中不变。当微机系统有多个模拟信号时，为了采得各通道同一时刻的信息，则需用多个采样保持器进行同时采样。

7.2.1 基本原理

S/H 电路主要由存储电容 C，模拟开关 S 及输入、输出缓冲放大器等组成，其工作原理如图 7-10 所示。当控制信号 U_c 为高电平时，开关 S 接通，模拟信号 u_i 通过 S 向 C 充电，输出电压跟踪输入模拟信号的变化。当 U_c 为低电平时，开关 S 断开，输出电压 u_o 将保持在模拟开关断开瞬间的输入信号值。图 7-10 中，输入放大器 N_1 应是一个具有优良转换速率和稳定驱动电容负载能力的运算放大器，它对 u_i 为高输入电阻，并为开关 S 和电容 C 提供极低的输出电阻，使电容 C 在模拟开关闭合时尽可能快速地充电，及时跟踪输入 u_i。输出放大器 N_2 构成跟随器，其输入级一般由 MOS 场效应晶体管组成，以得到极低的输入偏置电流，以极高的输入电阻使电容 C 和负载隔离。

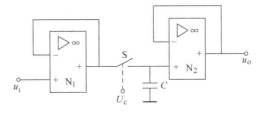

a) S/H 电路原理

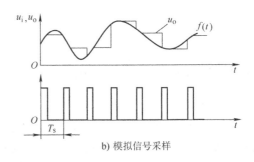

b) 模拟信号采样

图 7-10 S/H 电路工作原理

为了使采样输出信号能无失真地复现原输入信号，除保证采样/保持器精度要求外，采样频率必须符合采样定理。

S/H 电路采样过程如图 7-10b 所示，当模拟信号 $u_i = f(t)$ 通过一个受采样脉冲信号 $U_c = f_s(t)$ 控制的开关电路时，开关输出端的信号是时间离散信号。采样后所获得的离散信号是模拟信号 $f(t)$ 与采样脉冲 $f_s(t)$ 相乘的结果，而周期性采样脉冲 $f_s(t)$ 可以用傅里叶级数表示为

$$f_s(t) = E_0 + E_1 \cos 2\pi f_s t + E_2 \cos 4\pi f_s t + \cdots$$

式中，$f_s = 1/T_s$ 为采样脉冲的重复频率，因而采样后输出信号的频谱成分为

$$f_s(t)f(t) = E_0 f(t) + E_1 f(t) \cos 2\pi f_s t + E_2 f(t) \cos 4\pi f_s t + \cdots \tag{7-1}$$

式 (7-1) 等号右边第一项只使 $f(t)$ 的幅度改变 E_0 倍，而不会改变 $f(t)$ 的频谱结构。第二项是 $f(t) = A \cos 2\pi f t$ 与频率为 f_s 的简谐信号相乘，其中 A 为模拟信号 $f(t)$ 的幅值，f 为 $f(t)$ 的频率。由三角公式可知，$\cos(2\pi f t)\cos(2\pi f_s t)$ 可写成 $[\cos 2\pi(f_s + f)t + \cos 2\pi(f_s - f)]/2$ 的形式。依此类推，其频谱如图 7-11 所示。

不难看出，只要离散信号的频谱互不重叠，就可以用一个低通滤波器取出离散信号中 f_{max} 以下的频谱。换句话说，欲从离散信号中恢复原信号的必要条件是

$$f_s - f_{max} > f_{max}$$

即采样频率 f_s 应大于模拟信号最高频率 f_{max} 的两倍，这就是采样定理。实际使用时，为了保证数据采集精度，一般取 $f_s = (5 \sim 10)f_{max}$；也可在转换前设置抗混叠低通滤波器，消除信号中无用的高频信号。

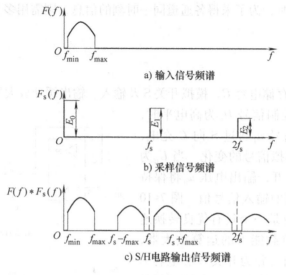

a) 输入信号频谱

b) 采样信号频谱

c) S/H电路输出信号频谱

图 7-11　采样数据信号频谱

7. 2. 2　单片集成采样保持电路

采样/保持电路的主要参数有捕捉时间 T_{AC}、孔径时间 T_{AP}、下垂率等，如图 7-12 所示。

捕捉时间 T_{AC} 指当采样/保持电路从保持状态转到采样状态时，采样/保持电路的输出从保持值过渡到重新跟踪输入值所需的时间。要求采样脉冲宽度一定要大于 T_{AC}，此时间长表示 S/H 电路跟踪性能差。

孔径时间 T_{AP} 是指从发出保持指令的时刻起，直到模拟开关真正断开为止所需的时间。在孔径时间内，S/H 电路的输出仍跟随输入信号变化，其实际保持值与希望值存在差异（称之为孔径误差）。孔径时间表明模/数转换器一般情况下并不能在保持命令发出的同时立即开始采样。

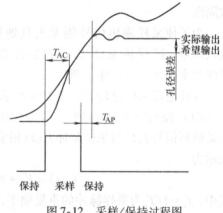

图 7-12　采样/保持过程图

下垂率是指由于存储电容电荷的泄漏所引起的输出电压的变化率，输出放大器所需的输入偏置电流是引起下垂的重要因素。通常表示为

$$\frac{\Delta U}{\Delta t} = \frac{I}{C}$$

式中，C 为保持电容；I 为 C 上的漏电流。

模/数转换器在对模拟量转换时，均需一定的转换时间，如果在此时间内，输入的模拟信号值是不确定的，则会引起输出的不确定性误差。以正弦波输入为例，假设输入信号为 $u = U_m \sin 2\pi f t$，最大误差一定出现在信号斜率最大处，则

$$\frac{\mathrm{d}u}{\mathrm{d}t} = 2\pi f U_m \cos 2\pi f t$$

$$\left(\frac{\mathrm{d}u}{\mathrm{d}t}\right)_{\max} = 2\pi f U_{\mathrm{m}}$$

设模/数转换器的转换时间为 T_{CD}，对于输入满量程范围 $2U_{\mathrm{m}}$，最大相对误差为

$$\varepsilon = \frac{\Delta u}{2U_{\mathrm{m}}} = \left[T_{\mathrm{CD}} \left(\frac{\mathrm{d}u}{\mathrm{d}t}\right)_{\max} \right] \Big/ 2U_{\mathrm{m}} = \pi f T_{\mathrm{CD}}$$

可以看出，对于某个动态信号，其转换的误差与信号的最高频率和转换时间有关。

对于一个 n 位模/数转换器，若要求的转换误差不超过 1/2LSB，即相对误差 $\varepsilon = 1/2^{n+1}$，则被采样信号的最高频率为

$$f_{\max} = \frac{\varepsilon}{\pi T_{\mathrm{CD}}} = \frac{1}{2^{n+1}\pi T_{\mathrm{CD}}} \tag{7-2}$$

对于一个频率为 10Hz 的信号，进行 12 位的模/数转换，若要求误差小于 1/2LSB，按式 (7-2) 计算，要求其模/数转换器转换时间 $T_{\mathrm{CD}} \approx 4\,\mu\mathrm{s}$ 或更短，这对模/数转换器提出了很高的要求。只有缓慢变化的信号才宜于直接使用模/数转换器。对于变化较快的信号，需要使用采样/保持器。如使用采样/保持器，式 (7-2) 中的 T_{CD} 由 T_{AP} 取代，由于后者较前者小得多，故采用 S/H 电路可提高被采集信号的频率。

对于一个带有采样/保持器的数据采集系统，按照采样定理的要求，可得到允许输入信号的最高频率为

$$f_{\max} = \frac{1}{2(T_{\mathrm{AC}} + T_{\mathrm{AP}} + T_{\mathrm{CD}})}$$

单片集成采样保持器有通用型、高速型、高分辨率型及低下降率型等。最常用的通用型采样/保持器如 AD582、LF198/LF298/LF398 等，应用这类器件，需外接一存储电容，其大小与采样频率和精度有关，且要选用泄漏小、介质吸附效应小的电容器，如聚四氟乙烯电容器。随着模/数转换器的高速化，高速型的采样/保持器也得到了广泛的应用。以高速型 AD781 为例，AD781 的最大采样时间为 700ns，且采用自校正结构，保持模式误差仅为 $0.01\,\mu\mathrm{V}/\mu\mathrm{s}$，并具有很好的线性和优良的直流和动态性能，非常适合 12bit 和 14bit 高速采样保持放大器。

AD781 与 12 位的模/数转换器 AD674 接口电路如图 7-13 所示。该器件内有保持电容，不需要外接元件；AD781 没有引出独立的模拟接地和数字接地端，只有一个接地端

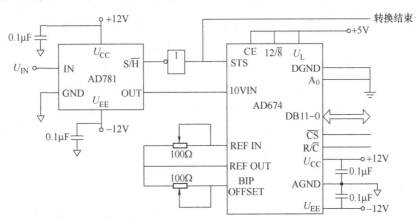

图 7-13　采样/保持器 AD781 与模/数转换器 AD674 接口电路

"GND"，通常把它接在模/数转换器模拟地端；必须在正电源引脚与 GND 之间和负电源引脚与 GND 之间各接一个 0.1μF 的陶瓷电容作为退耦电容，以实现高速、高保真采样系统指定精度和动态性能。

AD781 的建立时间极短，在多种情况下可以用一个命令同时启动 AD781 和模/数转换器，而不需要启动转换的延时。图 7-13 中 AD674 的转换结束状态信号 STS 经非门接至 AD781 采样保持的控制端。在 $\overline{CS}$ = '0'，$R/\overline{C}$ = '0' 时，启动转换器转换。而 $R/\overline{C}$ = '0' 使 STS = '1'，经非门得到 $S/\overline{H}$ = '0'，使 AD781 进入保持状态。当 AD674 转换结束，STS = '0'，使 $S/\overline{H}$ = '1'，AD781 进入采样状态。

目前，很多模/数转换器中集成了采样保持电路，如 ADS7824、MAX122 等。

7.3 电压比较电路

模拟电压比较电路是用来鉴别和比较两个模拟输入电压大小的电路。比较器的输出反映两个输入量之间相对大小的关系，其符号和理想比较器传输特性如图 7-14 所示。当 $u_N < u_P$ 时，比较器输出逻辑 1 电平，当 $u_N > u_P$ 时，输出为逻辑 0 电平，当 $u_N = u_P$ 时，是输出发生变化的临界点。比较器的输入量是模拟量，输出量是数字量，可以看作是最简单的一位模/数转换器，是模拟电路和数字电路之间联系的桥梁。

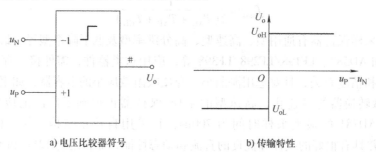

a) 电压比较器符号   b) 传输特性

图 7-14 电压比较器及其传输特性

一般情况下，在转换速度要求不高，或要求低失调电压、低偏置电流的应用中，以运算放大器工作在开环状态来比较两个模拟信号。但运算放大器电路在设计时，重点考虑的是输出与输入之间的线性放大特性以及稳定性等重要指标，故降低了速度，其响应时间一般较长；由于运算放大器具有极高的开环增益，所以大部分时间都处于饱和状态，在电平转换时，这也加大了响应时间。另外，对于数字电路接口来说，输出的饱和电平通常无法使用。

为了解决响应时间和电平匹配问题，电压比较器被设计成专用的电路——集成电压比较器，一方面对提高速度进行优化，由此降低了闭环稳定性；另一方面设计了便于与后续电路电平兼容的输出级。集成电压比较器有通用型如 LM111 和 LM311、高速型如 MAX9108 和 AD790、低功耗低失调型如 LM339 和 TL3016 等。

7.3.1 电平比较器

电平比较器也称单阈值比较器，是比较器最基本的应用，其电路和特性如图 7-15 所示。电路中 U_R 称为阈值电压或门限电平，是比较器输出发生跳变时的输入电压。若将 U_R 与 u_i 对调，则传输特性反相。由于比较器本身有失调电压 u_{os}，若要比较电路检测毫伏级的微弱信号，必须根据 u_{os} 的极性，事先在 U_R 中消除这个 u_{os} 值的影响。当 $U_R = 0$ 时，便是常用的过零比较器，又称鉴零器。

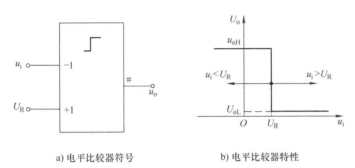

a) 电平比较器符号　　　　b) 电平比较器特性

图 7-15　电平比较器及其特性

以较典型的通用比较器 LM311 以例，其输出级是集电极开路形式，使用时常接一个上拉电阻到后续电路所需"高"逻辑电平大小的电源上。当 $u_P < u_N$ 时，输出级晶体管饱和导通（见图 7-16a），比较器输出为 $u_o = U_s + U_{CE(sat)}$，后者是饱和电压（0.3V 左右）。当 $u_P > u_N$ 时，输出级晶体管截止（见图 7-16b），比较器输出为 $u_o = U_D$。U_D 受用户控制，可以不同于该器件的电源电压，免去了电平转换电路。

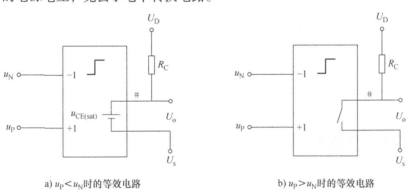

a) $u_P < u_N$ 时的等效电路　　　　b) $u_P > u_N$ 时的等效电路

图 7-16　LM311 输出等效电路

图 7-17 所示电路是利用运算放大器构成的求和型电平比较器，输入电压 u_i 和基准电压 U 均加在运算放大器的反相端，此电路阈值电压 U_R 为

$$U_R = -\frac{R_1}{R_2}U \qquad (7-3)$$

式（7-3）表明，这种比较电路的阈值电压不仅与 U 有关，而且与电阻 R_1 与 R_2 的比值有关，这给阈值电压的选择带来灵活性。该比较器输出的高、低电平分别为运算放大

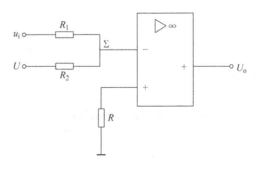

图 7-17　求和型电平比较器

器的正、负饱和电位，加入钳位电路，可输出所要求的逻辑电平。图 7-18 给出了两种实现输出钳位的电路，图 7-18a 中的双向稳压管用于输出钳位，用二极管实现钳位的电路如图 7-18b 所示。

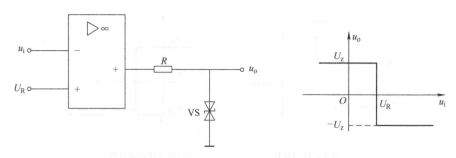

a) 双向稳压管用于输出钳位的电路

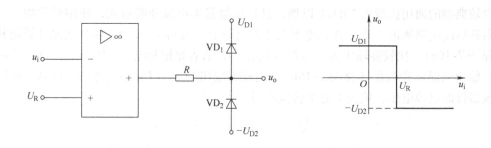

b) 二极管用于钳位的电路

图 7-18　钳位电路

7.3.2　电压比较器特性指标

电压比较器的直流参数与运算放大器相似，主要有输入失调电压、输入偏置电流、共模输入范围等，主要交流参数为响应时间（也称为传播延迟）。

1. 响应时间

响应时间反映了电压比较器响应的速率，在输入时加一阶跃信号使输出完成输出转换的50% 所需要的时间（t_{PD}），如图 7-19 所示。所选择的阶跃幅度是刚刚超出使输出状态发生转换的电平，这一超出量称为电压过驱。随着输入过驱的增加，响应时间会有一定程度的减小。

2. 直流参数对门限电平的影响

电压比较器的失调电压和偏置电流会使输入门限电平发生偏移，按本书第 1 章给出的运放直流参数等效电路标注的电压电流方向，如图 7-20 所示，误差为

$$\Delta U = u_{os} + I_N R_N - I_P R_P$$

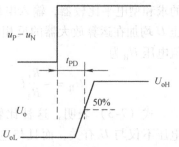

图 7-19　电压比较器响应时间

式中，u_{os} 为输入失调电压（mV 量级）；I_N 和 I_P 分别为反向输入端和同向输入端的电流。$(I_P + I_N)/2$ 是电压比较器的偏置电流，$I_P - I_N$ 是失调电流，两者都为 nA 量级。如忽略电流的影响，以过零比较器为例，输入跃迁点变为输入失调电压，而不是理想比较器的零电压。有些比较器给了调零端（如 LM311），调整方法见第 1 章。

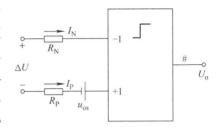

图 7-20　直流参数影响门限电平

对于缓慢变化的输入信号，当其接近于阈值电压时，叠加在其上的干扰信号 u_n 会使比较器产生误翻转，这就是所谓电平比较器的"振铃"现象，如图 7-21 所示。为克服比较器的"振铃"现象，可采用滞回比较器（详见 7.3.3）。为此，一些新型比较器通常具有几毫伏的滞回电压，这使得比较器有两个阈值，一个用于检测上升电压，一个用于检测下降电压。但是滞回的加入同时会降低比较器的有效分辨率，可分辨的最小信号为两阈值电压之差。

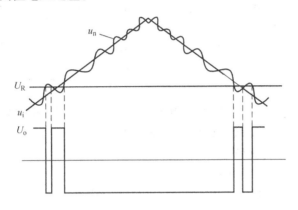

图 7-21　电平比较器的"振铃"现象

7.3.3　滞回比较器

滞回比较器也称施密特比较器。从比较器的输出端至同相输入端之间引入一个正反馈，就构成滞回比较器，其电路及传输特性如图 7-22 所示。显然，传输特性具有迟滞回线形状，电路由此而得名。如果设比较器输出高、低电平电压分别为 U_{oH} 和 U_{oL}，这个电路产生的两个阈值电压 U_1 和 U_2 分别为

$$U_1 = U_R \frac{R_1}{R_1 + R_2} + U_{oL} \frac{R_2}{R_1 + R_2}$$

$$U_2 = U_R \frac{R_1}{R_1 + R_2} + U_{oH} \frac{R_2}{R_1 + R_2}$$

U_1 和 U_2 的差值 ΔU 称为滞回电压，其值为

$$\Delta U = U_2 - U_1 = \frac{R_2}{R_1 + R_2} (U_{oH} - U_{oL})$$

可见，滞回电压可用 R_1 或 R_2 来调节。图 7-23 展现了滞回比较器对一输入信号的处理情况。

用滞回比较器取代电平比较器，并合理选择滞回电压大小，使之稍大于预计的干扰信

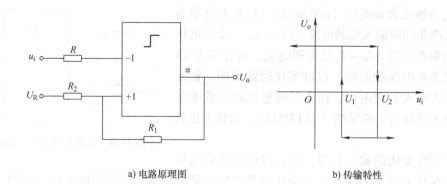

a) 电路原理图　　　　　　　b) 传输特性

图 7-22　滞回比较器电路及特性

号，就可消除上述"振铃"现象，从而大大提高其抗干扰能力。

　　滞回传输特性常应用于电器的通断控制。图 7-24 为微型冰箱温控电路的一部分，温度传感器 R_T 选用负温度系数热敏电阻（NTC）。当 $u_N < u_P$ 时，比较器输出高电平，VD_3 反偏截止，R_3 用于设置温度 T，设此时热敏电阻上的电压为 U_2。当 $u_N > u_P$ 时，比较器输出低电平，VD_3 导通，由比较器、R_3 和反馈电阻 R_4 构成滞回比较器，R_4 调节滞回温度 ΔT。设温度为 $T + \Delta T$ 时热敏电阻上的电压为 U_1（$< U_2$）。当温度高于 T 时，$u_N < U_2$，比较器输出高电平，起动制冷；当温度降低到 T 时，比较器输出低电平，停止制冷；若环境温度高，使冰箱温度回升，达到 $T + \Delta T$ 时，$u_N < U_1$，比较器输出高电平，制冷机重新起动。如果本电路采用电平比较器，当制冷到设定温度 T 时停止，当冰箱温度略有升高，比较器状态改变又会起动制冷，如此下去，制冷器因反复关闭和开启而影响其使用寿命。

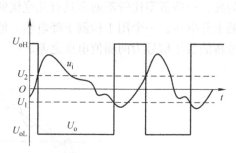

图 7-23　滞回比较器处理时序信号例

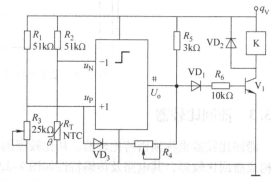

图 7-24　滞回比较器用于温度控制例

　　滞回比较器也常用于把积分延时波形变换成快速上升方波，或把慢速变化（如正弦波等）信号整形为快速变化的方波，有时为了消除过渡电平中干扰的影响，也用它作整形电路。

7.3.4　窗口比较器

　　窗口比较器也称作双阈值比较器。上述电平比较器，当 u_i 单方向变化时，U_o 只变化一次，即由低变高，或由高变低，因此只能检查一个电平。要判断 u_i 是否在两个电平之间，需采用窗口比较电路，如图 7-25 所示。它由两个电压比较器和两个二极管构成的线与电路组成。图中，电源 E 和稳压管 VS 及电阻 R_1、R_2 和 R_P 构成基准电压电路。下限比较器 N_2 反相输入端的阈值电压为 $U_{R2} = E - U_Z$，上限比较器 N_1 同相输入端的阈值电压为 $U_{R1} = U_Z R_P / (R_1 + R_P) + U_{R2} = K U_Z + U_{R2}$。可见：

当 $u_i < U_{R2}$ 时，$U_{o1} =$ "1"，$U_{o2} =$ "0"，则 $U_o =$ "0"；

当 $U_{R2} < u_i < U_{R1}$ 时，$U_{o1} =$ "1"，$U_{o2} =$ "1"，则 $U_o =$ "1"；

当 $u_i > U_{R1}$ 时，$U_{o1} =$ "0"，$U_{o2} =$ "1"，则 $U_o =$ "0"。

比较器单电源供电时电路的传输特性如图 7-25b 所示。窗口的位置由 U_{R1}、U_{R2} 决定，窗口的宽度 $\Delta U = U_{R1} - U_{R2} = K U_Z$，取决于 R_1 和 R_P 的分压系数 K。窗口比较电路的用途很广，如在产品的自动分选、质量鉴别、信号报警等场合均有应用。

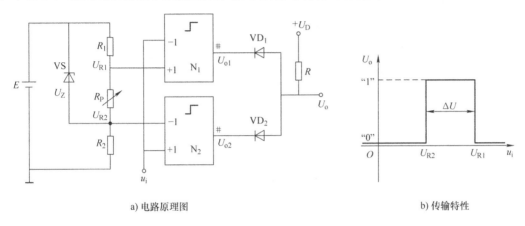

a) 电路原理图　　　　　　　　　b) 传输特性

图 7-25　窗口比较器

例1　图 7-26 是一电池充电器自动断电控制电路，可应用于 12V 汽车电池充电器，这是一个窗口比较器应用实例。图 7-26 中，A、B 端接被充电电池，电池电压由 N_1 和 N_2 构成的窗口比较器监测，稳压管稳压 $U_Z = 8.2V$，如设置当电池电压充至 14V 时把充电器电源断开、降至 12.5V 时接通充电器电源，则窗口比较器上限阈值电压设定为 $U_{R2} = 6.0V$，下限阈值电压设定为 $U_{R1} = 5.4V$，分别由 RP_1、RP_2 调节确定。当电池电压低于 12.5V 时，N_1 和 N_2 输出 "1"，V_1 和 V_2 均导通，继电器动作，一对触点 K_{-1} 将总电源和充电器接通，另一对触点 K_{-2} 闭合，使得当电池电压被充至高于 12.5V、低于 14V 时，V_2 继续导通，可继续给电池充电；当电池电压高于 14V 时，N_1 和 N_2 输出 "0"，V_1 和 V_2 均截止，继电器释放。由于 K_{-2} 触点断开，使得电池电压只有下降至 12.5V 以下时才能使继电器接通电源，向电池充电。

例2　产品分选是根据被测参数是否超过限值来进行的，如果产品具有两个限值——正超差、合格和负超差，可以用一个窗口比较器实现。如用电感传感器测量轴承滚珠直径（或用气动量仪测轴承内径），分选电路原理图如图 7-27 所示。正超差限值由 U_{R1} 确定，负超差限值由 U_{R2} 确定。当产品测量参数 $u_i < U_{R2}$ 时，N_2 输出为高，继电器 K_2 动作，打开负超差通道；当 $U_{R2} < u_i < U_{R1}$ 时，N_1、N_2 均输出 "0"，产品合格，正常通过；当 $u_i > U_{R1}$ 时，N_1 输出为 "1"，继电器 K_1 动作，打开正超差通道。应用该电路进行分选时，执行机构应具有分选结果状态保持功能。

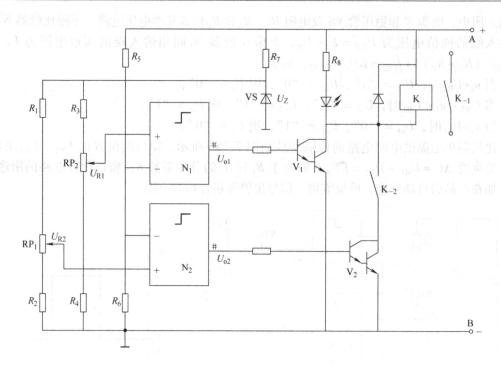

图 7-26 电池充电器自动断电控制电路

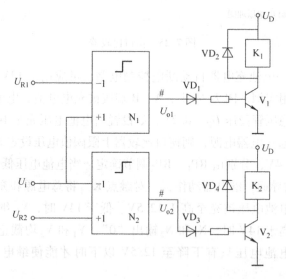

图 7-27 窗口比较器用于产品参数分选原理图

7.3.5 多阈值比较器

由四个电压比较器构成的多阈值比较器电路如图 7-28 所示，通过电阻分压，各电压比较器的阈值电压分别为 U_{R1}、U_{R2}、U_{R3}、U_{R4}，电压比较器多为集电极开路输出，可以直接连接发光二极管。当输入电压 $u_i < U_{R4}$ 时，四个比较器均输出"1"，发光二极管均不亮；当 $U_{R4} < u_i < U_{R3}$ 时，N_4 输出"0"，点亮 LED_4，依此类推，如果超过各给定阈值电压，LED 顺

次点亮，实现电位状态带状（或柱状）显示器的控制。

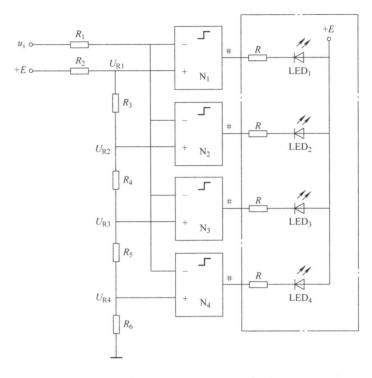

图 7-28　多阈值比较器电路

此电路稍加改变，去掉框内电路，便可做充电器等电路电位控制；改变电阻分压电路的参数，就能得到任意的阈值电压。

7.4　电压/频率（频率/电压）转换电路

7.4.1　V/f 转换器

V/f（电压/频率）转换器能把输入信号电压转换成相应的频率信号，即它的输出信号频率与输入信号电压成比例，又称为电压控制（压控）振荡器（VCO）。由于频率信号抗干扰性好，便于隔离、远距离传输，并可以调制，因此，V/f 转换器广泛应用于调频、调相、模/数转换器、远距离遥测遥控设备中。

7.4.1.1　通用运放 V/f 转换电路

1. 积分复原式 V/f 转换电路

图 7-29a 所示为运算放大器组成的 V/f 转换电路，包括积分器、比较器和积分复原开关等。其中由 N_2、$R_5 \sim R_8$ 组成的滞回比较器的正相输入端两个门限电平为

$$U_1 = -U \frac{R_7}{R_6 + R_7} + U_Z \frac{R_6}{R_6 + R_7}$$

$$U_2 = -U \frac{R_7}{R_6 + R_7} - U_Z \frac{R_6}{R_6 + R_7}$$

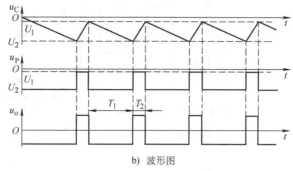

a) 转换电路

b) 波形图

图 7-29　积分复原式 V/f 转换电路及各点波形

式中，U_Z 为输出限幅电压，其大小由稳压管 VS_2 和 VS_3 的稳压值决定。

当输入信号 $u_i = 0$ 时，N_1 组成的积分器输出 u_C 为零。由比较器特性可知，此时比较器输出 u_o 为负向限幅电压 $-U_Z$，开关管 V 截止，比较器同相端电压 u_P 为负向门限电平 U_2。

当输入电压 $u_i > 0$，积分器输出电压 u_C 负向增加，$u_C \leqslant U_2$ 时，比较器输出 u_o 由负向限幅电压突变为正向限幅电压 U_Z，驱动开关管 V 由截止变为导通，致使积分电容 C 通过 R_3 放电，积分器输出迅速回升。同时，u_o 通过正反馈电路使比较器同相端电压 u_P 突变为 U_1，从而锁住比较器的输出状态不随积分器输出回升而立即翻转。当积分器输出回升到 $u_C \geqslant U_1$ 时，比较器输出又由正向限幅电压 U_Z 突变为负向限幅电压 U_Z，V 又处于截止状态，同时 u_P 恢复为 U_2，积分器重新开始积分。如此循环下去，积分器输出一串负向锯齿波，比较器输出相应频率的矩形脉冲序列，各级输出波形如图 7-29b 所示。显然，输入电压越大，积分电容 C 充电电流及锯齿波电压的斜率就越大，因此每次达到负向门限电压 U_2 的时间也越短，输出脉冲的频率就越高。

由电路可知，积分器在充电过程的输出电压为

$$u_C(t) = -\frac{1}{R_1 C}\int_0^t u_i \mathrm{d}t + U_1$$

令充电持续时间为 T_1，则有

$$T_1 = \frac{R_1 C(U_1 - U_2)}{u_i}$$

对于放电过程，放电电流是个变数，其平均值为

$$I \approx \left| \frac{U_1 + U_2}{2(R_3 + r_{ce})} \right|$$

式中，r_{ce} 为晶体管 V 集电结 ce 结电阻。

放电持续时间 T_2 为

$$T_2 = \left| \frac{U_2 - U_1}{I} \right| C = 2(R_3 + r_{ce}) C \left| \frac{U_1 - U_2}{U_1 + U_2} \right|$$

因此，充放电周期为

$$T = T_1 + T_2 = (U_1 - U_2) C \left[\frac{R_1}{u_i} + \left| \frac{2(R_3 + r_{ce})}{U_1 + U_2} \right| \right] \tag{7-4}$$

由式（7-4）可见，周期 T 包括两项：第一项由输入电压对电容 C 的充电过程决定，$f - V$ 关系是线性的；第二项为一常数，它的大小由 C 的放电过程决定，是给 $f - V$ 关系带来非线性的因素。为提高 V/f 转换的线性度，要求

$$\frac{R_1}{u_i} \gg \left| \frac{2(R_3 + r_{ce})}{U_1 + U_2} \right|$$

在上述条件下，放电时间可以忽略，输出脉冲的频率为

$$f_0 \approx \frac{1}{T} = \frac{1}{R_1 C (U_1 - U_2)} u_i$$

2. 电荷平衡式 V/f 转换电路

电荷平衡式 V/f 转换电路基于电荷平衡原理，主要由积分器 N_1、过零比较器 N_2、单稳定时器及恒流发生器等组成，如图 7-30 所示。假设 $u_i > 0$，当积分器 N_1 输出电压 u_C 下降到零时，比较器 N_2 翻转，触发单稳定时器产生宽度为 t_0 的脉冲，该脉冲接通恒流源，设计 $|I_S| > i$，从而使 u_C 迅速向上斜变。当脉冲结束后，开关 S 断开，由 u_i 产生的电流 $i = u_i/R$ 向电容 C 充电使 u_C 负向斜变。当 u_C 过零时，比较器又一次翻转使单稳定时器产生一个 t_0 脉冲，电容器再一次放电，如此反复下去。在一个周期内，电容 C 上的电荷量不发生变化，即由 i 产生的充电电荷与 $(I_S - i)$ 产生的放电电荷相等。在充电时间 t_1 内的电荷量为

$$\Delta Q_1 = i t_1$$

在放电时间 t_0 内的电荷量为

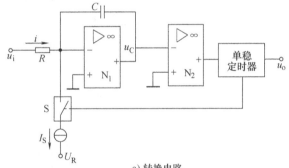

a) 转换电路

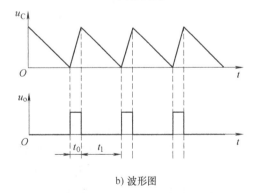

b) 波形图

图 7-30　电荷平衡式 V/f 转换电路及波形图

$$\Delta Q_0 = (I_S - i) t_0$$

由电荷平衡原理，$\Delta Q_0 = \Delta Q_1$，得

$$t_1 = \left(\frac{I_S}{i} - 1 \right) t_0$$

输出脉冲频率为

$$f = \frac{1}{t_0 + t_1} = \frac{1}{I_S t_0} i = \frac{u_i}{I_S t_0 R}$$

由上式可以看出，该转换器从原理上消除了积分复原时间所引起的非线性误差，故大大提高了转换的线性度。集成 V/f 转换器大多采用电荷平衡型 V/f 转换电路作为基本电路。

7.4.1.2　集成 V/f 转换器

模拟集成 V/f 转换器有很多种，如 VFC32、TC9401、AD650、LMX31、LM131 系列。以 LM131 为例，该转换器可以构成电压频率转换器（VFC），也可构成频率电压转换器（FVC），图 7-31 为其功能框图。LM131 转换器内部电路由输入比较器、定时比较器和 RS 触发器构成的单稳定时器，基准电源电路，精密电流源，电流开关及集电极开路输出管等几部分组成。两个 RC 定时电路，一个由 R_t、C_t 组成，它与单稳定时器相连；另一个由 R_L、C_L 组成，靠精密的电流源充电，电流源输出电流 i_S 由内部基准电压源供给的 1.9V 参考电压和外接电阻 R_S 决定（$i_S = 1.9\mathrm{V}/R_S$）。

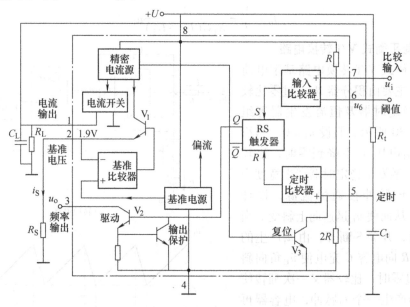

图 7-31　LM131 系列功能框图

LM131 用作 V/f 转换器的简化电路及各电压波形如图 7-32 所示。当正输入电压 $u_i > u_6$ 时，输入比较器输出高电平，使单稳定时器输出端 Q 为高电平，晶体管 V 饱和导通，频率输出端输出低电平 $u_o = u_{oL} \approx 0\mathrm{V}$，开关 S 闭合，电流源输出电流 I_S 对 C_L 充电，u_6 逐渐上升。同时，与引脚 5 相连的芯片内放电管截止，电源 U 经 R_t 对 C_t 充电，当 C_t 电压上升至 $u_5 = u_{Ct} \geqslant 2U/3$ 时，单稳定时器输出改变状态，Q 端为低电平，使 V 截止，$u_o = u_{oH} = +E$，开关 S 断开，C_L 通过 R_L 放电，使 u_6 下降。同时，C_t 通过芯片内放电管快速放电到零。当 $u_6 \leqslant u_i$ 时，又开始第二个脉冲周期，如此循环往复，输出端便输出脉冲信号。

设输出脉冲信号周期为 T、输出为低电平（$u_o = u_{oL} \approx 0\mathrm{V}$）的持续时间为 t_0。在 t_0 期间，

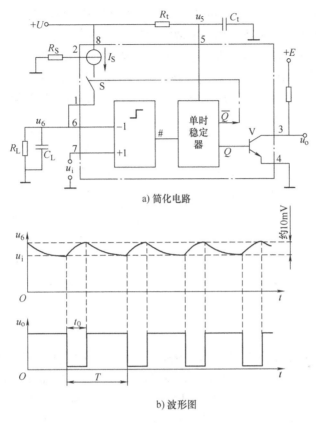

a) 简化电路

b) 波形图

图7-32 LM131系列简化电路及各电压波形

电流 i_S 提供给 C_L、R_L 的总电荷量 Q_S 为

$$Q_S = i_S t_0 = 1.9 \frac{t_0}{R_S}$$

周期 T 内流过 R_L 的总电荷量（包括 i_S 提供及 C_L 放电提供）Q_R 为

$$Q_R = i_L T$$

式中，i_L 为流过 R_L 的平均电流。实际上，u_6 在很小的区域（大约10mV）内波动，可近似取 $u_6 \approx u_i$，则 $i_L \approx u_i / R_L$，故有

$$Q_R \approx \frac{u_i}{R_L} T$$

由定时电容 C_t 的充电方程式

$$u_{Ct} = U\left[1 - \exp\left(-\frac{t_0}{R_t C_t} \right) \right] = \frac{2}{3} U$$

可求得

$$t_0 = R_t C_t \ln 3 \approx 1.1 R_t C_t$$

根据电荷平衡原理，周期 T 内 i_S 提供的电荷量应等于 T 内 R_L 消耗掉的总电荷量，即 $Q_S = Q_R$，可求得输出脉冲信号频率 f_o 为

$$f_o = \frac{1}{T} \approx \frac{R_S u_i}{1.9 \times 1.1 R_t C_t R_L} = \frac{R_S u_i}{2.09 R_t C_t R_L} \tag{7-5}$$

199

式中，u_i 的单位为 V。由式（7-5）可知，输出脉冲的频率 f_o 与输入信号的电压 u_i 成正比。

图 7-33 为 LM131 与单片机所构成的数字化测量电路。传感器的输出经一同向放大电路放大，一级无源 RC 滤波器滤除输入信号中的高频噪声，LM131 将输入信号电压转换成频率信号。89C52 单片机上的内部定时器 T_1（图中未表示）每 50ms 中断一次，20 次定时中断即是 1s，在 1s 内所计 T_0 脉冲数即为所求频率值。单片机可以计算出被测量值，也可以进行数据处理及输出显示等。

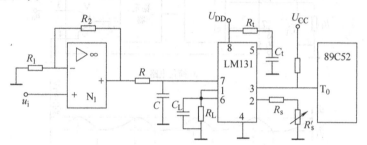

图 7-33 LM131 与单片机构成的数字化测量电路

7.4.2 f/V 转换器

把频率变化信号线性地转换成电压变化信号的转换器称为 f/V 转换器。f/V 转换器的工作原理如图 7-32 所示，主要包括放大与电平鉴别器、单稳触发器和低通滤波器三部分。输入信号 u_i 通过比较器转换成快速上升/下降的方波信号去触发单稳触发器，随即产生定宽（T_w）、定幅度（U_m）的输出脉冲序列。将此脉冲序列经低通滤波器平滑，可得到正比于输入信号频率 f_i 的输出电压 u_o，$u_o = T_w U_m f_i$。

7.4.2.1 通用运放 f/V 转换电路

图 7-34a 是由运算放大器 N_1、N_2、N_3 组成的 f/V 转换电路。N_1 构成滞回比较器，输入有二极管 VD_1、VD_2 限幅保护，N_1 将输入信号转换成频率相同的方波信号，再经微分电容 C_1 和二极管 VD_3 把上升窄脉冲送至 N_2。N_2 构成单稳电路，常态下其反相输入 u_N 为负电位，使输出为高电平，V_1、V_2 导通，这时 u_2 为低电平。正触发脉冲使 N_2 迅速翻转输出低电平，V_1 截止，u_2 上升为高电平，它等于稳压管 VS 的稳压值 U_m，u_N 保持高电平 U_H，如图 7-34b 所示。同时 V_2 截止，使 C 通过 R 充电，经过 T_w 时间，u_P 上升到 U_H 以上使 N_2 再次翻转"复位"，单稳过程结束。由 u_2 输出定宽（T_w）、定幅度（U_m）的脉冲，u_2 输出高电平的频率随输入频率的升高而增大。由图 7-34a 电路可知 V_1 截止时 N_2 反相输入端的电位

$$U_H = \frac{R_1}{R_1 + R_2} U_m + \frac{R_2}{R_1 + R_2}(-E)$$

根据 RC 电路瞬态过程的基本公式

$$u_P(t) = u_P(\infty) + [u_P(0^+) - u_P(\infty)]e^{-\frac{t}{\tau}}$$

式中，$u_P(\infty) = E$；充电前 $u_P(0^+) = ER_6/(R + R_6)$；充电结束时，$u_P(T_w) = U_H$。因此，可以计算出 RC 充电至 U_H 所用的充电时间

$$T_w = RC\ln\left[\frac{E - u_P(0^+)}{E - U_H}\right] = RC\ln\left[\frac{(R_1 + R_2)E}{(R_1 + R_2)E - (R_1 U_m - R_2 E)}\right]\frac{R}{R + R_6}$$

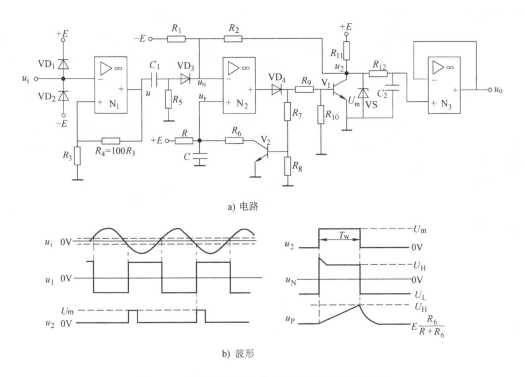

a) 电路

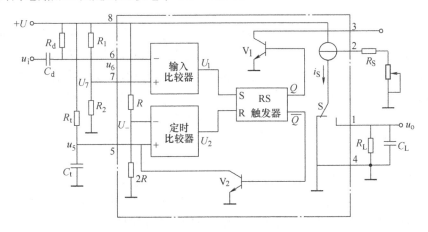

b) 波形

图 7-34　通用运放 f/V 转换电路及各点电压波形

N_3、R_{12} 和 C_2 构成低通滤波器，输出电压平均值为

$$u_o = T_w U_m f_i$$

7.4.2.2　集成 f/V 转换器

LM131 系列芯片也可用作 f/V 转换器，它的外接电路如图 7-35 所示。输入比较器的同相输入端由电源电压 U 经 R_1、R_2 分压得到比较电平 U_7（取 $U_7 = 9U/10$），定时比较器的反相输入端由内电路加以固定的比较电平 $U_- = 2U/3$。

图 7-35　LM131 作 f/V 转换器电路原理图

当 u_i 端没有负脉冲输入时，$u_6 = U > U_7$，$U_1 = $ "0"。RS 触发器保持复位状态，$\overline{Q} = $

"1"。电流开关 S 与地端接通，晶体管 V_2 导通，引脚 5 的电压 $u_5 = u_{Ct} = 0$。当 u_i 输入端有负脉冲输入时，其前沿和后沿经微分电路微分后分别产生负向和正向尖峰脉冲，负向尖峰脉冲使 $u_6 < U_7$，U_1 = "1"。此时 U_2 = "0"，故 RS 触发器转为置位状态，$\overline{Q}$ = "0"。电流开关 S 与 1 脚相接，i_S 对外接滤波电容 C_L 充电，并为负载 R_L 提供电流，同时晶体管 V_2 截止，U 通过 R_t 对 C_t 充电，其电压 u_{Ct} 从零开始上升，当 $u_5 = u_{Ct} \geq U_-$ 时，U_2 = "1"，此时 u_6 已回升至 $u_6 > U_7$，U_1 = "0"，因而 RS 触发器翻转为复位状态，$\overline{Q}$ = "1"。S 与地接通，i_S 流向地，停止对 C_L 充电，V_2 导通，C_t 经 V_2 快速放电至 $u_{Ct} = 0$，U_2 又变为 "0"。触发器保持复位状态，等待 u_i 下一次负脉冲触发。

综上所述，每输入一个负脉冲，RS 触发器便置位，i_S 对 C_L 充电一次，充电时间等于 C_t 电压 u_{Ct} 从零上升到 $U_- = 2U/3$ 所需时间 t_1。RS 触发器复位期间，停止对 C_L 充电，而 C_L 对负载 R_L 放电。根据 C_t 充电规律，可求得 t_1 为

$$t_1 = R_t C_t \ln 3 \approx 1.1 R_t C_t$$

提供的总电荷量 Q_S 为

$$Q_S = i_S t_1 = 1.9 \frac{t_1}{R_S}$$

u_i 在一个周期 $T_i = 1/f_i$ 内，R_L 消耗的总电荷量 Q_R 为

$$Q_R = i_L T_i = \frac{u_o}{R_L} T_i$$

根据电荷平衡原理，$Q_S = Q_R$，可求得输出端平均电压为

$$u_o = \frac{1.9 t_1}{T_i} \frac{R_L}{R_S} \approx 2.09 \frac{R_L}{R_S} R_t C_t f_i \tag{7-6}$$

从式（7-6）可见，电路输出的直流电压 u_o 与输入信号 u_i 的频率 f_i 成正比，实现频率电压转换功能。

7.5 电压/电流（电流/电压）转换电路

变送器广泛地应用于检测及过程控制系统中，变送器实质上是一种能输出标准信号的传感器，V/I（I/V）转换电路常应用其中。标准信号是物理量的形式和数值范围都符合国际标准的信号，其中应用相当普遍的一类是直流信号。直流具有不受传输电路的电感、电容及负载性质的影响，不存在相位问题等优点，所以国际电工委员会（IEC）将 4～20mA 的电流信号和 1～5V 的电压信号确定为过程控制系统电模拟信号的统一标准。因此在标准和非标准之间，不同标准信号之间需要转换器互相转换。例如，在远距离监控系统中，必须把监控电压信号转换成电流信号进行传输，以减少传输导线阻抗对信号的影响。对电流进行数字测量时，首先需将电流转换成电压，然后再由数字电压表等进行测量。

在进行信号转换时，为了保证一定的转换精度和较大的适用范围，要求 I/V 转换器有低的输入阻抗及输出阻抗，V/I 转换器有高的输入阻抗及输出阻抗。

7.5.1 I/V 转换器

I/V 转换器用于将输入电流信号转换为与之呈线性关系的输出电压信号。反相输入型转

换电路如图 7-36a 所示。设 N 为理想运算放大器，R_S 为电流源 i_S 的内阻，则

$$i = i_S$$

$$u_o \approx -iR_1 = -i_S R_1$$

可见，输出电压 u_o 正比于输入电流 i_S，与负载无关，实现了 I/V 转换。图 7-36a 所示电路要求 R_S 必须很大，否则，输入失调电压将被放大 $1 + (R_1/R_S)$ 倍，产生较大误差。而且，电流 i_S 需远大于运算放大器输入偏置电流 I_b，故宜选用场效应晶体管作输入级的运算放大器。

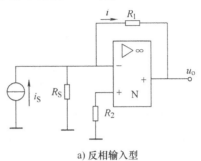

a) 反相输入型

同相输入型 I/V 转换电路如图 7-36b 所示。输入电流 i 首先经输入电阻 R_1 变为输入电压 $u_i = iR_1$。加到运算放大器的同相输入端，经过同相比例放大后得输出电压

$$u_o = iR_1 \left(1 + \frac{R_2}{R_3} \right)$$

R_1 值根据电流输出器件（如传感器）对负载的要求确定，一般为几百欧数量级。当 R_1 确定后，可根据 i 与 u_o 的范围决定 R_2 及 R_3。为避免运算放大器的偏置电流造成误差，要求两个输入端对地的电阻相等，即

$$R_4 = \frac{R_2 R_3}{R_2 + R_3}$$

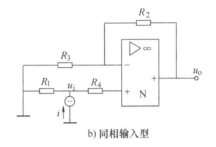

b) 同相输入型

例如，要将 $0 \sim 10\text{mA}$ 的输入直流电流转换为 $0 \sim 10\text{V}$ 的输出直流电压，取 $R_1 = 250\Omega$（即 $u_i = 0 \sim 2.5\text{V}$），$R_3 = 5.1\text{k}\Omega$，则 $R_2 = 15\text{k}\Omega + 0.3\text{k}\Omega$（一个 $15\text{k}\Omega$ 的电阻与一个最大值为 $2.2\text{k}\Omega$ 的电位器串联），$R_4 = 3.9\text{k}\Omega$。

由于采用同相端输入，因此，电路中的运放应选用共模抑制比较高的运算放大器。

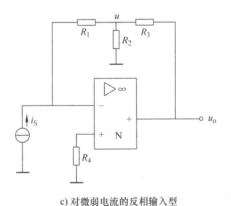

c) 对微弱电流的反相输入型

图 7-36　I/V 转换电路

对微弱电流信号转换时，反馈电阻要选用高值电阻，以图 7-36a 为例，如输入电流为 10nA、转换为 1V 电压时，$R_F = 100\text{M}\Omega$，如此大的电阻很难满足对其稳定性和高精度的要求。采用如图 7-36c 所示 T 形网络电路替换反馈电阻可以解决这一问题。在理想情况下，求得输出电压 u_o 为

$$u_o = -i_S \left[R_3 + R_1 \left(1 + \frac{R_3}{R_2} \right) \right]$$

取 $R_1 = 1\text{M}\Omega$，$R_2 = 1\text{k}\Omega$，$R_3 = 99\text{k}\Omega$，就可近似于 $R_\text{F} = 100\text{M}\Omega$ 的效果。

图 7-37 所示电路可实现 $4 \sim 20\text{mA}$ 到 $0 \sim 5\text{V}$ 的转换。由节点方程可知

$$u_\text{N} = u_\text{P} = i_\text{S} R$$

$$\frac{u_\text{o} - u_\text{N}}{R_\text{f}} = \frac{u_\text{N}}{R_1} + \frac{u_\text{N} - U_\text{f}}{R_5}$$

故有

$$u_\text{o} = \left(1 + \frac{R_\text{f}}{R_1} + \frac{R_\text{f}}{R_5}\right) i_\text{S} R - \frac{R_\text{f}}{R_5} U_\text{f}$$

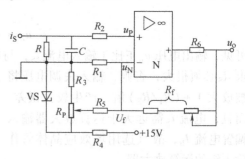

图 7-37　$4 \sim 20\text{mA}/0 \sim 5\text{V}$ 转换电路

若取 $R = 200\Omega$，$R_1 = 18\text{k}\Omega$，$R_5 = 43\text{k}\Omega$，$R_\text{f} = 7.14\text{k}\Omega$，调整 R_P 使 $U_\text{f} = 7.53\text{V}$，则当 $i_\text{S} = 4 \sim 20\text{mA}$ 时，可求得 $u_\text{o} = 0 \sim 5\text{V}$。

7.5.2　V/I 转换器

V/I 转换器的作用是将电压信号转换为电流信号，它不仅要求输出电流与输入电压具有线性关系，而且要求输出电流随负载电阻变化所引起的变化量不超过允许范围，即转换器具有恒流性能。

7.5.2.1　运放构成的 V/I 转换电路

如果用负载 R_L 取代图 6-1、图 6-2 中的反馈电阻 R_f，这两个电路可作为负载浮地型 V/I 转换电路，流过负载上的电流大小为

$$i_\text{L} = \frac{u_\text{i}}{R_1}$$

可见，负载电流 i_L 与输入电压 u_i 成正比，与负载 R_L 无关，实现了 V/I 转换。但电路存在不足，即最小负载电流受运算放大器输入偏置电流 I_B 的限制，其最小值不能太小；最大负载电流受运算放大器最大输出电流的限制，且输出电压不能超过运算放大器输出电压范围。以通用运算放大器 LM324 为例，当输出电流为 50mA 时，其最大输出电压会大幅下降，大约降到电源电压 -7V 的水平（参见 LM324 数据手册），驱动能力明显变坏，此时可考虑在输出端加晶体管来提高驱动能力。

图 7-38 为负载接地型 V/I 转换电路。假设电路中 N_1 和 N_2 为理想运算放大器，有

$$u_\text{P1} = \frac{1}{2}(u_\text{i} + u_\text{o2})$$

N_1 输出电压 $u_\text{o1} = 2u_\text{P1} = u_\text{i} + u_\text{o2}$，$R_\text{P}$ 上的电压 $u_\text{P} = u_\text{o1} - u_\text{o2} = u_\text{i}$，所以

$$i_\text{L} = \frac{u_\text{i}}{R_\text{P}}$$

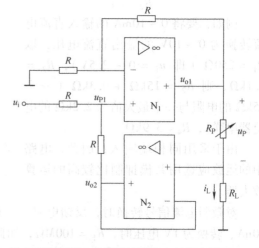

图 7-38　负载接地型 V/I 转换电路

如设运算放大器 N_1 最大输出电压为 $U_{1\text{MAX}}$，在负载电压 $\leqslant U_{1\text{MAX}} - U_\text{P}$ 的范围内，负载电

流 i_L 仅受控于输入电压 u_i。

将输入电压转换为 4 ~ 20mA 电流的 V/I 转换电路如图 7-39 所示，它由运算放大器 N 及晶体管 V_1、V_2 组成。V_1 构成倒相放大级，V_2 构成电流输出级。U_b 为偏置电压，用以进行零位平移。由于电路采用电流并联负反馈，因此具有较好的恒流性能。

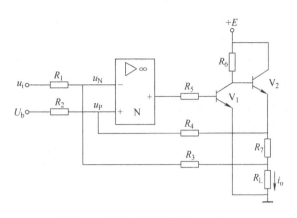

图 7-39 输入电压转换为 4 ~ 20mA
电流的 V/I 转换电路

利用叠加原理，可求出在 u_i、U_b 及输出电流 i_o 作用下，运算放大器 N 的同相输入端电压 u_P 及反相输入端电压 u_N。考虑只有输入电压 u_i 作用时，因 $R_3 >> R_L$，故有

$$u_{N1} \approx \frac{R_3}{R_1 + R_3} u_i$$

考虑只有输出电流 i_o 作用时

$$u_{N2} \approx \frac{R_1}{R_1 + R_3} i_o R_L$$

$$u_{P1} \approx \frac{R_2}{R_2 + R_4} i_o (R_L + R_7)$$

在 U_b 作用下，因 $R_4 >> R_7 + R_L$

$$u_{P2} \approx \frac{R_4}{R_2 + R_4} U_b$$

如果运算放大器 N 的开环增益及输入电阻足够大，则有

$$u_P = u_N = u_{P1} + u_{P2} = u_{N1} + u_{N2}$$

设 $R_1 = R_2$，$R_3 = R_4$，则

$$i_o = \frac{R_4}{R_2 R_7} (u_i - U_b) \tag{7-7}$$

由式（7-7）可看出：①当 N 的开环增益及输入电阻足够大时，输出电流 i_o 与输入电压 u_i 的关系只与电路电阻 R_2（$= R_1$）、R_4（$= R_3$）及反馈电阻 R_7 有关，而与运算放大器参数及负载电阻 R_L 无关，说明它具有恒流性能。②由于输出采用了功率放大，使得输出电流可达安培级。③输出电流 i_o 与输入电压 u_i 间的转换系数决定于电路参数，因此可根据 u_i 及 i_o 的范围决定电路参数，如输入 $u_i = 0 \sim 10V$ 时，要求 $i_o = 0 \sim 10mA$，取 $R_2 = 100k\Omega$，$R_4 = 20k\Omega$，$R_7 = 200\Omega$，$U_b = 0$。又如输入 $u_i = 0 \sim 10V$，要求 $i_o = 4 \sim 20mA$，则取 $R_2 = 100k\Omega$，$R_4 = 20k\Omega$，$R_7 = 125\Omega$。此时若 $U_b = 0$，对应 $i_o = 0 \sim 16mA$。为使输入 $u_i = 0V$ 时，输出为 $i_o = 4mA$，要求 $U_b = -i_o R_7 R_2 / R_4 = -2.5V$。

7.5.2.2 集成 V/I 转换器

AD694 是一个集成电压/电流转换电路芯片，它将输入电压信号转换成标准的 4 ~ 20mA 或 0 ~ 20mA 电流信号，可广泛应用于压力、流量、温度等变送器中，和对阀、调节器以及过程控制中常用设备的控制。AD694 主要由输入缓冲放大器、V/I 转换器、参考电压电路及 4mA 电流偏置电路等组成，如图 7-40 所示。以将输入电压转换为 4～20mA 电流为例，输入缓冲放大器用来缓冲或放大输入信号至 0～2V 或 0～10V。运算放大器 N_2 和晶体管 V_2 等组成 V/I 转换电路，输入电压量程为 0～2V 时，引脚 4 接至引脚 5 上；量程为 0～10V 时，引脚 4 悬空。假设 N_2 为理想运算放大器，V/I 转换电路将输入电压转换为 0～0.8mA，然后通过电流镜像电路将此电流放大 20 倍。进一步分析该部分电路，假设 N_3 为理想运算放大器，其同相端和反相端"虚短"，R_3 和 R_4 上的电压相等，故有

$$R_3(i_1 + i_0) = R_4 i_0$$
$$i_0 = 20(i_1 + i_0)$$

选择 4～20mA 输出，引脚 9 需接地，此时偏置电路输出 $i_0 = 200\mu A$，故将输入电压转换为 4～20mA 电流。

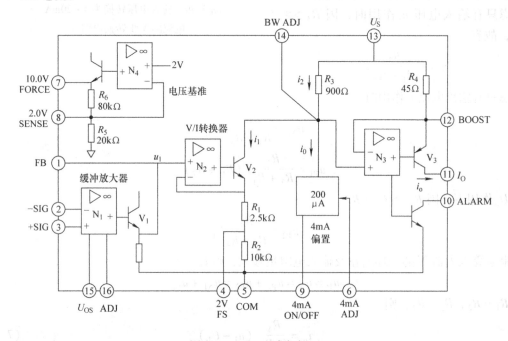

图 7-40　AD694 内部框图

　　将输入电压转换为 0～20mA 电流时，要求输入电压最大值提高 25%，即为 0～2.5V 或 0～12.5V，V/I 转换电路输出 i_1 为 0～1mA；此时要求引脚 9 电压大于 3V，使偏置电路输出电流 i_0 为 0。

　　AD694 的参考电压电路可以向外电路提供参考电压，当引脚 7 和引脚 8 短接时，这两脚输出 2V 参考电压；引脚 8 悬空时，引脚 7 输出 10V 参考电压。

　　图 7-41 是 AD694 应用实例，电桥由温度、压力或荷重等传感器组成，电桥满量程输出通常为 10～100mV，AD708 的双运放和 AD694 内部的输入缓冲放大器构成仪器放大器电路对电桥输出信号进行放大，增益为

$$G = 1 + \frac{2R_s}{R_g}$$

　　参考电压 2V 输出端接到 C 点形成"虚地"，引脚 2V FS 也接到此点。相对于"虚地"，

AD694 将相对于 u_A 为 0 ~ 2V 的输入电压转换为 4 ~ 20mA 电流，这是为了确保单电源工作的运算放大器在很宽的共模范围内可以正确地工作。

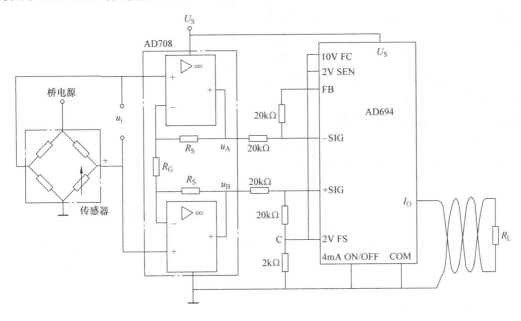

图 7-41 AD694 应用实例

7.6 模拟/数字（数字/模拟）转换电路

传感器输出的信号一般为模拟信号，在以微型计算机为核心组成的数据采集及控制系统中，必须将传感器输出的模拟信号转换成数字信号，为此要使用模/数转换器（简称 A/D 转换器或 ADC）。相反，经计算机处理后的信号常需反馈给模拟执行机构如执行电动机等，因此还需要数/模转换器（简称 D/A 转换器或 DAC）将数字信号转换成相应的模拟信号。因此 A/D 和 D/A 转换电路是微型计算机与输入、输出装置之间的接口，是数字化测控系统中的重要组成部分。

7.6.1 D/A 转换器

对 n 位 D/A 转换器，设其输入是 n 位二进制数字输入信号 D_{in} （$d_1 d_2 \cdots d_n$），其中，d_i（$i = 1, 2, \cdots, n$）表示数字输入第 i 位的数码，取值 0 或 1。将 D_{in} 看成小数二进制数码，d_1 是最高有效位（Most Significant Bit，MSB）的数码，d_n 是最低有效位（Least Significant Bit，LSB）的数码，那么数字量 D_{in} 表示为

$$D_{in} = d_1 \times 2^{-1} + d_2 \times 2^{-2} + \cdots + d_n \times 2^{-n}$$

式中，2^{-1}，2^{-2}，$\cdots$，2^{-n} 代表二进制中相应数码位的加权值。如果 D/A 转换器的基准电压为 U_R，则理想 D/A 转换器的输出电压 U_o 可表示为

$$U_o = U_R D_{in} = U_R （d_1 \times 2^{-1} + d_2 \times 2^{-2} + \cdots + d_n \times 2^{-n}） \tag{7-8}$$

相应的理想转换特性如图 7-42 所示。

二进制加权转换中，对应于最高有效位（MSB）的输出电平是 $U_R/2$，对应于最低有效位（LSB）的输出电平是 $U_R/2^n$，满量程值为

$$U_F = U_R \sum_{i=1}^{n} 2^{-i} = U_R\left(1 - \frac{1}{2^n}\right) = U_R - \frac{U_R}{2^n}$$

可见，满量程值比基准电压小一个 LSB 电平，只要 n 足够大，$U_F \approx U_R$。

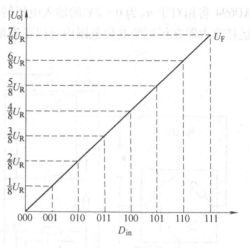

图 7-42　3 位 D/A 转换器理想转换特性

7.6.1.1　D/A 转换器结构及原理

集成 D/A 转换器的基本组成包括基准电压源、电阻解码网络、电子开关阵列和相加运算放大器四部分。为了降低成本，某些 D/A 转换器只包含解码网络和开关阵列。

基准电压源通常是具有温度补偿的稳压二极管。电子开关阵列与 D/A 转换器的二进制位相对应，每闭合一个电子开关，就增加一个二进制权电流（或电压），并加到输出求和总线上。电阻解码网络是 D/A 转换器的核心，常用的电阻网络有二进制加权电阻网络和 $R-2R$ 梯形电阻网络。

1. 加权电阻网络电路

图 7-43 所示为加权电阻网络 D/A 转换器原理图，其中模拟开关由相应位的二进制数码控制，当某位为 1 时，相应模拟开关将参考电压 U_R 接通，则该位权电流流向求和点 A。权电流由权电阻决定，若最高位权电阻为 R，则次高位为 $2R$，依次为 $4R$，$8R$，…，第 n 位为 $2^{n-1} \times R$，相应的权电流为 $U_R/(2^{n-1} \times R)$，当 n 位二进制数控制相应的模拟开关接 U_R 或接地时，则总输出电流 I_o 为

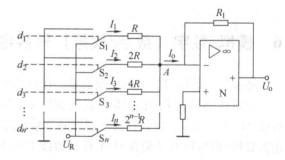

图 7-43　加权电阻网络 D/A 转换器原理图

$$I_o = \sum_{i=1}^{n} \frac{U_R}{R \times 2^{i-1}} d_i = \frac{2U_R}{R} \sum_{i=1}^{n} d_i \times 2^{-i}$$

将电阻网络接到运算放大器的反相端，如果运算放大器的增益和输入阻抗足够高，则有

$$U_o = -I_o R_1 = -\frac{2U_R R_1}{R} \sum_{i=1}^{n} d_i \times 2^{-i}$$

上式表明，模拟输出电压 U_o 与二进制数字输入信号成正比。

这种转换器用到的权电阻规格太多，不易采用集成技术制造，因此采用此原理的集成 D/A 转换器一般不能超过 5 位。为了增加位数，一般采用多组四位权电阻网络和 1/16 的组间分流器相配接用来构成 8 位、12 位等变形加权电阻网络 D/A 转换器。

2. T 形 $R-2R$ 电阻网络电路

图 7-44 所示为 T 形 $R-2R$ 电阻网络 D/A 转换器原理图。由图可知，由于运算放大器的反相端为"虚地"，模拟开关在"地"与"虚地"之间切换。当输入数字信号任一位 $d_i=1$ 时，对应开关 S_i 与放大器的反相端接通，当 d_i 为 0 时，S_i 接地。可见，不论 d_i 取值如何，各

模拟开关的支路电流值不变。

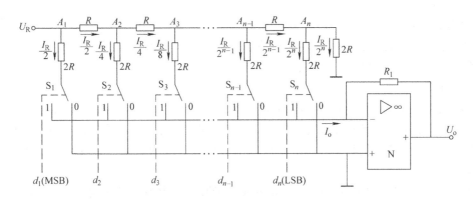

图 7-44　T 形 R – $2R$ 电阻网络 D/A 转换器原理图

从图 7-44 中 A_1，A_2，$\cdots$，A_n 各节点往右看，对地的电阻均等于 R。从左到右，各路电流分配规律是 $I_R/2$，$I_R/2^2$，$\cdots$，$I_R/2^n$，满足按权分布要求（其中 $I_R = U_R/R$）。考虑到模拟开关 $S_1 \sim S_n$ 对总电流的控制作用，将所有流入运算放大器反相端的电流求和，可得输出电压 U_o 为

$$U_o = -I_o R_1 = -\frac{U_R R_1}{R}(d_1 \times 2^{-1} + d_2 \times 2^{-2} + \cdots + d_n \times 2^{-n})$$

$$= -\frac{R_1}{R} U_R \sum_{i=1}^{n} d_i \times 2^{-i}$$

如果取 $R_1 = R$，上式则与式（7-8）在绝对值上相同。

这种 D/A 转换器在输入数字信号转换过程中，流过各支路电流不变，而且位值为"1"的各支路电流直接接到放大器的反相输入端，使得其转换速度快。但是，非理想情况下，电路中的模拟开关具有导通电阻 R_{on}，其阻值较网络中的电阻 R 不能忽略，且随温度变化，这种 D/A 转换器的转换精度不可避免地受到各开关电阻 R_{on} 及其温度变化的影响，也给 D/A 转换器带来了非线性误差。

7.6.1.2　D/A 转换器的主要技术指标

1. 分辨率

分辨率指当输入数字发生单位数码变化时，即最低有效位（LSB）产生一次最小变化时，所对应输出模拟量（电压或电流）的变化量，用 LSB、满量程（FS）百分率、输入数字量的位数等表示分辨率高低。例如，10 位二进制 D/A 转换器，其分辨率为 10 位，或表示为 2^{-10}，如果满量程电压为 10V，则可分辨的最小输出变化量是 9.77mV，表示为 0.098% FS。显然，转换器数字位数越多，分辨率就越高。

2. 绝对精度

绝对精度是指输入给定数字量时，测得的实际模拟输出量和对应这个输入代码的理论模拟输出量之差。该误差源包括非线性误差、增益误差、失调误差等。用最低有效位（LSB）的倍数来表示，如 $\pm (1/2)$LSB。

3. 偏移误差

偏移误差为当 D/A 转换器输入的数字量为二进制 00…00 时，实际的输出电压与 0V 的

差（单极性工作时）或输出电压与负满量程电压的差（双极性工作时），它可以用满量程的百分数或 LSB 的倍数来表示。

4. 增益误差

以单极性 D/A 转换器为例，零点调整后，增益误差是数字量各位输出"1"时，D/A 转换器的实际输出与理想输出的差值。

5. 线性度

（1）积分非线性（Integral nonlinearity，INL）　指 D/A 转换器整体的非线性程度。增益调整后，实际测量的传输特性曲线与以原点和满量程点连接的直线的最大偏差，常用百分数或最低有效位 LSB 的倍数来表示。如果以最佳拟合直线为基础，非线性误差在数值上比前者小 50%。

（2）微分非线性（Differential nonlinearity，DNL）　指 D/A 转换器局部（细节）的非线性程度。在 D/A 转换器中，输入的数字量每变化 1 LSB 会导致模拟输出正好变化 1 LSB，偏离这个理想值的最大偏差定义为微分非线性。

图 7-45 所示为一 3 位 D/A 转换器的输入输出特性，以数字输入为 100 为例，输出相比 011 输出变化了 $-(1/2)$LSB，$\text{DNL}_4 = -(1/2)\text{LSB} - 1\text{LSB} = -(3/2)\text{LSB}$；数字输入为 101 时，输出变化了 1LSB，$\text{DNL}_5 = 1\text{LSB} - 1\text{LSB} = 0$；数字输入为 110 时，$\text{DNL}_6 = (5/2)\text{LSB} - 1\text{LSB} = (3/2)\text{LSB}$，为最大值，故该 DAC 的 DNL $= (3/2)$LSB。

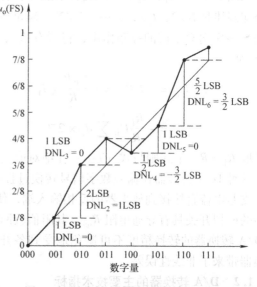

图 7-45　3 位 D/A 转换器输入输出特性

6. 单调性

一个单调的 D/A 转换器指随着输入数字量增加输出的模拟电压一直增加的 D/A 转换器，否则，输入/输出特性就变为非单调的。用 DNL 来描述，当 DNL < -1LSB，称 D/A 转换器为非单调的。图 7-45 所示 D/A 转换器的 $\text{DNL}_4 = -(3/2)\text{LSB} < -1\text{LSB}$，所以它是非单调的。在许多应用中，D/A 转换器的单调性非常重要，例如，在控制中非单调性可能会引起振荡。

7. 建立时间

建立时间指输入数字量变化后，输出模拟量稳定到相应数值范围（通常为 $\pm(1/2)$ LSB）所需的时间，是描述 D/A 转换器转换速率快慢的一个重要动态参数。D/A 转换器中常用建立时间来描述其速度，而不是 A/D 转换器中常用的转换速率。一般地，电流输出 D/A 转换器建立时间较短，电压输出 D/A 转换器建立时间则较长。

7.6.1.3　应用实例

1. DAC1208 和单片机接口电路

以 12 位并行 D/A 转换器 DAC1208 为例，其内部电路结构框图如图 7-46 所示。该电路

以 $R-2R$ 梯形电阻网络实现数字/模拟转换，参考电压 U_{REF} 在较宽的范围内变化都可满足式（7-8），实现 U_{REF} 与输入数码 D_{in} 相乘的运算，得到

$$U_o = -U_{REF} \sum_{i=1}^{12} DI_{12-i} \times 2^{-i}$$

因此，DAC1208 也称相乘型 D/A 转换器。

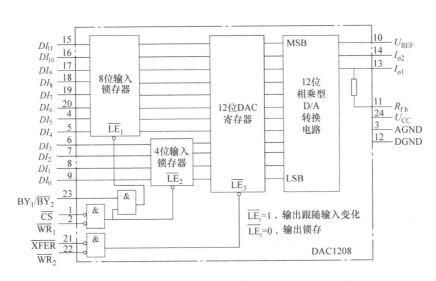

图 7-46　DAC1208 内部电路结构框图

　　DAC1208 的输入部分有双缓冲寄存器和有关控制线，使它在不需添加任何接口逻辑的情况下能与大量的微处理器直接兼容，在与 16 位微处理器一起使用时，这种转换器的 12 根数据输入线与微处理器的数据总线直接接口。它和 8 位微处理器相连时，需采用双缓冲寄存器形式。图 7-47 所示为 DAC1208 与 89C51 相连的典型电路，CPU 将 12 位数据分时传送给 D/A 转换器的高 8 位输入锁存器和低 4 位输入锁存器，然后开启 D/A 转换器寄存器，使 12 位数据同时向 D/A 转换器输出进行数/模转换。当 $P_{2.7}=0$、$A_0=1$，送高 8 位数据，而 $A_0=0$ 时，送低 4 位数据。DAC1208 的 8 位输入锁存器地址为 7FFFH，4 位输入锁存器地址及 D/A 转换器寄存器地址均为 7FFEH。如果设待转换 12 位数据存放在片内 RAM 的 DATA +1 和 DATA 两个单元，DATA +1 单元存高 8 位，DATA 单元的低 4 位存放低 4 位，可用如下程序实现对此数据的 D/A 转换。

```
MOV     DPTR, #7FFFH       ；8 位输入锁存器地址
MOV     A, DATA +1         ；取高 8 位数据
MOVX    @DPTR, A           ；高 8 位数据送 DAC1208
MOV     DPTR, #7FFEH       ；低 4 位输入锁存器地址
MOV     A, DATA            ；取低 4 位数据
SWAP    A                  ；低 4 位与高 4 位交换
MOVX    @DPTR, A           ；低 4 位数据送 DAC1208 并完成 D/A 转换
```

　　如果 89C51 与 DAC1208 的连接与图 7-47 不同，则程序也应相应改变。图 7-47 中输出级采用单极性形式，若再加一运算放大器通过适当的连接也可得到双极性电压输出。

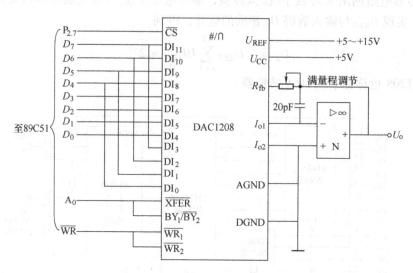

图 7-47　DAC1208 与 89C51 接口电路

2. 晶体管特性图示仪

晶体管输出特性是指在基极电流 i_B 一定的情况下，集电极与发射极之间的电压 U_{CE} 与集电极电流 i_C 之间的关系曲线 $i_C = f(U_{CE})$。以 NPN 共射极接法为例，其特性曲线如图 7-48 所示。设计以单片机 89C51 为核心、用示波器显示特性曲线簇的图示系统框图如图 7-49 所示。系统中用了两个 D/A 转换器，一个用单片机控制产生 N 个阶梯的阶跃信号，用于产生 i_B；另一个在 i_B 每一个恒定值的周期，产生一个周期的锯齿波信号，施加在 D、E 之间，作为所要的渐长的 U_{CE} 偏置电压，同时也作为示波器的 x 轴输入。集电极电流 i_C 转换成电压，用一个差动放大电路或仪器放大器放大并转换为对地信号，接到示波器的 y 通道上。如此便可在示波器屏幕上显示出晶体管的特性曲线。

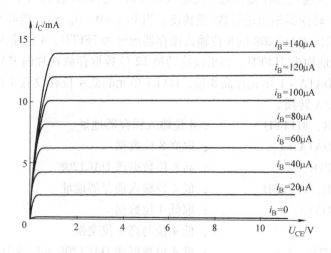

图 7-48　NPN 共射极接法输出特性曲线例

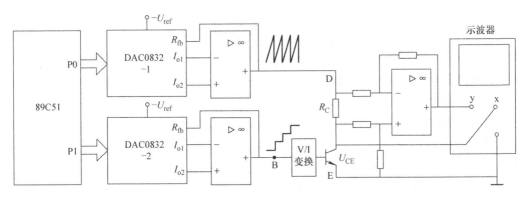

图7-49 晶体管图示仪框图

7.6.2 A/D 转换器

A/D 转换器是将模拟输入量数字化的器件。模拟量数字化包括采样、量化和编码三个阶段，如图7-50所示。所谓采样即是依据采样定理按照一定的时间间隔从连续的模拟信号中抽取一系列的时间离散样值。时间离散后的采样信号如何能正确反映模拟信号的原貌，关键应使采样频率满足采样定理。在实际应用中，为了使采样后输出的离散时间序列信号能无失真地复现原输入信号，建议采样频率应为信号最高频率的 5 ～ 10 倍。

时间离散后的采样信号，幅度取值仍是连续方式。为使其符合计算机有限编码方式的数值处理，需对其取值进行量化。

一般编码与量化是同时完成的，通常

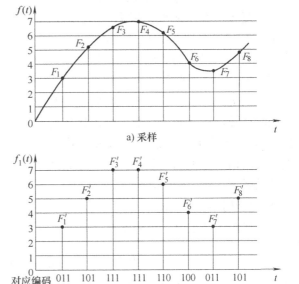

图7-50 模拟量数字化过程

所用的码制是二进制原码，若设 n 位二进制数码为 $D_{in}(d_1 d_2 \cdots d_n)$，则

$$U_i = U_R(d_1 \times 2^{-1} + d_2 \times 2^{-2} + \cdots + d_n \times 2^{-n})$$

$$= U_R \sum_{i=1}^{n} d_i \times 2^{-i}$$

在单片集成 A/D 转换器中经常采用这种编码形式。

7.6.2.1 A/D 转换器主要类型

实现 A/D 转换的方法很多，它们的分类方法也很多，下面以目前应用较广的几种类型，简要介绍它们的工作原理。

1. 双积分式 A/D 转换器

双积分式 A/D 转换器又称为双斜率 A/D 转换器，其原理如图7-51所示。它主要由积分器、过零电压比较器、控制逻辑电路、时钟和计数器等部分组成。其工作过程分为采样和

213

比较两个阶段。

转换前，逻辑控制电路使计数器全部清零，积分电容 C 放电至零。采样脉冲到来时，转换开始。第一阶段，模拟开关使输入信号 U_i 加到反相积分器输入端，以 $U_i/(RC)$ 的速率在固定时间 T_1 内向电容器充电，使积分器输出端电压 U_C 从 0 开始增加（极性与 U_i 相反），同时启动计数器对时钟脉冲从零开始计数。当到达预定时间 T_1 时，计数器的计数值表示为 N_1，采样阶段结束，此时计数器发出溢出脉冲使计数器复零。第二阶段，根据 U_i 的极性，电子开关将与 U_i 极性相反的基准电压 U_R 或 $-U_R$ 加到反相积分器输入端，积分器对 U_R 或 $-U_R$ 以固定速率反向积分，其输出端电压从 $U_C(T_1)$ 向零电平方向斜变，与此同时计数器重新开始计数，进入比较阶段。当 U_C 下降到零，过零比较器输出端发出关门信号，关闭计数门停止计数，此时计数器值为 N_2，对应时间间隔为 T_2。至此一次转换过程结束。

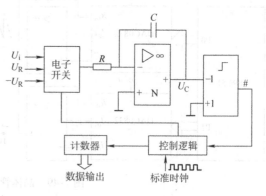

a) 电路基本组成

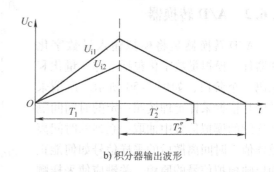

b) 积分器输出波形

图 7-51 双积分式 A/D 转换器原理

采样阶段结束时，积分器输出电压为

$$U_C(T_1) = -\frac{1}{RC}\int_0^{T_1} U_i dt = -\frac{1}{RC}U_{iav}T_1 \tag{7-9}$$

式中，U_{iav} 为 U_i 在 T_1 时间间隔内的平均值。

假定 U_i 为正，比较阶段送入的是 $-U_R$，则比较阶段结束时，积分器输出电压为

$$U_C(T_2) = U_C(T_1) - \frac{1}{RC}\int_0^{T_2}(-U_R)dt = U_C(T_1) + \frac{1}{RC}U_R T_2 = 0 \tag{7-10}$$

根据式（7-9）和式（7-10），有

$$T_2 = \frac{T_1}{U_R}U_{iav} \tag{7-11}$$

设时钟脉冲周期为 T_C，故 $T_1 = N_1 T_C$，$T_2 = N_2 T_C$，代入式（7-11），可得

$$N_2 = \frac{N_1}{U_R}U_{iav}$$

上式表明，计数器记录的脉冲数 N_2 表示了被测电压 U_i 在 T_1 时间内的平均值 U_{iav}，从而实现了 A/D 转换。图 7-51b 表示在不同 U_i（U_i 为负值）下的输出情况。

双积分式 A/D 转换器有很多优点，其转换精度与积分电容和时钟频率无关，只要在 T_2 时间段时钟频率保持稳定即可。因为其输出是采样周期内输入信号 U_i 的平均值，因此对叠加在输入信号的交流干扰有很强的抑制能力。双积分式 A/D 转换器转换速度较慢，多为毫

秒量级。尽管如此，集成双积分式 A/D 转换器仍广泛用于各类数字式仪表及低速数据采集系统中，它们的性价比高，使用十分方便。这类器件主要为 CMOS 单片集成三位半～五位半的 A/D 转换器。例如三位半的 MC14433、四位半的 ICL7135、五位半的 AD7555。

针对双积分式 A/D 转换器速度较慢的缺点，对其进行改进，增加一个斜率段构成三斜率 A/D 转换器。

三斜率 A/D 转换器转换过程分为三个阶段，如图 7-52 所示。第一阶段和双积分式 A/D 转换器相同。第二、三阶段为反向充电阶段：第二阶段以电容器输出电压到达一个小的固定的阈值电压 U_{th}（如毫伏级）作为分割，此阶段用阻值为 R/k（例如 $k=100$）的电阻取代 R，由于电阻阻值缩小了 k 倍，使得反向充电过程所需时间缩短 k 倍。第二阶段计数器计数值 N_2 由式（7-12）给出

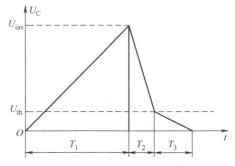

图 7-52 三斜率 A/D 转换器原理

$$U_{iav} - U_{th} = \frac{U_R}{RC} k N_2 T_C \qquad (7\text{-}12)$$

第三阶段，一旦电容器输出电压等于 U_{th}，恢复使用电阻 R 继续反向充电，计数器从 0 开始计数，直到电容器输出电压到达 0V。在这个阶段，反向充电变慢，以便准确计数，最终计数器的计数值 N_3 由式（7-13）给出

$$U_{th} = \frac{U_R}{RC} N_3 T_C \qquad (7\text{-}13)$$

综上，有

$$\frac{U_{iav}}{RC} N_1 T_C = \frac{U_R}{RC} k N_2 T_C + \frac{U_R}{RC} N_3 T_C$$

因此

$$U_{iav} = \frac{U_R}{N_1} (k N_2 + N_3) \qquad (7\text{-}14)$$

相比双积分式 A/D 转换器，相同的分辨率，该方法所用的转换时间会缩短。

积分式 A/D 转换器存在的另一个问题是零点漂移，而四斜率 A/D 转换器可以使该影响最小化。

2. 逐次逼近式 A/D 转换器

图 7-53 所示为逐次逼近式 A/D 转换器原理框图，它由比较器、D/A 转换器、时钟电路、逐次逼近寄存器、逻辑控制电路、输出缓冲器等组成。其实现原理是采用逐次比较法，也叫二等分搜索法。

以某 6 位 A/D 转换器为例，当启动转换脉冲到来时，其脉冲前沿将寄存器清零，后沿起动转换。在逻辑控制电路控制下，时钟电路使逐次逼近寄存器最高位 MSB 置 1，其他各位置 0，即为 100000，这个数字代码经 D/A 转换器转换成对应的模拟电压 U_S，送到比较器的一个输入端与另一输入端的模拟输入电压 U_i 比较，若 $U_S > U_i$，则表明这一数字码太大，逻辑控制电路将逐次逼近寄存器的 MSB 置 0，若 $U_S < U_i$，表明这一数字码不够大，则保留 MSB = 1。而后将逐次逼近寄存器次高位置 1，其他各低位仍为 0，再将这寄存器内容送出，

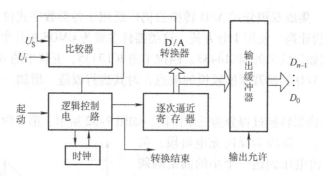

图 7-53　逐次逼近式 A/D 转换器原理框图

经 D/A 转换后与输入电压 U_i 比较，以确定次高位的 1 是要保留还是要清除。这样逐位进行比较，直至 D/A 转换器输出电压 U_S 与 U_i 相等或两电压差小于最大量化误差为止。比较结束时，寄存器中所保留的代码就是与 U_i 相应的数字代码，从而完成了 A/D 转换。

由上可知，这种转换器只要用 n 次的操作就能进行 n 位的 A/D 转换，有较高的转换速度，而且其精度较高，电路结构较简单，因而应用广泛，尤其在一些实时控制系统中是应用最多的一种。

单片集成逐次逼近式 A/D 转换器的分辨率通常为 8～13 位二进制量级，例如常用的 8 位 ADC0801～ADC0805、12 位 AD674B 等，12 位 AD674B 转换时间为 15μs。而高档逐次逼近式 A/D 转换器，如 16 位高精度的 ADC1140，其非线性误差为 ±0.003%，转换时间小于 35μs。高速的 ADC803，转换时间 500ns（8 位）、670ns（10 位）、1.5ns（12 位）非线性误差为 ±0.015%。

3. 并行比较式 A/D 转换器

并行比较式 A/D 转换器又称闪速型、flash 型 A/D 转换器，其转换器工作原理比较直观，将基准电压 U_R 分成相等的 2^n 份，每份为 $U_R/2^n$，等于 1LSB 的电压值，并把 $U_R/2^n$，$2U_R/2^n$，…，$(2^n-1)U_R/2^n$ 分别加到 2^n-1 个比较器的输入端用作各比较器的参考电压，而输入的模拟信号 U_i 以并联方式同时加到所有比较器的另一输入端，与相应的参考电压进行比较，获得与二进制相对应的 2^{n-1} 个状态送入编码器进行编码，完成从模拟信号到数字信号的转换。

图 7-54 为 2 位并行比较式 A/D 转换器。当 $U_i > U_R/2$ 时，N_2 输出"1"电平，$d_1 = 1$；当 $U_i > 3U_R/4$ 时，又有 N_3 输出"1"电平，$d_0 = 1$；当 $U_R/2 > U_i > U_R/4$ 时，N_2 输出"0"，N_1 输出"1"，$d_1 = 0$，$d_0 = 1$。

理论上，并行比较式转换只要一个时钟周期，转换速度最高，但是由于其电路规模随着分辨率的提高而呈指数增长（为 $2^n - 1$）以及由 $2^n - 1$ 个比较器的亚稳态和失配而引起的闪烁码所造成的输出不稳定，很难实现 8 位以上的高分辨率，而且功耗

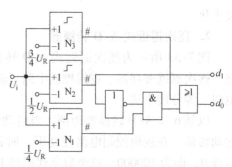

图 7-54　2 位并行比较式 A/D 转换器

和体积较大，价格昂贵，一般适用于视频 A/D 转换器等要求速度特别高的领域。如 8 位闪

速型 A/D 转换器——MAX104/MAX106/MAX108，其采样速率高达 1.5GS/s。

流水线型 A/D 转换器采用多个低分辨率的并行比较式 A/D 转换电路对采样信号进行分级量化，然后将各级的数字输出进行延迟和组合校正，产生一个高分辨率的数字输出。这种类型转换器虽速度较并行比较式稍低，其电路复杂性随分辨率的增加线性增加，具有高速、高精度及低功耗等特性，适合于每秒几到一百兆次的采样速率，如 MAX1200 系列。

4. $\Sigma - \Delta$ A/D 转换器

近年来出现了一种新型的 $\Sigma - \Delta$ A/D 转换器，它以分辨率高、线性度好、易集成及成本低而被广泛应用，已成为音频范围内制备高分辨率（> 16 位）单片 A/D 转换器的主流技术，也越来越多地应用于测量中。

与一般的 A/D 转换器不同，$\Sigma - \Delta$ A/D 转换器不是直接根据采样数据的每一个样值的大小进行量化编码，而是根据前一量值与后一量值的差值，即所谓的增量的大小来进行量化编码。从某种意义上讲，它是根据信号波形的包络线进行量化编码的。

$\Sigma - \Delta$ A/D 转换器由 $\Sigma - \Delta$ 调制器和数字抽取滤波器组成，调制器包括一个积分器和比较器，以及含有一个 1 位 D/A 转换器的反馈环，如图 7-55 所示。$\Sigma - \Delta$ 调制器以极高的采样频率对输入模拟信号进行采样，并对两个采样之间的差值进行低位量化，从而得到用低位数码表示的数字信号，即 $\Sigma - \Delta$ 码：然后将这种 $\Sigma - \Delta$ 码送给数字抽取滤波器进行抽取滤波，从而得到高分辨率的线性脉冲编码调制的数字信号，因此，抽取滤波器实际上相当于一个码型变换器。由于 $\Sigma - \Delta$ 具有极高的采样速率，通常比 Nyquis 采样频率高出许多倍，因此，$\Sigma - \Delta$ 转换器又称为过采样 A/D 转换器。这种类型的 A/D 转换器采用了极低位的量化器，从而避免了制造高位转换器和高精度电阻网络的困难；采用了 $\Sigma - \Delta$ 调制技术和数字抽取滤波，可以获得极高的分辨率；同时由于采用了低位量化输出的 $\Sigma - \Delta$ 码，不会对采样值幅度变化敏感。而且由于码位低，采样与量化编码可以同时完成，几乎不花时间，因此不需要采样保持电路，这就使得采样系统的构成大为简化。这种增量调制型 A/D 转换器实际上是以高速采样率来实现高位量化的。

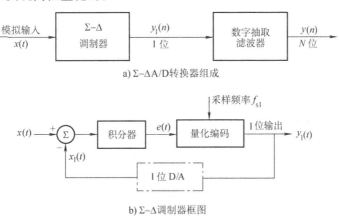

a) Σ–Δ A/D 转换器组成

b) Σ–Δ 调制器框图

图 7-55 $\Sigma - \Delta$ A/D 转换器原理图

$\Sigma - \Delta$ A/D 转换器是目前分辨率最高的 A/D 转换器，可高达 24 位；由于采用高倍频过采样技术，降低了对传感器信号进行滤波的要求，实际上取消了信号调理。它还具有极其优越的线性度、无须微调、更低的防频率混淆及低价格等优点。但是，过采样技术要求采样频率远高于输入信号频率，从而限制了输入信号带宽，而且，随着过采样率的提高，功耗会大大增加。

Σ-Δ A/D 转换器型号如 16 位 AD7705、18 位 MAX1402，24 位 AD7714 等。

7.6.2.2 A/D 转换器主要性能指标

A/D 转换器的一些性能指标和 D/A 转换器中定义的相同，如分辨率、精度、偏移误差和增益误差、线性度等，只是 A/D 转换器输入为模拟量、输出为数字量。特别强调分辨率不等于精度，同样分辨率的两个 A/D 转换器，精度可能相差很大，如 AD574 和 TLC2543。

1. 量化误差

对于一个 n 位的 A/D 转换器，将模拟输入范围划分为 2^n，称码距，并且全部位于某一给定码距内的模拟输入都用同一数字码表示，也就是它的中间值。在图 7-50b 中，用量化值（F'_1，F'_2，$\cdots$，F'_n）去代替采样值（F_1，F_2，$\cdots$，F_n）是一种近似，其误差值等于量化值与采样值之差。以 F_2 点为例，输入模拟量在（$5/8 \pm 1/16$）U_R 范围内，A/D 转换器输出的数字码均为 101。由于 A/D 转换器无法区分同一范围内的模拟输入，所以输出数字码的误差可达 ±1/2LSB，这种不确定性称为量化误差。量化误差越大，恢复原信号时的失真亦越大，为减小量化误差，可增加 A/D 转换器位数。

2. 失码

如果 A/D 转换器在某个数字码的微分非线性误差为 -1LSB，表明该数字码宽度等于零，该代码丢失了，即失码，从 A/D 转换器特性曲线上看，少了一个阶梯。图 7-56 中的 101 处，当模拟输入电压在该数字码附近变化时，该数字码并不会出现，而直接跳到上一个数字码，这表明该 A/D 转换器的有效分辨率降低了一位。如果一个 12 位 A/D 转换器的无失码分辨率为 10 位，则说明最大的失码达 2LSB。

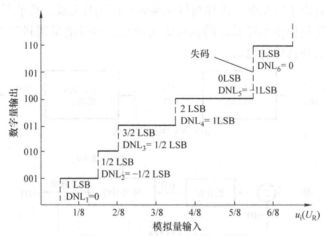

图 7-56　3 位 A/D 转换器特性例

3. 转换时间

转换时间是指完成一次从模拟到数字的转换所需的时间，转换速率是转换时间的倒数。也常见到用采样速率反映 A/D 转换器转换速率。采样速率是采样时间（指两次转换的间隔）的倒数，常用单位是 S/s 或 Sps（Samples per second）。

7.6.2.3　应用实例

随着数字信号处理技术和通信产业的迅速发展，A/D 转换器得到了越来越广泛的应用，并逐步向高速、高精度和低功耗的方向发展。高速、高分辨率的典型代表分别是 Flash A/D 转换器和 $\Sigma-\Delta$ A/D 转换器，它们分别满足高速、高分辨率的需求。逐次逼近式 A/D 转换器具有中等速度（5MS/s 以下）、中等精度（8~16 位）、低功耗等特点，这些 A/D 转换器在相应的领域中发挥着举足轻重的作用。从数字输出来分类，A/D 转换器分并行 A/D 转换器和串行 A/D 转换器，随着 SPI、I^2C 等串行总线迅速发展，串行数据输出的 A/D 转换器以其体积小、功耗低、价格低等被广泛应用，如 12 位的串行 A/D 转换器 TLC2543，16 位的 AD7705 等。

1. 8 位 CMOS 逐次逼近式 A/D 转换器 ADC0809

它的内部结构框图如图 7-57a 所示，其中 D/A 转换由 256R 电阻网络和树状模拟开关阵列组成。辅助电路设置一个 8 选 1 多路模拟开关，在通道地址锁存与译码器的支持下，可分时采集 8 路中任一路模拟输入。输出部分为三态输出锁存缓冲器，这使 ADC0809 芯片可直接与多种 CPU 数据总线接口。图 7-57b 为 ADC0809 的时序图，"地址锁存允许" ALE 引脚的高电平用于锁存 ADDA、ADDB 和 ADDC 引脚的信息以选择 8 路模拟通道之一进入 A/D 转换器；START 为 "启动" 控制端，其引脚上脉冲的上升沿清逐次逼近寄存器 SAR，下降沿启动 A/D 转换，并使得状态引脚 EOC 变为低电平；经过大约 70 个 CLK 周期之后，EOC 引

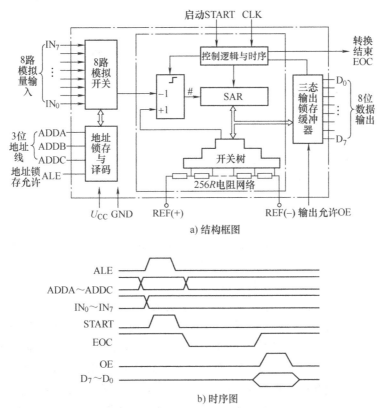

图 7-57　逐次逼近式 A/D 转换器 ADC0809

脚变成高电平，表示转换结束。用软件延时、借助于 EOC 用查询或中断的方法获知转换过程结束；给"输出允许"引脚 OE 上一正脉冲信号，将 ADC0809 输出三态缓冲器开启，可从 $D_0 \sim D_7$ 上读取 A/D 转换结果。

ADC0809 与 89C51 单片机接口电路如图 7-58 所示。

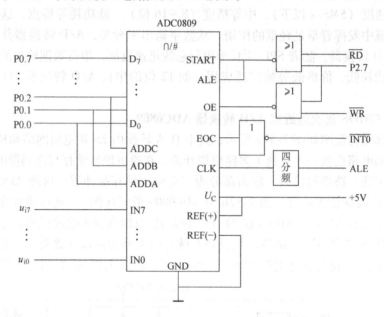

图 7-58 ADC0809 与 89C51 单片机接口电路

2. $3\frac{1}{2}$ 位 CMOS 双积分 A/D 转换器 MC14433

MC14433 具有输入阻抗高、功耗小、外接元件少等优点，且与微机兼容。它是一种性价比较高的 A/D 转换器，较适用于低速数据采集系统或数字仪表中。

MC14433 集成电路内部包括模拟和数字电路两部分，图 7-59 是 MC14433 的结构框图，其中，CMOS 线性电路即模拟部分又由缓冲放大器、积分器和比较器组成。各部分的功用与图 7-51 所示双积分式 A/D 转换器的作用相同。数字电路功能有：①$3\frac{1}{2}$ 位十进制计数器用来计数 0 ~ 1999；②锁存器存放 A/D 转换结果；③多路合成开关输出锁存器中各位计算单元的 BCD 码 $Q_0 \sim Q_3$，并输出位选信号 $DS_1 \sim DS_4$，这两类输出的功用见图 7-60 关于数字式电压表的说明；④完成自动调零并控制对输入电压进行采样、对基准电压进行反相积分等节拍的控制逻辑；⑤极性判别、溢出指示输入电压正负极性及是否过量程。

利用 MC14433 的动态多路扫描显示方式可以构成最常用的数字电压表，其电路如图 7-60 所示。MC14433 的输出数据以 BCD 码的形式通过 $Q_0 \sim Q_3$ 端按时间顺序送出，再经过译码器（MC4511）译成七段码数字，驱动发光二极管的各相应笔画。因为采用动态扫描显示方式，所以末三位的七段笔画 a、b、c、d、e、f、g 分别并联。最高位只并联 b、c 二段，这样千位为"1"时显示，"0"时不显示。位选信号 $DS_1 \sim DS_4$，通过 MC1413 中的 4 只达林顿晶体管分别控制各 LED 数码管的阴极，把 MC14433 按时间送出的内容分开分别点亮各个数码管。

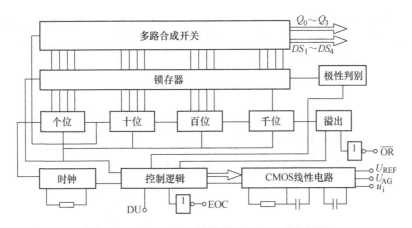

图 7-59　双积分 A/D 转换器 MC14433 结构框图

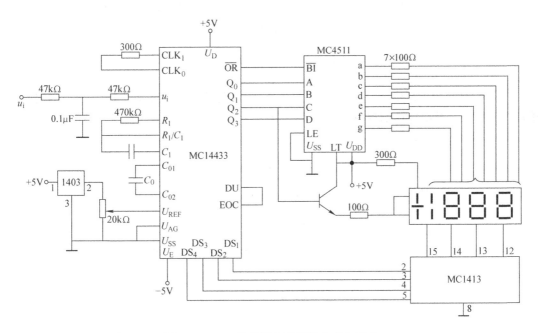

图 7-60　LED 数码管显示的数字式电压表

符号位的负号"－"通过 300Ω 电阻接 $+5V$，呈常亮状态。正号的二段笔画通过一只 NPN 晶体管由 MC14433 的 Q_2 驱动，当被测电压为正时，Q_2 端在位选信号 DS_1 有效期间为高电平，它在常亮的"－"号上再加二短划，显示"＋"，接在晶体管射极的 100Ω 电阻用来调节亮度。溢出端 $\overline{OR}$ 接 MC4511 的消隐输入端 $\overline{BI}$ 上，当 $\overline{OR}=0$，$\overline{BI}=0$，数字熄灭，表示超量程。

3. 16 位 $\Sigma - \Delta$ A/D 转换器 AD7705

AD7705 内部主要由模拟多路转换器、输入缓冲器和可编程增益放大器 PGA、$\Sigma - \Delta$ 调制器、可编程数字滤波器、串行 SPI 接口、状态/控制寄存器及时钟发生器等组成，如图 7-61 所示。AD7705 包括两个全差分模拟输入通道，由多路转换器控制，片内 PGA 可设置为 1、2、4、8、16、32、64、128 八种增益之一，能将不同幅值范围的各类输入信号放大到接近 A/D 转换器的满标度电压再进行 A/D 转换，这样有利于提高系统的分辨率。AD7705 具有高分辨率、宽动态范围、自校准、优良的抗噪声性能以及低电压、低功耗等特点，非常适合仪表测量、工业控制等领域的应用。

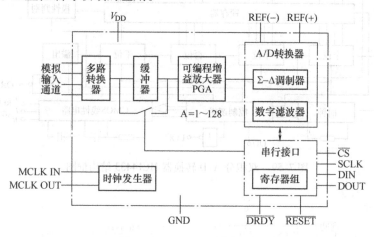

图 7-61　AD7705 功能框图

图 7-62 所示为压力测量系统电路，包括 A/D 转换器与模拟输入的连接、A/D 转换器与单片机的连接及基准电压的提供。

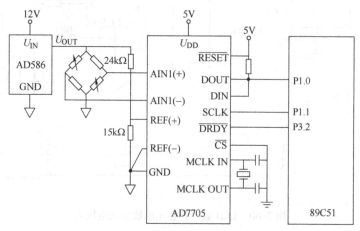

图 7-62　用于压力测量的 AD7705

（1）基准电压　AD7705 的基准电压 U_{REF} 由 REF（＋）和 REF（－）引入。A/D 转换器的数字输出是其模拟输入相对于它的基准的比率。可见，基准电压的稳定性会直接影响 A/D 转换器的测量精度，其大小也决定了模拟输入的最大范围。如当 AD7705 电源电压为 5V、基准电压为 2.5V 时，该器件可直接接受从 0 ~ 20mV 至 0 ~ 2.5V 范围的单极性信号和从 0 ~ ±20mV 至 0 ~ ±2.5V 范围的双极性信号。必须指出：这里的负极性电压是相对 AIN1（－）引脚而言的，这两个引脚应偏置到恰当的正电位上，在器件的任何引脚施加相对于 GND 为负电压的信号是不允许的。

基准电压一般由基准电压源供给。基准电压源通常是指在电路中用作电压基准的高稳定度的电压源，广泛应用于数/模转换器、模/数转换器、电压调节器及电压检测器等。随着集成电路规模的不断增大，尤其是系统集成技术（SOC）的发展，它也成为大规模、超大规模集成电路和几乎所有数字模拟系统中不可缺少的基本电路模块，直接影响着电子系统的性能和精度。

基准电压源的技术参数包括初始电压精度、电压温漂、长期稳定性、噪声以及迟滞、供出/吸入电流的能力、静态电流（即功率消耗）等，其较为突出的指标是输出电压温度系数非常之小，一般可达 $(0.3 \sim 100) \times 10^{-6}$℃。但是集成基准电压源一般不能直接提供大的输出电流，仅适合于作电压源使用，不能进行功率输出。

基准电压源按原理分类主要有隐埋齐纳二极管基准、带隙基准和 XFET 基准。就影响精度的初始电压精度、电压温漂、长期稳定性、噪声四项指标来看，一般情况下，隐埋齐纳二极管除长期稳定性指标以外的其他三项指标都优于其他两种基准。XFET 基准的性能参数中，其长期稳定性指标是三种基准中最小的。通常，带隙基准用在不超过 12 位的系统设计中，基于隐埋齐纳二极管的基准经常用在 14 位的系统中。由于隐埋齐纳二极管是工作在雪崩击穿状态，击穿电压通常大于 6V，故新型的工作电压为 3.3V 或 5V 的 A/D 转换器片上的电压基准大多采用带隙基准。由于精密外部电压基准与片上带隙电压基准相比，具有较低的温度系数、热迟滞和长期漂移，所以在需要 14 位或 16 位 A/D 转换器或 D/A 转换器等高精度的应用中，往往需要一个外部精密电压基准。

图 7-62 中的 AD586 为 5V 的隐埋齐纳二极管基准电压源，其输入电压范围为 10V ～ 36V，它输出的 5V 参考电压一方面为压力传感器桥路供电，一方面为 A/D 转换器供电。

（2）AD7705 与模拟输入的连接　由压力传感器实现压力测量，传感器接入桥路，其输出直接输入到 AD7705 的差动输入端 AIN1（＋）和 AIN1（－）。假设其测量范围为 0 ～ 300mmHg，满量程输出为 15mV。

AD586 的输出经 24kΩ 和 15kΩ 电阻分压为 1.92V 提供给 AD7705 作为参考电压输入。设置 PGA 的可编程增益为 128，对传感器最大的 15mV 输出，$\Sigma - \Delta$ A/D 转换器可以得到满量程输入。这里两个电阻必须为高精度、低温度系数的电阻。

本例中采用同一个电压基准源来产生传感器桥路激励电压和 AD7705 的基准电压，当基准电压源输出电压有所波动时，它们所受到的影响比例相同，从而降低了对电压基准源电压稳定性的要求。

（3）AD7705 与单片机的连接　AD7705 采用 SPI/QSPI 兼容的三线串行接口，能够方便地与各种微控制器连接，也比并行接口方式大大节省了 CPU 的 I/O 口。本例中，采用89C51 控制 AD7705。AD7705 的片选端接到低电平。AD7705 的 DIN、DOUT 引脚连接在一起，与单片机的 P1.0 通信；AD7705 的 SCLK 与 P1.1 相连，为传输数据提供时钟信号，无数据传送时，P1.1 闲置为高电平。AD7705 转换结束信号$\overline{DRDY}$接至 P3.2，89C51 可通过查询或中断方法实现对 AD7705 转换数据的读取。

4. 数字存储示波器

数字存储示波器（简称为 DSO）性能指标和技术水平逐年提高，作为工具被广泛应用于设计、制造和维修电子设备中。相较模拟示波器，其功能也在不断提升，具有数据分析和处理、预触发后触发的观察与分析能力，带有标准 GPIB 接口的 DSO 可被组建到自动仪器（测控）系统中。数字存储示波器主要包括微控制器、A/D 转换器、D/A 转换器、存储器和时序、控制逻辑电路等，如图 7-63 所示。

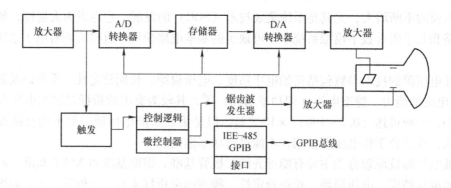

图 7-63　数字存储示波器框图

A/D 转换器在控制逻辑电路控制下，对输入模拟信号进行连续采样，转换的二进制数存于存储器中直到存满，一旦存储结束，存储的数据随后被依次读出，并送给 D/A 转换器，转换得到的模拟信号经一低通滤波器后重构模拟输入信号。根据采样定理，采样频率 f_s 要大于等于带限信号最高频率的两倍，最大采样率/2 定义为 DSO 的数字带宽（是 DSO 的上限频率，不同于模拟带宽）。实际上，采样频率至少需为最高频率的 5 倍以上，才能确保从采样值再现模拟输入信号，因此，必须选择高速或超高速 A/D 转换器，以避免限制数字存储示波器的带宽。

系统的存储器容量决定了最大的记录长度，即在屏幕上最多能产生的点数。存储深度即记录长度，表示了在最高实时采样率下连续采集并存储采样点的能力，它和采样率都是 DSO 主要的技术指标，共同确定了在屏幕上能看到多长时间的波形（记录时间），为

记录时间 = 示波器时基 × 屏幕水平分格格数 = 存储深度/采样率

如一示波器水平分格为 10 格（div），时基设为 1ms/div，记录时间为 10ms；时基为 10ns/div，记录时间为 100ns。

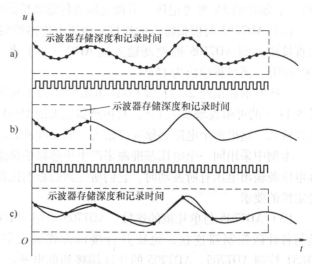

图 7-64　采样率、存储深度和记录时间关系

图 7-64 所示反映了采样率、存储深度和记录时间之间的关系。在采样率符合采样定理的条件下，由于 DSO 存储容量有限，当要测量较长时间的波形时，只能降低采样率来达到，这将失去波形的细节，同时失去快沿信号的高频成分使上升时间变慢（见图 7-64c）；当提高采样率（远没有达到最高采样率）可以提高对信号的捕捉精度和分辨率，但降低了对信号的记录时间，可能导致一段信号的不完整（见图 7-64b），在这种情况下提高存储容量可以弥补这一问题（见图 7-64a）。由此可见存储深度对实际采样率的影响。为保证被测信号的精确复现，应综合考虑示波器的数字带宽、采样率和存储深度等指标。

思考题与习题

7-1 信号转换电路有哪些类型？试举例说明其功能。

7-2 试述在 S/H 电路中对模拟开关、存储电容及运算放大器这三种主要元器件的选择有什么要求。

7-3 模拟开关应用于交流信号 u_i 传输控制。设输入信号 $u_i = \sin(2\pi f t)$，$f = 20\text{kHz}$，采用 CMOS 模拟开关控制器信号传输的通断，如图 7-65 所示。试分析该电路的设计缺陷，并给出改进建议。

7-4 采样/保持器外接存储电容，当电路从采样转到保持，其介质吸附效应会使电容器上的电压下降，被保持的电压低于采样转保持瞬间的输入电压，试分析原因。

7-5 试用多路模拟开关 CD4051（参见图 7-8）设计一程控放大电路。

7-6 试分析图 7-66 中各电路的工作原理，并画出电压传输特性曲线。

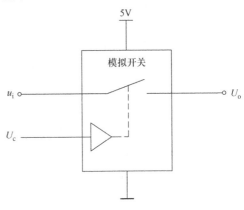

图 7-65 题 7-3 图

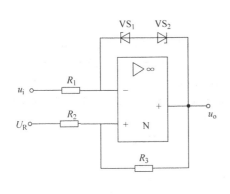
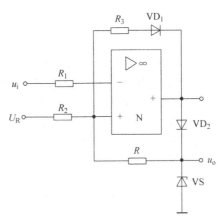

图 7-66 题 7-6 图

7-7 如图 7-67 所示，已知 $R_2 = 10\ \text{k}\Omega$，$R_3 = 20\text{k}\Omega$，运算放大器饱和输出电压 $U_{OM} = \pm 12\text{V}$，$U_R = 6\text{V}$。当输入电压 u_i 为图 7-67 所示波形时，画出输出 U_o 的波形。

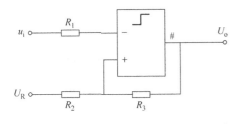
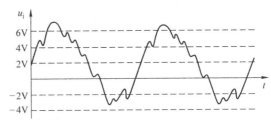

图 7-67 题 7-7 图

7-8 某汽车空调电子温控器如图 7-68 所示，试分析该电路工作原理。

225

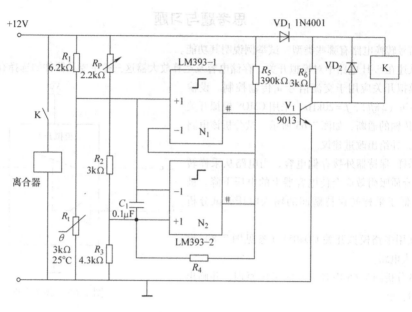

图 7-68 题 7-8 图

7-9 在图 7-24 所示温度控制电路中，R_T 采用 NTC 热敏电阻，其阻值随温度的变化可表示为 $R(T) = R(T_0)\exp[B(1/T - 1/T_0)]$，式中 T 为热力学温度。如选择的 R_T 在 $T_0 = 25℃$ 时的阻值为 $10kΩ$，材料常数 $B = 3380$。试计算温度为 $5℃$ 和 $10℃$ 时比较器反相端的输入电压值。

7-10 依据上题计算结果，试计算设置温度为 $5℃$、滞回温差为 $5℃$ 时，滞回比较器的阈值电压，并计算此时电路中的 R_3 和 R_4 调整值（其中，比较器输出高电平约为 $7V$，低电平近似为 $0V$）。

7-11 在图 7-24 所示温度控制电路中，为什么滞回比较器电路中加入二极管 VD_3？

7-12 为保障一定的转换精度，V/I 转换器应具有高的输入阻抗及输出阻抗，为什么？

7-13 如果要将 $4 \sim 20mA$ 的输入直流电流转换为 $1 \sim 5V$ 的输出直流电压，试设计其转换电路。

7-14 设计一单电源供电情况下 $0 \sim 5V$ 至 $4 \sim 20mA$ 的转换电路如图 7-69 所示，分析该电路并确定电路参数。

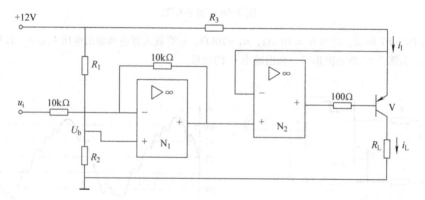

图 7-69 题 7-14 图

7-15 如果要求一个 D/A 转换器能分辨 $5mV$ 的电压，设其满量程电压为 $10V$，试问其输入端数字量要多少数字位？

7-16　图7-44所示为T形$R-2R$电阻网络D/A转换器，若取$n=8$，$U_R=10$V，$R=2R_1$，试求$D_{in}=00110011$时的值。

7-17　一个6bit的D/A转换器，具有单向电流输出，当$D_{in}=110100$时，$i_o=5$mA，试求$D_{in}=110011$时的i_o值。

7-18　试用D/A转换器和AD694设计一数字电流转换器控制一调节阀，要求输出电流$4\sim20$mA，调节阀死区为0.25%。

7-19　一个6bit逐次逼近式A/D转换器，分辨率为0.05V，若模拟输入电压$u_i=2.2$V，试求其数字输出量的数值。

7-20　如果图7-51所示双积分式A/D转换器的输入中包含交流干扰分量，其形式为$u_{int}=U_m\sin(\omega t+\varphi)$，证明该类型A/D转换器本身可以滤除频率为$1/T_1$整数倍的所有交流干扰分量。

7-21　对一位移测量系统，测量范围为$0\sim200\mu$m，要求分辨率为0.2μm，需A/D转换器至少多少位？为什么？

7-22　请对比几种不同工作原理的模/数转换器的特点，并分别给出应用实例。

第 8 章 信号细分与辨向电路

导读

本章针对测控系统中应用广泛的线位移信号和转动信号（均为周期信号），采用电路的手段对这些信号进行插补（细分），以提高分辨力。介绍了直传式细分和平衡补偿式细分方法。

本章知识点

- 四细分辨向电路和电阻链分相细分
- 微型计算机细分
- 相位跟踪细分和幅值跟踪细分
- 脉冲调宽型幅值跟踪细分和频率跟踪细分

信号细分电路又称插补器，是采用电路的手段对周期性的测量信号进行插值以提高仪器分辨力的一种重要方法。随着电子技术的飞速发展，细分电路可达到的分辨力越来越高，同时成本却不断降低。电路细分已经成为人们提高仪器分辨力的主要手段之一。

细分电路在机械和电子等领域有着广泛的应用，本章内容主要针对测控系统中应用广泛的线位移信号和转动信号，例如来自光栅、感应同步器、磁栅、容栅和激光干涉仪等信号的细分。这类信号的共同特点是：信号具有周期性，信号每变化一个周期对应空间上一个固定位移量。测量电路通常采用对信号周期进行计数的方法实现对位移的测量，若单纯对信号的周期进行计数，则仪器的分辨力就是一个信号周期所对应的位移量。为了提高仪器的分辨力，就需要使用细分电路。细分的基本原理是：根据周期性测量信号的波形、振幅或者相位的变化规律，在一个周期内进行插值，从而获得比一个信号周期更高的分辨力。

由于位移传感器一般允许在正、反两个方向移动，在进行计数和细分电路的设计时往往要综合考虑辨向的问题。本章结合各种细分方法介绍相应的辨向电路。

细分电路按工作原理，可分为直传式细分和平衡补偿式细分。细分电路所处理的信号有已调制信号和非调制信号，因而又可分为已调制信号细分电路和非调制信号细分电路。本章按工作原理分类法叙述。

8.1 直传式细分电路

直传式细分电路由若干环节串联而成，如图 8-1 所示。细分电路的输入量为 x_i，一般是来自位移传感器的周期信号，以一对正、余弦信号或者相移为 90° 的两路方波最为常见。系统的输出 x_o 有多种形式，有时为模拟信号或频率更高的脉冲，有时为可供计算机直接读取的数字信号。中间环节完成从输入到输出的转换，常由波形变换电路、比较器、模拟数字转换器和逻辑电路等组成。各个环节都依次向末端传递信息，这就是直传的意思。电路的结构属于开环系统，系统总的灵敏度（也可称传递函数）K_s 为各个环节灵敏度 $K_j(j = 1 \sim m)$ 之积：

$$K_s = K_1 K_2 K_3 \cdots K_m$$

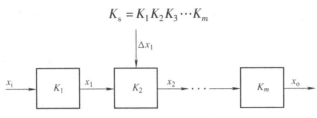

图 8-1　直传式细分原理图

如果个别环节灵敏度 K_j 发生变化，它势必引起系统总的灵敏度的变化。此外，由于干扰等原因，当某一环节的输入量有增量 Δx_j 时，都会引起输出量 x_o 的变化，这时，

$$x_o = K_s x_i + \sum_{j=1}^{m} K_{sj} \Delta x_j$$

式中，K_{sj} 为 x_o 对 Δx_j 的灵敏度，$K_{sj} = K_{j+1} \cdots K_m$。

显然，由于 K_s 的变化和 Δx_j 的存在会使达到相同 x_o 所需的 x_i 值发生变化，即使细分点的位置发生变化。由于直传系统信号单向传递，越在前面的环节，其输入变动量所引起的 x_o 的变动量越大。因此要保持系统的精度必须稳定各环节的灵敏度，特别是减少靠近输入端环节的误差。一般来说，直传系统抗干扰能力较差，其精度低于平衡补偿系统。但是由于直传系统没有反馈比较过程，电路结构简单、响应速度快，故有着广泛的应用。本节主要介绍一些典型的细分电路。

8.1.1　四细分辨向电路

四细分辨向电路为最常用的细分辨向电路，输入信号为具有一定相位差（通常为 $90°$）的两路方波信号。细分的原理基于两路方波在一个周期内具有两个上升沿和两个下降沿，通过对边沿的处理实现四细分，辨向是根据两路方波相位的相对导前和滞后的关系作为判别依据。

8.1.1.1　单稳四细分辨向电路

图 8-2 为单稳四细分辨向电路，是利用单稳提取两路方波信号的边沿实现四细分。A、B 是两路相位差为 $90°$ 的方波信号，传感器正向移动时，设 A 导前 B（波形见图 8-3a），当 A 发生正跳变时，由非门 D_{G1}、电阻 R_1、电容 C_1 和与门 D_{G3} 组成的单稳触发器输出窄脉冲信号 A'，此时 $\overline{B}$ 为高电平，与或非门 D_{G5} 有计数脉冲输出，由于 B 为低电平，与或非门 D_{G10} 无计数脉冲输出。当 B 发生正跳变时，由非门 D_{G6}、电阻 R_3、电容 C_3 和与门 D_{G8} 组成的单稳触发器输出窄脉冲信号 B'，此时 A 为高电平，D_{G5} 有计数脉冲输出，D_{G10} 仍无计数脉冲输出。当 A 发生负跳变时，由非门 D_{G2}、电阻 R_2、电容 C_2 和与门 D_{G4} 组成的单稳触发器输出窄脉冲信号 $\overline{A'}$，此时 B 为高电平，与或非门 D_{G5} 有计数脉冲输出，D_{G10} 无计数脉冲输出。当 B 发生负跳变时，由非门 D_{G7}、电阻 R_4、电容 C_4 和与门 D_{G9} 组成的单稳触发器输出窄脉冲信号 $\overline{B'}$，此时 $\overline{A}$ 为高电平，D_{G5} 有计数脉冲输出，D_{G10} 无计数脉冲输出。这样，在正向运动时，D_{G5} 在一个信号周期内依次输出 A'、B'、$\overline{A'}$、$\overline{B'}$ 四个计数脉冲，实现了四细分。在传感器反向运动时（波形见图 8-3b），由于 A、B 的相位关系发生变化，B 导前 A，这时 D_{G10} 在一个

信号周期内输出 $\overline{A'}$、B'、A'、$\overline{B'}$ 四个计数脉冲，这四个计数脉冲分别出现在 $\overline{B}$、$\overline{A}$、B、A 为高电平的半周期内，同样实现了四细分。D_{G5}、D_{G10} 随运动方向的改变交替输出脉冲，输出信号 U_{o1}、U_{o2} 可直接送入标准系列可逆计数集成电路（例如 74LS193），实现辨向计数。

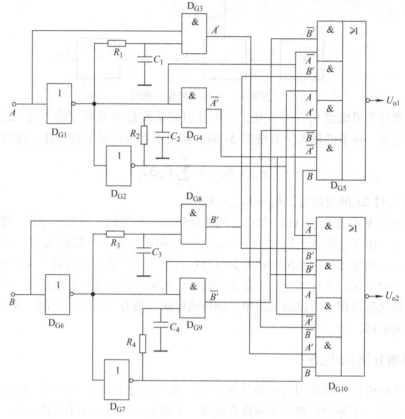

图 8-2　单稳四细分辨向电路

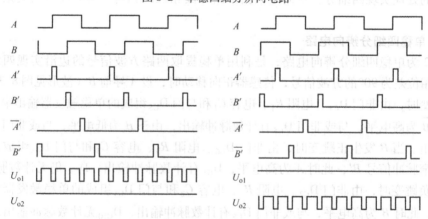

a) 正向运动　　　　　　　　　　　　b) 反向运动

图 8-3　单稳四细分辨向电路波形图

国内已将上述原理制成集成电路，如 C5194、C5191 等，可供设计选用。

8.1.1.2　HCTL-20××系列四细分辨向电路

HCTL-20××系列是 HP 公司生产的细分辨向电路。HCTL-20××系列包括 HCTL-2000、HCTL-2016 和 HCTL-2020 三种功能相近的芯片，三者都具有四细分和辨向的功能，同时还具有抗干扰设计，并将可逆计数器设计在芯片上，芯片的集成度高，可大大简化外围电路的设计。

HCTL-20××系列的集成电路细分原理如图 8-4 所示。CLK 为芯片外接工作时钟，经施密特触发器改善波形后成为 CK，CK 用作芯片内部的时钟。来自传感器的两路方波信号分别经 CHA 和 CHB 端送入集成芯片。为了提高芯片的抗干扰能力，输入信号首先经过施密特触发器和数字滤波器的预处理。施密特触发器的功用是滤除信号中的低幅值噪声（<1V），并改善信号上升沿的坡度；数字滤波器的功用是用时钟信号 CK 校验输入方波的脉冲宽度，将窄脉冲（小于 3 个 CLK 周期）视为干扰加以滤除。这两项技术在很大程度上消除了噪声可能引起的误计数。预处理后的信号经四细分辨向电路产生一路计数脉冲和一路方向控制信号，它们被送入内部可逆计数器，计数器为 12 位（HCTL-2000）或者 16 位（HCTL-2016/2020）。计数值通常在 CLK 的上升沿被锁存到后面的锁存器，锁存数据同样为 12 位或者 16 位。为了能够与常用的 8 位数据总线接口，12 位或者 16 位锁存数据又经过一多路切换器转换为高、低两个 8 位字节，由 SEL 端控制分时输出，切换器还具有三态输出缓冲机构，可以直接挂接在外部数据总线上，由 $\overline{OE}$ 控制数据的读取。同时，为了防止在读取高、低字节的间隙锁存器内容发生变化，以免读取的高、低字节互不对应，芯片设有禁止逻辑，当读取高字节时，启动禁止逻辑，使锁存器数值保持不变。但这并不影响计数器照常计数，直到读取低字节后，禁止逻辑才得以解除，锁存器恢复正常锁存。为了便于进一步扩大计数器的位数，满足不同场合的需要，HCTL-2020 还提供其他一些引脚，这包括内部四细分辨向电路得到的细分脉冲信号、计数方向控制信号和内部计数器供级联用的输出端，这些引脚可用于与外部标准计数器（例如 74LS697）的接口。

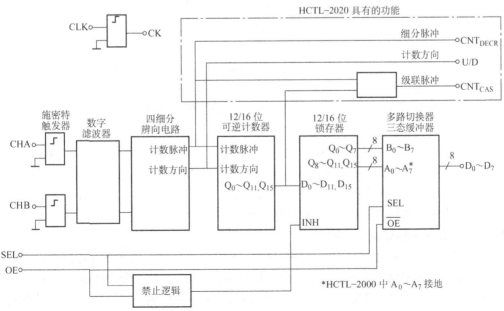

图 8-4　HCTL-20××系列集成电路细分原理图

8.1.2 电阻链分相细分

电阻链分相细分是应用很广的细分技术，主要实现对正余弦模拟信号的细分。其工作原理是：将正余弦信号施加在电阻链两端，在电阻链的节点上可得到幅值和相位各不相同的电信号。这些信号经整形、脉冲形成后，就能在正余弦信号的一个周期内获得若干计数脉冲，实现细分。

8.1.2.1 工作原理

设电阻链由电阻 R_1 和 R_2 串联而成，电阻链两端加有交流电压 u_1、u_2，其中，$u_1 = E\sin\omega t$，$u_2 = E\cos\omega t$，如图 8-5a 所示。

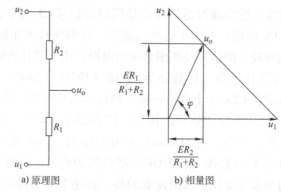

a) 原理图 b) 相量图

图 8-5 电阻链分相细分

应用叠加原理求出电阻链节点处输出电压

$$u_o = R_2 E\sin\omega t/(R_1 + R_2) + R_1 E\cos\omega t/(R_1 + R_2)$$

由相量图 8-5b 求得 u_o 的幅值 u_{om} 和对 u_1 的相位差 φ

$$u_{om} = E\sqrt{R_1^2 + R_2^2}/(R_1 + R_2)$$

$$\varphi = \arctan(R_1/R_2) \tag{8-1}$$

输出电压 u_o 可写作

$$u_o = u_{om}\sin(\omega t + \varphi)$$

由以上诸式可知：改变 R_1 和 R_2 的比值，可以改变 φ，也就改变了输出电压的相位。电阻比的改变也改变了输出电压幅值 u_{om}，矢量 u_o 的终点沿直线运动，$\varphi = 45°$ 时，u_{om} 有最小值。

上面讲的是 $\varphi = 0° \sim 90°$ 第一象限的情况。同理，电路两端若接 $\cos\omega t$ 和 $-\sin\omega t$，可以得到第二象限各相输出电压；接 $-\cos\omega t$ 和 $-\sin\omega t$，可以得到第三象限各相输出电压；接 $-\cos\omega t$ 和 $\sin\omega t$，可以得到第四象限各相输出电压。不同相的输出电压信号经电压比较器整形为方波，然后经逻辑电路处理即可实现细分。

8.1.2.2 电阻链五倍频细分电路

五倍频细分是电阻链细分的一个典型实例，如图 8-6 所示，整个细分电路由电阻移相网络、比较器和逻辑电路三大部分组成。电阻移相网络在第一、二象限内给出的移相角分别为 $0°$、$18°$、$\cdots$、$162°$ 的 10 路移相信号，移相电阻的取值首先应满足式 (8-1)，并尽可能兼顾到电阻系列的标称阻值，实际取值分别是 18kΩ、24kΩ、33kΩ 和 56kΩ 四种。电压比较器将

10 路移相信号与参考电平 U_R 相比较，将正弦信号转化为方波信号。电压比较器一般接成施密特触发电路的形式，使其上升沿和下降沿的触发点具有不同的触发电平，这个电平差称为回差电压。让回差电压大于信号中的噪声幅值，可避免比较器在触发点附近因噪声来回反转，回差电压越大，抗干扰能力越强。但回差电压的存在使比较器的触发点不可避免地偏离理想触发位置，造成误差，因此回差电压的选取应该兼顾抗干扰和精度两方面的因素。从比

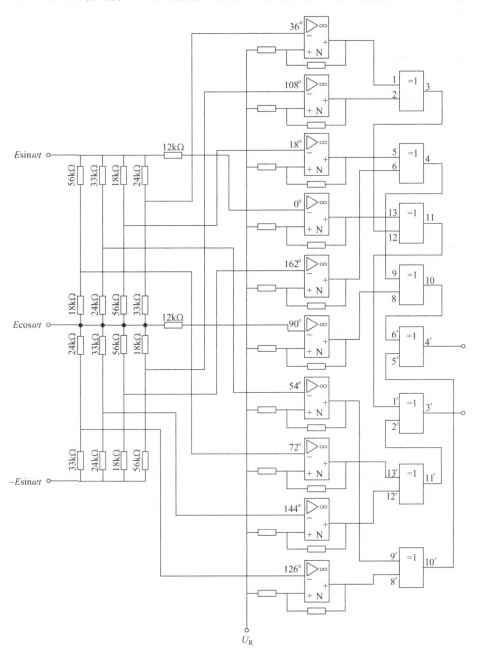

图 8-6 电阻链五倍频细分电路

较器得到的 10 路方波信号再经过异或门逻辑组合电路，在3′和4′端获得两路相位差为90°的五倍频方波信号，逻辑电路的工作波形如图 8-7 所示。该五倍频信号正好满足上述四细分电路对输入信号的要求，与之级联可实现 20 细分和辨向。

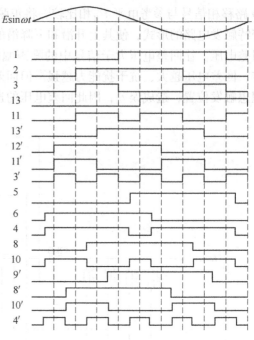

图 8-7　逻辑电路工作波形

8.1.2.3　五细分专用集成电路

电阻链细分具有良好的动态特性，在实践中得到了广泛应用，已有专用的集成电路供应，如 C5192、C5193、QA740204、QA740204/SM 等。五细分电路 QA740204、QA740204/SM 将 sin、cos、−sin 三个信号，经外部运算电路处理后输入本电路。通过电阻链对正弦波进行相移，产生 10 路正弦波，经 10 路比较器比较整形后，通过组合电路，组合成两路正交信号 O_1 和 O_2，绝对零信号经过电压比较器整形后和两路方波信号（126°、144°）相与，从而获得标准零脉冲信号。QA740204 为标准 14 线双列直插塑封（DIP14），QA740204/SM 为宽体 20 线表贴封装（SOIC）。

在工作电流为 20 ~ 40mA，电压为 10V 时，功耗小于 2mA；最高正弦波输入频率不低于 50kHz；cos 与 sin、cos 与 −sin 信号间的电阻值均不低于 20kΩ；sin、cos、−sin 信号的最小输入幅度 $U_{PP} \geq 1V$；O_1、O_2、$\overline{0}$ 位、0 位最大输出电流 ≥2.5mA（低电平 0.3V 时）。

图 8-8、图 8-9 为 QA740204 在双电源和单电源下的典型应用电路。

234

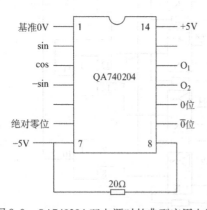

图 8-8　QA740204 双电源时的典型应用电路

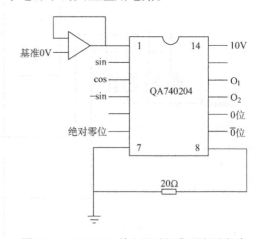

图 8-9　QA740204 单电源时的典型应用电路

8.1.3　微型计算机细分

微机细分就是利用微型计算机进行数值计算来进行细分，它用微型计算机代替硬件电路对模拟量进行计算达到细分的目的。微机细分按照其工作原理可分为三种类型：①与硬件细分相结合的细分技术；②时钟脉冲细分技术；③量化细分技术。

8.1.3.1 与硬件细分相结合的细分技术

与硬件细分相结合的细分技术的工作原理为：细分和辨向电路仍采用传统的电路，计数器也没有完全取消。微机用于完成除放大、细分和辨向以外的所有功能。其原理如图 8-10 所示。值得注意的是，在细分辨向电路与微机之间必须加上缓冲计数器，这是为了提高系统的响应速度。

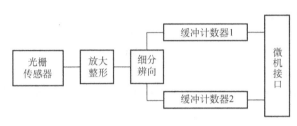

图 8-10　与硬件细分相结合的细分技术的工作原理图

微机对光栅信号进行计数，处理和显示需要一定的时间，为了保证两次读数之间的光栅位移值不丢失，必须让它们记录于缓冲计数器中。只要两次读数之间的位移值不超过计数器容量就不会发生误计数。光栅移动的最高速度由式（8-2）计算：

$$v_{max} = \frac{C}{pN\Delta t} \tag{8-2}$$

式中，C 为计数器的计数容量；p 为光栅每单位长度线数（m^{-1}）；N 为细分数；Δt 为读数间隔（s）。

提高光栅移动速度的方法有两种：①减小微机对计数器的采样间隔 Δt，它由处理软件的时间决定；②提高计数器容量 C。但 C 值越大，显示值与实际位移的滞后也可能越大。

与硬件相结合的细分系统中微机没有直接进行信号细分，但采用了微机后电路结构大大简化，而且数据处理的功能大大加强。如用软件代替速度判别电路，得到绝对位移、位移增量、最大位移量等。

235

8.1.3.2 时钟脉冲细分技术

时钟脉冲细分技术是一种将光栅一个栅距内的信号细分转化为计时的方法。由于微机时钟频率可以很高，原理上其细分数可以达到很大。但是，由于光栅信号相位误差及光栅运动速度误差的存在，其实际细分数仍受到限制。其原理如图 8-11 所示，为了得到位移量 X，将 X 分为 X_1、

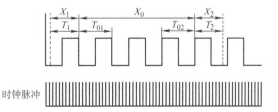

图 8-11　时钟脉冲细分技术原理图

X_0 和 X_2 三部分。其中，$X_0 = MW$ 为光栅信号的整周期计数，T_1 和 T_2 由填入的时钟脉冲计算，X_1、X_2 可根据时间 T_1 和 T_2 通过下列计算得到

$$X_1 = \frac{T_1}{T_{01}}W \qquad X_2 = \frac{T_2}{T_{02}}W$$

$$X = X_1 + X_0 + X_2 = \left(\frac{T_1}{T_{01}} + M + \frac{T_2}{T_{02}} \right) W \tag{8-3}$$

式中，W 为栅距；M 为光栅信号的整周期数；T_1 为光栅移动 X_1 所需时间；T_{01} 为 X_1 后面的第一个整周期；T_2 为光栅移动 X_2 所需时间；T_{02} 为 X_2 前一个整周期。

式（8-3）假设了在 $T_1 + T_{01}$ 和 $T_2 + T_{02}$ 两端时间内匀速运动，光栅信号无相位差。当上述条件不满足时，会带来位移误差。

设实际细分数为 N，则计数脉冲位移当量 $q = W/N$，为保证细分读数示值的可靠性，应有 $q \geqslant \Delta X'$。最大细分数可为

$$N_{\max} = \frac{W}{\Delta X'} \tag{8-4}$$

式中，$\Delta X'$ 为各项误差的综合误差。

实际应用时所选取的细分数应比式（8-4）中的 $N_{\max}$ 要小，细分脉冲最小周期为

$$T_{\min} = \frac{W}{N_{\max} V_{\max}}$$

由 $T_{\min}$ 可以决定对时钟脉冲的分频数。

时钟脉冲细分测量分辨率高，而且可通过改变时钟频率或分频数很方便地改变分辨率，硬件电路大大简化，避免了硬件电路中各种干扰带来的影响，测量结果稳定可靠。

8.1.3.3 量化细分技术

图 8-12 是量化细分技术原理框图。图中两路原始正交信号 $u_1 = A\sin\theta$ 和 $u_2 = A\cos\theta$ 作为输入，它们一方面经比较器变为方波、送入辨向计数电路，实现对信号周期的计数，计数值可以是光栅栅距的整数倍，也可是光栅栅距半值的整数倍。前者只对脉冲的前沿计数，后者则对脉冲的前后沿进行计数，它们都可称为大数计数。另一方面，分别经各自的模/数转换器将模拟量变为数字量，再由接口电路进入微机进行细分。

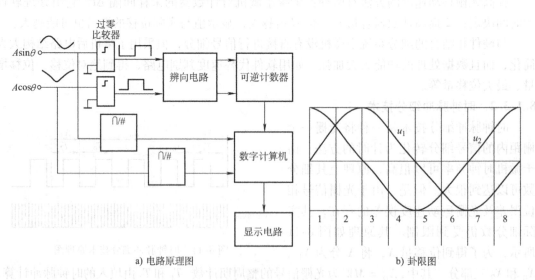

a) 电路原理图   b) 卦限图

图 8-12　量化细分技术原理框图

大数计数位移值分别可以表示为

$$X_0 = CW \quad \text{或} \quad X_0 = \frac{CW}{2}$$

在进行大数计数的同时,对传感器的信号进行量化细分,细分方法有两种:整周期量化细分和半周期量化细分。

1. 整周期量化细分

微机通过判别两信号的极性和绝对值的大小,实现 8 细分。图 8-12b 为 u_1 和 u_2 的波形,图中把一个信号分为 8 个区间,或称卦限,每卦 45°。由图可列出 8 个卦限中两个信号的极性和绝对值。

卦限	u_1 的极性	u_2 的极性	$\vert u_1 \vert$、$\vert u_2 \vert$ 大小
1	+	+	$\vert u_1 \vert < \vert u_2 \vert$
2	+	+	$\vert u_1 \vert > \vert u_2 \vert$
3	+	−	$\vert u_1 \vert > \vert u_2 \vert$
4	+	−	$\vert u_1 \vert < \vert u_2 \vert$
5	−	−	$\vert u_1 \vert < \vert u_2 \vert$
6	−	−	$\vert u_1 \vert > \vert u_2 \vert$
7	−	+	$\vert u_1 \vert > \vert u_2 \vert$
8	−	+	$\vert u_1 \vert < \vert u_2 \vert$

微机按上述所列内容可判别信号所在的卦限,也就实现了 8 细分。

在一个卦限内,按信号绝对值比值大小还可以再实现若干细分。两信号 $\vert u_1 \vert$、$\vert u_2 \vert$ 的比值可按

$$\vert \tan\theta \vert = \frac{\vert A\sin\theta \vert}{\vert A\cos\theta \vert} = \frac{\vert u_1 \vert}{\vert u_2 \vert}$$

或

$$\vert \cot\theta \vert = \frac{\vert A\cos\theta \vert}{\vert A\sin\theta \vert} = \frac{\vert u_2 \vert}{\vert u_1 \vert}$$

计算。在 1、4、5、8 卦限用 $\vert \tan\theta \vert$,在 2、3、6、7 卦限用 $\vert \cot\theta \vert$。上述卦限中的 $\vert \tan\theta \vert$ 值或 $\vert \cot\theta \vert$ 值都在 0~1 之间变化,因而可用 0°~45° 间的 $\vert \tan\theta \vert$ 值来表示。这样,在计算机中固化一个表,如果每卦细分数为 N(本例 $N = 25$),则用 N 个存储单元固化 0°~45° 间 N 个正切值,微机在此表中查询与已算得的 $\vert \tan\theta \vert$ 值或 $\vert \cot\theta \vert$ 值最接近的存储单元,如果该存储单元是正切表的第 k 个单元,则相位角 θ 对应的细分数 x 由下列公式决定

第 1 卦限,$x = k$　　　　第 2 卦限,$x = 50 - k$

第 3 卦限,$x = 50 + k$　　　第 4 卦限,$x = 100 - k$

第 5 卦限,$x = 100 + k$　　　第 6 卦限,$x = 150 - k$

第 7 卦限,$x = 150 + k$　　　第 8 卦限,$x = 200 - k$

然后计算 x 对应的被测量,也就实现了细分。

这种方法利用判别卦限和查表实现细分,相对来说减少了计算机运算时间,若直接算反函数 $\operatorname{arccot}(u_1/u_2)$ 或 $\operatorname{arccot}(u_2/u_1)$,要花费更多的时间;通过修改程序和正切表,很容易实现高的细分数。但是,这种细分方法由于还需要进行软件查表,细分速度慢,主要用于输

入信号频率不高或静态测量中。

2. 半周期量化细分

两路信号通过 A/D 转换后输入计算机，计算机将电压值的幅值按正弦（余弦）规律进行半周期量化细分。图 8-13 中，u 是该点电压相对于其幅值的比值，即 $u = U/U_m$。在 $W/2$ 之间有两个点电压相同而位移不同，如 X_1、X_2。这两点可由 A 信号的电平进一步唯一确定。这样半周期的量化值可由式（8-5）计算：

$$X = \begin{cases} \dfrac{W}{2\pi}\arcsin\left|\dfrac{U}{U_m}\right| & A\ 为高电平 \\[3mm] \dfrac{W}{2} - \dfrac{W}{2\pi}\arcsin\left|\dfrac{U}{U_m}\right| & A\ 为低电平 \end{cases}$$

$$(8-5)$$

3. 微机量化细分的误差分析

在微机量化细分技术中，影响位移测量精度的误差因素很多。以半周期量化细分在 A 为高电平时的位移小数值部分进行细分为例，误差包括：大数计数位移误差和小数计数位移误差。

由于莫尔条纹的平均作用，大数计数位移误差主要是刻线累积误差，可表示为

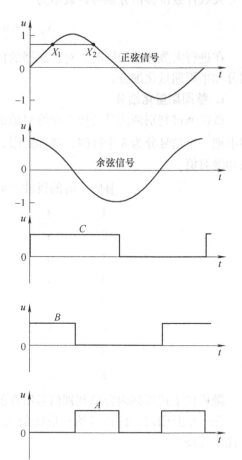

图 8-13　微型计算机半周期量化细分原理图

$$\Delta X_0 = \begin{cases} \displaystyle\sum_{i=1}^{C/2} \Delta W_i & C\ 为偶数 \\[4mm] \displaystyle\sum_{i=1}^{C/2-1} \Delta W_i & C\ 为奇数 \end{cases}$$

C 为计数器的计数容量。小数计数误差包括最大值为 $\Delta W/4$ 的刻线误差所带来的误差和光栅信号质量所带来的误差。前者与光栅尺本身质量有关，后者与信号的正弦性、正交性及直流电平漂移有关。

量化细分的倍频数可根据 A/D 的位数设定，细分倍数和精度均较高，是目前应用较多的一种微机细分技术，在精密工作台的位置测量系统中得到应用。

8.1.3.4　只读存储器细分技术

只读存储器细分是微型计算机细分的发展，旨在解决微机细分中软件查表速度慢的问题，改软件查表为硬件查表。其工作原理如图 8-14 所示。

两路相位差为 90° 的正、余弦模拟信号 $u_1 = A\sin\theta$、$u_2 = A\cos\theta$ 分别送入两个模/数转换器。模/数转换器一般采用 8 位高速型，即能以超过每秒 10^5 次的转换速度工作，保证具有较好的连续处理模拟信号的能力。经模/数转换器后，两路模拟信号被转换成对应的二进制数字信号 X 和 Y，数值在 0～255 之间变化，其中，值"128"对应输入信号的"零"电平。

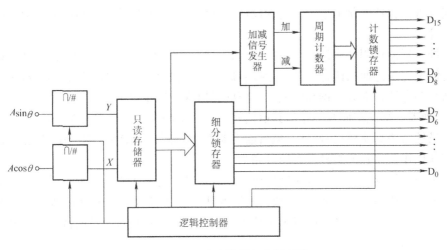

图 8-14　只读存储器细分原理图

X、Y 与角度 θ 的关系如图 8-15 所示，θ 可由式（8-6）求得

$$\theta = \begin{cases} \arctan \dfrac{Y - 128}{X - 128} & (X > 128, Y \geqslant 128) \\[2mm] 2\pi + \arctan \dfrac{Y - 128}{X - 128} & (X > 128, Y < 128) \\[2mm] \dfrac{\pi}{2} & (X = 128, Y > 128) \\[2mm] \dfrac{3\pi}{2} & (X = 128, Y < 128) \\[2mm] \pi + \arctan \dfrac{Y - 128}{X - 128} & (X < 128) \end{cases} \tag{8-6}$$

　　X 和 Y 的字长均为 8 位，分别接在只读存储器的高 8 位和低 8 位地址线上。只读存储器具有 2^{16} 个字节存储单元，16 位地址线作为输入，一个 8 位数据口作为输出。X、Y 的每一个组合都对应只读存储器的一个 16 位地址，在不同地址的内存单元上，固化着 $0 \sim 255$ 的每一个二进制数字信号值，固化值为 X、Y 对应的 θ 值再乘以 $256/2\pi$，经取整后得到的整数值。

　　当地址选通时，只读存储器的固化内容就会出现在它的输出口上，当输入信号 u_1、u_2 正向（或者反向）变化一个周期，输出口的数据也会从 0 到 255

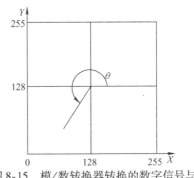

图 8-15　模/数转换器转换的数字信号与
对应角度的关系

（或者 255 到 0）变化一个周期。这样就实现了对 u_1、u_2 周期的 256 细分。只读存储器结果通过细分锁存器输出。

　　整周期的计数是通过对细分锁存器最高两位 D_6、D_7 的处理实现的。当信号值从 255 增加时，两个最高位从 11 变换为 00；反之，当信号从 0 开始减少时，这两位从 00 变为 11。每一次这样的转换都经加减信号发生器，产生加计数或者减计数脉冲，使周期计数器进行相应的计数。计数值在逻辑控制器的控制下被送到计数锁存器。细分锁存器每变化 256 个数，就会引起计数锁存器变化 1 个数，这种设计使它们的二进制输出能直接组成总值，而无须进行变换运算。

逻辑控制器的作用是协调各个器件的运行时间和次序。每一个周期从启动模/数转换器开始，待转换完毕选通只读存储器，紧接着启动细分锁存器，待加减计数器完成更新后，同时启动两个锁存器，细分数据和周期计数值同时出现在输出口上，完成一个周期。然后再启动模/数转换器，如此周而复始输出数值信号。在一个周期中，通常大部分时间用于等待模/数转换，虽然采用高速模/数器件，但目前受器件的限制，一般也需要 1μs 左右完成一次转换，而其他操作仅需几十纳秒左右即可完成。

总体来说，只读存储器细分速度较快，可满足频率为几十千赫到上百千赫信号细分的要求，随着电子工业的飞速发展，模/数转换器的速度将不断提高，只读存储器细分方法的细分速度有望得到进一步提高。同时由于其细分数较高，电路相对简单的特点，这种细分方法具有广泛的应用前景。

8.2　平衡补偿式细分

平衡补偿式细分电路广泛应用于标尺节距大的感应同步器、容栅仪器中，也用于磁栅、光栅式仪器中。这种细分方法可实现高的细分数，例如 2000，甚至 10000。

平衡补偿式细分电路是一种带负反馈的闭环系统，图 8-16 为其原理图。图中，x_i 为系统模拟输入量，可为长（角）度，也可为电参数，如幅值、相位、频率等；x_o 为系统输出量，是数字代码，代码多是脉冲数；K_s 为前馈回路诸环节的灵敏度（或传递函数）；F 为反馈环节的灵敏度。反馈环节的输入是系统的数字输出量 x_o，其输出是补偿量 x_F，x_F 与 x_i 在比较器中比较，比较结果是误差信号 $x_i - x_F$。平衡就是用 x_F 去补偿 x_i 的变化。为使比较结果的残差 $x_i - x_F$ 等于零，在前馈回路中常采用积分环节。系统平衡时 $x_i - x_F = 0$，而

$$x_o = \frac{x_F}{F} = \frac{x_i}{F}$$

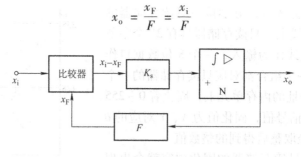

图 8-16　平衡补偿式细分原理图

闭环系统的灵敏度

$$K_F = \frac{x_o}{x_i} = \frac{1}{F}$$

由上式可见：K_F 由 F 决定，可以说与 K_s 无关，或关系极小；但 K_s 大有利于提高跟踪速度。F 要精确、稳定。反馈环节通常是数字分频器，它比较容易做得精确、稳定，这是系统能有高精度的重要原因。K_F 是 F 的倒数，系统的细分数就等于分频器的分频数，分频数比较容易做得大，因而系统能实现高的细分数。反馈环节就是细分机构。

比较器是另一重要环节，其分辨力（门槛）决定系统的分辨力，但门槛不能太小，太小要引起系统在平衡点附近振摆，显示数值来回跳动。这是因为补偿量 x_F 是离散值，它类似天平的砝码，而 x_i 是连续量，若门槛很小，则当 x_i 在平衡点附近有小的变化，必定引起补偿量 Δx_F，会有 $x_F > x_i$，造成过补偿，使误差信号反号，这又要引起符号相反的补偿量 Δx_F，使 $x_F < x_i$，误差信号又反号，又补偿，反复不停，导致电路系统在平衡点附近振摆。即使 x_i 不再变化，仍然振摆不停。有的仪器设有指示表电路，用来读取小于一个脉冲当量的示值。

平衡补偿式细分电路的响应速度一般比直传式细分电路的低，如果测量速度过快，就会发生跟踪不上，甚至失步的问题（下面要专门讨论），为保证精度，必须限制测量速度。

8.2.1　相位跟踪细分

8.2.1.1　工作原理

相位跟踪细分属平衡式细分，它的输入信号一般为相位调制信号

$$u_j = U_m \sin(\omega t + \theta_j)$$

式中，U_m、ω 为载波信号的振幅和角频率；θ_j 为调制相移角，θ_j 通常与被测位移 x 成正比，$\theta_j = 2\pi x / W$，W 为标尺节距。

图 8-17 为相位跟踪细分框图。当被测量发生变化，相移角 θ_j 随之变化。u_j 经放大、整形为方波后送入鉴相电路，使其与相对相位基准分频器输出的补偿信号 θ_d 进行比较。当偏差信号 $\theta_j - \theta_d$ 超过门槛时，移相脉冲门打开，输出移相脉冲。此脉冲改变相对相位基准的输出 θ_d，使 θ_d 跟踪 θ_j，当 $\theta_d = \theta_j$ 时，系统平衡，关闭移相脉冲门，停发移相脉冲。移相脉冲同时输入显示电路，此时显示电路显示的示值代表被测量。相对相位基准既是反馈环节，又是细分机构，分频数等于细分数。

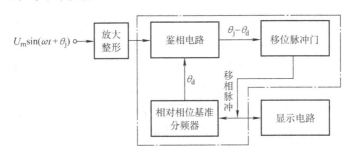

图 8-17　相位跟踪细分框图

8.2.1.2　鉴相电路

鉴相电路要做三方面的工作：确定偏差信号 $\theta_j - \theta_d$ 是否超过门槛；输出与偏差信号相对应的方波脉宽信号；确定 θ_j 与 θ_d 的导前、滞后关系，以确定滑尺移动方向，也就是辨向。图 8-18 为此电路及其有关波形。图中，U_j 为经放大、整形后的方波信号；U_d 为相对相位基准输出的方波补偿信号；U_c 为辨向而采用的方波信号，它来自相对相位基准，其频率比 U_d 高一倍。此三种信号及其反相信号组成与非门 D_{G1} 和 D_{G2} 的输入。当 U_j 超前 U_d（见图 8-18b），相位差出现在 U_c 为高电平的半周，D_{G1} 输出低电平，D_{G2} 始终输出高电平。D_{G1} 输出低电平使由 D_{G4} 和 D_{G5} 组成的 RS 触发器置 "1"，F_x 为 1，表示 U_j 超前。D_{G1} 为低电平也

使 D_{G3} 输出高电平，表示有偏差信号，D_{G1} 重新输出高电平时，又使 D_{G3} 输出低电平。U_x 的脉宽代表 U_j 与 U_d 的相位差。当 U_j 滞后 U_d（见图 8-18c），相位差出现在 $\overline{U_c}$ 为高电平的半周，D_{G2} 输出低电平，D_{G1} 始终输出高电平。D_{G2} 为低电平使 RS 触发器置 "0"，F_x 为 0，表示 U_j 滞后，D_{G2} 为低电平也使 D_{G3} 的输出 U_x 为高电平，表示有偏差信号，其脉宽代表 U_j 与 U_d 的相位差。

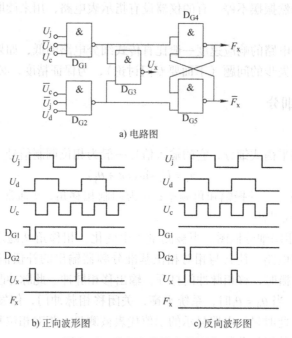

a) 电路图

b) 正向波形图   c) 反向波形图

图 8-18　鉴相电路及有关波形

上述鉴相电路没有门槛，会有在平衡点附近振摆跟踪的问题。图 8-19a 是有门槛的鉴相电路。此电路结构与前一鉴相电路一样，只是加有两个 RC 延时回路起门槛的作用。在 U_j 超前时（见图 8-19b），只有 D_{G1} 有可能输出低电平、U'_j 的上升要滞后于 U_j 的上升。若 U_j 与 U_d 的相位差很小，在 U'_j 到达开门电平前，U_d 已经上跳，就不会发生 U_x 为高电平的相位差信号。当 U_j 滞后 U_d 时（见图 8-19c），只有 D_{G2} 有可能输出低电平，U'_d 是 U_d 的延时信号，也可起门槛作用。调节电阻 R 和电容 C 可改变门槛的大小。

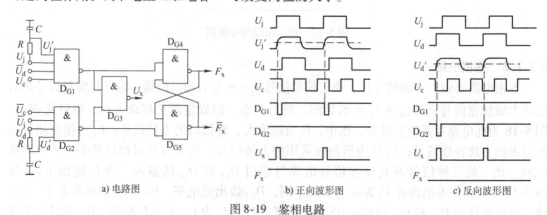

a) 电路图   b) 正向波形图   c) 反向波形图

图 8-19　鉴相电路

8. 2. 1. 3　相对相位基准和移相脉冲门

相对相位基准是产生相位跟踪信号 θ_d 的机构，同时也是细分机构。它有两个输入：一个来自时钟，经分频产生原始的相位跟踪信号 U_d，另一个来自移相脉冲门，实现加减进入相对相位基准的脉冲数，达到改变 U_d 相位角 θ_d 的目的。图 8-20 为利用加减脉冲改动 θ_d 的原理图。图 8-20a 为时钟脉冲，图 8-20b 为正常分频情况下的 U_d 波形。

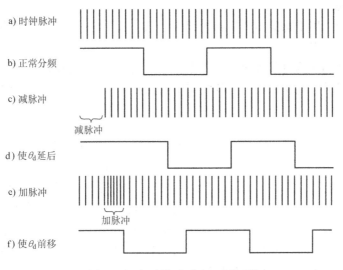

图 8-20　加减脉冲改变 θ_d 原理图

当 θ_j 滞后于 θ_d，为把 θ_d 拉后，就要扣除部分进入相对相位基准的脉冲（见图 8-20c），使 U_d 延后翻转，θ_d 滞后（见图 8-20d）；当 θ_j 超前 θ_d，就要增加进入相对相位基准的脉冲（见图 8-20e），使 U_d 提前翻转，θ_d 前移（见图 8-20f）。图 8-21 是相对相位基准与移相脉冲的结构原理图。

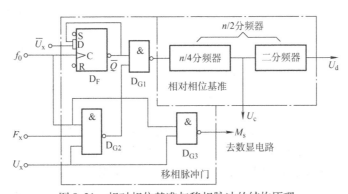

图 8-21　相对相位基准与移相脉冲的结构原理

无相位差时，U_x 为低电平，D_{G2} 输出高电平，打开 D_{G1}。此时 $\overline{U}_x$ 为高电平，$\overline{U}_x$ 接 D 触发器 D_F 的 D 端，D_F 对时钟频率 f_0 作二分频，再经 $n/2$ 分频器，分频器输出无相移的 U_d 信号。U_x 为低电平，关断 D_{G3}，没有脉冲 M_s 输入显示电路。U_c 是输入到鉴相器的辨向参考信号（见图 8-18 和图 8-19）。

有相位差时，U_x 为高电平，$\overline{U}_x$ 为低电平，使 D_F 停止工作，停在 $Q=0$ 的状态。若 U_j 相

位滞后 U_d，方向信号 $F_x = 0$，关断 D_{G2}，无脉冲进入 $n/2$ 分频器，这相当于减脉冲，它使 θ_d 后延。若 U_j 超前 U_d，方向信号 $F_x = 1$，打开 D_{G2}，D_{G1} 也因 $\overline{Q} = 1$ 而打开着，时钟 f_0 不经 D_F 而经 D_{G2}、D_{G1} 直达 $n/2$ 分频器，使进入 $n/2$ 分频器的信号频率为无相位差时的两倍，脉冲数加倍，使 U_d 提前翻转，θ_d 前移。减掉或增加的移相脉冲数与 U_x 的脉宽成正比，即与 U_j 和 U_d 的相位差成正比，f_0 同时通过 D_{G3} 进入数显电路。根据 $F_x = 1$ 或 0，分别进行加或减计数。

8.2.1.4 测量速度

相位跟踪细分常用于感应同步器和光栅的细分，由于在一个载波周期仅有一次比相，因此对测量速度有一定限制。

动态测量时（指在部件移动过程中就要读出它的位移），为使测量速度引起的误差不超过一个细分脉冲当量，就要求在一个载波周期内相位角的变化不超过一个细分脉冲当量，即

$$\frac{v}{f} < \frac{W}{n} \quad \text{或} \quad v < \frac{Wf}{n} \tag{8-7}$$

式中，v 为测量速度；f 为载波信号频率；n 为细分数；W 为标尺节距。

v 一般较小，若载波频率 $f = 2\text{kHz}$，节距 $W = 2\text{mm}$，细分数 $n = 200$，则 $v < 1.2\text{m/min}$。

静态测量时（指移动部件停止运动后才读数），也要限制测量速度，传感器最大位移速度取决于系统的跟踪能力，只要不超过这个最大位移速度，尽管在传感器位移时会发生超过一个脉冲当量的误差，但是，一旦传感器在测量位置停下，经过一段时间，就能读得合乎精度要求的测量数据。传感器反向运动时，U_d 相位超前于 U_j，相对相位基准停止进脉冲，$\theta_d - \theta_j$ 多大，U_x 脉宽就多宽，使相对相位基准少进相应的脉冲数，U_d 后延，直到达到 $\theta_d = \theta_j$。故反向运动时系统有很强的跟踪能力。传感器正向运动时，U_d 相位滞后于 U_j，相对相位基准在 $U_x = 1$ 期间以加倍的速度进脉冲，使 U_d 的相位追赶 U_j（见图 8-20 和图 8-21），由于进脉冲速度加倍，U_d 提前跳变成低电平，这使 U_x 为低电平，停止增加脉冲，结果使相位差减小一半。在 U_x 为低电平期间，U_j 的相位又超过 U_d（因加脉冲已停止），相位差在原有基础上又有新的扩大，如不限制工作台的移动速度，就会使相位差扩大到超过鉴相器的鉴相范围，甚至把滞后鉴为导前，导致减脉冲，使相位差更加扩大，造成丢失整个标尺节距的粗大误差。

U_j 的角频率 $\omega_j = 2\pi(f + v/W)$，在没有加减脉冲的情况下，U_d 的角频率 $\omega_d = 2\pi f$，经过一个 U_j 的周期，两路信号因测速 v 而产生的相位差 $\Delta\theta$ 由式（8-8）决定

$$\Delta\theta = \frac{2\pi v}{fW + v} \tag{8-8}$$

第一周期产生 $\Delta\theta$，经跟踪留下 $\Delta\theta/2$；第二周期相位差扩大为 $(\Delta\theta/2) + \Delta\theta$，经跟踪留下 $(\Delta\theta/2 + \Delta\theta)/2$；第 k 周期相位差扩大为 $\Delta\theta + (\Delta\theta/2) + \cdots + \Delta\theta/2^{k-1}$。

当采用图 8-19 所示鉴相器时，鉴相范围不超过 U_c 的脉宽，它对应于 U_d 的相位角 $\pi/2$。$\Delta\theta$ 超过此值就要将 U_j 提前误判为滞后，从而丢失整个节距，即失步。为了避免产生失步，要求

$$\lim_{k \to \infty} \left(\Delta\theta + \frac{1}{2}\Delta\theta + \cdots + \frac{1}{2^{k-1}}\Delta\theta \right) \leqslant \frac{\pi}{2}$$

因为

$$\lim_{k \to \infty} \left(1 + \frac{1}{2} + \cdots + \frac{1}{2^{k-1}} \right) = 2$$

所以
$$\Delta\theta \leqslant \pi/4$$

代入式（8-8）可得
$$v \leqslant fW/7$$

若 $f = 2\text{kHz}$，$W = 2\text{mm}$，则 $v \approx 34\text{m/min}$。此值比用式（8-7）算得的 v 要大得多。但这是保证不失步的速度，并不保证动态测试精度。读数要在传感器停止运动，再经一段时间后才能进行。

8.2.2　幅值跟踪细分

8.2.2.1　工作原理

幅值跟踪细分主要应用于鉴幅型感应同步器。图 8-22 为其结构原理框图。图中，函数电压发生器提供两路同频率、同相位、不同幅度的调幅电压
$$u_s = u_m \sin\theta_d \cos\omega t$$
$$u_c = u_m \cos\theta_d \cos\omega t$$

分别接在感应同步器滑尺的正、余弦两绕组上。由于正、余弦绕组空间位置相差 $W/4$，W 为感应同步器的节距，u_s、u_c 在定尺上感应出电动势
$$e = k_v u_m \sin\left(\frac{2\pi x}{W} - \theta_d\right)\cos\omega t$$
$$= k_v u_m \sin(\theta_j - \theta_d)\cos\omega t$$

式中，k_v 为耦合系数；x 为定尺和滑尺之间的位移；θ_j 为感应同步器位移对应的相位角，$\theta_j = 2\pi x/W$。

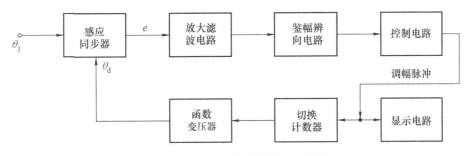

图 8-22　幅值跟踪细分结构原理框图

感应同步器是系统的比较器，其输出 e 称为偏差电压。e 由 θ_j 与 θ_d 的差值决定，当 $\theta_j = \theta_d$ 时，$e = 0$，系统平衡；当 $\theta_j \neq \theta_d$ 时，有偏差电压产生。e 经放大、滤波后，如超过门槛，鉴幅辨向电路就会发出控制信号，使控制电路发出调幅脉冲，输入切换计数器，按辨向结果进行加法或减法计数，并按所计脉冲数改变（切换）函数电压发生器的输出电压 u_s 和 u_c，以改变 θ_d，使 θ_d 跟踪 θ_j，直到 $\theta_d = \theta_j$，系统平衡为止。调幅脉冲同时输入显示电路进行加、减计数，显示电路给出示值大小。切换计数器与函数发生器一起构成系统的反馈环节，它是细分机构，它的质量对系统精度有重要影响。感应同步器是闭环系统的组成部分（比较器），因而幅值跟踪系统实现了全闭环，而相位跟踪系统只实现半闭环（感应同步器在环外），这使幅值跟踪系统具有更高的精度和更好的抗干扰性能。

8.2.2.2 鉴幅器

偏差电压从零开始，一般不超过几十毫伏。偏差电压送入鉴幅器前需经电压放大、全波整流和滤波处理，然后与鉴幅器的门槛电压相比较。鉴幅器一般有两个门槛，称为粗、精门槛，设置两个门槛的目的是在保证细分分辨力的基础上提高测量速度。测量开始时，允许较高的测量速度，速度大时产生的 $\theta_j - \theta_d$ 大，感应电动势 e 也大，这时系统以大步距 $\Delta\theta_d$ 跟踪，使 θ_d 迅速赶上 θ_j。接近平衡位置时，e 较小。当 e 小于粗门槛但大于精门槛，系统则以小步距 $\Delta\theta_d$ 跟踪，直到 $\theta_d = \theta_j$，系统平衡为止。

8.2.2.3 函数电压发生器

调幅脉冲输入切换计数器，此计数器是可逆的，其容量由细分数决定，并分为个位计数器和十位计数器等。调幅脉冲数在此计数器中变为数字代码，代码经译码器接通相应的电子开关，以使函数电压发生器输出相应的电压接到滑尺绕组上去。

函数电压发生器一般采用多抽头变压器，称作函数变压器，不同抽头有不同 $u_m\sin\theta_d$ 或 $u_m\cos\theta_d$ 输出电压幅度。若作 200 细分，则 θ_j 每变 1.8°，计数器计一个调幅脉冲，θ_d 也随之改变 1.8°。这使变压器要有 200 个抽头，结构复杂。由图 8-23a、b 可见，不论正弦波还是余弦波，其前后半周波形只是符号相反。若采用图 8-23c、d 所示波形，只要能识别出是前半周还是后半周，变压器抽头就可减少一半，这是因为图 8-23c、d 所示波形前后半周完全相同。但抽头还是多，还要设法减少。如把 180°的相位角先按 $\alpha = 18°$ 等分为 10 份，再把 18°按 $\beta = 1.8°$ 等分为 10 份，则可写出 $\theta_d = A\alpha + B\beta$（$A$、$B$ 为 0~9 的整数）。可写出：

$$\sin\theta_d = \sin(A\alpha + B\beta) = \cos B\beta(\sin A\alpha + \cos A\alpha\tan B\beta)$$
$$\cos\theta_d = \cos(A\alpha + B\beta) = \cos B\beta(\cos A\alpha - \sin A\alpha\tan B\beta)$$

因为 $B\beta = (0~9) \times 1.8° = 0°~16.2°$，$\cos B\beta = 1~0.963$。正余弦励磁电压同时增大不影响平衡位置，故可近似取

$$\sin\theta_d \approx \sin A\alpha + \cos A\alpha\tan B\beta$$
$$\cos\theta_d \approx \cos A\alpha - \sin A\alpha\tan B\beta$$

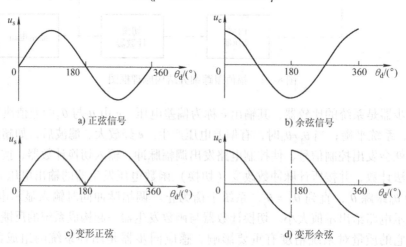

a) 正弦信号　　　　　b) 余弦信号

c) 变形正弦　　　　　d) 变形余弦

图 8-23　励磁电压波形

并按上述表达式安排变压器的抽头。

上面两式表明，可以用图 8-24 所示方案改变励磁电压的幅值。这里有三个变压器，它

们的二次侧都有十个抽头。变压器 T_1 是正余弦变压器，其二次侧第 i 个抽头处的匝数 N_{2i} 可按式（8-9）计算

$$N_{2i} = N_1 \sin(i \times 18°) \tag{8-9}$$

式中，$i = 0 \sim 9$；N_1 为 T_1 一次侧匝数。

$\sin A\alpha$ 的抽头次序为 A_0、A_1、A_2、A_3、A_4、A_5、A_4、A_3、A_2、A_1，依次相差 $18°$，在 $0° \sim 162°$ 范围内输出正弦电压。由于余弦导前正弦 $90°$，且有负值，故 $\cos A\alpha$ 的抽头次序为 A_5、A_4、A_3、A_2、A_1、A_0、$A_1{}'$、$A_2{}'$、$A_3{}'$、$A_4{}'$，相应为依次相差 $18°$，从 $0° \sim 162°$ 的余弦值。A_0 是零线，其交流输出为零。

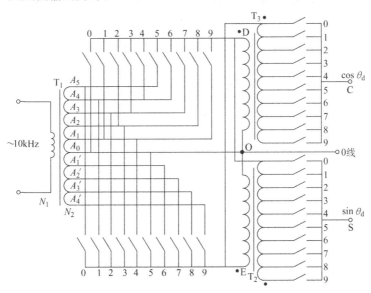

图 8-24　函数变压器接线

T_2、T_3 是两个结构相同的正切变压器，其一次侧通过电子开关接正、余弦变压器 T_1 二次侧的有关抽头上，正切变压器二次侧第 i 抽头处的匝数 N'_{2i} 可按式（8-10）计算

$$N'_{2i} = N'_1 \tan(i \times 1.8°) \tag{8-10}$$

式中，$i = 0 \sim 9$；N'_1 为正切变压器一次侧匝数。

三个变压器通过四组电子开关选择连接，可输出相对交流零点（零线）的所需电压

$$u_{SO} = u_{SD} + u_{DO} = U_m \sin\omega t \cos A\alpha \tan B\beta + U_m \sin\omega t \sin A\alpha \approx U_m \sin\theta_d \sin\omega t$$

$$u_{CO} = u_{CE} + u_{EO} = -U_m \sin\omega t \sin A\alpha \tan B\beta + U_m \sin\omega t \cos A\alpha \approx U_m \cos\theta_d \sin\omega t$$

由切换计数器控制，使适当开关闭合，以获得所需输出。例如需输出 $\theta_d = 3.6°$，则 $A = 0$、$B = 2$，让变压器 T_1 的两个 "0" 号开关闭合，变压器 T_2、T_3 的 "2" 号开关闭合即可。

函数变压器受温度、湿度影响小，不易老化，稳定性好，但工艺复杂，技术要求高，体积重量大。目前已有部分生产厂家开始用集成电路的乘法型 D/A 转换器代替函数变压器。

8.2.2.4　辨向电路

感应同步器的细分电路通常采用图 8-23c、d 所示波形作为励磁电压，滑尺励磁电压在 $0 < \theta_d < \pi$（前节距）的波形与 $\pi < \theta_d < 2\pi$（后节距）的波形相同，这时定尺上的感应电压分别为

$$e = \begin{cases} k_v u_m \sin(\theta_j - \theta_d)\cos\omega t & (0 < \theta_d < \pi) \\ -k_v u_m \sin(\theta_j - \theta_d)\cos\omega t & (\pi < \theta_d < 2\pi) \end{cases}$$

滑尺正向运动时，前节距 $\sin(\theta_j - \theta_d) > 0$，后节距 $\sin(\theta_j - \theta_d) < 0$；滑尺反向运动时，前节距 $\sin(\theta_j - \theta_d) < 0$，后节距 $\sin(\theta_j - \theta_d) > 0$。因此要实现辨向，需要辨别前后节距。前后节距的辨别可以利用切换计数器的正反溢出脉冲来进行。设感应同步器总的细分数为 200，切换计数器采用 100 进制，每当计数器由 99 变为 0 时，发出正向溢出脉冲 M_+；计数器由 0 变为 99 时，发出反向溢出脉冲 M_-。这两种溢出脉冲（负脉冲）都送到图 8-25 所示辨向电路中去。图 8-25 中触发器 D_{F1} 的状态受 M_+、M_- 控制，滑尺每走过半个节距，D_{F1} 就改变一次状态，其输出 $Q_1 = 1$ 表示前节距，$Q_1 = 0$ 表示后节距。半加器 D_{G2} 的一个输入为 Q_1，另一个输入为 W_x，W_x 是感应电势 e 经倒相整形后的信号。$D_2 = Q_1 \oplus W_x$。在前节距 $Q_1 = 1$，$D_2 = \overline{W_x}$，在后节距 $Q_1 = 0$，$D_2 = W_x$，利用 $\cos\omega t$ 为最大时发出采样脉冲 C_y，可在触发器 D_{F2} 的 Q_2 端得到辨向信号 F_x。滑尺正向运动时，$F_x = 1$；反向运动时，$F_x = 0$。其波形如图 8-26 所示。

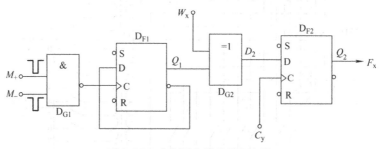

图 8-25　感应同步器的辨向电路

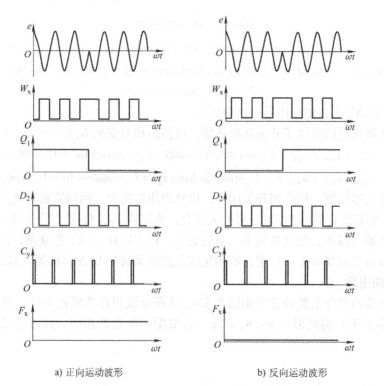

a) 正向运动波形　　　　　　　　　　b) 反向运动波形

图 8-26　感应同步器辨向电路波形图

8. 2. 2. 5　测量速度

动态测量时，传感器的移动速度取决于系统在一个载波周期内做几次补偿，以及补偿步距 $\Delta\theta_d$ 的大小。若载波频率 $f = 10kHz$，每周期补偿一次，$\Delta\theta_d$ 相当一个脉冲当量 $0.01mm$，则移动速度 $v = 0.01mm \times 10kHz = 6m/min$。若把 $\Delta\theta_d$ 增大到 10 倍，则移动速度可增大到 $60m/min$。这就是采用粗、精两个门槛的原因。当传感器移动速度不高时，误差信号低于粗门槛时，函数变压器以每步 $1.8°$ 的速度补偿，传感器具有较高的分辨力。当传感器移动速度较高时，误差信号将超过粗门槛，这时函数变压器直接以每步 $18°$ 的速度补偿，以保证不丢失整个节距。当然，作为代价，测量的分辨力也相应降低了 10 倍。总之，本系统比相位跟踪系统允许更高的移动速度。

8. 2. 3　脉冲调宽型幅值跟踪细分

脉冲调宽型幅值跟踪细分系统是用数字式可调脉宽函数发生器代替上一系统中的函数变压器和切换计数器。此系统保留了幅值跟踪系统的优点，即感应同步器是系统的比较器，构成全闭环系统，系统有高精度和高抗干扰能力。数字式脉宽函数发生器体积小、重量轻、易于生产，是一种很有发展前途的细分系统。

8. 2. 3. 1　调宽脉冲波的波形分析

这种细分系统的滑尺励磁电压可有两种波形，如图 8-27 所示。

图 8-27a 是非对称波。u_s 是脉宽为 $2\theta_d$、幅度为 U_m 的方波信号；u_c 是脉宽为 $\pi - 2\theta_d$、幅度为 U_m 的方波信号。它们都是对称于纵坐标轴的偶函数，其傅里叶展开式为

$$u_s = \frac{U_m}{\pi}\theta_d + \sum_{n=1}^{\infty} \frac{2U_m}{n\pi}\sin n\theta_d \cos n\omega t$$

$$u_c = \frac{U_m}{\pi}\left(\frac{\pi}{2} - \theta_d\right) + \sum_{n=1}^{\infty} \frac{2U_m}{n\pi}\sin n\left(\frac{\pi}{2} - \theta_d\right)\cos n\omega t$$

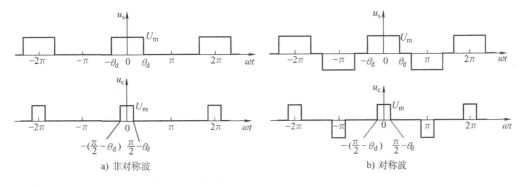

a) 非对称波　　　　　　　　　　b) 对称波

图 8-27　调宽脉冲波

其基波分量分别为

$$u_{s1} = \frac{2U_m}{\pi}\sin\theta_d \cos\omega t$$

$$u_{c1} = \frac{2U_m}{\pi}\cos\theta_d \cos\omega t$$

249

u_{s1}、u_{c1} 在定尺上感应的电动势为

$$e = k_v \frac{2U_m}{\pi} \sin(\theta_j - \theta_d) \sin\omega t \tag{8-11}$$

图 8-27b 为对称波。其傅里叶展开式可写成

$$u_s = \frac{U_m}{\pi}\theta_d + \sum_{n=1}^{\infty} \frac{2U_m}{n\pi}\sin n\theta_d \cos\omega t - \left[\frac{U_m}{\pi}\theta_d + \sum_{n=1}^{\infty} \frac{2U_m}{n\pi}\sin n\theta_d \cos n(\pi + \omega t)\right]$$

n 为偶数时，$u_s = 0$；n 为奇数时

$$u_s = \sum_{n=1}^{\infty} \frac{4U_m}{n\pi}\sin n\theta_d \cos n\omega t$$

同理可得，n 为偶数时，$u_c = 0$；n 为奇数时

$$u_c = \sum_{n=1}^{\infty} \frac{4U_m}{n\pi}\sin n\left(\frac{\pi}{2} - \theta_d\right)\cos n\omega t$$

其基波分量分别为

$$u_{s1} = \frac{4U_m}{\pi}\sin\theta_d \cos\omega t$$

$$u_{c1} = \frac{4U_m}{\pi}\cos\theta_d \cos\omega t$$

u_{s1}、u_{c1} 在定尺上感应的电动势为

$$e = k_v \frac{4U_m}{\pi}\sin(\theta_j - \theta_d)\sin\omega t \tag{8-12}$$

由式（8-11）和式（8-12）可知，e 为调幅波；调节 θ_d 就可改变 e 的幅度，这就是调节方波脉宽 $2\theta_d$ 实现调幅的原理，也是 θ_d 跟踪 θ_j 的原理。当 $\theta_d = \theta_j$ 时，$e = 0$，系统平衡。再比较式（8-11）和式（8-12）不难看出，对称波所感应的电动势 e 为非对称波所感应的电动势的 2 倍。而且对称波没有偶次谐波，也没有直流成分，这可降低对滤波器的要求。非对称波的波形比较简单，可简化励磁电路，故仍常被有些测控系统采用。

8.2.3.2　工作原理

图 8-28 所示为脉冲调宽型幅值跟踪细分电路原理图，此图与幅值跟踪细分原理图没有原理上的差别，只是用数字函数发生器代替了函数变压器。

滑尺位移使 $\theta_j \neq \theta_d$，感应同步器定尺产生偏差电压 e。e 经放大、滤波

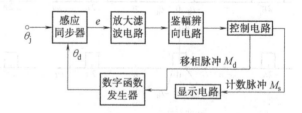

图 8-28　脉冲调宽型幅值跟踪细分电路原理图

后如超过门槛，鉴幅辨向电路就发出控制脉冲和方向信号，这两个信号使控制电路产生频率受偏差信号大小控制的移相脉冲 M_d 和计数脉冲 M_s，分别送入数字函数发生器和显示电路。移相脉冲改变函数发生器的输出，实现 θ_d 跟踪 θ_j。偏差电压超过粗门槛，移相脉冲频率就高，进行较高的速度跟踪。偏差电压小于粗门槛但超过精门槛，移相脉冲频率就低，进行低速跟踪。

8.2.3.3 数字函数发生器

数字函数发生器由脉冲移相器和脉宽组合电路组成，它是细分机构。系统是通过改变脉冲宽度实现跟踪的。改变脉宽的方法有对称展宽和非对称展宽。图 8-29a 为对称展宽法，每来一个移相脉冲 M_d，脉冲在原有基础上，同时向两边展宽 $\Delta\theta_d$，$\Delta\theta_d$ 相当于一个时钟的周期 T_0。图 8-29b 为非对称展宽法，来一个移相脉冲 M_d，向一边展宽 $\Delta\theta_d$，再来一个移相脉冲 M_d，则向另一边展宽 $\Delta\theta_d$。第二种方法每个移相脉冲的展宽量只有第一种方法的一半，相当于每边展宽 $\Delta\theta_d/2$。如果定尺节距 $W = 2\text{mm}$，采用第二种方法只要经 1000 分频，就可实现 2000 细分，脉冲当量为 $1\mu\text{m}$。

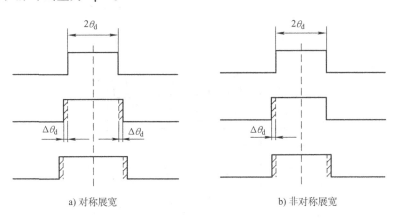

a) 对称展宽   b) 非对称展宽

图 8-29 脉冲展宽法

图 8-30a 为对称展宽脉冲移相电路。触发器 D_{F2}、D_{F4} 组成四分频器。无移相脉冲 M_d 时，D_{F1}、D_{F3} 不翻转。若 $Q_1(Q_3) = 0$，则 $U_A(U_B) = Q_4$；若 $Q_1(Q_3) = 1$，则 $U_A(U_B) = \overline{Q}_4$。这样，当 Q_1、Q_3 不变时，U_A、U_B 与 Q_4 或 $\overline{Q}_4$ 一样为时钟 f_0 的四分频信号，如图 8-30b 所示。再经 $n/8$ 分频和 2 分频后，可得 f_0 的 n 分频输出信号 U_1 和 U_2。

有移相脉冲 M_d 时，D_{F2} 的 J、K 端被置"0"，使 D_{F2} 少翻转一次，Q_4 波形被延后一个时钟周期 T_0（相当于相移角 $\Delta\theta = 2\pi/n$，n 为分频数，亦即细分数），而 D_{F1}、D_{F3} 哪个翻转，要由方向信号 F_x 决定。$F_x = 1$ 时，M_d 的后沿使 Q_1 翻转，它正好发生在 Q_2、Q_4 停翻期间。Q_1 的翻转使 U_A 比 Q_4 多翻一次，而 U_B 因 Q_3 未翻转（$\overline{F}_x = 0$）其翻转次数与 Q_4 相同。由图 8-30b 可见，$F_x = 1$ 时，每来一个 M_d 脉冲，就使 U_A 波形比正常四分频波形提前一个时钟周期 T_0。U_B 波形因与 Q_4 波形相同，则它比正常 4 分频波形延后一个 T_0。U_A 提前 T_0，U_1 也要提前 T_0；U_B 延后 T_0，U_2 也要延后 T_0。$F_x = 0$ 时，M_d 的后沿使 Q_3 翻转，Q_1 不翻转，与上述情况相反，这使 U_B、U_2 提前 T_0；使 U_A、U_1 延后 T_0。由于 U_1、U_2 波形反向移动，在脉宽组合时，就会形成对称展宽。

为了实现非对称展宽脉冲，在 $F_x = 1$ 时，来第一个 M_d 脉冲，U_A 波形比正常 4 分频波形提前一个时钟周期 T_0；而 U_B 的相位不变；来第二个 M_d 脉冲，U_A 的相位不变，U_B 的波形比正常 4 分频波形延后一个时钟周期 T_0。交替实现 U_1 提前，U_2 正常；U_1 正常，U_2 延后。在 $F_x = 0$ 时，在两个脉冲的作用下，交替实现 U_1 延后、U_2 正常；U_1 正常、U_2 提前。为此需要增加一套让脉冲交替进入两组移相电路的切换门控电路。

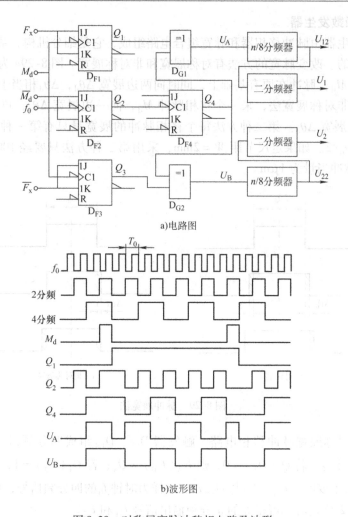

a)电路图

b)波形图

图 8-30　对称展宽脉冲移相电路及波形

8.2.3.4　测量速度

工作台移动速度取决于系统做一次补偿所需的时间和补偿量的大小。本系统采用数字式函数发生器，它不仅有高的细分数，且有高的跟踪能力。数字电路可以灵活地根据测速改变跟踪速度。军用的高速动态测量系统多采用具有高速数字跟踪能力的脉冲调宽方案，它具有位置、速度甚至加速度跟踪能力。当然，电路相当复杂。

8.2.4　频率跟踪细分——锁相倍频细分

锁相倍频细分是一种锁相式数字频率合成技术，用来实现测量信号的 n 倍频，以实现 n 细分。图 8-31 为此细分系统的原理框图。此系统也叫锁相倍频器。此系统由四个主要部件——鉴相器、环路滤波器、压控振荡器和 n 分频器组成。n 分频器是反馈环节，也是细分环节，它将 f_o 进行 n 分频，分频后的信号在鉴相器中与输入信号 f_i 进行相位比较，鉴相器输出一个误差电压，经环路滤波器抑制其中的高频成分和噪声后，输出电压 U_c。压控振荡器受 U_c 的控制，使其振荡频率 f_o 向 nf_i 趋近，当 $f_o = nf_i$ 时，环路达到平衡而锁定，这样 f_o 与 f_i

之间就实现了 n 倍频。

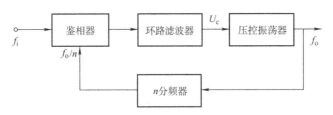

图 8-31 锁相倍频细分原理框图

图 8-32 为采用集成电路 CC4046 设计的锁相倍频细分基本电路。CC4046 内部具有两个相位比较器和一个压控振荡器，两个相位比较器分别是异或门相位比较器和 RS 相位比较器。边缘比相器可以采用图 4-47 所示的 RS 触发器形式，RS 触发器输出脉宽与两个比相信号下跳沿到来时间之差相对应，由于边缘型比相器对信号的占空比没有要

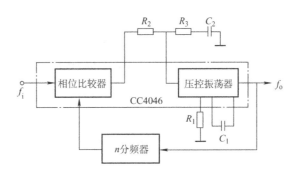

图 8-32 锁相倍频细分基本电路

求，这里采用它作为倍频细分的相位比较器。环路滤波器由 R_2、R_3 和 C_2 组成；R_1 和 C_1 是 CC4046 内部压控振荡器所需要的外接元件；再外接一个 n 分频器就构成了锁相倍频电路。RS 相位比较器具有三态输出功能，其工作方式是根据相位差的方向，选择向环路滤波器充电或者提供环路滤波器的放电回路，从而改变环路滤波器上的电压，控制压控振荡器的频率，使 $f_o = nf_i$。在输入信号一个周期内，输出 n 个细分脉冲。

锁相倍频器对输入信号的角频率的稳定性要求相当高，虽然它能够对输入信号相位变化进行跟踪，但它是一个有差系统，当 f_i 发生变化后，为使 f_o/n 能跟踪 f_i 的变化，必须要求压控振荡器的控制电压 U_c 发生变化，也就是说 f_i 与 f_o/n 之间存在不同的相位差，这就是跟踪误差。

锁相倍频器的优点是结构较简单，易于实现高的细分数，对信号失真度无严格要求。其缺点也很明显，对输入信号的角频率的稳定性要求高，而且输入信号只有一个，不能辨向，主要用于回转部件的角度与传动比等的测量，这时比较容易保持 f_i 接近恒定。

思考题与习题

8-1 图 8-33 为一单稳辨向电路，输入信号 A、B 为相位差 90° 的方波信号，分析其辨向原理，并分别就 A 导前 B 90°、B 导前 A 90° 的情况，画出 A'、U_{o1}、U_{o2} 的波形。

8-2 参照图 8-6 电阻链 5 倍频细分电路的原理，设计一电阻链 2 倍频细分电路。

8-3 若测得待细分的正余弦信号某时刻 $u_1 = 2.65\text{V}$，$u_2 = -1.33\text{V}$，采用微机对信号进行 200 细分，请判别其所属卦限，并求出对应的 θ 值和 k 值。

8-4 在图 8-14 所示只读存储器 256 细分电路中，请计算第 A000（十六进制）单元的存储值。

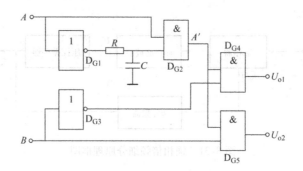

图 8-33   题 8-1 图

8-5   在图 8-19a 所示的鉴相电路中为什么要设置门槛，门槛电路是如何工作的？

8-6   请说明图 8-24 中用 $\sin A\alpha + \cos A\alpha \tan B\beta$ 代替 $\sin\theta_d = \sin(A\alpha + B\beta)$，用 $\cos A\alpha - \sin A\alpha \tan B\beta$ 代替 $\cos\theta_d = \cos(A\alpha + B\beta)$，为什么不会带来显著误差？

8-7   请比较相位跟踪细分、幅值跟踪细分和脉冲调宽型幅值跟踪细分的优缺点。

8-8   图 8-34 所示为相位跟踪细分电路图，输入信号的表达式为 $u_j = U_m \sin(\omega t + \theta_j)$，式中 U_m、ω 分别为载波信号的振幅和角频率，θ_j 为调制相移角，θ_j 通常与被测位移 x 成正比，$\theta_j = 2\pi x/W$，W 为标尺节距。

1）简述系统的工作原理。

2）若载波频率 $\omega = 2\pi \times 1000 \text{rad/s}$，对系统进行 1000 次细分，频率 f_0 为多少？

3）若节距 $W = 2\text{mm}$，载波频率与细分数与 2）相同，为保持动态测量精度，传感器移动速度的上限为多少？

4）若节距、载波和细分数与 2）和 3）一致，在静态测量时为避免失步，允许传感器的移动速度为多大？

5）若传感器初始值 $x = 0$ 时，计数器的值为 0，节距、载波频率与细分数与上面相同，当计数器的值为 2048 时，传感器的值为多少？

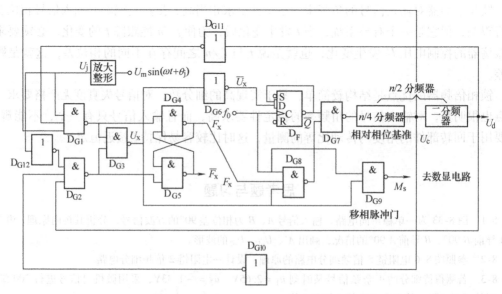

图 8-34   题 8-8 图

第9章 执行器控制与驱动电路

导读

本章针对测控系统中常见执行器的控制与驱动问题，介绍了线性和开关式两种执行器控制与驱动电路及其各主要组成部分的原理。在此基础上，以音圈电动机、直流电动机和步进电动机为例，介绍了三种典型执行器控制与驱动电路。值得注意的是，随着技术发展，线性执行器控制与驱动电路正逐渐被开关式执行器控制与驱动电路所取代。

本章知识点

- 执行器控制与驱动电路基本组成
- 取样电路与误差放大电路、三种功率放大电路
- PWM 控制基本原理、两种逆变电路

在测控系统中，常用的执行器包括音圈电动机、压电陶瓷执行器、直流电动机、步进电动机、超声波电动机等。为了驱动上述执行器，使其按照调节器电路输出的控制电压信号产生相应运动，需要采用执行器控制与驱动电路，将调节器电路输出的控制信号变换为与之成比例的大功率电压或电流。

执行器控制与驱动电路可以分为线性和开关式两类，其基本组成框图如图9-1所示。

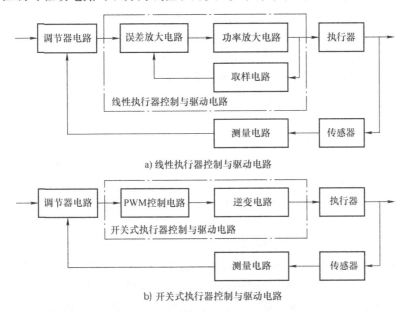

a) 线性执行器控制与驱动电路

b) 开关式执行器控制与驱动电路

图9-1 执行器控制与驱动电路的基本组成框图

前者利用取样电路和误差放大电路实现输出电压/电流的闭环反馈控制，并通过功率放

大电路中的晶体管的导通程度来改变输出的电压和电流，产生连续的大功率电压或电流。线性执行器控制与驱动电路的主要特点是其中晶体管工作在线性区，优点在于稳定性高、输出纹波小、可靠性高、带宽大、失真度低等，缺点是通常体积大、功耗较大、效率相对较低。主要适用于对输出电流纹波要求高的场合，如音圈电动机、压电陶瓷执行器的功率放大器。

后者利用脉宽调制（Pulse Width Modulation，PWM）控制电路，控制逆变电路中开关器件的通断，实现电源电能的分配，产生脉冲宽度可变的大功率脉冲电压或电流。开关式执行器控制与驱动电路的优点是具有较小的体积和功耗、功率大，其缺点是带宽窄、纹波大，当载波频率较低时，输出的脉冲电压或电流作用到执行器上时会引起抖动和噪声，主要用于直流电动机、超声波电动机等执行器的驱动。

随着逆变技术和开关器件的不断发展和日益完善，开关式的执行器控制与驱动电路的纹波和噪声水平都有了很大的提高，其应用越来越广泛。很多采用线性执行器控制与驱动电路构成的传统系统，正逐渐被开关式执行器控制与驱动电路构成的系统所替代。

9.1 取样电路与误差放大电路

9.1.1 取样电路

取样电路的作用是根据功率放大电路的输出电压 u_o 或输出电流 I_o，产生成比例的反馈电压 u_{FB}，提供给误差放大电路以构成反馈控制。

对于电压输出型的功率放大电路，通常采用并联到输出端的电阻分压器构成电压取样电路，产生与输出电流 u_o 成比例的反馈电压 u_{FB}，如图9-2所示。取样比例 $n = R_{S2}/(R_{S1} + R_{S2})$。当 u_{FB} 直接连接到误差放大电路，用于与输入控制电压进行比较并构成反馈闭环时，取样比例的倒数 $1/n$ 即为其所构成的执行器控制与驱动电路的电压放大倍数。使用时要注意 R_{S1} 和 R_{S2} 的阻值不宜太小，尽量减小从输出端获取电流。

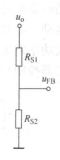

图9-2 电压取样电路

对于电流输出型的功率放大电路，可以采用串联到输出回路的取样电阻 R_S 构成电流取样电路，产生与输出电流 I_o 成比例的反馈电压 u_{FB}，如图9-3a所示。图中 Z_L 代表执行器负载，反馈电压 $u_{FB} = R_S I_o$。该电路具有结构简单、成本低、结果线性度好等优点。实际使用时，由于取样电阻阻值通常较小，反馈电压也较小，可能需要加入放大电路将反馈电压放大。

很多情况下，人们还会采用图9-3b所示的基于电流检测放大器的电流取样电路。图中 N 为电流检测放大器，可看成一个输入级浮置的仪表/差动放大器。典型的电流检测放大器芯片包括 ADI 公司的 AD8207、Maxim Integrated 公司的 MAX4172 等。

设计取样电路时，应该仔细评估取样电阻的阻值、功率损耗和热稳定性。为了保证反馈电压的稳定性和准确性，取样电阻应该选用温度系数小、热稳定性好的精密电阻。因为当电流流过时，功率损耗产生的热量会影响电阻值和取样结果的准确性。通常来讲，取样电阻阻值越大，取样精度越高，功率损耗也越大。此外，如果功率放大电路的输出电压和电流中的高频成分较多，还要求电阻具有较低的电感值。

9.1.2 误差放大电路

误差放大电路为差动接法的运算放大器电路。图 9-4 中的误差放大器是将控制电压 u_{CV} 与取样电路输出的反馈电压 u_{FB} 进行比较放大，输出误差放大信号 u_{ERR}。该信号被送到功率放大电路中调整管的控制端，调节使得功率放大电路输出电压或电流稳定。为保证较高的灵敏度和输出电压稳定性，所采用的运算放大器应该具有尽可能高的开环电压放大倍数。

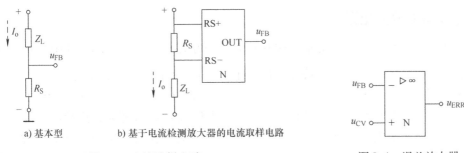

a) 基本型   b) 基于电流检测放大器的电流取样电路

图 9-3   电流取样电路

图 9-4   误差放大器

9.2 功率放大电路

根据输入控制电压或电流信号，功率放大电路利用晶体管器件产生成比例的大功率输出电压或电流。由于晶体管器件存在开启电压、内阻和非线性，功率放大电路的输出不可避免地存在误差和非线性失真。实际使用时，需要将功率放大电路与 9.1 节的取样电路和误差放大电路相结合，构成图 9-1a 所示的负反馈电路以消除失真和误差。

目前常见的功率放大电路主要有直流负载功率放大电路、互补功率放大电路和桥式推挽功率放大电路三类。

值得注意的是，本节中所述电路均以晶体管为例。可以将晶体管替换为场效应晶体管，绝大部分电路只需要做些微小的改变，也能够实现同样的功能。

9.2.1 直流负载功率放大电路

当执行器负载为单极性时，可采用图 9-5 所示的直流负载功率放大电路，包括电压输出型和电流输出型两种形式。其中，u_i 为输入控制电压信号，$+E$ 为供电电源，Z_L 为单极性执行器负载，VD 为续流二极管。VD 的作用是，当 Z_L 为感性负载时，在晶体管 V 关断瞬间，Z_L 所存储的能量可通过 VD 泄放，避免 V 被反向击穿。

图 9-5a 所示为电压输出型直流负载功率

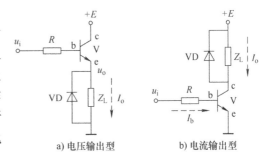

a) 电压输出型   b) 电流输出型

图 9-5   直流负载功率放大电路

放大电路。该电路为共集电极放大电路，具有电压跟随的特点，能够产生与输入控制电压信号 u_i 近似等电压的大功率电压输出。负载上流过的电流 I_o 主要由供电电源 $+E$ 提供。

图9-5b 所示为电流输出型直流负载功率放大电路。当 $u_i < 0$ 时，晶体管 V 截止，负载 Z_L 上流过的电流 I_o 为0；随着 u_i 增大，I_b 幅值越大，负载 Z_L 中流过的电流 I_o 越大，且输出电流 I_o 全部由供电电源 $+E$ 提供。从而实现了输入控制电压信号 u_i 对输出电流 I_o 的控制。由于单个晶体管放大倍数有限（一般小于500mA），当负载需要更大的电流 I_o 时，可采用达林顿器件（通常也称复合晶体管）代替晶体管 V。

9.2.2 互补功率放大电路

当执行器负载为双极性时，可采用图9-6 所示的互补功率放大电路。其中，Z_L 代表双极性执行器负载；晶体管 V_1 和 V_2 特性互补对称；采用 $+E$ 和 $-E$ 双电源供电。

在图9-6a 中，当 $u_i > 0$ 时，V_1 导通、V_2 截止，由 $+E$ 电源供电；当 $u_i < 0$ 时，V_1 截止、V_2 导通，由 $-E$ 电源供电。两种情况下，输出电压 u_o 始终跟随 u_i，而负载上流过的电流 I_o 由两个电源交替提供。该电路中两只晶体管交替工作，均组成射极输出形式，故称为互补电路。由于晶体管只在输入控制信号的半个周期内导通，这种工作状态称为乙类工作状态。该电路也称为乙类互补对称功率放大电路。

实际使用时，由于晶体管存在开启电压，当 u_i 幅值较小时，图9-6a 中两个晶体管都不导通，输出电压不能跟随输入信号变化，产生波形失真，称为交越失真。在此基础上，可以增加 R_1、R_2、VD_1、VD_2 和 R_3 直流回路，构成能够消除交越失真的互补功率放大电路，如图9-6b 所示。在图9-6b 中，R_2 采用小阻值电阻，两个基极电位能够随着 u_i 产生相同变换。通过合理配置 R_1、R_2 和 R_3 的阻值比，使得 V_1 和 V_2 两个基极间电压略大于两个晶体管开启电压之和，并保证输入控制信号 u_i 为0时，输出电压 u_o 为0，从而两个晶体管均处于微导通状态。这样，即使 u_i 幅值很小，也总能保证至少有一只晶体管导通，从而消除了交越失真。由于晶体管导通时间大于输入控制信号的半个周期，这种工作状态称为甲乙类工作状态。该电路也称为甲乙类互补对称功率放大电路。

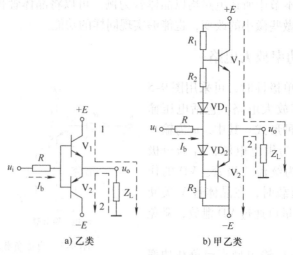

a) 乙类   b) 甲乙类

图9-6 互补功率放大电路

9.2.3　桥式推挽功率放大电路

互补功率放大电路采用双电源供电，增加了电路的复杂性。为了实现单电源供电，可以采用图 9-7 所示的桥式推挽功率放大电路。该电路可以视作由两个互补功率放大电路组合而成。其中，V_1 和 V_2 是一对，V_3 和 V_4 是一对。此外，该电路还需要两个极性相反的输入控制信号。桥式推挽功率放大电路的优点是只需单电源供电即可实现双极性的功率放大；缺点是所使用的晶体管最多，难以做到特性理想对称，且总损耗大、转换效率降低。

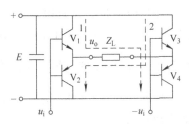

图 9-7　桥式推挽功率放大电路

当 $u_i > 0$ 时，V_1 和 V_4 导通、V_2 和 V_3 截止，电源 E 提供的电流从左往右流过负载 Z_L；当 $u_i < 0$ 时，V_1 和 V_4 截止、V_2 和 V_3 导通，电源 E 提供的电流从右往左流过 Z_L。输出电压 u_o 始终跟随 u_i。与乙类互补功率放大电路类似，图 9-7 所示电路输出也存在交越失真。

9.3　脉宽调制（PWM）控制电路

脉宽调制控制电路的功能是产生 PWM 波形，并用其控制逆变电路中功率晶体管或晶闸管等开关器件的通断，实现变压或变频的电功率输出。采用 PWM 控制电路构成开关式执行器控制与驱动电路，具有电源能量利用充分、功率调节效率高等优点。如：采用占空比 50% 的 PWM 波形控制逆变电路输出 50% 的功率时，理论上所有的能量都会被转换为负载功率输出，消耗电源能量为 50%。而采用线性驱动方式，有相当大一部分功率会变成电阻及器件内阻的热耗。因此，PWM 控制电路在电动机调速、开关稳压电源、功率控制及变换等大功率设备的控制与驱动电路中有着广泛的应用。

PWM 控制电路包括 PWM 电路和开关器件驱动电路两大部分。其中 PWM 电路用于产生 PWM 波形，开关器件驱动电路根据 PWM 波形产生控制开关器件通断的 PWM 电平信号。

9.3.1　PWM 控制的基本原理

PWM 控制的理论基础是采样控制理论中的面积等效原理，即冲量相等而形状不同的窄脉冲（如矩形脉冲、三角形脉冲、正弦半波脉冲、单位脉冲等）加在具有惯性的环节上时，输出响应波形基本相同，其中所谓冲量是指窄脉冲的面积。如果用傅里叶变换分析上述窄脉冲，会发现其低频段非常接近，仅在高频段略有差异。

利用该原理，可以用由宽度不同的矩形脉冲构成的 PWM 波形来代替正弦波。当需要改变等效输出正弦波的幅值时，只要按照同一比例系数改变 PWM 波形中各脉冲的宽度即可。如图 9-8 所示，正弦半波可看成由 N 个彼此相连、宽度相等（都为 π/N）、幅值不等的脉冲所组成。这些脉冲

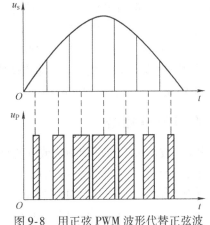

图 9-8　用正弦 PWM 波形代替正弦波

的幅值按正弦规律变化，顶部为曲线。根据面积等效原理，该脉冲序列可用同样数量的等幅、不等宽的矩形脉冲序列代替。让矩形脉冲的中点与相应正弦等分的中点重合，并使矩形脉冲和相应正弦部分面积（冲量）相等，即脉冲的宽度是按正弦规律变化，便得到正弦 PWM 波形，称为 SPWM（Sinusoidal PWM）波形。

9.3.2 异步调制与同步调制

根据调制时 PWM 波形中载波和信号波是否同步变化，PWM 可分成异步调制与同步调制两种方式。

异步调制时，载波频率 f_c 固定不变，载波信号与调制信号不同步。调制信号频率 f_r 变化时，载波比 $N = f_c / f_r$，即载波频率 f_c 与调制信号频率 f_r 的比值也随之变化。因此，在信号波半个周期内，PWM 波形的脉冲数和相位均不固定，如图 9-9a 所示。当调制信号频率 f_r 较低时，正负半周期脉冲数不对称产生的影响较小，PWM 波形可以近似为正弦波。当调制信号频率 f_r 增高时，这种不对称产生的影响变大，使得 PWM 波与正弦波的差异变大，会引起执行器工作不平稳。因此，采用异步调制时，应采用较高载波频率 f_c，保持较大载波比 N。

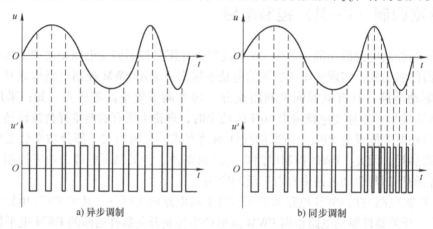

a) 异步调制　　　　　　　　　　　b) 同步调制

图 9-9　异步调制和同步调制的 PWM 波形

同步调制时，载波频率 f_c 随着调制信号频率 f_r 变化，载波信号与调制信号保持同步，载波比 N 固定不变。在信号波半个周期内，PWM 波形的脉冲数和相位都是固定的，如图 9-9b 所示。同步调制的优点是可以保证输出波形正负半周期对称。但是，当调制信号频率 f_r 很低时，同步调制的载波频率 f_c 也很低，会引起执行器工作时产生脉动和噪声。而当调制信号频率 f_r 过高时，同步调制的载波频率 f_c 也会很高，开关器件可能难以响应。因此，通常采用分段同步调制的方法，将输出频率范围划分为若干个频段，在每个频段内保持载波比 N 为恒定。随着输出频率的增加，载波比 N 逐级减小。

9.3.3 PWM 电路

PWM 波形可以通过调制法或计算法得到，前者主要是通过电路实现，后者则主要通过数字逻辑处理器结合软件编程实现。

采用调制法实现的 PWM 电路通常由分立元器件构成，其基本组成如图 9-10 所示，由波形发生电路和求和型电平比较电路两部分组成。波形发生电路产生三角波或锯齿波作为载

波信号 u_c，与调制信号 u_s 分别通过电阻 R_1 和 R_2 接入运算放大器 N 的反相端。当调制信号 $u_s > 0$ 时，u_- 过零的时间提前，输出信号 u_P 的正半波比负半波窄；当 $u_s < 0$ 时，u_- 过零的时间后移，输出信号 u_P 的正半波比负半波宽。

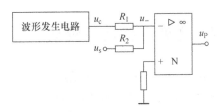

图 9-10　PWM 电路基本组成

常用的三角波 PWM 电路如图 9-11 所示，由三角波发生电路和求和型电平比较电路组成。三角波波形发生电路采用正反馈方式产生自激振荡，包括 N_1 构成的滞回比较器和 N_2 构成的反相积分器。N_1 的输出为方波，其高、低电位由稳压管 VS_1 和 VS_2 决定。N_1 输出的方波加到反相积分器 N_2 的输入端，经过积分形成对称的三角波 u_c 输出。求和型电平比较电路由 N_3 构成。输入的三角波载波信号 u_c 和调制信号 u_s 比例求和后，通过电平比较器 N_3 过零比较，输出占空比变化的 PWM 波形，其波形如图 9-12 所示。当 N_3 采用单极性供电时，输出为单极性的 PWM 波形。

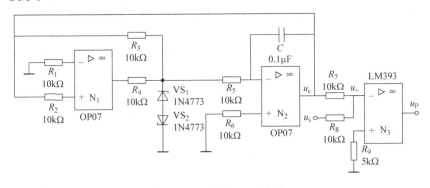

图 9-11　三角波 PWM 电路

调制法的 PWM 电路还可以采用单片集成的 PWM 控制电路芯片实现，如 ADI 公司的 LT124X 系列、TI 公司的 TL494 等。PWM 控制电路芯片通常内置波形发生器、比较器、温度补偿型基准、高增益误差放大器、电流检测比较器等，甚至集成了高电流的输出级，可以直接驱动功率 MOSFET。

采用计算法实现的 PWM 电路通常以单片机、DSP 或 FPGA 等数字逻辑处理控制器为核心，在其内部编写程序或 PWM 模块控制下，根据给定的调制信号幅值计算出 PWM 波形不同时刻的脉冲宽度和间隔，并通过数字 I/O 口输出。采用计算法时，电路结构简单、功能扩展灵活，但是由于采用了数字逻辑处理控制器，成本相对较高。相关的电路原理及控制程序设计方法可参考"单片机""嵌入式系统"等相关课程的教材。

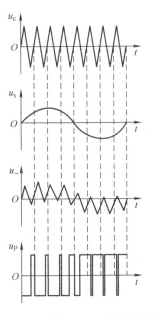

图 9-12　三角波 PWM 电路输出波形

261

9.4 逆变电路及其驱动

在 PWM 控制电路的控制下，逆变电路通过开关器件分配直流电源的电能，将直流电能变成交流电能，用于驱动直流电动机、交流电动机、步进电动机等执行器。根据输入直流电源的性质，逆变电路包括电压型和电流型，其中前者采用直流电压源，而后者采用直流电流源。结合测控系统应用特点，本节主要讨论常见的电压型逆变电路。

常见的电压型逆变电路包括半桥和全桥两种形式。此外，实际使用时还必须考虑逆变电路中开关器件的驱动问题。因此，下面分别从这三个方面展开介绍。

9.4.1 半桥逆变电路

半桥电压型逆变电路原理如图 9-13a 所示，包括两个桥臂，分别由开关器件（V_1、V_2）和反向并联二极管（VD_1、VD_2）组成。其中，V_1 和 V_2 也可以采用两个同型号的绝缘栅型场效应晶体管代替，工作在开关状态。VD_1 和 VD_2 为感性负载提供续流回路，以免开关器件被开关切换时负载感抗 L 引起高压 $\left(L\dfrac{dI_o}{dt}\right)$ 击穿。执行器负载 Z_L 连接在直流电源中点和两个桥臂连接点之间。

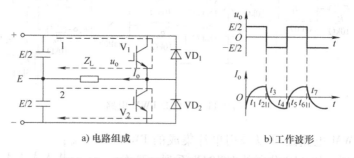

a) 电路组成 b) 工作波形

图 9-13 半桥电压型逆变电路及其工作波形

图 9-13a 中，开关器件 V_1 和 V_2 的栅极信号互补，一个周期内半周正偏、半周反偏。当负载为感性负载时，电路的工作波形如图 9-13b 所示。假设 0 时刻，V_1 导通、V_2 关断，输出电压跳变为 $E/2$，而感性负载中的电流 I_o 不能立即换向，通过 VD_1 续流并逐渐减小幅值；至 t_1 时刻，I_o 幅值降为 0，然后电流反向并开始逐渐增加；t_2 时刻，V_1 关断、V_2 导通，输出电压跳变为 $-E/2$，电流 I_o 通过 VD_2 续流并逐渐减小幅值；至 t_3 时刻，I_o 幅值降为 0，然后反向并开始逐渐增加。如此循环，即将直流电源的电能逆变为交流输出电压 u_o 和交流输出电流 I_o。

半桥电压型逆变电路与乙类互补功率放大电路虽然结构非常相似，但存在两点明显区别，一是前者采用了两个特性相同的开关器件，且电路工作在开关状态；二是前者需要两个极性相反的输入控制信号。

9.4.2 全桥逆变电路

半桥电压型逆变电路使用器件少、结构简单，但由于采用了双电源供电，增加了电路的复杂性，且输出电压幅值折半。为了实现单电源供电，可以采用图 9-14 所示的全桥电压型逆变电路。该电路可视作由两个半桥电压型逆变电路组合而成，包括四个桥臂，每个桥臂由一个开关器件和一个反向并联的二极管组成。其中，V_1 和 V_4 所在桥臂作为一对，V_2 和 V_3 所在桥臂作为另一对，每对桥臂同时通断，两对桥臂交替导通。在相同的直流电源和执行器负载情况下，与半桥电压型逆变电路相比，全桥电压型逆变电路的输出幅值增加了一倍。换言之，产生同样的输出波形，全桥电压型逆变电路只需要单电源供电即可。

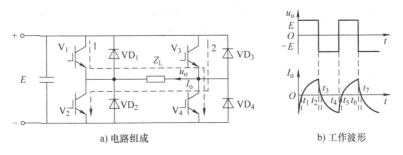

a) 电路组成　　　　　　　　b) 工作波形

图 9-14　全桥电压型逆变电路及其工作波形

图 9-14 中，开关器件 V_1 和 V_2 的栅极信号互补，一个周期内半周正偏、半周反偏。V_3 和 V_4 分别与 V_2 和 V_1 栅极信号相同。当负载为感性负载时，电路的工作波形如图 9-14b 所示。假设 0 时刻，V_2 和 V_3 导通、V_1 和 V_4 关断，输出电压跳变为 E，但是感性负载中的电流 I_o 不能立即换向，通过 VD_2 和 VD_3 续流并逐渐减小幅值；至 t_1 时刻，I_o 幅值降为 0，然后反向并开始逐渐增加；t_2 时刻，V_2 和 V_3 关断、V_1 和 V_4 导通，输出电压跳变为 $-E$，电流 I_o 通过 VD_1 和 VD_4 续流并逐渐减小幅值；至 t_3 时刻，I_o 幅值降为 0，然后反向并开始逐渐增加。如此循环，即可将直流电源的电能逆变为交流输出电压 u_o 和交流输出电流 I_o。

对于大功率的执行器控制与驱动应用，可以采用场效应晶体管、电力 MOSFET 等分立开关器件，根据图 9-14 所示原理搭建电路。理想的开关器件导通时阻抗很小，近似短路；阻断时阻抗极大，接近断路。而实际上由于存在开关损耗，开关器件依然存在较大的功率损耗。为避免因功率损耗散发的热量导致器件烧坏，使用时通常需要安装散热器。

对于低功耗的执行器控制与驱动应用，可以采用集成芯片，通过简单地配置外围电路来构成全桥电压型逆变电路。如意法半导体（ST）公司的双全桥芯片 L298。

图 9-15 为采用双全桥芯片 L298 构成的全桥逆变电路，L298 内部集成了 A、B 两组全桥。当其使能端为高电平时，输入 3 为高电平、输入 4 为低电平，输出为正向电压；反之，输入 3 为低电平、输入 4 为高电平，输出为反向电压。调节器电路可以通过读取电流反馈端的电压，获取输出电流的大小。

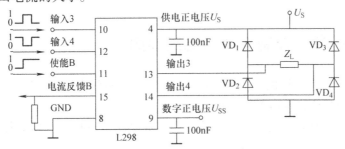

图 9-15　L298 构成的全桥逆变电路原理图

9.4.3 逆变电路驱动

逆变电路中常用的开关器件包括场效应晶体管、晶闸管、门极关断晶闸管（GTO）、电力 MOSFET、绝缘栅双极型晶体管（IGBT）等。其中晶闸管属于半控型器件，能够通过门极电压控制其导通，但不能控制其关断。门极关断晶闸管（GTO）、电力 MOSFET、绝缘栅双极型晶体管（IGBT）等属于全控型器件，可以控制其导通和关断。

在中小功率应用中，常采用场效应晶体管作为开关器件。此时场效应晶体管工作在开关状态。由于开关电压和电流均相对较小，场效应晶体管可以由控制器的数字电平通过一级晶体管放大后直接驱动。

在大功率应用中，多采用晶闸管、GTO、电力 MOSFET、IGBT 等作为开关器件。上述开关器件对驱动信号的电压、电流、波形和驱动功率的要求各不相同且相对较高。如晶闸管需要采用电流脉冲触发，要求前沿陡，脉冲宽度随逆变电路要求不同而异；GTO 关断时需要很大的负电流。因此，具有上述开关器件的逆变电路，必须采用专门的驱动芯片构成驱动电路。

实际设计时，可以选择多个开关器件对应的栅极驱动芯片，或是直接选择桥式驱动器芯片驱动半桥逆变电路和全桥逆变电路。典型的桥式驱动器芯片包括 ADI 公司的半桥驱动芯片 LT1160、英飞凌（IR）公司的半桥驱动芯片 IR2104 和全桥驱动芯片 IR2086 等。

图 9-16 所示为采用 IR2104 芯片驱动场效应晶体管构成的半桥逆变电路。图中 V_1、V_2 为 N 沟道场效应晶体管。片选端为高电平时芯片工作。IN 端为高电平时，HO 端输出高电压，LO 端输出低电压，V_1 导通，V_2 关断，执行器负载上的电流方向从左往右；反之，IN 端为低电平时，HO 端输出低电压，LO 端输出高电压，V_1 关断，V_2 导通，执行器负载上的电流方向从右往左。

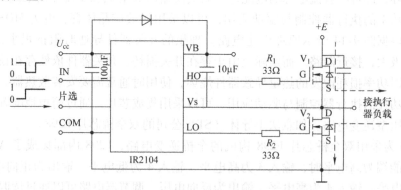

图 9-16　IR2104 芯片驱动半桥逆变电路的原理图

9.5 典型执行器的控制与驱动电路实例

通过组合运用上述基本电路，可以实现测控领域的各种典型执行器的控制与驱动电路，通常也称为执行器驱动器或功率放大器。

本节详细介绍音圈电动机、直流电动机和步进电动机三种执行器的控制与驱动电路实例。其中，音圈电动机的控制与驱动电路采用图 9-1a 所示的线性结构。直流电动机的控制与驱动电路采用图 9-1b 所示的开关式结构。步进电动机的控制与驱动电路在图 9-1b 所示结构基础上做了些调整，增加了脉冲分配电路。

9.5.1 音圈电动机的控制与驱动电路

音圈电动机（Voice Coil Motor，VCM）是一种直线运动电动机，利用通电线圈在磁场中受到的安培力作用，产生期望的位移和振动。音圈电动机具有推力大、行程长、位移精度高、运动连续、体积小等特点，被广泛应用于光学望远镜视场追踪、显微镜透镜聚焦，以及激光通信捕获、瞄准和跟踪等精密定位系统中。

为了保证产生位移和振动波形的平滑，音圈电动机的控制与驱动电路可以采用线性执行器控制与驱动电路结构，如图 9-17 所示。图 9-17 中位移传感器获取与线圈固定的动圈端的位移，并反馈给调节器电路，能够实现输出位移的精确控制。其中音圈电动机的控制与驱动电路如图 9-18 所示。

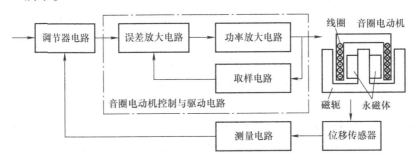

图 9-17 闭环控制的音圈电动机控制与驱动电路结构框图

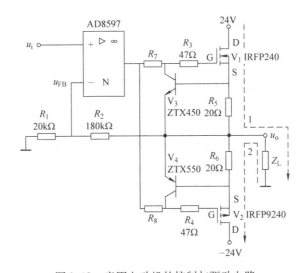

图 9-18 音圈电动机的控制与驱动电路

图 9-18 中，u_i 为输入控制信号；电阻 R_1 和 R_2 构成电压取样电路，对输出端的输出电压进行取样，并反馈给运算放大器 AD8597 构成的误差放大电路，能够控制电路增益及减小输

出电压失真；一对特性互补的 N 沟道场效应晶体管 V_1 和 P 沟道场效应晶体管 V_2，构成互补功率放大电路；晶体管 V_3 和电阻 R_5 构成输出级正电压的过电流保护电路，保护起控点由 R_5 决定；晶体管 V_4 和电阻 R_6 构成输出级负电压的过电流保护电路，保护起控点由 R_6 决定。

图 9-18 采用电压取样电路，构成电压负反馈，使执行器控制与驱动电路的输出阻抗很低，相当于一个电压源。这种方式下，施加在音圈电动机输入端的电压与负载变化无关，能够提供更理想的加速度波形。在其他应用中，还可以将其替换为电流取样电路，构成电流负反馈，使执行器控制与驱动电路的输出阻抗很高，相当于一个电流源。此时，施加在音圈电动机输入端的电流与负载变化无关，能够保证其产生的力不随负载变化。

9.5.2 直流电动机的控制与驱动电路

直流电动机是将直流电能转换成机械能的装置，由定子（包括磁极、电刷）和转子（包括电枢、换向器）组成，如图 9-19 所示。利用电刷和换向器，使得电枢中的电流方向始终不变，从而产生单方向的电磁转矩，转子能够在直流电能驱动下始终向一个方向连续转动。通过改变施加在线圈两端直流电的电压幅值、电流幅值和电流方向分别可以调整其转速、电磁转矩和转动方向。

直流电动机的控制驱动可以采用开环和闭环两种形式。其中，开环控制驱动具有结构简单、成本低、调整和维修方便的特点，但不能自动纠正转速偏差，无法满足精密机械设备的需要。此外，开环控制驱动下直流电动机不能直接起动。因为电枢回路电阻很小，直接起动电流可能达到 10 ~ 20 倍额定电流，会引起换向火花和影响电网上其他设备用电。此外，转矩也会达到 10 ~ 20 倍的额定转矩，会造成电枢绕组冲击损坏，甚至损坏与电动机相连的传动部件。

闭环控制驱动是在开环的基础上，增加了转矩（电流）反馈和速度反馈环节，构成双闭环系统，使得执行器系统具有良好的静态、动态品质。闭环控制的直流电动机控制与驱动电路组成框图如图 9-19 所示。其中转矩反馈回路一般采用电流取样电路，将输出电流转换为成比例的电压，并反馈给转矩调节器。通过转矩反馈可以避免电动机起动时电流过大和负载变化对电流的扰动。速度反馈回路采用测速发电机或者霍尔传感器测得电动机的实际转速，并通过测量电路进行信号放大处理后，反馈给速度调节器。通过速度反馈可以保证直流电动机的转速稳定和准确。转矩调节器和速度调节器一般采用带限幅电路的 PI 调节器构成，对输入的期望信号与反馈环节提供的实际信号差值，经过 PI 调节器运算得到电压控制信号。其中限幅值取决于电动机的过载能力和系统对最大速度和加速度的要求。

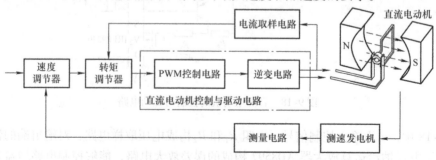

图 9-19 闭环控制的直流电动机控制与驱动电路组成框图

图 9-19 中，直流电动机控制与驱动电路由 PWM 控制电路和逆变电路两部分组成，PWM 控制电路根据电压控制信号产生 PWM 波，并控制逆变电路中开关器件的通断，输出大功率脉冲电压给直流电动机。其具体原理如图 9-20 所示。

图 9-20 中，第一部分为三角波 PWM 电路，采用图 9-11 所示的电路。其输出的 PWM 波 u_P 通过两个非门 74LS14 转换成两路相互反向的 TTL 电平，输入到两个栅极驱动器 IR2104。第二部分为两个半桥逆变电路组合而成的全桥逆变电路，其中半桥逆变电路采用图 9-16 所示的电路。

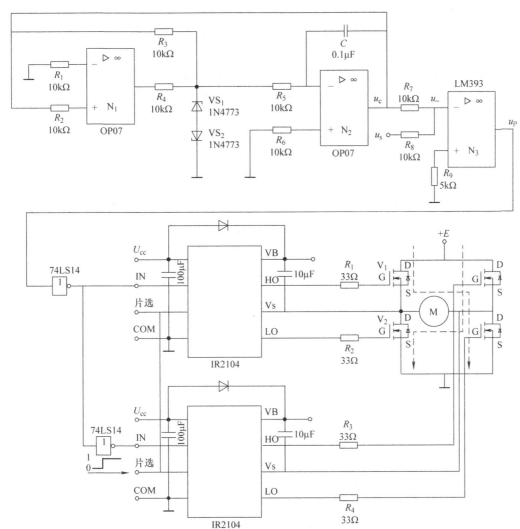

图 9-20　直流电动机控制与驱动电路

9.5.3　步进电动机的控制与驱动电路

步进电动机是开环控制系统中常用的执行器件，能够将控制与驱动电路输出的数字脉冲转变成与其对应的角位移或线位移。步进电动机的工作原理是通过给环形分布在定子上的各相励磁控制绕组轮流通电，使得内部磁场的沿合成方向旋转，驱动磁性转子随之转动。

根据绕组的数量来分，步进电动机可分为两相、三相和五相。其中最常见是两相步进电动机，其定子上有两组控制绕组，如图9-21a所示，提供了A+、A−、B+、B−两组四个接线端，每组的两个接线端的输入电压极性相反。从两组接线端交替输入脉冲电压，使得两相控制绕组依次吸附转子，从而驱动步进电动机转动。转动的角位移由脉冲的个数决定，转动的速度由脉冲的频率决定。通过交换两组控制绕组输入脉冲的相位超前和滞后关系，即可变换电动机的转动方向。假设A+相位超前B+时（见图9-21b）步进电动机正向转动，A+相位滞后B+时（见图9-21c）步进电动机反向转动。

图9-21b和c均为单拍控制的情况，即每次通电只有一相控制绕组通电。为了提高转动力矩，还可以采用双拍的控制方式，使得两组控制绕组的通电时间产生部分重叠。本节中主要介绍两相单拍步进电动机的控制与驱动电路，其他情况的驱动电路与之类似。

步进电动机的控制与驱动电路由环形分配电路和多路逆变电路组成。环形分配电路也称为脉冲分配电路，根据数字控制器或数据采集卡输出的使能信号ENA和方向信号DIR，对脉冲串信号PUL进行分配，产生控制逆变电路中开关器件通断的脉冲串信号。在其控制下，多路逆变电路分别为各相控制绕组提供大功率的驱动电流。当驱动小功率的步进电动机时，逆变电路也可以用功率放大电路代替。

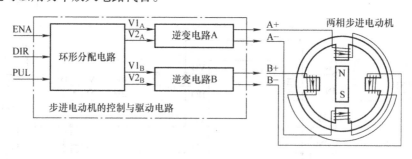

a) 组成框图

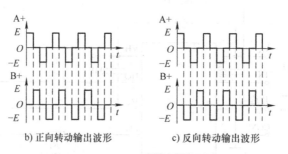

b) 正向转动输出波形　　　c) 反向转动输出波形

图9-21　步进电动机的控制与驱动电路组成框图及输出波形

9.5.3.1　环形分配电路

环形分配电路主要由二进制可逆计数器和译码器构成，如图9-22a所示，也可以采用环形计数器（计数器加存储器），或者采用单片机编程实现。其中二进制可逆计数器接受调节器输出的使能信号ENA、方向信号DIR和脉冲串信号PUL。当二进制可逆计数器被使能时，根据方向信号DIR的电平高低，在每次脉冲串信号PUL到来时进行加计数或减计数。其输出的二进制结果通过译码器译码，依次在 $V1_A \sim V2_B$ 端输出高电平，如图 9-22b 所示，或依次在 $V2_B \sim V1_A$ 端输出高电平，如图 9-22c 所示。

图 9-23 为采用图 9-22 电路的两相单 4 拍步进电动机的环形分配电路。图 9-23 中，采用两个 JK 触发器 74LS76 级联，并结合 74LS14、74LS08 等门电路，构成两位二进制可逆计数器。通过改变 DIR 的电平，可以改变计数器的计数方向。译码器采用 74LS138，根据输入的两位计数值，依次在 Y0 ~ Y3 端口输出低电平。

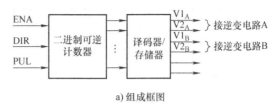

a) 组成框图

9.5.3.2 细分环形分配电路

在步进电动机实际使用时，为了降低振动和使得转子运行效果平滑，以及提高步进电动机步距角的分辨率，通常会控制施加在励磁控制绕组上的电流波形，使其阶梯的上升或下降。从而，转子可以在一个步进角内有多个稳定的中间状态，将基本的步进角分割为 n 个细分。随着细分的

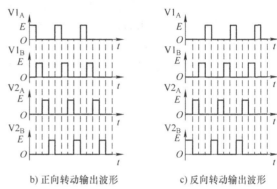

b) 正向转动输出波形　　　c) 反向转动输出波形

图 9-22　环形分配电路原理

增加，减小了转矩波动，避免低频共振及降低运行噪声。在此情况下，需要采用细分环形分配电路替换环形分配电路。

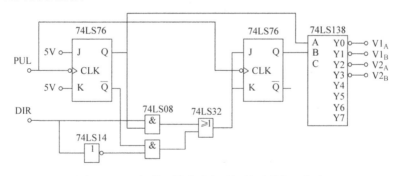

图 9-23　两相单 4 拍步进电动机的环形分配电路

两相单 4 拍步进电动机的细分环形分配电路的原理如图 9-24 所示。在环形分配电路的基础上，将译码器替换成了存储器、D/A 转换器和 PWM 电路。根据二进制可逆计数器的计数结果，在存储器中查表，输出对应的数字电压信号，并通过 D/A 转换器输出为模拟电压信号。然后，通过 PWM 电路和栅极驱动电路，转换成控制逆变电路的 PWM 信号。

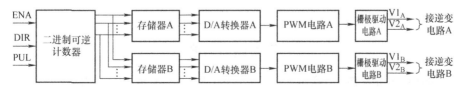

图 9-24　两相单 4 拍步进电动机的细分环形分配电路原理

细分环形分配电路一般不需要通过分立元件搭建，通常集成在步进电动机控制与驱动器芯片中。

9.5.3.3　单片集成的步进电动机控制与驱动器

单片集成的步进电动机控制与驱动器芯片集成了细分环形分配电路、驱动电路、逆变电路、保护及诊断电路等。采用此类芯片，配置上简单的外围电路即可构成步进电动机控制与驱动电路，并能够实现不同倍数的细分驱动。采用该方法能够极大地简化设计、制作与调试工作，提高系统可靠性，降低成本。

常见的步进电动机控制与驱动器芯片包括 Allegro 公司的 A39××系列和 A49××系列、德州仪器（TI）公司的 DRV88××系列、意法半导体（ST）公司的 L62××系列和 L64××系列、东芝公司的 TB67S109AFTG 等。

图 9-25 为 DRV8825 芯片内部原理图。该芯片其内部集成了两组 PWM 发生器、栅极驱动器、D/A 转换器和全桥逆变电路，只需要简单的配置外围电路，即可用于两相单 4 拍步进电动机的控制和驱动。

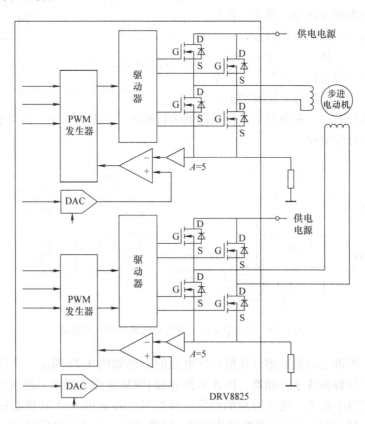

图 9-25　DRV8825 芯片内部原理

思考题与习题

9-1　在 Multisim 中搭建图 9-5 所示直流负载功率放大电路，要求：1）观察输入电流和输出电流；2）改变负载，观察输出电流和输出电压的变化；3）思考 R 应该如何取值。

9-2　在 Multisim 中搭建图 9-6 所示互补功率放大电路，要求：1）观察图 9-6a 中的交越失真现象；2）观察图 9-6b 中是否存在交越失真现象，改变 R_2 阻值试一试。

9-3　在 Multisim 中搭建图 9-13 所示半桥电压型逆变电路，观察改变电感值对工作波形的影响。

9-4　在 Multisim 中搭建图 9-18 所示基于场效应晶体管的线性执行器控制与驱动电路，进行仿真实验：1）观察保护电路的工作效果；2）思考为什么这个电路中不需要考虑交越失真。

9-5　在 Multisim 中搭建图 9-23 所示两相单 4 拍步进电动机的脉冲分配电路，观察改变方向控制信号后的时序变化。

第10章 测控电路中的抗干扰技术

导读

本章分析了干扰和噪声的耦合途径，针对测控系统中存在的干扰，介绍了电路中干扰的抑制方法。最后介绍了电源干扰的抑制方法。

本章知识点

- 干扰与噪声的耦合途径
- 干扰抑制方法（屏蔽技术、接地技术、平衡电路、布线技术和灭弧技术）
- 电网干扰抑制技术和电源稳定净化技术

大多数测控设备中的元器件和电子电路具有工作信号电平低、速度快、元器件安装密度高等特点，因而对电磁干扰比较敏感。为在实际使用中保证测控电路的正常工作，应对抗干扰技术有一定了解，以便在电路设计、现场安装与调试中采取适当措施。抗干扰技术中的大部分内容是针对电磁干扰的，因而抗电磁干扰技术近年来又被称为"电磁兼容性技术"。

随着自动化技术和半导体器件迅速发展，电力电子技术和微电子技术迅速地向电气控制设备领域渗透，逐渐形成了电力与电子设备互相结合、弱电与强电交互工作的局面。近年来，由于机电仪一体化和测量与控制一体化的发展，出现了机械、电力、电子、仪表、强电、弱电、硬件、软件紧密结合的新局面，形成了复杂的自动化系统，电磁环境和电磁干扰问题日趋复杂。如何抑制电磁干扰、防止相互之间的有害影响，已成为测控设备和自动化系统能否可靠运行的关键技术之一，也是自动化技术、计算机技术、测量与控制技术等一系列专业所要解决的共同性课题。由此，形成了一门新的技术分支—电磁兼容性技术。

所谓电磁兼容性（Electromagnetic Compatibility，简称 EMC，俗称抗干扰）是指干扰可以在不损害信息的前提下与有用信号共存。电磁兼容性比较贴切的定义为：装置或系统在其设置的预定场所投入实际运行时，既不受周围电磁环境的影响，又不影响周围的环境，也不发生性能恶化和误动作，而能按设计要求正常工作的能力。

电磁兼容是测量系统设计中一个非常困难的问题，并且在将来会变得非常重要，因为大量通信、电源分布、自动化等电子学系统需要工作在靠近近距离传感器中导致各自互相影响。消除电磁干扰已经成为测量系统设计的主要目标。本章在分析干扰和噪声的基础上，介绍测量系统的抗干扰和噪声方法。

10.1 噪声和干扰

噪声：电路中除去预期信号外的任意电信号，可以由电路系统中热噪声、发射噪声、活跃的设备噪声等引起基本波动所产生，或者是由来自于各种外部源的电磁辐射，比如电动机、开关、发射机、配电系统等。

干扰被认为是由于噪声原因对电路造成的一种不良反应，电路中存在着噪声，却不一定有干扰，噪声不可能被消除，但是可以降低其量级直到它不再产生干扰。

一般情况下，形成干扰的要素有三个：一是向外发送干扰的源——噪声源。二是传播电磁干扰的途径——噪声的耦合和辐射。三是承受电磁干扰的客体——受扰设备。为保证设备在特定的电磁环境中免受内外电磁场干扰，必须从设计开始便采取三方面的抑制措施：抑制噪声源，直接消除干扰原因；消除噪声源和受扰设备之间的噪声耦合和辐射；加强受扰设备抵抗电磁干扰的能力，降低其对噪声的敏感度。通常用"电磁兼容不等式"对电子设备的抗干扰性能进行简单评价。电磁兼容不等式为

$$噪声发送量 \times 耦合因素 < 噪声敏感阈$$

从噪声源发出的传导噪声或辐射噪声经过导线或空间到达电子设备的相应部位，进入电源电路、输入电路等，成为侵入电子设备的噪声。如果此噪声量小于电子设备对该噪声的敏感阈，设备不受其干扰而仍可正常工作。如果电子设备所有噪声入口处都达到这一条件并有足够裕量，则该电子设备达到抗干扰要求。如果电子设备的某个或某些噪声入口不满足上述不等式要求，或者虽能勉强满足，但裕量太小，则该电子设备达不到抗干扰要求。

10.1.1　干扰与噪声源

干扰与噪声源的种类很多，这里仅从电子设备的内部噪声和外来噪声两个方面，概略地介绍与抗干扰有较大关系的噪声源。

1. 内部噪声
内部噪声是指在电子装置和设备内部的电路或器件产生的噪声。

2. 外来噪声
外来噪声是指从外部侵入电子装置和设备的噪声。主要有自然噪声和来自其他设备的人为噪声。

自然噪声主要指自然界雷电产生的噪声。人为噪声是指其他机器和设备产生的噪声，包括有触点电器、放电管、工业用高频设备、电力输送线、机动车、大功率发射装置、超声波设备等产生的噪声。

有触点电器和放电管主要指继电器、电磁开关、霓虹灯、电钻、电动机供电回路等。这些设备产生的噪声形式主要为火花放电、电弧放电、辉光放电、脉冲冲击等。多数情况下，可在这些产生干扰的设备中采用灭弧电路等主动措施，消除或减小火花放电、电弧放电，以便抑制其干扰的产生。

工业用高频设备主要有高频加热器、高频电焊机、电子加热器等。这些设备产生的噪声形式也是火花放电、电弧放电、辉光放电、脉冲冲击等。由于这些设备本身要利用火花放电、电弧放电来完成工作，因而无法在这些产生干扰的设备中采用灭弧电路等主动措施，只能在遭受干扰的测量与控制电路处，采用以隔离为主的被动措施防御之。

10.1.2　干扰与噪声的耦合途径

一般而言，从各种电磁干扰源传输电磁干扰至敏感设备的通路或媒介，即耦合途径，有两种方式：一种是传导耦合方式；另一种是辐射耦合方式。

传导耦合是干扰源与敏感设备之间的主要耦合途径之一。传导耦合必须在干扰源与敏感

273

设备之间存在有完整的电路连接。电磁干扰沿着这一连接电路从干扰源传输电磁干扰至敏感设备，产生电磁干扰。传导耦合的连接电路包括互连导线、电源线、信号线、接地导体、设备的导电构件、公共阻抗、电路元器件等。

辐射耦合是电磁干扰通过其周围的媒介以电磁波的形式向外传播，干扰电磁能量按电磁场的规律向周围空间发射。辐射耦合分为近场感应耦合和远场辐射耦合。近场感应耦合又可分为电容性耦合和电感性耦合。远场辐射耦合的途径主要有天线、电缆（导线）、机壳的发射对组合。通常划分为三种：①天线与天线的耦合，指的是天线 A 发射的电磁波被另一天线 B 无意接收，从而导致天线 A 对天线 B 产生功能性电磁干扰；②场与线的耦合，指的是空间电磁场对存在于其中的导线实施感应耦合，从而在导线上形成分布电磁干扰源；③线与线的感应耦合，指的是导线之间以及某些部件之间的高频感应耦合。

10.1.2.1 传导耦合

一个理想的导体并不存在，如电源线、接地导体、电缆的屏蔽层等均呈现低阻抗，当电流流经这些导体时，将会产生压降引起干扰。一个电路如果两端接地将形成地环路，该地环路容易受到地电位差的影响。公共阻抗耦合如图 10-1 所示。当两个电路的电流流经一个公共阻抗时，一个电路的电流在该公共阻抗上形成的电压就会影响到另一个电路，这就是共阻抗耦合。形成共阻抗耦合干扰的有：电源输出阻抗（包括电源内阻、电源与电路间连接的公共导线）、接地线的公共阻抗等。图 10-1 为地电流流经公共地线阻抗的耦合。图中地线电流 1 和地线电流 2 流经地线阻抗，电路 1 的地电位被电路 2 流经公共地线阻抗的干扰电流所调制，因此，一些干扰信号将由电路 2 经公共地线阻抗耦合至电路 1。消除的方法是接地线尽量缩短并加粗，以降低公共地线阻抗。

10.1.2.2 电容性耦合

图 10-2 为两导体间电容性耦合的简单例子。图中导体 1 是噪声源，导体 2 为敏感电路，U_1 为导体 1 上的电压，C_{1G}、C_{2G} 分别为导体 1、导体 2 与地之间的电容，C_{12} 是导体 1 和导体 2 之间的寄生电容，R 为导体 2 受扰电路的等效输入阻抗。

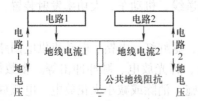

图 10-1　地电流流经公共地线阻抗的耦合　　图 10-2　两导体间的电容性耦合模型

导体 2 上产生的噪声电压

$$U_2 = \frac{C_{12}}{C_{12} + C_{2G}} \frac{1}{1 + \dfrac{1}{j\omega R(C_{12} + C_{2G})}} U_1$$

如果 $\omega > \omega_0$，U_2 最大，如图 10-3 所示。

由于 $R \ll 1/[j\omega(C_{12} + C_{2G})]$，上式可简化为

$$U_2 \approx j\omega R C_{12} U_1 \tag{10-1}$$

式（10-1）表明，噪声电压 U_2 与电压 U_1、频率、寄生电容 C_{12} 以及受扰电路等效输入

阻抗 R 成正比。假如噪声源和受扰电路等效输入阻抗 R 不能改变，只能通过减小电容性耦合的参数 C_{12} 来减小噪声电压 U_2。减小 C_{12} 的方法是分隔导体（增加导体间的距离）或屏蔽导体。

假如导体 2 被屏蔽层包裹，而实际上，屏蔽线的芯线一般会露出屏蔽体外，如图 10-4 所示，如屏蔽线接地良好，C_{12} 将大大减小。

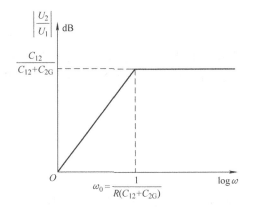

图 10-3　高频时电容性耦合最大

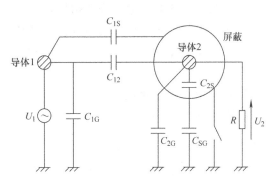

图 10-4　电容性耦合屏蔽效果

10.1.2.3　电感性耦合

一个磁感应强度为 B 的磁场随时间呈正弦变化，在面积为 A 的闭合环路中产生的感应电压为

$$U_2 = \mathrm{j}\omega BA\cos\theta \tag{10-2}$$

如果磁场是由电流 I_1 通过导体 1 所产生的，如图 10-5 所示，式（10-2）可表示为

$$U_2 = \mathrm{j}\omega MI_1$$

U_2 是由噪声源 I_1 在导体 2 中产生的噪声电压，I_1 正比于 U_1。

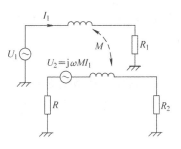

图 10-5　电感性耦合

减小 U_2 采用的方法有：

1）导体 2 与噪声源导体分隔开。

2）磁场强度 B 和面积 A 之间的夹角为 θ，调整接收导体的方向使 $\cos\theta$ 降低。

3）将导体 2 放置在距离地面近的地方，以使接收回路面积尽量小。该方法只适合于地平面与回路电流垂直的情况。

4）双绞线中其中一条的返回电流在地中接收导体采用绞合线方式是一个非常有效的方式。该情况能使用的最高频率为 100kHz。对于高于 1GHz 的频率情况必须用同轴电缆。

10.1.3　敏感设备

受电磁干扰影响的电路、设备或系统称为敏感设备。敏感设备受电磁干扰的程度用敏感度来表示。敏感度指敏感设备对电磁干扰所呈现的不希望有的响应程度，其量化指标是敏感度门限。敏感度门限指敏感设备最小可分辨的不希望有的响应信号电平，也就是敏感电平的最小值。敏感设备的敏感度越高，则其敏感电平越低，抗干扰能力越差。

不同类型的敏感设备，其敏感度门限的表达式是不一样的，大多数是以电压幅度表示，但也有以能量和功率表示的，如受静电放电干扰的设备为能量型，受热噪声干扰的设备为功率型。电子设备是所有用电设备中性能优良、体积较小、应用广泛的一种，其敏感度主要取决于电子设备的灵敏度和频带宽度。一般认为电子设备的敏感度与灵敏度成反比，与频带度成正比。

1. 电磁干扰安全系数（安全裕量）

电磁干扰安全系数 M 定义为敏感度门限 N 与出现在关键试验点或信号线上的干扰电平 I 之比。当 $I > N$ 时，$M < 1$，表示存在潜在的电磁干扰；当 $I < N$ 时，$M > 1$，表示处于临界状态。

2. 模拟电路敏感度 S_U

模拟电路的敏感度为

$$S_U = \frac{K}{N_U} f(B)$$

式中，N_U 为热噪声电压；B 为模拟电路的频带宽度；K 为与干扰有关的比例常数。模拟电路的敏感度 S_U 与频带宽度 B 的依赖关系 $f(B)$，随干扰源的性质不同而不同。当干扰源的干扰信号特性在相邻的频率分量间做有规则的相位和幅度变化时（例如瞬变电压或脉冲信号等），S_U 与 B 的依赖关系 $f(B)$ 是线性关系。设 $f(B) = B$，则有

$$S_U = \frac{B}{N_U}$$

当干扰源的干扰信号特性在相邻的频率分量间的相位和幅度变化是无规则的随机变化时（例如热噪声、非调制的电弧放电等），模拟电路的敏感度与频带宽度 B 的关系如下：

$$S_U = \frac{\sqrt{B}}{N_U}$$

3. 数字电路敏感度 S_d

数字电路的敏感度通常可表示为

$$S_d = \frac{B}{N_{dl}}$$

式中，N_{dl} 为数字电路的最小触发电平。一般地，数字电路的最小触发电平远比模拟电路的噪声电平大很多，因此数字电路的敏感度值比模拟电路的敏感度值要小得多，这表明数字电路具有较强的抗干扰能力。

276

10.2 干扰抑制方式

由前所述，对干扰与噪声的抑制主要有三个方面：一是直接抑制、减弱或消除干扰与噪声源的对外作用；二是切断或减弱从干扰与噪声源到受扰电路的耦合通道；三是使测量系统对噪声不敏感。

理论与实践均已表明，并不存在对降低噪声问题广泛适用的方法。一般需要采用折中的方法。本书简单地给出了最常用的方法，对于降低干扰非常有效。显然，通过屏蔽、接地、

滤波、隔离、平衡电路、电源去耦可以消除噪声耦合。

10.2.1　屏蔽技术

　　屏蔽一般指的是电磁屏蔽。所谓电磁屏蔽，就是用电导率和磁导率高的材料制成封闭的容器，将受扰的电路置于该容器之中，从而抑制该容器外的干扰与噪声对容器内电路的影响。当然，也可以将产生干扰与噪声的电路置于该容器之中，从而减弱或消除其对外部电路的影响。屏蔽可以显著地减小静电（电容性）耦合和互感（电感性）耦合的作用，降低受扰电路的干扰与噪声的敏感度，因而在电路设计中被广泛采用。

10.2.1.1　屏蔽的原理

　　屏蔽的抗干扰功能基于屏蔽容器壳体对干扰与噪声信号的反射与吸收作用。如图 10-6 所示，P_1 为干扰与噪声的入射能量，R_1 为干扰与噪声在第一边界面上的反射能量，R_2 为干扰与噪声在第二边界面上被反射与在屏蔽层内被吸收的能量，P_2 为干扰与噪声透过第二边界面后的剩余能量。如果屏蔽形式与材料选择得好，可使由屏蔽容器外部进入其内部的干扰能量 P_2 明显小于 P_1，或者使从屏蔽内部干扰源逸出到容器外面的干扰能量显著减小。

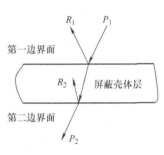

图 10-6　电磁屏蔽的作用

10.2.1.2　屏蔽的结构形式与材料

1. 屏蔽的结构形式

　　屏蔽结构形式主要有屏蔽罩、屏蔽栅网、屏蔽铜箔、隔离仓和导电涂料等。屏蔽罩一般用无孔隙的金属薄板制成。屏蔽栅网一般采用金属编制网或有孔金属薄板制成。屏蔽铜箔一般利用多层印制电路板的一个铜箔面作为屏蔽板。隔离仓是将整机金属箱体用金属板分隔成多个独立的隔仓，从而将各部分电路分别置于各个隔仓之内，用以避免各个电路之间的电磁干扰与噪声影响。导电涂料是在非金属的箱体内、外表面上喷一层金属涂层。

2. 屏蔽的材料

　　屏蔽材料有电场屏蔽材料和磁场屏蔽材料两类。电场屏蔽一般采用电导率较高的铜或铝材料。当干扰与噪声的频率较高时，采用价格较贵的银材料效果更好些。电场屏蔽的作用以反射衰减为主。磁场屏蔽一般采用磁导率较高的磁材料。磁场屏蔽的作用以透射时的吸收衰减为主，其特点是干扰与噪声频率升高时，磁导率下降，屏蔽作用减弱。对此，可采用多种不同的材料制成多层屏蔽结构予以解决。在一些要求比较高的场合，可同时采用电场屏蔽和磁场屏蔽两种方式，以达到充分抑制干扰与噪声的目的。

10.2.2　接地技术

10.2.2.1　接地的概念

　　所谓"地"，一般定义为电路或系统的零电位参考点，直流电压的零电位点或者零电位面，不一定为实际的大地（建筑地面），可以是设备的外壳或其他金属线。"接地"一般指为了使电路、设备或系统与"地"之间建立低阻抗通路，而将电路、设备或系统连接到一个作为参考电位点或参考电位面的良导体的技术行为。

　　接地通常有两种含义，一是连接到系统基准地，二是连接到大地。连接到系统基准地是指各个电路部分通过低电阻导体与电气设备的金属底板或金属外壳实施的连接，而电气设备的金属底板或金属外壳并不连接到大地。连接到大地是指将电气设备的金属底板或金属外壳通过低电阻导体与大地实施的连接。针对不同情况和目的，可采用公共基准电位接地、抑制干扰接地、安全保护接地等方式。

10.2.2.2 接地的要求

1）理想的接地应使流经地线的各个电路、设备的电流互不影响，即不使其形成地电流环路，避免使电路、设备受磁场和地电位差的影响。

2）理想的接地导体（导线或导电平面）应是零阻抗的实体，流过接地导体的任何电流都不应该产生电压降，即各接地点之间没有电位差，或者说各接地点之间的电压与电路中任何功能部分的电位比较均可忽略不计。

3）接地平面应是零电位，它作为系统中各电路任何位置所有电信号的公共电位参考点。

4）良好的接地平面与布线之间有大的分布电容，而接地平面本身的引线电感将很小。理论上，它必须能吸收所有信号，使设备稳定地工作。接地平面应采用低阻抗材料制成，并且有足够的长度、宽度和厚度，以保证在所有频率上，它的两边之间均呈现低阻抗。用于安装固定式设备的接地平面，应由整块铜板或者铜网组成。

10.2.2.3 接地的分类

通常，电路、用电设备按其作用可分为安全接地和信号接地。其中安全接地又有设备安全接地、接零保护接地和防雷接地，信号接地又分类为单点接地、多点接地、混合接地和悬浮接地。

1. 安全接地

当电气设备的绝缘外壳因机械损伤、过电压等原因被损坏，或无损坏但处于强电磁环境时，电气设备的金属外壳、操作手柄等部分会出现相当高的对地电压，危及操作维修人员的安全。

安全接地就是采用低阻抗的导体将用电设备的外壳连接到大地上，使操作人员不致因设备外壳漏电或静电放电而发生触电危险。安全接地也包括建筑物、输电线导线、高压电力设备的接地，其目的是为了防止雷电放电造成设施破坏和人身伤亡。众所周知，大地具有非常大的电容量，是理想的零电位。不论往大地注入多大的电流或电荷，在稳态时其电位保持为零，因此，良好的安全接地能够保证用电设备和人身安全。在进行安全接地连接时，要保证较小的接地电阻和可靠的连接方式，防止日久失效。另外要坚持独立接地，即将接地线通过专门的低阻导线与近处的大地实施连接。

2. 信号接地

测量与控制电路中的基准电位是各回路工作的参考电位，该参考电位通常选为电路中直流电源（当电路系统中有两个以上直流电源时，则为其中一个直流电源）的零电压端。从具体连接方式上讲，有部分接地和全部接地、一点接地与多点接地、直接接地与悬浮接地等类型。到底哪一种方式最适合，因有些分布与寄生参数难以确定，常常无法用理论分析设计，最好做一些模拟试验，以便设计制造时参考。实际中，有时可采用一种接地方式，有时则要同时采用几种接地方式，应根据不同情况采用不同方式。

（1）直接接地　适用于大规模的或高速高频的电路系统。因为大规模的电路系统对地分布电容较大，只要合理地选择接地位置，直接接地可消除分布电容构成的公共阻抗耦合，有效地抑制噪声，并同时起到安全接地的作用。

（2）一点接地 一点接地有串联式（干线式）接地方式和并联式（放射式）接地方式。串联式接地方式如图 10-7a 所示，构成简单而易于采用，但电路 1、2、3 接地的总电阻不同。当 R_1、R_2、R_3 较大或接地电流较大时，各部分电路接地点的电平差异显著影响弱信号电路的正常工作。并联式接地方式如图 10-7b 所示，各部分电路的接地电阻相互独立，不会产生公共阻抗干扰，但接地线长而多，经济性差。另外，当用于高频场合时，接地线之间分布电容的耦合比较突出，而且当地线的长度是信号 1/4 波长的奇数倍时，还会向外产生电磁辐射干扰。

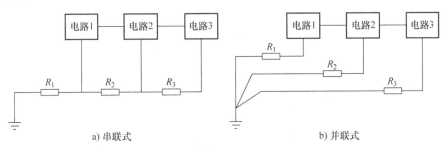

a) 串联式　　　　　　　　b) 并联式

图 10-7　一点接地方式

（3）多点接地 为降低接地线长度，减小高频时的接地阻抗，可采用多点接地的方式。多点接地方式如图 10-8 所示，各部分电路都有独立的接地连接，连接阻抗分别为 Z_1、Z_2、Z_3。

如果 Z_1 用金属导体构成，Z_2、Z_3 用电容器构成，对低频电路来说仍然是一点接地方式，而对高频电路来说则是多点接地方式，从而可适应电路宽频带工作的要求。

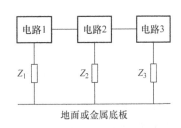

图 10-8　多点接地方式

如果 Z_1 用金属导体构成，Z_2、Z_3 用电感器构成，对低频电路来说是多点接地方式，而对高频电路来说则是一点接地方式，既能在低频时实现各部分的统一基准电位和保护接地，又可避免接地回路闭合而引入高频干扰。

（4）悬浮接地（简称浮地） 即各电路部分通过低电阻导体与电气设备的金属底板或金属外壳实施连接，电气设备的金属底板或金属外壳是各回路工作的参考电位即零电平电位，但不连接到大地。悬浮接地的优点是不受大地电流的影响，内部器件不会因高电压感应而击穿。

10.2.2.4 屏蔽电缆接地

频率低于 1MH 时，电缆屏蔽层的接地一般采用一点接地方式，以防止干扰电流流经电缆屏蔽层，使信号电路受到干扰。一端接地还可以避免干扰电流通过电缆屏蔽层形成地环路，从而可防止磁场的干扰。电缆屏蔽层的接地点应根据信号电路的接地方式来确定。

如果屏蔽层采用两点接地，将会形成噪声电流并在屏蔽层电阻上产生压降。为了避免该噪声电流，屏蔽层一点接地是非常必要的。如图 10-9 所示，该系统由不接地源、接地运算放大器构成。

电缆屏蔽层有 A、B、C、D 四个可能的接地方法，如图 10-10 所示。

屏蔽层接到 A 点显然是不适合的，因为屏蔽层的干扰电流会因此直接流入一条芯线，产生干扰电压，而且该干扰电压与信号电压是串联的。

B 点接地时（接地方法 B），加至放大器输入端的有干扰电压 U_{G1} 和 U_{G2}，C_1、C_{12} 形成电容分压器，假设 $U_S = 0$，在运放输入端产生电压 U_{in} 为

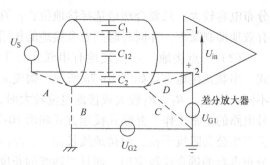

图 10-9　电缆屏蔽层接至放大器的公共端

$$U_{in} \approx \frac{C_1}{C_1 + C_{12}}(U_{G1} + U_{G2}) \tag{10-3}$$

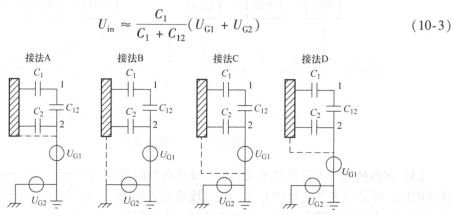

图 10-10　电缆屏蔽层接至放大器的公共端的接法

由式（10-3）可见，这种接地方式是不能令人满意的。

C 点接地时，加至放大器输入端的仍有电压 U_{G1} 和 U_{G2}，并由 C_1、C_{12} 分压后，在放大器输入端产生的干扰电压为

$$U_{in} \approx \frac{C_1}{C_1 + C_{12}}U_{G1}$$

因而这种接地方式也不理想。

D 点接地时，放大器输入端没有干扰电压存在，即 $U_{in} = 0$，该连接效果最好。所以当电路有一个不接地的信号源与一个接地的放大器连接时，连接电缆的屏蔽层应接至放大器的公共端。同理，当一个接地的信号源与一个不接地的放大器连接时，连接电缆的屏蔽层应接至信号源的公共端，如图 10-11 所示。

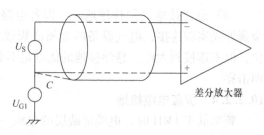

图 10-11　源接地和差分放大器情况下的接地

10.2.2.5　电缆屏蔽层的一端接地与两端接地

干扰源磁屏蔽的目的在于防止干扰源的磁辐射。屏蔽导线接入电路时，只要将屏蔽体在一端接地，则中心导线的电流在屏蔽体上感应出的电荷就被泄放入地。电场将被限制在屏蔽体的内部空间，在屏蔽体外部没有电场，因而屏蔽体一端接地就具有电场屏蔽作用。但是一

端接地的屏蔽体并不能限制磁场，其磁屏蔽作用是非常小的。

如果使屏蔽体内流过一个电流，其大小与中心导线电流的大小相等、方向相反，则在屏蔽体外部，屏蔽体上的电流将产生一个磁场，它与中心导线上的电流所产生的磁场大小相等，方向相反，这两个磁场相抵消，其结果是在屏蔽体的外部没有磁场存在，从而起到磁屏蔽作用。

为了使屏蔽导线具有防止磁辐射的磁屏蔽作用，屏蔽体必须在两端都接地，使屏蔽体能够提供一个电流回路。电缆屏蔽层两端接地及其等效电路如图 10-12 所示。

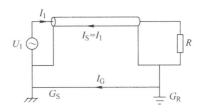

图 10-12　电缆屏蔽层两端接地

流经屏蔽层的电流 I_S 满足：

$$0 = -\mathrm{j}\omega M I_1 + \mathrm{j}\omega L_S I_S + R_S I_S$$

屏蔽层和芯线之间的互感和屏蔽层电感 $M = L_S$，因此

$$I_S = I_1 \frac{\mathrm{j}\omega}{\mathrm{j}\omega + \dfrac{R_S}{L_S}} = I_1 \frac{\mathrm{j}\omega}{\mathrm{j}\omega + \omega_c} \qquad (10\text{-}4)$$

由式（10-4）可知，当 $\omega \gg \omega_c$ 时，$I_S = I_1$。即由于屏蔽体与中心导体之间的互感，使屏蔽体在高频时能够提供一个比地面回路电感低得多的电流回路。这时 $I_S = I_1$，且方向相反。由这两个电流产生的屏蔽体外部的磁场相互抵消，使屏蔽层外部没有磁场存在，从而起到了防止磁辐射的作用。当 $\omega \ll \omega_c$ 时，流经屏蔽层的返回电流 I_S 很小，大部分返回电流 I_S 将流经地面，所以这时屏蔽导线的磁屏蔽作用是很有限的。

将中心导线的一端与屏蔽层连接，并将屏蔽层的另一端接地，如图 10-13 所示。这样中心导体的返回电流就全部流经屏蔽层，所以这种接地方法有很好的磁屏蔽效果。这种接地方法的磁屏蔽效果，不是由于屏蔽体的磁屏蔽性能，而是由于屏蔽体上的返回电流能够产生一个抵消中心导线磁场的磁场。

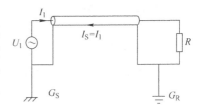

图 10-13　屏蔽电缆一端接地

综上可见，电缆屏蔽体两端接地的使用条件是：

1）频率应远大于 5 倍屏蔽体的截止频率。

2）屏蔽体上不会有其他回路电流流过。

3）屏蔽体两端对地没有电位差。

10.2.3　平衡电路

10.2.3.1　操作原理

平衡电路又称对称电路，是指双导线电路中的两条信号传输线及与之相连的所有电路对地阻抗或对其他导线的阻抗相等，如电桥电路、差分放大器电路均属于平衡电路。采用平衡电路可以使两根导线上拾取的噪声相等。在平衡条件下，两根导线拾取的噪声是一个能够在负载中相互抵消的共模信号。使用平衡技术抑制噪声非常经济，在某些应用场合，平衡电路常用来代替屏蔽而成为主要的噪声抑制手段。若单独使用平衡技术或屏蔽技术不能达到期望的噪声抑制效果，可以将屏蔽技术和平衡电路联合使用获得更强的噪声抑制能力。

差分放大器是最简单的平衡电路，如图 10-14 所示。U_{S1}、U_{S2} 为平衡电源，R_{S1}、R_{S2} 为平衡电源内阻，Z_{L1}、Z_{L2} 为平衡负载，U_{N1}、U_{N2}、U_{N3} 为噪声电压源，U_G 为源和负载之间的地电位差。

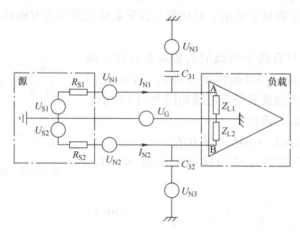

图 10-14　平衡电路中的差模干扰

1. 电容性耦合效应

由噪声电压源 U_{N3} 在导体 1、2 上引起的噪声电压分别为

$$U_A = \frac{Z_{L1}}{Z_{L1} + 1/(j\omega C_{31})}U_3, \qquad U_B = \frac{Z_{L2}}{Z_{L2} + 1/(j\omega C_{32})}U_3$$

由于电路为平衡电路，有 $C_{31} = C_{32}$，$Z_{L1} = Z_{L2}$，则

$$U_A - U_B = 0$$

2. 电感性耦合效应

U_{N1}、U_{N2} 代表电感性耦合，对应的噪声电流分别为 I_{N1}、I_{N2}。平衡电路中 $I_{N1} = I_{N2}$，所以

$$U_A - U_B = 0$$

3. 传导耦合效应

源和负载之间的地电位差 U_G 对 U_A、U_B 无影响。

综上所述，如果电路完全平衡，则只有有用信号 U_{S1}、U_{S2} 可以在差分放大器输入端产生差分电压。实际上电路很难做到完全平衡，这时抑制噪声的能力取决于电路的平衡度。平衡度或称共模抑制比（CMRR），为共模噪声电压与其在负载上产生的差分噪声电压之比。平衡度越大，抑制噪声的性能越好。如果能做到完全平衡，则可完全消除系统中的噪声。一般电路的平衡度均应达到 60～80dB。

10.2.3.2　输入阻抗和源阻抗不匹配

如图 10-15 所示，假设运放 CMRR 是有限值，输入阻抗是有限值，则差分输入电压可写为

$$u_{id} = -u_{i1}\frac{Z_{CH} /\!/ (Z_d + Z_{CB} /\!/ R_{S2})}{R_{S1} + [Z_{CH} /\!/ (Z_d + Z_{CB} /\!/ R_{S2})]} + u_{i2}\frac{Z_{CB} /\!/ (Z_d + Z_{CH} /\!/ R_{S1})}{R_{S2} + [Z_{CB} /\!/ (Z_d + Z_{CH} /\!/ R_{S1})]}$$

假设 $Z_{CB} = Z_{CH} \gg Z_d$，$Z_{CB} = Z_{CH} \gg R_{S1}$，$Z_{CB} = Z_{CH} \gg R_{S2}$，则

$$u_{id} = - u_{i1} \frac{Z_d + R_{S2}}{R_{S1} + Z_d} + u_{i2} \frac{Z_d + R_{S1}}{R_{S2} + Z_d}$$

如果差分输入电压 $u_{i2} - u_{i1} = 0$，即 $u_{i2} = u_{i1} = u_{ic}$，则输出电压应为 0，实际上存在不可避免的误差电压。

$$u_{id} = \frac{(Z_d + R_{S1})^2 - (Z_d + R_{S2})^2}{(R_{S2} + Z_d)(R_{S1} + Z_d)} u_{ic} = \frac{(2Z_d + R_{S1} + R_{S2})(R_{S1} - R_{S2})}{(R_{S2} + Z_d)(R_{S1} + Z_d)} u_{ic}$$

假设 $Z_d \gg R_{S1}$，$Z_d \gg R_{S2}$，上式简化为

$$u_{id} = \frac{2(R_{S1} - R_{S2})}{Z_d} u_{ic}$$

式中，u_{ic} 为共模信号（大小相等，极性相同的两个输入信号，称为共模信号）。

则提高差分放大器的输入阻抗可以降低共模噪声的干扰；降低信号源内阻也可以降低噪声电压。

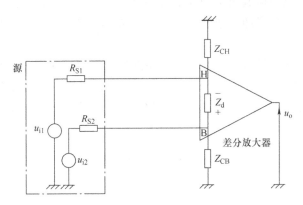

图 10-15　输入阻抗和源阻抗不匹配

为了保证电路系统的完好平衡，平衡电路的导线也应是一个平衡结构。双绞线或者屏蔽的双绞线对常用作平衡电路的导线，因为双绞线对本身就是一个平衡结构。如果在平衡电路中使用同轴电缆就要用两根同轴线。

10.2.3.3　变压器平衡电路

在图 10-16a 所示不平衡系统中，电路的信号传输部分可用两个变压器（见图 10-16b）而得到平衡，因为长导线最易拾取噪声，可见这种电路对于信号传输电路，在噪声抑制上是很有用的。同时变压器还能断开任何地环路，因此消除了负载与信号源之间由于地电位差所造成的噪声干扰。

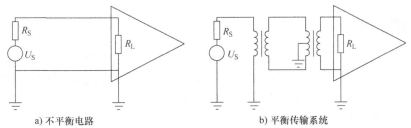

a) 不平衡电路　　　　　　　　　　　　b) 平衡传输系统

图 10-16　变压器平衡电路

283

一个系统的平衡度取决于信号源的平衡、信号源引线的平衡、负载的平衡以及其他杂散阻抗的平衡。所有耦合到平衡电路的干扰大小都是平衡度的函数并与共模电压成正比。平衡绝不是完全的，只要出现共模噪声电压，就会有某些噪声耦合到电路中去。通过适当的屏蔽和接地，再用平衡抑制，其总效果是相加的。

10.2.4　隔离技术

在测控系统中，尽管从各方面加以注意，但由于分布参数无法完全控制、常常会形成如图 10-17a 所示的寄生环路（特别是地环路），从而引入电磁耦合干扰。为此，在有些情况下要采取隔离技术，以切断可能形成的环路，提高电路系统的抗干扰性能。

图 10-17b 为采用隔离变压器 T 切断地线环路的情况。这种方法在信号频率为 50Hz 以上时采用比较适合，在低频特别是超低频时不宜采用。

图 10-17c 为采用纵向扼流圈 T 切断地线环路的情况。由于扼流圈对低频信号的电流阻抗很小，对纵向的噪声电流却呈现很高的阻抗，故在信号频率较低及超低频时采用比较适合。

图 10-17d 为采用光电耦合器切断地线环路的情况。利用光耦合，将两个电路的电气连接隔开，两个电路用不同的电源供电，有各自的地电位基准，二者相互独立而不会造成干扰。用于数字信号电路的光电耦合器价格比较便宜，用于模拟信号的光电耦合器称为线性光电耦合器，其价格要贵得多。

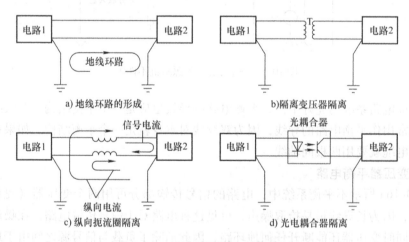

图 10-17　地线环路的形成及其隔离

10.2.5　布线技术

合理布线是抗干扰措施的一项重要内容。测量与控制电路中的器件布局、走线方式、连接导线的种类、线径的粗细、线间的距离、导线的长短、屏蔽方式及布线的对称性等，都与干扰或噪声的抑制有关，在电路设计与组装中应加以注意。

10.2.5.1　印制电路板上的布线技术

设计装配密度很高的印制电路板时，应注意降低电源线和地线的阻抗，对公共阻抗、串扰和反射等引起的波形畸变和振荡现象要采取必要的措施。由于电源线、地线和其他印制导线都有电感，当电源电流变化速率很大时，会产生显著的压降。地线压降是形成公共阻抗干扰的重要原因，所以要尽量缩短引线，减小其电感值，尽量加粗电源线和地线，降低其直流电阻。尽量避免相互平行的长信号线，以防止寄生电容。

对印制板上的器件布置，原则上应将相互有关的器件相对集中。例如，时钟发生器、晶体管振荡器、CPU 时钟输入端子等易产生噪声的器件，可互相靠近；但与逻辑电路部分应尽量远离。对电感性器件要防止它们产生寄生耦合。

10.2.5.2　连接导线的选用

为使实际电路按设计要求正常工作，配线技术是很讲究的一个环节。通常电路原理图不描述配线方面产生的多种现象和随机变化的各种电气参数。例如，不同长短粗细的导线体现为不同的电阻和电感，电流流过导线时产生的电磁感应，绝缘导线之间存在的分布电容等，在一般电路原理图中是见不到的。但在实际当中，设计与装调时必须予以考虑并认真对待。

一般测控设备所用的导线有单股导线、扁平电缆、屏蔽线、双绞线等。

单股导线选用时主要考虑其允许电流值和导线阻抗。

扁平电缆是由相互绝缘的多根单股导线并排粘接构成。扁平电缆一般应用于数字信号的并行传输，在计算机系统中尤为多见。扁平电缆的长度一般不应超过传输信号波长的 1/30，例如对 10MHz 的信号，其波长为 30m，则扁平电缆的长度应控制在 1m 以内。有时为了减少线间串扰，常间隔安排信号线，将各信号线之间的导线统一接地。

屏蔽线是在单股导线的绝缘层外，再罩以金属编制网或金属薄膜构成。将屏蔽线的金属编制网或金属薄膜接地，其所包含的芯线便不易受到外部电气干扰噪声的影响。几根绝缘导线合成一束，再罩以金属编制网或金属薄膜，则构成所谓的屏蔽电缆。屏蔽线对干扰与噪声的抑制作用可

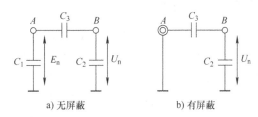

a) 无屏蔽　　　　　b) 有屏蔽

图 10-18　线间感应与屏蔽作用

由图 10-18a 来说明。图 10-18a 中 A 是受到干扰与噪声感应的线路，B 是产生干扰与噪声的线路，C_1 是信号线 A 与地之间的分布电容，C_2 是噪声源 B 与地之间的分布电容，C_3 是噪声源 B 与信号线 A 之间的分布电容，U_n 是噪声源 B 与地之间的噪声电压，E_n 是信号线 A 上感应的噪声电压，可表示为

$$E_n = \frac{1}{1 + C_1/C_3}U_n$$

显然，A、B 间的距离越近，分布电容 C_3 越大，信号线 A 上感应的噪声电压就越大。图 10-18b 则在信号线 A 外面包以屏蔽层，并将屏蔽层接地，而屏蔽层和信号线 A 之间则是绝缘的。虽然这时噪声源 B 与信号线 A 屏蔽层之间的分布电容 C_3 仍然存在，由于信号线 A 的屏蔽层接地而保持恒定的地电位，信号线 A 不易受到噪声源 B 的影响。这里要注意的是屏蔽层的接地应遵守一点接地的原则，以免产生地线环路而使信号线中的干扰与噪声增加。同理，将产生干扰与噪声的导线予以屏蔽，也可减小或抑制这些导线对其他电路的干扰与噪声影响。

双绞线是由电流相等但方向相反的两根导线互相拧合构成。由于外界干扰噪声在两根导线中的感应电流大小与方向相同，故可相互抵消。双绞线拧合的节距越短，对干扰与噪声的

衰减率越大。实际中一般取 5cm 左右，拧合的节距进一步缩短，对干扰与噪声衰减率的提高不再显著。另外，拧合在一起的两根导线很难保证其长度严格相等，由此导致线路阻抗不同而无法完全抑制干扰与噪声的影响。

10.2.5.3 电气设备柜内外的布线

电气设备柜内外的布线应从两个方面予以考虑，一是希望对外来的干扰与噪声有较强的抑制能力，二是避免内部电路产生有害的干扰与噪声。

电气设备柜应采用铁或铁铜叠合的材料构成，以达到较好的电磁屏蔽效果。一般不宜采用薄铝板，因为其对低频信号的磁屏蔽作用较差。整个柜体应保持可靠连接，以保持等电位。对因表面喷漆、锈蚀、柜门铰链等造成的接触不良，应采用专门连接线将这些部分可靠地连接在一起。柜体的接地不能靠机柜金属底脚与地面接触来实现，必须用专门的导线连接至埋入地的金属接地件上。

电气设备柜的布局应遵循强电、弱电分开并隔离的原则，以避免可能产生的干扰与噪声影响。对小信号高增益的模拟电路，要用专门的电源供电，并且要采用可靠的内部屏蔽措施。对可能产生对外干扰与噪声的部分要加金属屏蔽罩。

从机柜连接到外部设备的导线与电缆，应注意将动力电源、强信号线与弱信号线分别布设，采用相互隔离的走线槽布线等原则。在条件允许情况下，应尽量采用金属走线槽。

10.2.6 灭弧技术

当接通或断开电动机绕组、继电器线圈、电磁阀线圈、空载变压器等电感性负载时，由于磁场能量的突然释放会使电路中产生比正常电压（或电流）高出许多倍的瞬时电压（或电流），并在切断处产生电弧或火花放电。这种瞬时高电压（或高电流）称为浪涌电压（或浪涌电流），会直接对电路器件造成损害。另外，同时出现的电弧或火花放电，产生宽频谱高幅度的电磁波向外辐射，对测控电路造成极其严重的干扰。为消除或减小这种干扰，需在电感性负载上并联各种吸收浪涌电压（或浪涌电流），并采用抑制电弧或火花放电的元器件。通常将这些元器件称为灭弧元件，将与此有关的技术称为灭弧技术。

常用的灭弧元件有 RC 电路、泄流二极管、硅堆整流器、充气放电管、压敏电阻器、雪崩二极管等。

1. RC 电路

采用 RC 电路灭弧与电感性负载的连接如图 10-19a 所示。一般 R 值应取电感线圈电阻 R_L 的 25% ~ 50%，以避免 LC 回路发生谐振。C（单位 μF）的计算式为

$$C = \frac{L}{RR_L} \times 10^6$$

R、R_L 的单位为 Ω，L 的单位为 H。RC 电路既可在直流电感负载上使用，也可在交流电感负载上使用。

2. 泄流二极管

采用泄流二极管灭弧与电感性负载的连接如图 10-19b 所示。泄流二极管只能在直流电感负载上使用。

3. 硅堆整流器

采用硅堆整流器灭弧与电感性负载的连接如图 10-19c 所示。硅堆整流器由多片硅整流

片组合而成，每片的耐压为 60V，多片组合可提高耐压值。硅堆整流器泄放电流大，既可在直流电感负载上使用，也可在交流电感负载上使用。

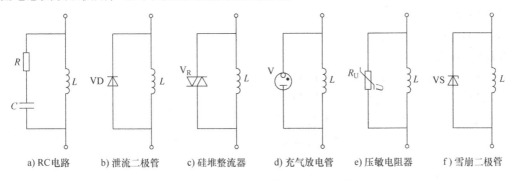

a) RC电路　　b) 泄流二极管　　c) 硅堆整流器　　d) 充气放电管　　e) 压敏电阻器　　f) 雪崩二极管

图 10-19　常用灭弧元件及其连接电路

4. 充气放电管

采用充气放电管与电感性负载的连接如图 10-19d 所示。充气放电管的缺点是辉光放电的不连续性导致残留尖脉冲列浪涌电压（或电流），最好与压敏电阻器等配合使用，以免引入附加干扰。充气放电管既可在直流电感负载上使用，也可在交流电感负载上使用。

5. 压敏电阻器

采用压敏电阻器与电感性负载的连接如图 10-19e 所示。当电感性负载电流通路被切断时，电感性负载 L 两端较高的感应电动势使压敏电阻器电阻突降，为电感性负载的电流提供泄放通路。压敏电阻器既可在直流电感负载上使用，也可在交流电感负载上使用。

6. 雪崩二极管

采用雪崩二极管与电感性负载的连接如图 10-19f 所示。雪崩二极管的商品名为 Transzorb，简称 TRS。TRS 的响应速度极快，特别适合于集成度很高的半导体器件的灭弧保护，但只能在直流电感负载上使用。

10.3　电源干扰的抑制

绝大多数测控设备是由 380V、220V 交流电网供电的。在交流电网中，大容量用电设备的接通和断开、晶闸管变流装置等大功率电气设备的工作、供电线路的开合操作、瞬间欠电压和过电压的冲击等因素，使供电电网中存在着大量强烈的干扰与噪声。对此必须采用必要的措施，以保证测控电路的正常运行。

10.3.1　电网干扰抑制技术

工业生产电网中的噪声频率分布范围为 1kHz ~ 10MHz。对测控电路最危险的是脉宽小于 1μs 的脉冲电压噪声和大于 10ms 的持续噪声。大多数干扰波形表现为无规律的正负脉冲、瞬间衰减振荡等。其瞬间有效电流强度可达 100A，电压峰值为 100V ~ 10kV。其中以断开电感性负载时所产生的噪声脉冲前沿最陡、尖峰电压最高，故危害也最大。

考核测控设备抑制电网干扰能力的一般方法，是将脉冲干扰模拟器接在被考核设备的电源引入线上。试验中首先使被考核设备进入正常工作状态，然后逐渐增加干扰模拟器输出脉冲的幅度直到被考核设备偏离正常工作为止，这时干扰模拟器输出脉冲的幅值即为测控设备对电网干扰抑制的敏感阈值。一般工业标准规定，测控设备对电网干扰抑制的敏感阈值达1000V 以上即可。

常用的电网干扰抑制措施有线路滤波器、切断噪声变压器等。

10.3.1.1　线路滤波器

线路滤波器的内部结构如图 10-20 所示，由纵向扼流圈 L 和滤波电容 C 组成。1、2 为交流电网电源输入端口，3 为外部接地端。4、5 为电源输出端。恰当地确定 L 和 C 的数值，可有效地抑制电网中100kHz 以上的干扰与噪声。

10.3.1.2　切断噪声变压器

切断噪声变压器的英文名称为 Noise Cutout Transformer，简称 NCT。这种变压器

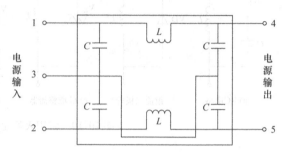

图 10-20　线路滤波器的内部结构

的结构、铁心材料、形状以及线圈位置都比较特殊，可以切断高频噪声磁通，使之不能感应到二次绕组，既能切断共模噪声又能切断差模噪声。

如图 10-21a 所示，普通变压器常将一次、二次绕组绕在铁心的同一处。图 10-21b 中切断噪声变压器的一次、二次绕组分别绕在铁心的不同处，且铁心选用高频时有效磁导率尽量低的材料。干扰与噪声因频率高，在通过铁心向二次绕组交链时被显著地衰减。而变压器中的有用信号因频率较低，仍可被正常地传输。切断噪声变压器并将一次、二次绕组和铁心分别予以屏蔽并接地，切断了更高频率的干扰与噪声通过分布电容向二次绕组的传播。采用切断噪声变压器，可使测控设备对电网干扰与噪声的抑制能力显著地提高，用脉冲干扰模拟器测得对电网干扰抑制的敏感阈值可达 5000V 以上。

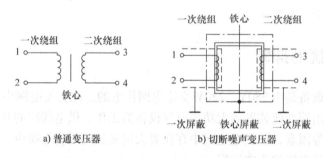

a) 普通变压器　　　　　　b) 切断噪声变压器

图 10-21　普通变压器与切断噪声变压器

上面所述都是以测控电路本身应达到对电网干扰抑制的敏感阈值在 1000V 以上为目标所采取的措施。如果电网系统对测控电路的干扰与噪声强度显著超过 1000V，仍然会发生干扰故障。因此，要求产生干扰与噪声的设备向电网发送的干扰强度必须在规定值以下。

10.3.2　电源稳定净化技术

测控电路中一般总要用到一组或多组直流电源，直流电源本身的稳定性和内含噪声的分量，对测控电路的工作性能有较大的影响。

直流电源的输出电压，会因输入电源电压的变化、输出负载电流的变化、环境温度的变化、随机噪声电压的扰动而偏离预定值。

在测控电路中，通常要求普通直流电源电压的稳定度为 0.1% ~ 1% ，高稳定直流电源电压的稳定度则应优于 0.01% 。

10.3.2.1 电源稳定技术

有关变阻型直流稳压电源的并联、串联调节原理和特点等已在电子技术课程中讨论过，在此不再赘述。

实用中常采用单片集成器件 LM78（或 LM79）系列三端稳压调整器构成直流电源。它们均有输入端、输出端、公共端三个引出电极，其输出电压是固定的。图 10-22 所示为 LM7812 三端稳压调整器构成的 +12V 直流稳压电源。220V/50Hz 交流电经变压器 T 隔离与降压后，再经桥式整流器 UR 整流输至 LM7812 的输入端，在输出端即可获得 +12V 电压的稳定输出。一般情况下，变压器 T 输出电压的有效值应为 $(0.8 ~ 0.9) U_i$ 。C_1 与 C_4 的大小与所需要的输出电流有关，C_1 可按照每安培 1000μF、C_4 可按照每安培 200μF 粗略估计。C_2 与 C_3 是为抑制三端稳压调整器可能产生的自激振荡而设，一般取 C_2 为 0.2μF、C_3 为 0.1μF 即可。需要注意的是，C_2 与 C_3 必须紧靠三端稳压调整器安装，远离则起不到抑制自激振荡的作用。若将图 10-22 中的 LM7812 换成 LM7912，则可构成 -12V 负极性直流稳压电源，但图中 UR、U_i、C_1、C_4、U_o 的极性也随之反向。

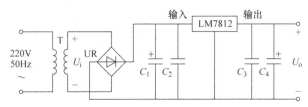

图 10-22 LM7812 三端稳压调整器直流稳压电源

图 10-23 为采用 LM317 三端稳压调整器构成的 3 ~ 37V 正极性直流稳压电源。与图 10-22 的区别有两点，一是三端稳压调整器的调整端取代了 LM78×× 类的公共端，二是增加了用于输出电压取样的电阻 R_1、R_2 和电位器 R_P，取样电压输至三端稳压调整器的调整端。调节电位器 R_P 可使输出电压在 3 ~ 37V 范围内变化。这里要保证 U_i 至少应比 U_o 大 3 ~ 5V，且在调整端应对地连接平波电容 C_5，其电容值为 10μF。若将图中的 LM317 换成 LM337，则可构成 -3 ~ -37V 输出的负极性直流稳压电源，但图中 UR、U_i、C_1、C_4、C_5、U_o 的极性也随之反向。

289

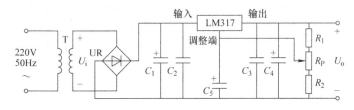

图 10-23 LM317 三端稳压调整器可调输出稳压电源

变阻型稳压电源噪声系数较小，但功耗较大。如果令调整元件工作于完全导通和完全截止的开关状态，通过改变调整元件导通对截止的占空比来稳定输出电压 U_o，则称为开关型稳压电源。开关型稳压电源的优点是功耗小，但噪声系数 F 稍大，与变阻型稳压调整器集成器件（输出电流可达 5A）相比，开关型稳压调整器集成器件的输出电流一般不超过 0.5A，只能满足微型电路的需要，在测控电路中应用较少。

输出电流 1A 以上的开关型稳压电源的调整环节一般采用分立元件构成，其典型工作原理框图如图 10-24 所示。220V/50Hz 交流电经过变压器升压，再经线路滤波器（见图 10-20）抑制电网的干扰与噪声后，由整流、滤波电路输出约 300V 的直流电，对 300V 的直流电进行斩波得到 100kHz 以上较高频率的交流电，经隔离变压器隔离降压，再对低电压的 100kHz 以上交流电进行整流与滤波，即可获得所要求的直流电源输出。直流输出电压的幅度经光电或互感隔离后反馈到高频斩波环节，以控制斩波信号的脉宽，使直流输出电压始终保持在额定数值上。由于斩波频率在 100kHz 以上，隔离降压环节的体积可做得很小，但其磁心应采用高频磁导率高的材料构成，这一点与通常 50Hz 变压器采用的铁心是有区别的。这种开关电源的优点是功率大、体积小，其附带的线路滤波器和斩波环节对交流电网的干扰与噪声有较强的抑制作用。不足之处是其斩波环节会产生一些谐波噪声，但在技术不断改进的今天，也得到了较好的抑制。一般地讲，只要不是高增益的模拟电路，都可选用这种电源。

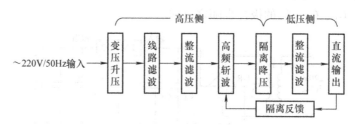

图 10-24　典型开关型稳压电源的原理框图

10.3.2.2　电源净化技术

至少有 1/3 的干扰与噪声是经过电源影响到测控电路的。除了采用前面所述的线路滤波器、切断噪声变压器、稳压调整器等措施抑制电网或电源中的干扰与噪声外，还可采用电源滤波、分级退耦对电源进行净化处理。

图 10-25 为两种典型的电源净化滤波电路，RC 电源滤波电路适合于对电源中低于 500kHz 的干扰与噪声进行净化处理，LC 电源滤波电路适合于对电源中 1MHz 以上的干扰与噪声进行净化处理。滤波器电路中的有关参数可根据所需要的滤波性能而定。注意这里 C_1 与 C_3 可以是大容量电容，而 C_2 与 C_4 必须是 100～10000pF 的小容量电容。因为大容量电容内部的电感效应对高频信号呈现极大的阻抗，故并联小容量无感电容补偿之。

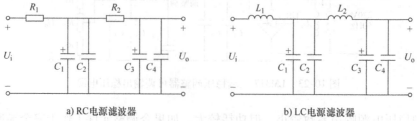

a) RC电源滤波器　　　　　　　　　　b) LC电源滤波器

图 10-25　典型电源净化滤波电路

图 10-26 为运算放大器的电源退耦电路。一般情况下运算放大器的电源端是直接连接到正电源 $+E$ 与负电源 $-E$ 的，当多级放大器串联构成极高增益的复合放大器时，后面输出级的信号会通过电源反馈到前面输入级，造成自激振荡或形成干扰。如果按照图 10-25 所示，每一级放大器的电源端通过电阻或电感（图中是电阻）连接到电源 $+E$ 与 $-E$，并且在每一级放大器电源端都对地并接退耦电容 C_1、C_2、C_3、C_4，则每一级的信号都经 C_1、C_2、C_3、C_4 旁路而不进入电源内部，则可有效地防止自激振荡。注意这里 C_1 与 C_3 可以是大容量电容，而 C_2 与 C_4 必须是 $100 \sim 10000\mathrm{pF}$ 的小容量电容。

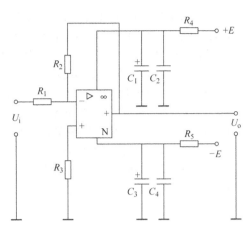

图 10-26　放大器的电源退耦电路

思考题与习题

10-1　何谓电磁兼容性？形成电磁干扰的要素有哪些？如何提高电子设备的抗干扰性能？

10-2　哪些干扰与噪声对测控电路的影响较大？应如何抑制或减小其有害作用？

10-3　一点接地与多点接地各有何特点？一般在什么情况下采用？

10-4　若图 10-27 中的 Z_L 为电感性负载，在其上并接哪些元件可起到灭弧与抑制干扰的作用？

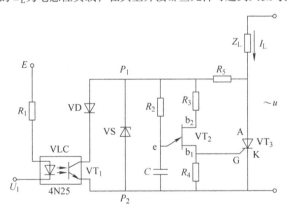

图 10-27　题 10-4 图

10-5　在图 10-5 中哪些地方应并接灭弧元件？具体应分别采用哪些类型的元件？

10-6　图 10-2 所示，导体 1 加有干扰源，其电压 $U_1 = 10\mathrm{V}$，干扰源频率 $f = 10\mathrm{MHz}$，受干扰导体 2 接有一负载 $R = 50\Omega$，导线直径 $d = 2\mathrm{mm}$，两导线相距 $a = 20\mathrm{mm}$，导线离地面高 $h = 10\mathrm{mm}$，导线 2 的干扰电压为多少？

10-7　如图 10-4 所示，$R = 50\Omega$，$C_{12} = 2\mathrm{pF}$，$C_{2G} = 150\mathrm{pF}$，$U_1 = 10\mathrm{V}$，$f = 100\mathrm{kHz}$，求干扰电压是多少？

10-8　如图 10-2 所示，若在导体 2 外面有一层同轴屏蔽体，则导体 2 和屏蔽体的干扰电压分别为多少？

10-9　有一封闭回路，面积为 A，有一磁通密度为 B 的正弦时变干扰磁场为 θ 角切割面积 A 回路，试求回路感应的干扰电压。

10-10 两导线长为 1m，相距 30mm，两导线离接地金属平面高分别为 h_1、h_2，且 $h_1 = h_2 = 10mm$，干扰源负载为 100Ω，受干扰回路负载为 100Ω，受干扰回路源内阻为 100Ω。设干扰源为 1MHz、10V 的信号。试求受干扰的感应电压及受干扰回路负载上的干扰电压。

10-11 什么是平衡电路，举例说明。

10-12 常见的自然干扰源和人为干扰源有哪些？

10-13 采取哪些措施可以抑制电容性干扰？

10-14 采取哪些措施可以抑制电感性干扰？

10-15 何为接收机的敏感性阈值？

10-16 电子设备中的"地"分为哪些？接地的作用是什么？

10-17 常用的屏蔽方法有哪些？

第 11 章　测控电路设计实例

导读

动力调谐陀螺仪将敏感单元与执行单元集成在一起，适合于作为测控电路实现测控系统的对象。动力调谐陀螺仪再平衡回路（陀螺仪读出系统）的每一个功能模块，都是测控电路前面章节讲述过的内容，本章将以再平衡回路为例，阐述如何设计测控电路来实现陀螺仪再平衡控制系统。

本章知识点

- 模拟再平衡回路系统的设计方法
- 模拟再平衡回路系统中各功能模块的电路设计方法

前面介绍了测控系统常见的单元电路，本章通过一个典型实例来展示测控电路在测控系统中的应用，并讲述其设计思路。

在进行设计前首先要清楚所设计测控系统的组成及其各组成部分的功用、工作原理和技术要求，这些是设计的依据与出发点。随后要考虑怎么实现这些功能并满足其技术要求，为此就要研究它的构成，画出它的框图，进行方案比较。

在确定方案构成后一个重要问题是对测控系统进行建模并基于该模型对系统的各项性能进行理论分析和仿真验证，这一点对于闭环测控系统尤为重要，它为实际系统调试提供方向和原则。通常闭环测控系统是由传感器、测量及控制电路、执行机构共同构成，其中传感器与执行机构以及某些特定测量电路的结构和参数是确定的，所以它们的传递函数比较明确。而测控电路是最灵活的，可以根据需要进行设计、调整，方能使闭环测控系统满足需要的动、静态指标要求。

在确定电路的框图与传递函数后就要进行测控电路的具体设计，包括通频带、阻抗匹配、抗干扰、抑制漂移与自激振荡等方面，器件选用、参数计算、电路布局等。系统构成后还要通过功能与性能的测试来检验所搭建的系统是否符合设计指标要求。上述过程往往需要反复，因为在实践中往往会有许多事先没有估计到的问题，人们的认识也是逐步完善的过程。下面以动力调谐陀螺仪再平衡回路的电路设计为例，按照上面的思路进行说明。

11.1　动力调谐陀螺仪再平衡回路

陀螺仪是惯性导航和惯性制导系统的基本测量元件之一。动力调谐陀螺仪（Dynamically Tuned Gyro，DTG）是一种非液浮、干式弹性支撑、机电性的挠性陀螺，简称动调陀螺。具有结构简单、体积小、重量轻、成本低等优点，广泛地应用于航空、航天、航海及油田勘探开发等军事、民用领域中。陀螺仪模型及实际应用中的动力调谐陀螺仪如图 11-1 所示。

a) 陀螺仪模型

b)动力调谐陀螺仪

图 11-1 陀螺仪

11.1.1 再平衡回路结构

典型的动力调谐陀螺仪再平衡回路系统结构框图如图 11-2 所示，该回路由信号器（差动式电感传感器）、前置放大器、带通滤波电路、相敏解调电路、陷波器、解耦网络、校正网络、功率驱动和力矩器等组成。

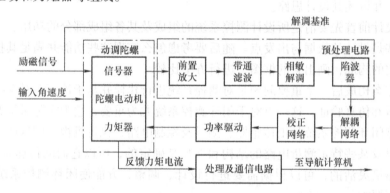

图 11-2 动力调谐陀螺仪再平衡回路系统结构框图

当动力调谐陀螺仪感觉到外界角速率输入时，信号器将产生的与角速度成比例的电压信号，经过电路处理变换成电流信号，送入力矩器，迫使陀螺仪进动。当这一进动的角速度与输入角速度方向相同、大小相等时，陀螺仪主轴达到新的平衡状态，由原来的静止平衡状态过渡到新的运动平衡状态。通常称这一过程为再平衡，反馈回路称为再平衡回路。再平衡回路的作用是保持陀螺自转轴相对于陀螺壳体坐标系的位置；同时，反馈回路中的力矩电流反映了输入角速度的大小，从而实现了对角速度的间接测量。

在再平衡回路中，流经力矩器的电流是连续变化的缓变直流量。为了较精确地测量力矩器电流，同时又便于与数字计算机相配合，一般采用精密电阻对电流信号进行变换，使之成为电压信号，再用 A/D 转换电路将其转变成数字信号，传送至导航计算机。

综上所述，再平衡回路具有下列功能：

1）在陀螺仪随同其载体运动的过程中，保证陀螺转子跟随其壳体运动，防止因主轴进动使陀螺转子与其壳体碰撞而失去测量功能。

2）测量流经力矩器的反馈电流，可间接地获得输入陀螺仪的载体运动角速度的大小。

再平衡回路与陀螺仪一起构成惯性系统中敏感角速度的仪表，它不仅仅是一个锁定回路，也是一个测量回路。作为锁定回路，它应具有良好的动态和稳定性能；作为测量回路，它应具有较高的线性度和稳定性。

11.1.2　模拟再平衡回路的组成

模拟再平衡回路系统组成框图如图 11-3 所示，其中前置放大、带通滤波、相敏解调、解耦校正等环节是对信号器输出信号的处理；功率放大器用于驱动力矩器。在模拟再平衡回路中，流经力矩器的电流是与输入量成正比、连续变化的缓变直流量。为了较精确地测量力矩器电流，同时又便于与数字计算机相配合，一般采用精密电阻对电流信号进行变换，使之转换为电压信号，再用 V/F 或 A/D 转换电路将其转变成数字信号，传送至导航计算机。

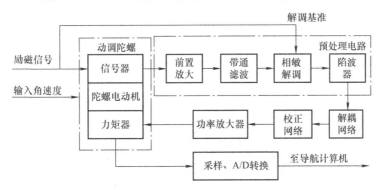

图 11-3　模拟再平衡回路系统组成框图

模拟再平衡回路的主要优点是：线路简单可靠、量化误差小、零偏电流小、锁定回路为线性系统。同时，它也具有明显的缺点：模拟再平衡回路中，力矩器中的电流取决于载体的运动情况，当运动剧烈时力矩器的电流大、功耗大，造成陀螺仪内部力矩器非线性的加剧，使力矩器的刻度因子变化，测量数据产生偏差。

本案例中要求动力调谐陀螺仪具有高动态性，即施矩速率很高，应用于瞬时角速率测量，要求力矩器电流比较大。高动态动力调谐陀螺仪一般工作时施矩速率不高，采用模拟再平衡回路时力矩器电流小、发热小。该陀螺仪即使在某一时刻速率很高、电流很大，但因工作时间短，力矩器发热仍然很小，可以通过补偿等手段缓解力矩器发热问题。同时，模拟再平衡回路容易实现大范围速率跟踪。综合考虑上面因素，本案中采用模拟再平衡回路方案，下面讨论的再平衡回路均为模拟再平衡回路。

11.2　系统建模

再平衡回路的设计首先从系统建模开始，下面将对再平衡回路的各主要环节模型进行介绍。在建立模型的基础上，对系统进行 Bode 图分析，设计出合理的校正环节，以满足系统指标要求。

11.2.1 陀螺模型

动力调谐陀螺仪完整的传递函数模型如图 11-4 所示，动力调谐陀螺仪的陀螺转子相对壳体的偏角 β、α 由角度传感器测量并变换为电信号输出，其标度因数为 K_P；U_x、U_y 分别为 x、y 轴信号器输出电压；作用于陀螺转子上的外力矩 M_x、M_y 主要由力矩电流产生，标度因数为 K_T；I_x、I_y 分别为流经 x、y 轴力矩器线圈的电流。

描述动力调谐陀螺仪结构部分的运动方程为

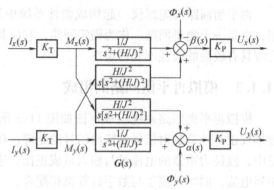

图 11-4 动力调谐陀螺仪传递函数模型

$$\begin{cases} J\ddot{\alpha} - H\ddot{\beta} = M_y - J\ddot{\Phi}_y + H\dot{\Phi}_x \\ J\ddot{\beta} + H\dot{\alpha} = M_x - J\ddot{\Phi}_x - H\dot{\Phi}_y \end{cases}$$

进行拉普拉斯变换，整理得到动力调谐陀螺仪结构部分传递函数：

$$\begin{aligned} \beta(s) &= -\Phi_x(s) + \frac{M_x(s)}{J[s^2 + (H/J)^2]} - \frac{HM_y(s)}{J^2 s[s^2 + (H/J)^2]} \\ \alpha(s) &= -\Phi_y(s) + \frac{M_y(s)}{J[s^2 + (H/J)^2]} + \frac{HM_x(s)}{J^2 s[s^2 + (H/J)^2]} \end{aligned} \tag{11-1}$$

式中，J 为陀螺仪转动惯量；H 为陀螺仪角动量；Φ_x、Φ_y 为陀螺仪壳体相对惯性空间的运动转角在陀螺仪壳体坐标系 $oxyz$ 的 ox 和 oy 轴上的分量；α、β 为陀螺转子自转轴绕陀螺仪壳体坐标系 $oxyz$ 的 ox 轴正向和 oy 轴正向相对驱动轴的转角；M_x、M_y 为作用于陀螺转子上的外力矩 M 在陀螺仪壳体坐标系 $oxyz$ 的 ox 和 oy 轴上的分量。

经过陀螺仪表头参数辨识得到，J 的参数值为 $1.512 \times 10^{-6} \text{kg} \cdot \text{m}^2$，$H$ 的参数值为 $1.9 \times 10^{-3} \text{kg} \cdot \text{m}^2/\text{s}$。

式（11-1）表示动力调谐陀螺仪结构部分的传递函数，其中 $H/\{J^2 s[s^2 + (H/J)^2]\}$ 项表示陀螺仪的进动特性，即一个轴上的作用力矩产生绕另一个轴上的转动，是陀螺仪的主传输项；$1/\{J[s^2 + (H/J)^2]\}$ 项表示陀螺仪的刚体特性，即一个轴上的作用力矩产生绕同一轴的转动，是不希望存在的陀螺仪耦合项。以 $G(s)$ 表示这两种动力学效应，即

$$G(s) = \begin{pmatrix} \dfrac{1/J}{s^2 + (H/J)^2} & \dfrac{-H/J^2}{s[s^2 + (H/J)^2]} \\ \dfrac{H/J^2}{s[s^2 + (H/J)^2]} & \dfrac{1/J}{s^2 + (H/J)^2} \end{pmatrix}$$

将式（11-1）写成状态矩阵形式：

$$\begin{pmatrix} \beta(s) \\ \alpha(s) \end{pmatrix} = - \begin{pmatrix} \Phi_x(s) \\ \Phi_y(s) \end{pmatrix} + G(s) \begin{pmatrix} M_x(s) \\ M_y(s) \end{pmatrix} \tag{11-2}$$

11.2.2 解耦网络模型

工作在力平衡状态下的动调陀螺，当输入角速度为 0 时，若忽略剩余刚度、阻尼力矩、

干扰力矩等引起的误差，则陀螺转子相对于惯性空间的位置保持不变；当输入角速度不为 0 时，该角速度对时间积分形成一个角度，这个角度由信号器探测，经过再平衡回路产生输入陀螺力矩器的控制信号，使转子进动，跟踪输入角速度。从理想上，希望沿某一轴的输入角速度与其相应的输出角度具有单一对应关系，陀螺转子偏角中不存在交叉耦合成分。然而，由于陀螺仪机械结构上的原因，两个测量轴之间总是存在交叉耦合。为了消除这种耦合，需要在两条回路之间加入"解耦"网络。

11. 2. 2. 1　多变量解耦控制理论

多变量系统的解耦控制是随着现代控制技术的发展，在生产实践中产生和发展起来的。耦合是多变量控制系统中普遍存在的现象，所谓解耦控制，就是控制指令可以仅对一个输出有控制作用。系统解耦后，变成若干个相互独立的单回路（单输入单输出）。进而可以利用已经成熟的单变量控制技术来完成多变量系统的设计。

工程中常用前置补偿解耦方式来解除多变量控制中出现的耦合。前置补偿解耦也称为串联解耦，就是在原反馈系统的前向通道中串联一个补偿器 $D(s)$，使闭环传递矩阵 $G_f(s)$ 为要求的对角形矩阵 $G'(s)$。该方法包括矩阵求逆解耦、不变性解耦和对角线解耦三种。串联补偿解耦结构如图 11-5 所示。图中 $G(s)$ 为受控对象的传递矩阵，$H(s)$ 为输出反馈矩阵，$D(s)$ 为解耦矩阵。下面简单介绍常见的三种解耦方式。

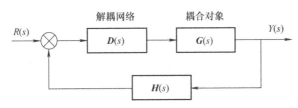

图 11-5　串联补偿解耦结构图

1. 矩阵求逆解耦

设各传递矩阵的每一个元素均为有理分式。由图 11-5 可以得到系统的闭环传递矩阵为

$$G_f(s) = [I + G_p(s)H]^{-1} G_p(s) = G'(s)$$

变换得到

$$G_p(s) = G'(s) [I - HG'(s)]^{-1}$$

式中，$G_p(s) = D(s)G(s)$ 为前向通道增益，I 为单位矩阵。

于是可以得到补偿器的传递函数如下：

$$D(s) = G^{-1}(s)G'(s) [I - HG'(s)]^{-1}$$

在单位反馈的情况下，$H = I$，则

$$D(s) = G^{-1}(s)G'(s) [I - G'(s)]^{-1}$$

一般情况下，只要 $G(s)$ 是非奇异的，系统就可以通过解耦网络实现解耦控制，并改变控制通道的特性。换句话说，$\det G(s) \neq 0$ 是可以通过串联补偿器实现解耦控制的一个充分条件。

设 $G(s) = \begin{pmatrix} G_{11}(s) & G_{12}(s) \\ G_{21}(s) & G_{22}(s) \end{pmatrix}$，$D(s) = \begin{pmatrix} D_{11}(s) & D_{12}(s) \\ D_{21}(s) & D_{22}(s) \end{pmatrix}$，则双输入双输出系统解耦网络与耦合对象的关系如图 11-6 所示。该方法既可以保留，也可以改变对角元，即改变目标矩阵的特性。

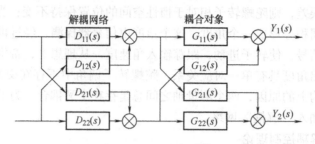

图 11-6　矩阵求逆解耦

2. 不变性解耦

不变性解耦也称简化解耦，是因其解耦网络相对于可逆性解耦简单。其基本结构如图 11-7 所示。

可以看到，简化后的解耦网络 $D(s) = \begin{pmatrix} 1 & D_{12}(s) \\ D_{21}(s) & 1 \end{pmatrix}$，为了对原矩阵进行解耦，只需满足 $G(s)D(s) = \begin{pmatrix} G_{11}(s) & G_{12}(s) \\ G_{21}(s) & G_{22}(s) \end{pmatrix} \times \begin{pmatrix} 1 & D_{12}(s) \\ D_{21}(s) & 1 \end{pmatrix}$ 为对角阵，即要求反对角线上元素为 0 即可。

经过计算解耦网络各元素的计算结果为

$$D(s) = \begin{pmatrix} D_{11}(s) & D_{12}(s) \\ D_{21}(s) & D_{22}(s) \end{pmatrix} = \begin{pmatrix} 1 & -\dfrac{G_{12}(s)}{G_{11}(s)} \\ -\dfrac{G_{21}(s)}{G_{22}(s)} & 1 \end{pmatrix}$$

$G(s)$、$D(s)$ 相乘得到一个对角型矩阵。

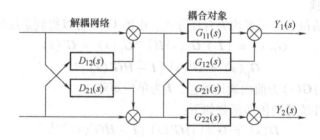

图 11-7　不变性解耦

3. 对角线解耦

对角线矩阵解耦的原理是通过增加解耦环节，使得被控系统原传递函数矩阵的主对角线不变。如图 11-8 所示。

即要求下面等式成立：

$$G(s)D(s) = \begin{pmatrix} G_{11}(s) & 0 \\ 0 & G_{22}(s) \end{pmatrix}$$

当矩阵 $G(s)$ 为非奇异矩阵时，即 $|G(s)| \neq 0$ 时，由上式可以解出：

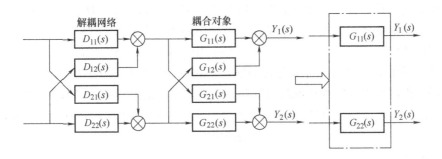

图 11-8　对角线解耦

$$D(s) = G^{-1}(s) \begin{pmatrix} G_{11}(s) & 0 \\ 0 & G_{22}(s) \end{pmatrix}$$

在了解了多变量系统的解耦控制理论的基础上，下面介绍动力调谐陀螺仪再平衡回路的全解耦理论及其实现方案。

11.2.2.2　解耦模型及其实现

动力调谐陀螺仪再平衡回路模型如图 11-9 所示，其中 $K_{PC}(s)$ 为两个回路信号预处理线路的传递函数，包括仪用放大、带通滤波、相敏解调和陷波电路。其中，设置仪用放大器增益 K_1 的参考值为 $6 \sim 8$，相敏解调（倍率 m_1 参考值为 0.1）、低通滤波 $H_1(s)$、功率放大 K_2、电路增益的参考值为 0.5。$K(s)$ 为校正和功率放大部分的联合传递函数；K_T 为力矩器的转换系数。调制与解调这两个过程中，信号经过加载和卸载后的增益为

$$K_3 = \frac{1}{2} m_1 A^2$$

式中，A 为载波信号的幅值即 1/2 峰峰值。

低通滤波电路的传递函数为

$$H_1(s) = \frac{K_P \omega_0^2}{s^2 + \frac{1}{Q}\omega_0 s + \omega_0^2}$$

式中，K_P 为信号器的转换系数。另外，控制解耦环节传递函数矩阵为

$$D(s) = \begin{pmatrix} D_{11}(s) & D_{12}(s) \\ D_{21}(s) & D_{22}(s) \end{pmatrix}$$

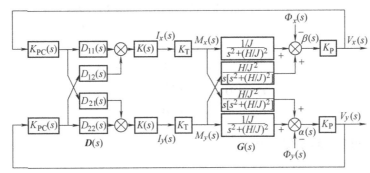

图 11-9　动力调谐陀螺仪再平衡回路模型

陀螺仪的进动特性表现在交叉轴上，耦合特性表现在同轴上，$D_{12}(s)$ 和 $D_{21}(s)$ 为实现交叉轴锁定的主传输项，而 $D_{11}(s)$ 和 $D_{22}(s)$ 为实现同轴补偿的解耦项。

消除回路的检测控制量（即陀螺转子偏角）中的耦合成分称为控制解耦；消除回路的输出量（即反馈电流）中的耦合成分称为输出解耦。同时实现控制解耦和输出解耦称为全解耦。采用解耦网络 $D(s)$ 可实现控制解耦，但不能实现输出解耦。输出解耦可以通过剔除采样数据中的耦合来实现。利用单一的解耦网络无法实现对转子偏角和反馈电流的同时解耦。为了实现全解耦，可以选择采用双解耦网络的方法。

1. 控制解耦的实现

再平衡回路首先必须保证系统工作的稳定性，满足一定的动静态指标。为此，应优先按照控制解耦的要求选择解耦阵，从而在闭环中消除转子偏角的耦合。反馈电流是输入角速度的度量，经过采样后，送入计算机对数据进行处理。因此，输出解耦可采用开环解耦方案，即对输入力矩器线圈中的反馈电流进行采样、隔离，经另一解耦网络解耦后送入信息处理系统。反馈电流中的耦合表现为采样数据中的耦合，因此，剔除反馈电流中的耦合成分对系统影响可由软件方式实现。

由图 11-9 所示的闭环反馈控制系统可得反馈力矩为

$$\begin{pmatrix} M_x \\ M_y \end{pmatrix} = - K_\mathrm{P} K_\mathrm{PC}(s) \boldsymbol{D}(s) \boldsymbol{K}(s) K_\mathrm{T} \begin{pmatrix} \beta(s) \\ \alpha(s) \end{pmatrix} \tag{11-3}$$

将式（11-3）代入式（11-2），整理后得：

$$\begin{pmatrix} \beta(s) \\ \alpha(s) \end{pmatrix} = \left[1 + K_\mathrm{P} K_\mathrm{PC}(s) \boldsymbol{D}(s) \boldsymbol{K}(s) K_\mathrm{T} \boldsymbol{G}(s) \right]^{-1} \left(- \frac{1}{s} \right) \begin{pmatrix} \dot{\Phi}_x(s) \\ \dot{\Phi}_y(s) \end{pmatrix} \tag{11-4}$$

对转子偏角实现控制解耦，要求 $\left[1 + K_\mathrm{T} K K_\mathrm{PC}(s) K_\mathrm{P} \boldsymbol{G}(s) \boldsymbol{D}(s) \right]^{-1}$ 为对角阵，也即要求 $\boldsymbol{G}(s)\boldsymbol{D}(s)$ 为对角阵。根据动力调谐陀螺仪两轴对称性，还要求对角阵的主对角线元素相等。因为

$$\boldsymbol{G}^{-1}(s) = \begin{pmatrix} Js^2 & Hs \\ -Hs & Js^2 \end{pmatrix}$$

考虑实现 II 型系统（即能够以常值偏角跟踪角加速度输入，以零偏角跟踪常值角速度输入的系统），取控制解耦矩阵为

$$\boldsymbol{D}(s) = \begin{pmatrix} D_{11}(s) & D_{12}(s) \\ D_{21}(s) & D_{22}(s) \end{pmatrix} = \begin{pmatrix} \dfrac{J}{H} & \dfrac{1}{s} \\ -\dfrac{1}{s} & \dfrac{J}{H} \end{pmatrix}$$

此时有

$$\boldsymbol{G}(s)\boldsymbol{D}(s) = \begin{pmatrix} \dfrac{1}{Hs^2} & 0 \\ 0 & \dfrac{1}{Hs^2} \end{pmatrix}$$

代入式（11-4）可得，转子偏角为

$$\begin{pmatrix} \beta(s) \\ \alpha(s) \end{pmatrix} = \frac{1}{1 + \dfrac{K_{\mathrm{T}}K(s)K_{\mathrm{PC}}(s)K_{\mathrm{P}}}{Hs^2}} \begin{pmatrix} 1 & 0 \\ 0 & 1 \end{pmatrix} \left(-\frac{1}{s} \right) \begin{pmatrix} \dot{\Phi}_x(s) \\ \dot{\Phi}_y(s) \end{pmatrix} \tag{11-5}$$

反馈电流为

$$\begin{pmatrix} I_x(s) \\ I_y(s) \end{pmatrix} = K_{\mathrm{P}}K_{\mathrm{PC}}(s)\boldsymbol{D}(s)K(s) \begin{pmatrix} \beta(s) \\ \alpha(s) \end{pmatrix}$$

$$= \frac{K(s)K_{\mathrm{PC}}(s)K_{\mathrm{P}}}{1 + \dfrac{K_{\mathrm{T}}K(s)K_{\mathrm{PC}}(s)K_{\mathrm{P}}}{Hs^2}} \begin{pmatrix} \dfrac{J}{H} & \dfrac{1}{s} \\[2mm] -\dfrac{1}{s} & \dfrac{J}{H} \end{pmatrix} \left(-\frac{1}{s} \right) \begin{pmatrix} \dot{\Phi}_x(s) \\ \dot{\Phi}_y(s) \end{pmatrix} \tag{11-6}$$

由式（11-5）可见，控制解耦剔除了转子偏角中的耦合成分，复现了理想的偏角响应。但由式（11-6）可知，反馈电流中的耦合成分仍然存在。这就说明，先考虑控制解耦则不能同时实现输出解耦，也就是说，从物理上不能同时实现控制解耦和输出解耦（全解耦）。为了使模拟再平衡回路获得更高的精度，这里要优先考虑控制解耦。

模拟再平衡回路的力矩电流由精密采样电阻转化为电压输出，如果采用硬件电路来实现输出解耦，由于硬件电子元器件不可避免地存在漂移，势必会降低输出解耦的精度。鉴于上面的考虑，可采用软件方式实现输出解耦。

2. 输出解耦的实现

输出解耦的传递函数结构图如图 11-10 所示。由于控制解耦引入的输出电流耦合可以通过添加输出解耦网络得到补偿。补偿后，X 轴输入角速度与 Y 轴力矩电流一一对应，Y 轴输入角速度与 X 轴力矩电流一一对应，正确反映了陀螺的进动特性。

为了消除反馈电流中的耦合成分，在选择控制解耦网络 $\boldsymbol{D}(s) = \begin{pmatrix} J/H & 1/s \\ -1/s & J/H \end{pmatrix}$ 的前提下，假设从 $I_x(s)$、$I_y(s)$ 两端引入输出解耦网络 $\boldsymbol{P}(s) = \begin{pmatrix} P_{11}(s) & P_{12}(s) \\ P_{21}(s) & P_{22}(s) \end{pmatrix}$，根据对角线矩阵解耦原理，并考虑到动力调谐陀螺仪的轴对称性，使经 $\boldsymbol{P}(s)$ 输出解耦后反馈电流的输出 $\begin{pmatrix} I_{ox}(s) \\ I_{oy}(s) \end{pmatrix}$ 满足：

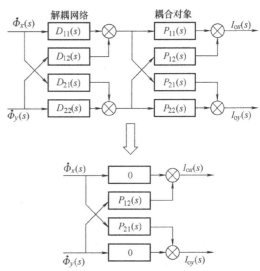

图 11-10　输出解耦传递函数结构图

$$\begin{pmatrix} I_{ox}(s) \\ I_{oy}(s) \end{pmatrix} = \boldsymbol{P}(s) \begin{pmatrix} I_x(s) \\ I_y(s) \end{pmatrix} = \begin{pmatrix} 0 & -g(s) \\ g(s) & 0 \end{pmatrix} \left(-\frac{1}{s} \right) \begin{pmatrix} \dot{\Phi}_x(s) \\ \dot{\Phi}_y(s) \end{pmatrix} \tag{11-7}$$

式中，$g(s) \neq 0$。将满足控制解耦的反馈电流表达式（11-6）代入式（11-7），得：

$$P(s) \frac{K(s)K_{PC}(s)K_P}{1 + \frac{K_T K(s)K_{PC}(s)K_P}{Hs^2}} \begin{pmatrix} \frac{J}{H} & \frac{1}{s} \\ -\frac{1}{s} & \frac{J}{H} \end{pmatrix} \left(-\frac{1}{s}\right) \begin{pmatrix} \dot{\Phi}_x(s) \\ \dot{\Phi}_y(s) \end{pmatrix} = \begin{pmatrix} 0 & -g(s) \\ g(s) & 0 \end{pmatrix} \left(-\frac{1}{s}\right) \begin{pmatrix} \dot{\Phi}_x(s) \\ \dot{\Phi}_y(s) \end{pmatrix}$$

简化表达式，得：

$$P(s) \begin{pmatrix} \frac{J}{H} & \frac{1}{s} \\ -\frac{1}{s} & \frac{J}{H} \end{pmatrix} = \begin{pmatrix} 0 & -h(s) \\ h(s) & 0 \end{pmatrix}$$

式中

$$h(s) = \frac{\left(1 + \frac{K_T K(s)K_{PC}(s)K_P}{Hs^2}\right)g(s)}{K(s)K_{PC}(s)K_P}$$

于是可以得到：

$$P(s) = \begin{pmatrix} 0 & -h(s) \\ h(s) & 0 \end{pmatrix} \times \begin{pmatrix} \frac{J}{H} & \frac{1}{s} \\ -\frac{1}{s} & \frac{J}{H} \end{pmatrix}^{-1}$$

对照耦合矩阵中的反对角线上元素，令 $h(s) = -1/s$，不难推出输出解耦矩阵为

$$P(s) = \begin{pmatrix} P_{11}(s) & P_{12}(s) \\ P_{21}(s) & P_{22}(s) \end{pmatrix} = \begin{pmatrix} \dfrac{\left(\frac{H}{J}\right)^2}{s^2 + \left(\frac{H}{J}\right)^2} & \dfrac{\frac{Hs}{J}}{s^2 + \left(\frac{H}{J}\right)^2} \\ \dfrac{-\frac{Hs}{J}}{s^2 + \left(\frac{H}{J}\right)^2} & \dfrac{\left(\frac{H}{J}\right)^2}{s^2 + \left(\frac{H}{J}\right)^2} \end{pmatrix}$$

经此矩阵解耦后，计算机获得的实际输入电流为

$$\begin{pmatrix} I_{ox}(s) \\ I_{oy}(s) \end{pmatrix} = P(s) \begin{pmatrix} I_x(s) \\ I_y(s) \end{pmatrix} = \frac{K(s)K_{PC}(s)K_P}{1 + \frac{K_T K(s)K_{PC}(s)K_P}{Hs^2}} \begin{pmatrix} 0 & \frac{1}{s} \\ -\frac{1}{s} & 0 \end{pmatrix} \left(-\frac{1}{s}\right) \begin{pmatrix} \dot{\Phi}_x(s) \\ \dot{\Phi}_y(s) \end{pmatrix} \quad (11\text{-}8)$$

比较式（11-8）与式（11-6）可以看出，两者具有相同的主传递结构，而式（11-8）中消除了反馈电流中的耦合项。

11.2.3 校正网络设计及系统仿真

陀螺仪的再平衡回路是实现陀螺自锁定的闭环回路，是一个典型随动系统。通过校正，系统应该达到一定指标要求。对再平衡回路的基本要求可以归纳为

1）闭环稳定，并具有一定的幅值和相角稳定裕度。

2）满足规定的动、静态指标。静态指标是指系统在角度常值、速率和角加速度输入信号下的稳态偏差；良好的动态指标是指系统及时跟踪角速率变化的能力，具有足够的带宽。

3）能提供足够的加矩电流，平衡最大的输入角速度，在承受最大角加速度时转子偏角

不超过规定的范围。

在确定系统模型的基础上，需要进一步确定校正环节。对系统进行 Bode 图分析，为电路实现提供理论指导。系统开环传递函数矩阵为

$$\boldsymbol{P}(s) = K_{\mathrm{T}}\boldsymbol{G}(s)K_{\mathrm{P}}\boldsymbol{D}(s)\boldsymbol{K}(s)K_{\mathrm{PC}}(s) = K_{\mathrm{T}}K_{\mathrm{P}}K(s)K_{\mathrm{PC}}(s)\begin{pmatrix} \dfrac{1}{Hs^2} & 0 \\ 0 & \dfrac{1}{Hs^2} \end{pmatrix}$$

等效的单回路开环传递函数为

$$p(s) = \frac{K_{\mathrm{T}}K_{\mathrm{P}}K(s)K_{\mathrm{PC}}(s)}{Hs^2} \tag{11-9}$$

1. 系统静态性能

动力调谐陀螺仪再平衡回路要求无差跟踪阶跃角速率输入，以较小的角度偏差跟踪常值角加速度信号。这就要求开环低频增益足够大，且系统为 Ⅱ 型系统。由开环传递函数式 (11-9) 可以得到：①在阶跃角度输入情况下，$r(t) = r_0$，稳态误差 $e_{ss} = 0$；②在角度斜坡输入情况下，$r(t) = V_0 t$，稳态误差 $e_{ss} = 0$；③在具有角加速度输入情况下，$r(t) = a_0 t^2/2$，稳态误差 $e_{ss} = a_0/K_{\mathrm{G}}$，其中 $K_{\mathrm{G}} = \lim\limits_{s \to 0} s^2 p(s) = K_{\mathrm{T}}K_{\mathrm{P}}KK_{\mathrm{PC}}/H$ 为静态误差系数。上面表述可以看出，只要保证足够的开环增益，本系统就可以基本满足静态性能的要求。

2. 系统动态性能

陀螺再平衡回路系统的动态性能指标主要考虑带宽，同时还要兼顾相角裕度和幅值裕度。

3. 稳定性能

为了保证系统的稳定性，要设计良好的系统应具有45°左右的相角裕度。

在引入校正网络前，系统的开环传递函数为

$$p_1(s) = \frac{K_{\mathrm{T}}K_{\mathrm{P}}K_{\mathrm{PC}}(s)}{Hs^2}$$

式中，$K_{\mathrm{T}} = 15\mathrm{mA}/(°/\mathrm{s})$，

$\quad\quad K_{\mathrm{P}} = 0.1\mathrm{mV}/(°/\mathrm{s})$。

$$K_{\mathrm{PC}}(s) = \frac{-1.442\mathrm{e}^7}{s^2 + 4092s + 1.08\mathrm{e}^7}$$

综合考虑再平衡回路的要求，兼顾系统的稳定性、动态性能，这里选择超前校正网络来实现对系统整体性能的校正。校正网络传递函数 $K(s)$ 设计参考为

$$K(s) = -\frac{0.02s + 1}{0.0009s + 1}$$

在方案论证中，经常采用计算机仿真的方法来预测所构建的系统性能。图 11-11 ~ 图 11-14 是校正前、后系统开环频率特性及阶跃、斜坡响应曲线。

图 11-11 所示是添加校正前的系统开环频率特性，可以看出，校正前系统的相角裕度为负，系统不稳定。

图 11-12 所示是添加校正环节后系统开环频率特性，系统相角裕度、幅值裕度均为正，系统稳定。

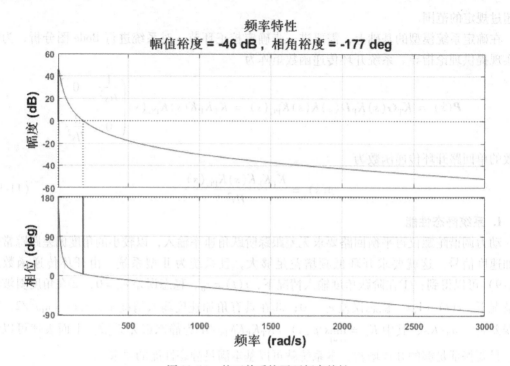

图 11-11　校正前系统开环频率特性

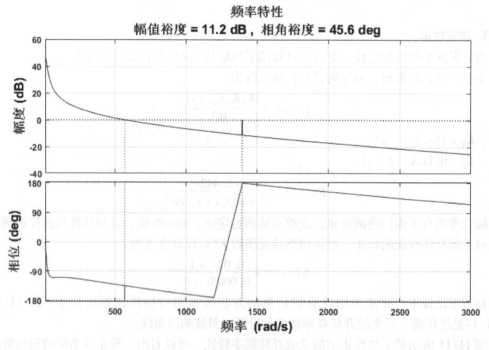

图 11-12　校正后系统开环频率特性

图 11-13 所示是校正后的阶跃响应曲线，系统对阶跃输入较快响应，并快速收敛，系统稳定。

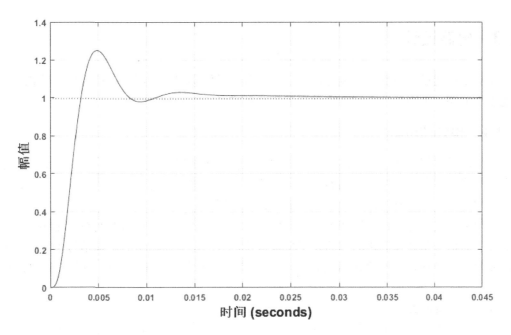

图 11-13　校正后阶跃响应曲线

图 11-14 所示是系统斜坡响应曲线，系统能够无差跟踪速度信号输入。

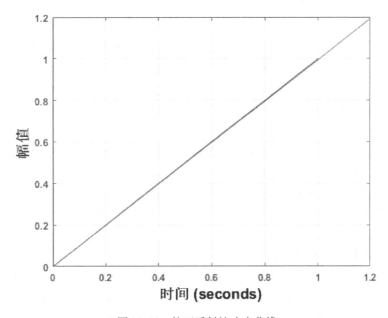

图 11-14　校正后斜坡响应曲线

　　综合图 11-11 ~ 图 11-14 结果可以看出，添加超前网络校正后，系统相位裕度、幅值裕度有较大的提高；系统动态响应速度较快；对速度信号可以实现完全跟踪；基本满足了系统的动、静态指标要求，达到了预期目的。下面给出再平衡回路的具体电路实现方案。

11.3 电路设计

在对系统建模、仿真后，再进行系统各环节的具体实现，将测量、控制环节转化为各个功能模块电路。下面分别介绍系统实现的电路形式。

11.3.1 预处理电路

动力调谐陀螺仪通过信号器来检测陀螺转子相对陀螺仪壳体的偏摆信号。常见的信号器有变压器式传感器、电感式传感器、电容式传感器、光电式传感器等，考虑到动力调谐陀螺仪的结构特点，本案例中使用的是差动电感式传感器。

差动电感式传感器将陀螺转子相对陀螺仪壳体的偏摆信号转化为调制在一定频率上的调幅信号。而信号预处理电路的目的在于将该偏摆信号从信号器输出的调幅信号中准确提取出来。通常，信号预处理电路包括前置放大器、带通滤波器、相敏解调电路和陷波电路四个部分。

11.3.1.1 前置放大器

信号预处理的第一个环节是前置放大器，用于对陀螺内部电感传感器输出的微弱电压信号进行测量放大，以提高信噪比，便于阻抗匹配。

前置放大器的结构形式是由传感器类型、应用环境等因素综合决定。这些因素要求运算放大器及放大电路达到一定的指标要求。

1. 静态指标

静态指标包括：①较小的输入偏置电流 I_b、输入失调电流 I_{0s}、输入失调电压 u_{0s} 以及低的热漂移 Δu_{0s} 等。②较低的交流噪声密度，即单位带宽的噪声电压 U_n 和噪声电流 I_{sh}。③高共模输入范围以及高共模抑制比 CMRR。④稳定的放大倍数。⑤较好的线性度。⑥合适的输入输出阻抗，与传感器匹配。

2. 动态指标

动态指标包括：①足够大的增益带宽积 GBP，保证足够快的响应速度。②较高的转换速率 SR 和较快的建立时间 t_s，能够不失真地放大高速信号。

本案例中，由电感传感器输入的是调制在较高载波频率上的调幅信号，信号较为微弱（mV 级），测试环境中具有较强的噪声，且测试需要长时间工作，温度的影响不可忽略。对放大电路提出了较高的要求。

结合本案例的特点，得到下面几点结论：

1）在本案例应用环境中，热噪声、电源噪声等在地线中幅值较大，严重影响系统的测量精度。为了减小系统的电子噪声，前置放大器需要具有足够高的共模抑制比，用于精确放大一个存在大的共模分量的毫伏级小信号，最大限度地抑制共模噪声信号，放大差模输入信号。

2）所设计系统应用于惯性导航的精密测试系统，累积误差是主要的误差来源。虽然闭环系统可以一定程度上减小因器件漂移引起的误差，但仍要求前置放大电路中产生的误差尽可能小，避免误差在再平衡回路的下面各个环节中逐级放大，并在输出角速度中随着积分增长。这就要求放大电路的输入偏置电流、输入失调电流、输入失调电压、交流噪声密度等保持在较小量级。

3）动力调谐陀螺仪电感传感器输出信号为较高频率（10～20kHz）的调幅信号，要求放大电路具有足够的带宽、稳定的增益。当陀螺转子刚好接触到限动器的时候，前置放大器输出不能饱和，这就要求前置放大器的倍数不能太大，一般取 10 倍左右。具有足够高的共模、差模输入阻抗，很低的输出阻抗。

除了上面提到的，还需要考虑增益调整方便等方面的因素。综合上面的各方面考虑，一般差分放大器可以满足上面前两条要求。然而，它不能满足第 3 个要求，即其差模、共模输入电阻均为有限的，会造成带负载能力差，同时也会降低整个电路的共模抑制比。可以通过在放大器前面设置两个高输入阻抗的缓冲器消除这个缺陷。另外差分放大电路的电阻要精确匹配，调整起来较为困难，可以在两个高输入阻抗的缓冲器做一些结构改进，仅通过调节一个电阻来调节放大器的放大倍数。这样，就形成了如图 11-15 所示三运放结构仪用放大器。

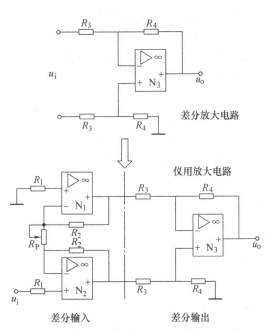

图 11-15　三运放结构仪用放大器电路原理图

差动式输入可以有效地抑制共模干扰和温漂，输入级的放大器跟随隔离保证了两端阻抗的平衡以及与传感器阻抗的匹配。

该电路可以分为两级：差分输入级和差分输出级。

第一级差分输入增益：
$$K_1 = \frac{2R_2 + R_P}{R_P}$$

第二级差分输出增益：
$$K_2 = \frac{R_4}{R_3}$$

这时放大器总的传递函数表达式为

$$K(s) = \frac{u_o(s)}{u_i(s)} = \frac{R_4}{R_3}\left(\frac{2R_2}{R_P} + 1\right) \tag{11-10}$$

由式（11-10）看出，前置放大器增益仅取决于电阻 R_P，通过选择高质量精密电阻就可以得到精确的增益。输入级缓冲器采取同相放大结构，输入电阻极高，输出级的输出电阻极低。同时，电路的共模抑制比也保持最大。因此仪用放大器满足前面列举的全部要求，达到了既定的设计要求。

11.3.1.2　带通滤波

在对信号器输出信号进行前置放大后，需要进一步滤除来自环境、器件本身的干扰。就需要使用带通滤波电路对输入的调幅信号进行选频放大。

通常，RC 有源滤波器，特别是二阶有源滤波器应用最为广泛。它结构简单，并易于构成各种高阶滤波器。有源滤波器的设计主要包括传递函数的确定、电路结构的选择及器件的选择。

1. 滤波器特性逼近方式选择

滤波器设计的第一步就是按照应用要求，选择一种逼近方法。常见的逼近方式有巴特沃斯逼近、贝塞尔逼近、切比雪夫逼近等。其中巴特沃斯逼近在通带内幅频特性较为平坦，随着电路阶数 n 的增加逐渐逼近理想的矩形，但相频特性随电路阶数增加线性度变差。切比雪夫逼近则是追求幅频特性过渡带陡峭，允许通带内有一定波动。贝塞尔滤波器则着重于通带内相频特性线性度最高，群时延函数接近于常量，相位失真最小。

本案例中对电感传感器输出的调幅信号进行滤波，要求在载波中心频率附近的信号都能无阻碍通过，对过渡带要求不高，通带内幅频特性平坦。这里选择巴特沃斯逼近方式，电路阶数取二阶，相位失真较小。

2. 电路结构选择

RC 有源滤波器常见的实现形式有压控电压源滤波电路、无限增益多路反馈型滤波电路、双二阶环滤波电路等。其中压控电压源滤波电路通过引入正反馈补偿 RC 网络中的能量损耗，结构简单，易于调整；但是过大的反馈量可能降低系统的稳定性。双二阶环电路性能稳定，调整非常方便，但是结构复杂，元器件数目过多。本案例中采用无限增益多路反馈型滤波电路，该结构具有元器件数目少、稳定性高等优点。但对其中有源器件要求较高，即要求运放具有极高的开环增益，且当输入信号频率较高时，运放需要有较高单位增益带宽。一般这种结构滤波电路的 Q 值不超过 10。

本案例中，为了保证有用信号尽可能通过，对滤波器的选频特性要求不高，不需要过高的 Q 值进行窄带滤波。另外，案例中需要对调制在载波频率（10~20kHz）的调幅信号进行带通滤波，对运算放大器单位增益带宽要求不高。无限增益多路反馈型滤波电路结构能满足系统需求。实际使用的带通滤波器结构如图 5-17c 所示，采用二阶无限增益多路反馈滤波器，选频通过前置放大器输出的调幅信号。

该电路的传递函数见式（5-12）。其固有频率 ω_0、增益 K_P 和阻尼 α 或品质因数 Q 由电路元件确定，见表5-4。合理选择电路参数，使 ω_0 等于调制频率，品质因数 Q 一般取1，这样电路的通带宽度较宽，即使励磁频率发生变化或者元件老化引起中心频率偏移，也可以保证励磁频率无阻挡通过。

11.3.1.3 相敏检波电路

陀螺仪信号器输出偏摆信号是调制在励磁信号（载波信号）上的调幅信号，经过前置放大和带通滤波后，需要采用检波电路将调幅信号还原为与陀螺转子相对陀螺壳体偏摆呈线性关系的电压信号。

检波电路包括包络检波和相敏检波两种，包络检波不具备判别信号相位和频率的能力，所以通常采用相敏检波。常用的相敏检波电路有相乘式相敏检波电路、开关式相敏检波电路、相加式相敏检波电路等。此处采用相乘式相敏检波电路（见图 11-16）。相敏检波电路的主要特点是：除了要有调幅信号外，还要有一个参考信号。通过参考信号可以用来鉴别输入信号的相位和频率，同时作为参考信号需要具有和输入信号一样的频率，因此在实际电路中采用励磁信号作为参考信号。

设偏角信号为 $r(t)$，载波信号（励磁信号）为 $m(t)=U_m\sin\omega t$，由前置放大器输入的信号为 $x(t)=kU_m r(t)\sin\omega t$，参考信号为 $u_c(t)=U_c\sin\omega t$。检波输出：

$$u_{\mathrm{m}}(t) = kk_{\mathrm{m}}U_{\mathrm{m}}U_{\mathrm{c}}r(t)\sin^2\omega t$$

$$= \frac{kk_{\mathrm{m}}U_{\mathrm{m}}U_{\mathrm{c}}r(t)(1-\cos2\omega t)}{2} \tag{11-11}$$

式中，k 为增益值；k_{m} 为模拟乘法器系数。偏角信号 $r(t)$ 频率一般较低。从式（11-11）可以看出，经过模拟乘法器信号由载波频率二倍频信号和低频信号组成。再经过中心频率为载波频率二倍频的陷波器（带阻滤波器），输出信号为

$$u_{\mathrm{o}}(t) = \frac{kk_{\mathrm{m}}U_{\mathrm{c}}U_{\mathrm{m}}r(t)}{2} \tag{11-12}$$

由式（11-12）可见，调制信号经过模拟乘法器和陷波器后，复现了陀螺转子的偏角信息。

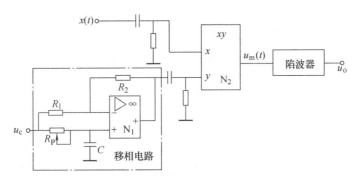

图 11-16　相敏检波电路

实际中需要注意的是，调幅信号经过线路传输和带通滤波会产生一定的附加相移，为了保证检波精度，需要添加移相电路对参考信号移相以抵消附加相移的影响，保证检波输出的准确性。移相电路传递函数为

$$H(s) = \frac{R_1 - R_2 R_{\mathrm{P}} Cs}{R_1(R_{\mathrm{P}} Cs + 1)} \tag{11-13}$$

选取 $R_1 = R_2$，则有

$$H(s) = \frac{1 - R_{\mathrm{P}} Cs}{1 + R_{\mathrm{P}} Cs}, \ |H(s)| = 1$$

可以得到相位调整函数：

$$\varphi = -2\arctan\omega R_{\mathrm{P}} C$$

调节电阻 R_{P}，可以实现相位从 $-180° \sim 0°$ 调节。综上所述，可以得到相敏解调网络的传递函数：

$$H_0(s) = \frac{kk_{\mathrm{m}}U_{\mathrm{c}}U_{\mathrm{m}}}{2}$$

11.3.1.4　陷波器

由前面的推导可以看出，相敏检波电路的输出包括一个与偏摆信号呈线性关系的低频信号和载波二倍频的高频信号。另外，在电路测试中发现，信号器输出的信号还包含一倍电机转子转频的交流信号。该信号虽然不大，但如不抑制也会影响测试精度。所以，为了提取有用信号，需要滤除载波二倍频信号和电机转频干扰信号。

为了不显著改变整个系统的频率特性，影响系统的性能，这里采用陷波网络来滤除载波二倍频和电机转频干扰信号。两组滤波器的组成相同，参数不同。这里采用双 T 带阻滤波器，其电路如图 11-17 所示。

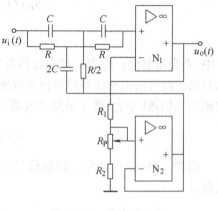

图 11-17　陷波器电路

电路传递函数为

$$H(s) = \frac{1 + (RCs)^2}{1 + 4(1 - k_R)RCs + (RCs)^2}$$

$$= \frac{1 + \left(\dfrac{s}{\omega_0}\right)^2}{\left(\dfrac{s}{\omega_0}\right)^2 + \dfrac{1}{Q}\dfrac{s}{\omega_0} + 1} \qquad (11\text{-}14)$$

式中，ω_0 为陷波中心频率 $\omega_0 = \dfrac{1}{RC}$；k_R 为分压网络传递系数 $k_R = \dfrac{R_2 + R_P}{R_1 + R_2 + R_P}$；$Q$ 为滤波器品质因数 $Q = \dfrac{1}{4(1 - k_R)}$。

由于载波二倍频信号频率较高（10 ~ 40kHz），对系统整体频率特性影响不大，对于载波二倍频信号的陷波可以选择较小 Q 值，取 $Q = 0.5$，这样既能达到较好陷波效果，也能兼顾系统的稳定性。对于电机转频信号的滤波，由于转频干扰较低（100Hz 左右），接近于系统截止频率，会显著影响整个系统的稳定性，因而此处 Q 值可以选择 1.5 或 2。

电路滤波特性受电阻、电容元件的参数影响较大，因此电阻要采用稳定性好的金属膜电阻，电容选用精度较高、稳定性好的聚酯薄膜电容。

11.3.2　校正电路

经过信号预处理以后，需要进行校正电路的设计。校正电路本质就是人为增加零极点，改变系统的幅频、相频特性，以获得需要的性能指标。前面的模型分析中，为了兼顾系统的动态性能与稳定性，采用超前校正方式来对整个系统进行校正，全面提高系统的稳定性、动态性能。反向超前校正网络如图 11-18 所示。

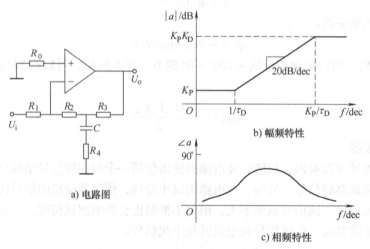

图 11-18　反向超前校正网络

校正电路的传递函数：

$$H(s) = K_P \frac{1 + \tau_D s}{1 + (\tau_D / K_D)s} \tag{11-15}$$

式中，K_P 为比例增益 $K_P = -\dfrac{R_2 + R_3}{R_1}$；$K_D$ 为微分增益 $K_D = 1 + \dfrac{R_2 \,//\, R_3}{R_4}$；$\tau_D$ 为微分时间常

数 $\tau_D = \left(1 + \dfrac{R_2 \,//\, R_3}{R_4}\right)R_4 C$。

11.3.3　控制解耦网络

　　下面进行解耦电路的设计。前面得到控制解耦电路的网络传递函数见式（11-16）。为了便于硬件设计，通常将式（11-16）中的 J/H 合并到系统回路增益中去。

$$D(s) = \begin{pmatrix} \dfrac{J}{H} & \dfrac{1}{s} \\[2mm] -\dfrac{1}{s} & \dfrac{J}{H} \end{pmatrix} = \frac{J}{H}\begin{pmatrix} 1 & \dfrac{1}{\dfrac{J}{H}s} \\[2mm] -\dfrac{1}{\dfrac{J}{H}s} & 1 \end{pmatrix} = \frac{J}{H}\begin{pmatrix} 1 & \dfrac{1}{T_D s} \\[2mm] -\dfrac{1}{T_D s} & 1 \end{pmatrix} \tag{11-16}$$

式中，$T_D = \dfrac{J}{H} = RC$。

　　控制解耦电路的实现形式如图 11-19 所示，它由积分、加法器构成，用于实现传递函数式（11-16）中描述的信号处理功能。

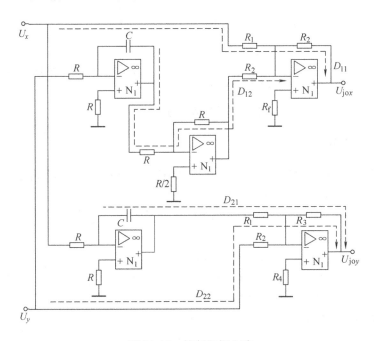

图 11-19　控制解耦电路

控制解耦的设计核心在积分器的设计。它是常规米勒积分器，它具有反向结构，输入回

路元件为电阻，反馈回路元件使用电容。其传递函数可以表达为

$$H(s) = -\frac{1}{RCs}$$

米勒积分器能否精确实现积分运算的关键在于反向端是否为"虚地"，"虚地"现象保证电容器的充电电流正比于输入电压，也保证了电容器两端的电压在数值上等于输出电压。问题是不论什么原因引起反向端偏离"虚地"，都将引起积分误差。换句话说，米勒积分器中没有给电容提供良好的充放电回路，造成积分运算误差。另外，米勒积分器中的 RC 取值范围是有限度的，当取值过小时，积分漂移会随之增大；当取值过大时，电容器漏电和电路寄生参数的影响将有所增强。在实际电路调试中，需要大范围调整积分器的时间常数。米勒积分器的这些问题限制了它在本案例中的应用。

基于上面两点问题考虑，做出如下改进：利用两只运算放大器组件组成如图 11-20 所示积分器，它具有很宽的时间常数取值范围，可以短到 1ns，长到 1000s；同时，该电路中积分电容一端接地，构成了完整的充放电回路，因而积分漂移也较米勒积分器有所改善。

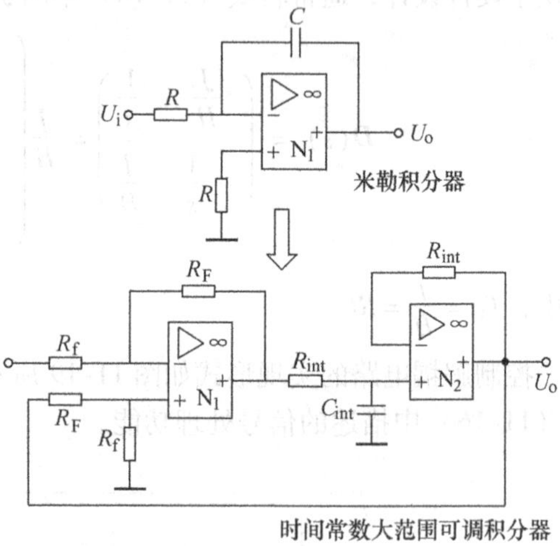

该积分器的传递函数为

$$H(s) = \frac{1}{\dfrac{R_f}{R_F} R_{int} C_{int} s}$$

使用中的积分环节采用积分时间常数范围宽广的运算放大电路。传递函数中

$T_D = \dfrac{R_f}{R_F} R_{int} C_{int}$，可以通过改变比值 $\dfrac{R_f}{R_F}$，在

大范围内调整积分时间常数，有利于解耦参数的实现。

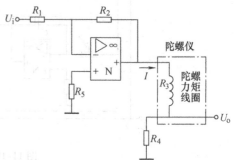

图 11-20　积分器的改进设计

11.3.4　功率放大电路

陀螺转子相对陀螺壳体的偏摆信号经过信号预处理、校正、解耦等环节处理，下一步就需要驱动动力调谐陀螺仪中的执行机构——力矩器，作用于陀螺转子，使转子跟随陀螺壳体运动，起到"锁定"跟踪的作用。

通常，经过前面各个环节处理后的信号功率很小，不足以驱动力矩线圈输出足够的力矩，所以需要对信号进行功率放大，提高再平衡回路的驱动能力。功率放大电路如图 11-21 所示，电路由线性功率放大器组成，输出力矩电流，驱动动力调谐陀螺仪力矩器对陀螺转子施矩。其中 R_4 为力矩电流采样电阻，将再平衡回路输出的力矩

图 11-21　功率放大电路

电流转化为电压，经过滤波、放大后，输出至导航计算机，进行进一步处理，实现对外界角速度的闭环间接测量。功率放大电路的传递函数为

$$H(s) = \frac{I_o}{U_i} = -\frac{R_2}{R_1(R_3 + R_4)} \tag{11-17}$$

11.4　测试实验

在搭建了所开发的电路与系统后，需要通过测试来检验它是否符合设计要求。在方案论证阶段，我们进行了计算机仿真，来预测它的性能。但是仿真是以所建立的模型为基础的，仿真不能检验所建立的模型是否正确适用。在建立模型过程中不可避免地要对所开发的对象做一些简化，这些简化是否恰当需要通过实践来检验。另外在系统实际研制与工作中会有许多设计与建模阶段没有估计到或估计不够准确的因素，需要通过测试来检验所设计电路与系统是否达到设计确定的技术指标。

陀螺仪再平衡回路是陀螺仪的重要组件，其目的在于实现陀螺仪的闭环"锁定"控制与角速度的闭环间接测量，需要通过对陀螺仪的各项性能指标进行测试，了解和掌握陀螺仪性能所达到的技术水平，发现问题、进行改进。

11.4.1　动力调谐陀螺仪实验测试平台

动力调谐陀螺仪实验测试平台的组成如图11-22所示，陀螺仪通过工装卡具安装在伺服转台上，陀螺引线通过转台内部导电滑环同外部再平衡回路相连接。陀螺仪与再平衡回路组成一个闭环测量系统；伺服转台受上位机控制输出需要的角速度；再平衡回路输出力矩电流，使陀螺转子跟随壳体运动，同时该

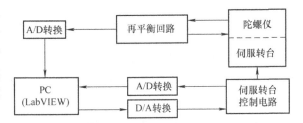

图 11-22　动力调谐陀螺仪实验测试平台的组成

力矩电流作为反映角速度的信号输出至上位机进行数据分析。数据分析则是按照规定的测试规程，确定陀螺随机漂移率、标度因数、线性度等重要技术指标。为了减少实验过程中人为原因引起的误差和错误，需要编写相应的测试程序以实现测试自动化。

11.4.2　陀螺仪漂移测试

陀螺仪所有参数中，随机漂移率是最重要的一个参数，它在一定程度上决定了陀螺输出信号误差大小。这里以陀螺随机漂移率测试为例，验证再平衡回路的性能。

实际应用中通常采用固定位置法测试陀螺随机漂移。具体方法如下：将陀螺仪 Z 轴垂直地面安装在综合测试转台上，通过离合器吸合转台的上端面，使转台台面固定。启动电源，使陀螺仪与再平衡回路工作在力矩反馈状态，此时回路闭合稳定，陀螺转子不碰撞限动器。稳定30min后，测量陀螺仪力矩器上的电流值，该值反映了外界干扰力矩的大小。

经过测试，得到该陀螺的随机漂移率为 $1.42°/h$。测试中，陀螺仪系统回路稳定，达到了跟踪锁定、闭环间接测量的性能。

11.4.3　陀螺仪高动态测试

　　除了陀螺漂移测试，另外一类重要的测试是高动态测试，即测量系统对角速度输入的响应特性，包括陀螺仪再平衡测量回路标度因数测试、角速度跟踪测试等。

1. 陀螺仪再平衡测量回路标度因数测试

　　将动力调谐陀螺仪安装在伺服转台上，控制转台改变动力调谐陀螺仪的输入角速度，测量再平衡反馈回路上的力矩电流，获得输入角速度和力矩电流的关系曲线，如图 11-23 所示。

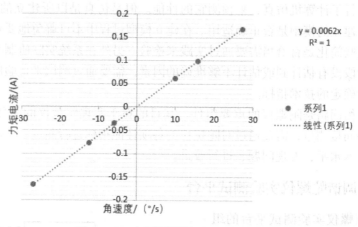

图 11-23　动力调谐陀螺仪 Y 轴测试分析

　　观察动力调谐陀螺仪 Y 轴的标度因数测试结果。可以看出，通过检测再平衡回路力矩电流，实现了对输入角速度的闭环间接测量。作为角速度传感器，力矩电流与外界输入角速度呈良好的线性关系。

2. 动力调谐陀螺仪角速度跟踪测试

　　将动力调谐陀螺仪固定在伺服转台上，控制转台对陀螺仪单轴施加周期性正弦角速度信号，检测再平衡回路力矩电流，观察其动态响应曲线。测量得到的响应曲线如图 11-24 所示。

　　从动力调谐陀螺仪再平衡回路对转台单轴施加周期性正弦角速度输入的响应曲线可以看出，闭合回路具有良好的稳定性、快速性。使陀螺电机转子跟踪陀螺壳体运动，起到了回路"锁定"跟踪的作用。

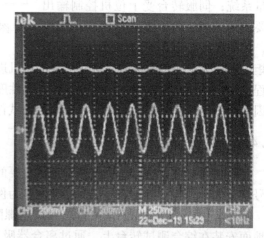

图 11-24　再平衡回路对角速度输入的响应曲线

　　前面详述了动力调谐陀螺仪再平衡回路的分析与设计。首先，介绍了动力调谐陀螺仪及再平衡回路的概念，简述再平衡回路的结构特点、常见实现方案，并分析得到了陀螺仪再平衡回路的功能。其次，围绕如何设计、制作再平衡回路，深入分析陀螺模型，并就控制模型以及校正网络模型的设计进行了相关的仿真分析。最后探讨了如何利用测控电路课程中所学的功能模块电路实现再平衡回路的各个环节。以期通过动力调谐陀螺仪再平衡回路设计，加深对本课程所学知识的理解，开拓思路。

思考题与习题

11-1　测控系统的设计通常包括哪些步骤？为什么需要这些步骤？

11-2　预处理电路中的检波环节还有哪些实现方案？

11-3　预处理电路中为什么要用带通滤波器与陷波器？它们的通带、阻带应该怎么选取？品质因数应该怎么选取？

11-4　在调试过程中，如何整定校正环节的各个参数？

11-5　控制解耦部分积分环节设计，除了案例给出的方案，还有哪些可行方案？

11-6　为什么在方案论证阶段需要进行计算机仿真？为什么在搭建整个系统后还要进行测试检验？

参 考 文 献

［1］陈国呈．PWM 变频调速及软开关电力变换技术［M］．北京：机械工业出版社，2001.

［2］陈泽进．模拟电子线路基础［M］．哈尔滨：哈尔滨工业大学出版社，1994.

［3］程道喜，等．传感器的信号处理及接口［M］．北京：科学出版社，1989.

［4］程开明．模拟电子技术［M］．重庆：重庆大学出版社，1993.

［5］程永萱，周德新．模拟集成电子学：下册［M］．上海：上海交通大学出版社，1987.

［6］邓汉馨，郑家龙．模拟集成电子技术教程［M］．北京：高等教育出版社，1994.

［7］高安邦，智淑亚．新编机床电气与 PLC 控制技术［M］．北京：机械工业出版社，2008.

［8］龚顺镒．工业控制自动化实用技术［M］．北京：机械工业出版社，2009.

［9］郭亨礼，林友德．传感器实用电路［M］．上海：上海科学技术出版社，1992.

［10］郭晟，苏秉炜，等．脉冲参数与时域测量［M］．北京：中国计量出版社，1989.

［11］郝鸿安．常用模拟集成电路应用手册［M］．北京：人民邮电出版社，1991.

［12］何离庆．过程控制系统与装置［M］．重庆：重庆大学出版社，2003.

［13］胡寿松．自动控制原理［M］．北京：科学出版社，2002.

［14］黄爱萍．数字信号处理［M］．北京：机械工业出版社，1991.

［15］黄秉英，肖明耀，等．时间频率的精确测量［M］．北京：中国计量出版社，1986.

［16］金篆芷，王明时．现代传感技术［M］．北京：电子工业出版社，1995.

［17］童诗白，华成英．模拟电子技术基础［M］．4 版．北京：高等教育出版社，2006.

［18］李永敏．检测仪器电子电路［M］．西安：西北工业大学出版社，1994.

［19］刘晨晖．多变量过程控制系统解耦理论［M］．北京：水利水电出版社，1984.

［20］刘益成，罗维炳．信号处理与过抽样转换器［M］．北京：电子工业出版社，1997.

［21］吕俊芳．传感器接口与检测仪器电路［M］．北京：北京航空航天大学出版社，1994.

［22］罗敏．典型数控系统应用技术［M］．北京：机械工业出版社，2009.

［23］强锡富．传感器［M］．3 版．北京：机械工业出版社，2001.

［24］秦继荣，沈安俊．现代直流伺服控制技术及其系统设计［M］．北京：机械工业出版社，1993.

［25］邵裕森，巴筱云．过程控制系统及仪表［M］．北京：机械工业出版社，1999.

［26］沈成衡．新编传感器原理·应用·电路详解［M］．北京：电子工业出版社，1994.

［27］松井邦彦．センサ応用回路の設計·製作［M］．東京：CQ 出版株式会社，1992.

［28］孙传友，孙晓斌，李胜玉，等．测控电路及装置［M］．北京：北京航空航天大学出版社，2002.

［29］王成华，潘双来，江爱华．电路与模拟电子学［M］．北京：科学出版社，2003.

［30］王鸿麟，叶治政，等．现代通信电源［M］．北京：人民邮电出版社，1991.

［31］王仁德，赵春雨，张耀满．机床数控技术［M］．沈阳：东北大学出版社，2002.

［32］王耀德．交直流电力拖动控制系统［M］．北京：机械工业出版社，1994.

［33］吴道悌．非电量电测技术［M］．西安：西安交通大学出版社，1990.

［34］吴守箴，臧英杰．电气传动的脉宽调制控制技术［M］．北京：机械工业出版社，1995.

［35］吴湘淇．信号、系统与信号处理［M］．北京：电子工业出版社，1996.

［36］吴秀清，周荷琴．微型计算机原理与接口技术［M］．合肥：中国科学技术大学出版社，2002.

［37］吴运昌．模拟集成电路原理与应用［M］．广州：华南理工大学出版社，1995.

［38］吴忠智，吴加林．变频器原理及应用指南［M］．北京：中国电力出版社，2007.

［39］肖朋生，张文，王建辉．变频器及其控制技术［M］．北京：机械工业出版社，2008.

[40] 谢沅清，解月珍. 电子电路基础 [M]. 北京：人民邮电出版社，1999.

[41] 张海风，等. 可编程逻辑器件和 EDA 设计技术 [M]. 北京：机械工业出版社，2005.

[42] 张建民. 传感器与检测技术 [M]. 北京：机械工业出版社，1996.

[43] 张燕宾. 变频器应用教程 [M]. 北京：机械工业出版社，2007.

[44] 赵立民. 可编程逻辑器件与数字系统设计 [M]. 北京：机械工业出版社，2003.

[45] 周百令. 动力调谐陀螺仪设计与制造 [M]. 南京：东南大学出版社，2002.

[46] 钟炎平. 电力电子电路设计 [M]. 武汉：华中科技大学出版社，2010.

[47] 卓迪仕，安玉德. 数控技术及应用 [M]. 北京：国防工业出版社，1997.

[48] 马场清太郎. 运算放大器应用电路设计 [M]. 何希才，译. 北京：科学出版社，2007.

[49] 周志敏，周纪海，纪爱华. 线性集成稳压电源实用电路 [M]. 北京：中国电力出版社，2006.

[50] 王兆安，刘进军，等. 电力电子技术 [M]. 5 版. 北京：机械工业出版社，2008.

[51] 洪乃刚. 电力电子技术基础 [M]. 北京：清华大学出版社，2015.

[52] 王增福，李昶，魏永明. 新编线性直流稳压电源 [M]. 北京：电子工业出版社，2004.

[53] 上海空间电源研究所. 电子电源技术 [M]. 北京：科学出版社，2015.

[54] 李柏雄，等. 高保真功率放大器制作教程 [M]. 北京：电子工业出版社，2016.

[55] 周润景，张赫. 常用电源电路设计及应用 [M]. 北京：电子工业出版社，2017.

[56] 晶体管技术编辑部. 小型直流电机控制电路设计 [M]. 马杰，译. 北京：科学出版社，2012.

[57] 阮毅，陈维钧，陈伯时. 运动控制系统 [M]. 北京：清华大学出版社，2006.

[58] 坂本正文. 步进电机应用技术 [M]. 王自强，译. 北京：科学出版社，2010.

[59] 贾丹平，等. 电子测量技术 [M]. 北京：清华大学出版社，2018.

[60] 稻叶保. 振荡电路的设计与应用 [M]. 何希才，尤克，译. 北京：科学出版社，2004.

[61] 王淑娟. 模拟电子技术基础 [M]. 北京：高等教育出版社，2009.

[62] 刘春华. 经典电子电路 300 例 [M]. 北京：中国电力出版社，2015.

[63] 杜树春. 集成运算放大器应用经典实例 [M]. 北京：电子工业出版社，2015.

[64] 曹新亮. 新编模拟集成电路原理与应用 [M]. 武汉：武汉大学出版社，2015.

[65] 刘红波，等. 过程控制系统 [M]. 北京：科学出版社，2019.

[66] 陈凌霄，张晓磊. 电子电路测量与设计实验 [M]. 北京：北京邮电大学出版社，2015.

[67] 王可恕. 模拟集成电路原理与应用 [M]. 北京：电子工业出版社，2009.

[68] 严刚峰. 运算放大器应用电路设计 [M]. 北京：科学出版社，2016.

[69] 樊尚春. 传感器技术及应用 [M]. 北京：北京航空航天大学出版社，2016.

[70] 王长涛，等. 传感器原理与应用 [M]. 北京：人民邮电出版社，2012.

[71] 周真，苑惠娟. 传感器原理与应用 [M]. 北京：清华大学出版社，2011.

[72] 陈书旺，宋立军，许云峰. 传感器原理及应用电路设计 [M]. 北京：北京邮电大学出版社，2015.

[73] 品俊芳，钱政，袁梅. 传感器调理电路设计理论及应用 [M]. 北京：北京航空航天大学出版社，2010.

[74] 刘润华，任旭虎. 模拟电子技术基础 [M]. 北京：高等教育出版社，2017.

[75] 何希才，任力颖，杨静. 实用传感器接口电路实例 [M]. 北京：中国电力出版社，2007.

[76] 陈振云，云彩霞. 模拟电子技术 [M]. 武汉：华中科技大学出版社，2013.